MATEMÁTICA
com Aplicações Tecnológicas

Blucher

DIRCEU D'ALKMIN TELLES

Organizador

SEIZEN YAMASHIRO

SUZANA ABREU DE OLIVEIRA SOUZA

MATEMÁTICA
com Aplicações Tecnológicas
CÁLCULO I
Volume 2

Matemática com aplicações tecnológicas – edição organizada por Dirceu D'Alkmin Telles

© 2015 Volume 2 – Cálculo I

Direitos reservados para Editora Edgard Blücher Ltda.

Capa: Alba Manzini – Mexerica Design

Sobre a capa:

O mundo das abelhas é o melhor exemplo de otimização de trabalho que existe na natureza. O favo é uma obra arquitetônica composta de alvéolos que possuem a forma de prisma hexagonal regular. Mostra-se, aplicando máximos e mínimos, que essa forma geométrica possibilita o uso da menor quantidade de cera para construir o favo e o armazenamento da maior quantidade de pólen e mel.

Blucher

Rua Pedroso Alvarenga, 1245, 4º andar
04531-934 – São Paulo – SP – Brasil
Tel.: 55 11 3078-5366
contato@blucher.com.br
www.blucher.com.br

Segundo o Novo Acordo Ortográfico, conforme 5. ed. do *Vocabulário Ortográfico da Língua Portuguesa*, Academia Brasileira de Letras, março de 2009

É proibida a reprodução total ou parcial por quaisquer meios, sem autorização escrita da Editora.

Todos os direitos reservados pela Editora Edgard Blücher Ltda.

Ficha Catalográfica

Yamashiro, Seizen

Matemática com aplicações tecnológicas: cálculo I – volume 2 / Seizen Yamashiro, Suzana Abreu de Oliveira Souza; organizado por Dirceu D'Alkmin Telles. – São Paulo: Blucher, 2015.

Bibliografia

ISBN 978-85-212-0908-9

1. Matemática - Problemas, questões, exercícios
2. Cálculo I. Título II. Souza, Suzana Abreu de Oliveira III. Telles, Dirceu D'Alkmin

15–0295 CDD 510

Índices para catálogo sistemático:
1. Matemática – Problemas, questões, exercícios

*Dedico este trabalho à minha esposa Setu-Co,
a meus filhos Maurício e Marisa e a meus irmãos
que muito me apoiaram com seu incentivo.*

Seizen

*Dedico este trabalho a meu esposo Geraldo
e aos meus filhos David e Nathan, que me
incentivaram com seu apoio e confiança.*

Suzana

*Dedicamos este livro a nossos familiares,
irmãos e sobrinhos pelo apoio constante.*

AO ESTUDANTE

1. A grande receptividade ao primeiro volume da coleção Matemática com Aplicações Tecnológicas, *Matemática Básica*, lançado no início de 2014, nos motivou a escrever este segundo volume, *Cálculo I*.

2. Procuramos manter, neste segundo volume, a mesma linguagem acessível do primeiro, para facilitar a aquisição de novos conceitos matemáticos referentes a Cálculo I.

3. Evitamos demonstrações longas e cansativas e optamos por justificações didáticas para o entendimento e a absorção dos conceitos básicos, sem prejuízo do rigor matemático.

4. Colocamos as referências bibliográficas para consulta no final do livro para o estudante que queira complementar seus conhecimentos matemáticos.

5. No final de cada capítulo incluímos exercícios resolvidos e exercícios propostos que servirão de roteiro de estudos, recapitulação e fixação dos conteúdos estudados.

6. O estudante poderá efetuar download do material de apoio com a resolução dos exercícios propostos no site da Editora Blucher (www.blucher.com.br).

INTRODUÇÃO

Neste livro, vamos tratar da disciplina mais básica para todos os alunos que pretendem seguir alguma carreira na área das ciências exatas: o cálculo diferencial e integral.

É difícil dizer com precisão quando nasceu essa disciplina. Como disse o próprio e respeitável Sir Isaac Newton, um dos que mais contribuíram para seu desenvolvimento: "Se enxerguei longe, foi porque me apoiei sobre ombros de gigantes". Desde a época dos gregos, por volta de 450 a.C., já havia o embrião do cálculo diferencial e integral com conceitos de limites, que ainda não eram bem compreendidos. Eram então apresentados por paradoxos pelos filósofos, entre eles, Zenão. Este apresentou quatro paradoxos. Um deles, o que ele chamava de "Dicotomia", dizia: "Antes que um objeto possa percorrer uma distância dada, deve percorrer a primeira metade dessa distância; mas, antes disso, deve percorrer o primeiro quarto; e, antes disso, o primeiro oitavo, e assim por diante, através de uma infinidade de subdivisões. O corredor que quer pôr-se em movimento precisa fazer infinitos contatos num tempo finito; mas é impossível exaurir uma coleção infinita, logo é impossível iniciar o movimento".

Mas foram dois grandes gênios da matemática que formalizaram o cálculo diferencial e integral no século XVII: Newton e Leibniz. Embora a história nos relate um episódio lamentável sobre uma disputa entre os dois sobre a paternidade do conceito, hoje sabemos que este foi concebido independentemente pelos dois, na mesma época, com uma diferença de aproximadamente 10 anos.

Foto: iStock.

ISAAC NEWTON (1642-1727)

Matemático, físico, astrônomo, alquimista, filósofo e teólogo inglês. Sua obra *Principia* é considerada uma das mais influentes na história das ciências. Foi um dos pais do cálculo e também fundamentou a mecânica clássica com as suas três leis e a lei da gravitação universal. Foi reconhecido em seu tempo, a ponto de ser enterrado entre os reis na abadia de Westminster. Em seu epitáfio está escrito: "A natureza e as leis da natureza estavam imersas em trevas; Deus disse: 'Haja Newton' e tudo se iluminou" (Alexander Pope).

Foto: Wikipedia.

Filósofo, cientista, matemático, diplomata e bibliotecário alemão. Em uma estadia na França como diplomata alemão, começou a estudar matemática e, em menos de três anos de estudo já havia desenvolvido a ideia do cálculo diferencial. Atribui-se a ele a criação do termo "função" e a notação dx e dy. Contribuiu em várias áreas da matemática e da física.

GOTTFRIED WILHELM LEIBNIZ
(1646-1716)

Tanto discípulos de Newton como seguidores das ideias de Leibniz deram continuidade ao desenvolvimento do cálculo. Aplicações em diversas áreas, como resolução de problemas de equações diferenciais, estudo do comportamento do mercado financeiro, crescimento populacional, estatística, química, física etc., foram desenvolvidas ao longo dos tempos, e ainda hoje existem campos a serem explorados pelo cálculo diferencial e integral.

No Capítulo 1, vamos tratar dos limites, conceito que já era usado por Arquimedes por volta de 250 a.C. Hoje temos aplicações de limites nos estudos do mercado financeiro, de duração de certos elementos químicos, de controle de epidemias e muitos outros. No Capítulo 2, faremos a ponte do limite com o estudo das derivadas. Em todas as áreas em que se quer otimizar algo, estará presente uma aplicação de derivada, e é o que se fará no Capítulo 3. Como o cálculo integral é imprescindível para aplicações em tecnologia, engenharia e finanças, o apresentaremos nos Capítulos 4 e 5. E, por fim, no Capítulo 6, apresentaremos alguns aspectos do cálculo numérico, como a integração numérica.

Esperamos que este livro seja útil não só para um estudo inicial, mas para consulta posterior em suas aplicações.

Os autores

PREFÁCIO

Os docentes da área de Matemática do Departamento de Ensino Geral da FATEC--SP, sob a coordenação do Prof. Dr. Dirceu D'Alkmin Telles, lançam o livro *Cálculo I*, Volume 2 da coleção Matemática com Aplicações Tecnológicas, destinado aos alunos e docentes dos cursos superiores de Bacharelado e Licenciatura em Física e Matemática, Tecnologias e Engenharias.

Trata-se do segundo volume de uma coleção que visa estimular e aprofundar o ensino das aplicações tecnológicas da Matemática, servindo-se agora das ferramentas do Cálculo Diferencial e Integral: Limite, Derivadas e Integrais.

Em nome da Faculdade de Tecnologia de São Paulo, parabenizo os autores Prof. Me. Seizen Yamashiro e Profa. Dra. Suzana Abreu de Oliveira Souza pela iniciativa, primor e zelo na organização do presente trabalho.

Um feito de tamanha envergadura, como a obra que ora se apresenta, é motivo de orgulho para a Faculdade de Tecnologia de São Paulo e será, seguramente, de grande valia para as disciplinas de Cálculo de todas as Instituições de Ensino, devendo ainda servir de exemplo para todos os educadores do País.

Profa. Dra. Luciana Reyes Pires Kassab

Diretora da FATEC-SP

APRESENTAÇÃO

A publicação de uma obra como este Volume 2 da coleção Matemática com Aplicações Tecnológicas representa uma oportunidade de contribuir para a transferência e a difusão do conhecimento científico e tecnológico, possibilitando assim a democratização do conhecimento. Nós da FAT (Fundação de Apoio à Tecnologia) nos sentimos muito honrados em participar na divulgação desta obra. Ações como esta se adequam aos objetivos estabelecidos pela Fundação de Apoio à Tecnologia, criada em 1987, por um grupo de professores da Faculdade de Tecnologia de São Paulo (FATEC-SP).

A Fundação FAT, que nasceu com o objetivo básico de ser um elo entre o setor produtivo e o ambiente acadêmico, parabeniza os autores pelo excelente trabalho. Ações como essa se unem ao conjunto de outras que a Fundação oferece, como assessorias especializadas, cursos, treinamentos em diversos níveis, consultorias e concursos para toda a comunidade. Essas ações são direcionadas tanto a instituições públicas como privadas.

A obra Matemática com Aplicações Tecnológicas – Volume 2, que abrange Cálculo I e suas aplicações tecnológicas, será fundamental para o desenvolvimento acadêmico de alunos e professores dos cursos superiores de Tecnologia, Engenharia, bacharelado em Matemática e para estudiosos da área.

No processo de elaboração da obra, os autores tiveram o cuidado de incluir textos, ilustrações, orientações para solução de exercícios, tornando a obra ferramenta de aprendizado bastante completa e eficiente.

O esforço de instituições como a FAT em prol da difusão do conhecimento contribui para a conscientização social e a promoção da cidadania.

Professor César Silva

Presidente da Fundação FAT –
Fundação de Apoio à Tecnologia

www.fundacaofat.org.br

SOBRE OS AUTORES

SEIZEN YAMASHIRO

É licenciado em Matemática pela Faculdade de Filosofia, Ciências e Letras da Universidade Presbiteriana Mackenzie – São Paulo, 1964; mestre em Matemática pela Pontifícia Universidade Católica – PUC – São Paulo, 1991; professor decano da Academia de Polícia Militar do Barro Branco: lecionou Matemática e Estatística no período de 1 de agosto de 1970 a 11 de fevereiro de 2008; professor pleno na Faculdade de Tecnologia de São Paulo – FATEC-SP, onde leciona Cálculo e Estatística desde 29 de fevereiro de 1980; professor do Curso de Reforço para alunos ingressantes na FATEC-SP no início de todos os semestres, desde 1997.

SUZANA ABREU DE OLIVEIRA SOUZA

É bacharel em Matemática pela Universidade Federal do Rio de Janeiro, 1986; mestre em Ciências – Matemática Aplicada – pela Universidade de São Paulo, 1992; doutora em Ciências – Matemática Aplicada – pela Universidade de São Paulo, 2001; professora na Faculdade de Tecnologia de São Paulo – FATEC-SP e no Centro Universitário Padre Saboia de Medeiros (FEI); professora do Curso de Reforço para alunos ingressantes na FATEC-SP no início de todos os semestres, desde 1997.

SOBRE O ORGANIZADOR

DIRCEU D'ALKMIN TELLES

Engenheiro, Mestre e Doutor pela Escola Politécnica da USP. Atua como Colaborador da FAT, Professor do Programa de Pós-Graduação do CEETEPS.

Foi Presidente da ABID, professor e diretor da FATEC-SP, Coordenador de Irrigação do DAEE e Professor do Programa de Pós-Graduação da Escola Politécnica – USP. Organizou e escreveu livros e capítulos nas seguintes áreas: reúso da água, agricultura irrigada, aproveitamento de esgotos sanitários em irrigação, elaboração de projetos de irrigação, ciclo ambiental da água e física com aplicação tecnológica.

RENOVADOS AGRADECIMENTOS PELO REITERADO APOIO E INCENTIVO

À Profa. Dra. Luciana Reyes Pires Kassab, diretora da FATEC-SP.

Ao Prof. Dr. Dirceu D'Alkmin Telles, organizador da coleção.

Aos colegas de área de Matemática.

Aos colegas de todos os Departamentos da FATEC-SP, em especial ao Prof. Dr. Francisco Tadeu Degasperi, que nos forneceu exercícios e problemas de aplicação tecnológica que muito enriqueceram nosso trabalho.

CONTEÚDO

Capítulo 1   LIMITES   23

1.1   Introdução ao conceito de limite   23

1.2   Noção intuitiva   24

1.3   Definição de limite   30

1.4   Unicidade do limite   32

1.5   Limites laterais   32

1.6   Existência do limite   35

1.7   Função contínua   36

1.8   Propriedades operatórias dos limites de funções   39

1.9   Limites que envolvem infinito   43

1.10   Teorema do confronto   45

1.11   Limites fundamentais   46

1.12   Algumas aplicações de limites   50

1.13   Roteiro de estudo com exercícios resolvidos e exercícios propostos   55

Capítulo 2   DERIVADAS   69

2.1   Derivada no ponto de abscissa x_0 69

2.2   Função derivada   72

2.3   Interpretação geométrica da derivada   73

2.4   Interpretação cinemática   77

2.5   Derivada e continuidade   78

2.6   Derivada de uma função composta (regra da cadeia)   80

2.7   Derivada da função constante   81

2.8   Derivada da função potência   83

2.9   Derivada da função exponencial   84

20 Matemática com aplicações tecnológicas – Volume 2

2.10 Derivada da função logarítmica 85

2.11 Operações com derivadas 86

2.12 Derivadas das funções trigonométricas 89

2.13 Derivada da função potência exponencial 92

2.14 Derivada da função inversa 93

2.15 Derivada das funções inversas trigonométricas 94

2.16 Derivadas sucessivas ou derivadas de ordem superior 99

2.17 Derivadas implícitas 101

2.18 Roteiro de estudo com exercícios resolvidos e exercícios propostos 105

Capítulo 3 APLICAÇÕES DE DERIVADAS 125

3.1 Crescimento e decrescimento de uma função de uma variável 125

3.2 Concavidade de uma função de uma variável 136

3.3 Determinação dos extremos de uma função de uma variável 138

3.4 Pontos de inflexão 141

3.5 Critério geral para o estudo dos extremos relativos e pontos de inflexão de uma função 142

3.6 Construção de gráfico de função de uma variável 146

3.7 Problemas de maximização e de minimização 150

3.8 Regra de L'Hospital 158

3.9 Diferencial de uma função 166

3.10 Roteiro de estudo com exercícios resolvidos e exercícios propostos 169

Capítulo 4 INTEGRAIS INDEFINIDAS 179

4.1 A inversa da diferencial 179

4.2 Integral indefinida 180

4.3 Métodos de integração 182

4.4 Roteiro de estudo com exercícios resolvidos e exercícios propostos 218

Capítulo 5 INTEGRAIS DEFINIDAS E APLICAÇÕES 251

5.1 Conceito de integral definida 251

5.2 Aplicações de integral definida 256

5.3 Curvatura de uma função 276

5.4 Formas paramétricas 278

5.5 Coordenadas polares 287

5.6 Roteiro de estudo com exercícios resolvidos e exercícios propostos 299

Capítulo 6   **INTEGRAÇÃO NUMÉRICA   323**

6.1   Polinômio de Lagrange   323

6.2   Regra dos trapézios   325

6.3   Regra de Simpson   328

6.4   Roteiro de estudo com exercícios propostos   332

Capítulo 7   **FUNÇÕES HIPERBÓLICAS   335**

7.1   Notações e definições das funções hiperbólicas   336

7.2   Identidades hiperbólicas   337

7.3   Aplicação da função cosseno hiperbólico   337

7.4   Esboço dos gráficos das funções hiperbólicas   338

7.5   Funções hiperbólicas inversas   344

7.6   Fórmulas de derivadas das funções hiperbólicas   349

7.7   Formas logarítmicas das funções hiperbólicas inversas   351

7.8   Derivadas das funções hiperbólicas inversas   352

7.9   Integrais das funções hiperbólicas   355

7.10   Roteiro de estudo com exercícios resolvidos e exercícios propostos   356

APÊNDICE 1   359

APÊNDICE 2   367

REFERÊNCIAS BIBLIOGRÁFICAS   373

Apesar de hoje o conceito de limite ser a base para todo o cálculo diferencial e integral, historicamente não foi assim. Como já dito, Newton e Leibniz formalizaram essa disciplina entre os anos de 1665 e 1677. Somente em 1765, no entanto, D'Alembert apresentaria uma ideia da noção moderna de limite, reconhecendo a centralidade do limite no cálculo. E apenas por volta de 1821, Cauchy publicaria as suas notas de aula, onde descreve a definição formal de limite, tornando-o a base para o desenvolvimento de todo o cálculo diferencial e integral como o conhecemos hoje.

JEAN LE ROND D'ALEMBERT
(1717-1783)

Filósofo e matemático francês. Seus principais feitos foram no campo da astronomia e em matemática, com estudos de equações com derivadas parciais e seu uso na física. No cálculo, d'Alembert foi o primeiro a perceber que "a teoria de limites era a verdadeira base do cálculo" e apresentar a noção intuitiva de limite.

Foto: Wikipedia.

1.1 INTRODUÇÃO AO CONCEITO DE LIMITE

Inicialmente, estudaremos o conceito de limite de forma intuitiva, por meio de exemplos, exercícios resolvidos e exercícios propostos, preparando para definições formais e para as aplicações.

1.2 NOÇÃO INTUITIVA

Consideremos os exemplos no conjunto dos números reais.

E 1.1 ..., -5, -4, -3, -2, -1, 0, 1, 2, 3, 4, 5, ...

Nessa sucessão de números inteiros, se considerarmos os números positivos, os termos tornam-se cada vez maiores, sem atingir um limite. Dizemos que os termos dessa sucessão tendem ao infinito. Representa-se: $x \to \infty$.

Se considerarmos os números negativos, no sentido negativo, teremos: $x \to -\infty$.

E 1.2 $\dfrac{1}{2}, \dfrac{1}{4}, \dfrac{1}{8}, \dfrac{1}{16}, ...$

Nessa sucessão, os termos decrescem e aproximam-se cada vez mais do valor zero, sem nunca atingir esse valor. Dizemos que a sucessão tende a zero e escrevemos: $x \to 0$.

O conceito de limite de uma função f é uma das ideias fundamentais que distingue o cálculo da álgebra e da trigonometria. Durante o desenvolvimento do cálculo, no século XVIII, o conceito de limite foi tratado intuitivamente, supondo-se que o valor de $f(x)$ tende para certo número L, quando x tende para certo número a. Ou seja, quanto mais próximo x estiver de a, mais próximo $f(x)$ estará do valor L.

Notação:

$$\lim_{x \to a} f(x) = L$$

E leremos: "o limite de $f(x)$ quando x tende a a é igual a L".

Exemplos:

E 1.3 Seja uma placa metálica quadrada que se dilata uniformemente porque está sendo aquecida. Se x é o comprimento do lado, então a área da placa é dada por $A = x^2$. Suponhamos que x tende a 2, então a área se aproxima de 4, como limite. Simbolicamente, escrevemos $\lim_{x \to 2} x^2 = 4$.

Podemos verificar pela tabela e pela figura a seguir:

$x \to$	1,90	1,91	1,92	...	1,99
$f(x) \to$	3,61	3,65	3,69	...	3,96

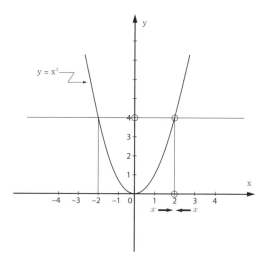

Figura 1.1

E 1.4 Determine $\lim_{x \to 3}(2x+5)$.

Resolução:

Quando x tende a 3 ($x \to 3$), $2x$ tende a 6, e $2x + 5$ tende a 11, portanto, $\lim_{x \to 3}(2x+5) = 11$.

Nem sempre é possível a determinação do limite de uma função por simples cálculos aritméticos, como no exemplo dado. Existem funções complicadas cujo limite não podemos concluir por simples inspeção.

E 1.5 Determine $\lim_{x \to 2}\dfrac{2x^2 - 3x - 2}{x - 2}$.

Resolução:

No cálculo e suas aplicações, interessam-nos, em geral, os valores que estejam próximos de a, de $f(x) = \dfrac{2x^2 - 3x - 2}{x - 2}$, mas não necessariamente iguais a a. No exemplo dado, $a = 2$, $f(a)$ não está definida, pois 2 não pertence ao domínio da função, já que o denominador é igual a zero, se x assumir o valor de 2. Neste caso, $f(2)$ assume a forma indeterminada $\dfrac{0}{0}$.

Façamos o gráfico da função. Observe que, para $x \neq 2$, a função pode assumir outra aparência:
$$f(x) = \frac{2x^2 - 3x - 2}{x - 2} = \frac{(2x+1)(x-2)}{(x-2)} = 2x + 1$$

Assim, $f(x) = 2x + 1$, $\forall x \neq 2$. Ou seja, o gráfico de $f(x)$ coincide com a reta $y = 2x + 1$, com exceção do ponto de abscissa $x = 2$, onde $f(x)$ não está definida e, portanto, deve ser excluído da reta.

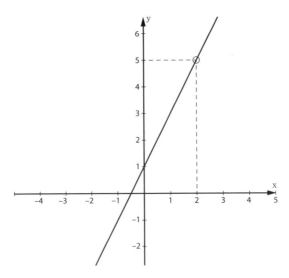

Figura 1.2

Verifiquemos o resultado pela ilustração geométrica na figura 1.2. Na determinação do limite de $f(x)$, quando x tende para $a = 2$, não interessa como f está definida em $a = 2$. Pela figura, observamos que, quando x tende a 2, $f(x)$ tende a 5. Podemos ter $f(x)$ tão próximo de 5 quanto quisermos, bastando, para isso, escolher x suficientemente próximo de 2.

Concluímos, então, que

$$\lim_{x \to 2} f(x) = \lim_{x \to 2} \frac{2x^2 - 3x - 2}{x - 2} = \lim_{x \to 2} \frac{(2x+1)(x-2)}{(x-2)} = \lim_{x \to 2} (2x+1) = 2(2) + 1 = 5$$

E 1.6 Podemos ter uma função *g(x)* que está definida em *g(a)* em um outro valor diferente do limite da função.

$$g(x) = \begin{cases} 2x + 1, \text{se } x \neq 2 \\ 4, \quad\quad \text{se } x = 2 \end{cases}$$

Resolução:

Calculando o limite, fazendo x se aproximar de 2, porém para $x \neq 2$, temos:

$$\lim_{x \to 2} g(x) = \lim_{x \to 2} (2x + 1) = 4 + 1 = 5$$

Logo, $\lim_{x \to 2} g(x) = 5 \neq g(2) = 4$.

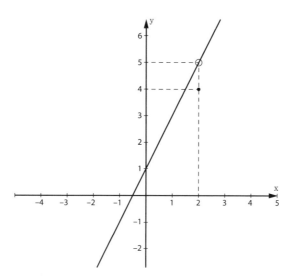

Figura 1.3

Observação

Em geral diremos que, se $\lim_{x \to a} f(x) = f(a)$, então a função f é contínua em a.

E 1.7 Determine o $\lim_{x \to 2} h(x) = \lim_{x \to 2} (2x + 1)$.

Resolução:

Vamos desenhar o gráfico da função $h: \mathbb{R} \to \mathbb{R}$. A função é contínua e o gráfico é uma reta sem furo ou saltos.

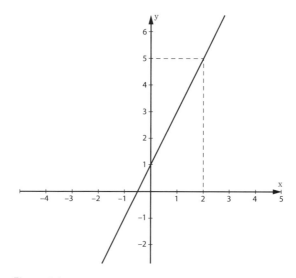

Figura 1.4

Portanto,

$$\lim_{x \to 2} h(x) = \lim_{x \to 2} (2x + 1) = 2 \cdot 2 + 1 = 5.$$

Observação

Pelos exemplos E 1.5 e E 1.6, as funções f, g e h coincidem para todo valor de x, exceto em $x = 2$. Temos que

$$\lim_{x \to 2} f(x) = \lim_{x \to 2} g(x) = \lim_{x \to 2} h(x) = f(2) = 2 \cdot 2 + 1 = 5.$$

O roteiro que deve ser seguido para calcular o limite de uma função $f(x)$ num ponto $x = a$ é este:

- Toda função cujo gráfico é uma linha geométrica contínua é denominada função contínua e, nesse caso, $\lim_{x \to a} f(x) = f(a)$

- Quando a função não é contínua, para passar de uma função para a outra, antes de calcular o limite, faremos as simplificações convenientes na expressão da função dada.

Dada uma função $f: \mathbb{R} \to \mathbb{R}$, $a \in \mathbb{R}$, se quando x tende a a os valores de $f(x)$ tendem a um número l, $l \in \mathbb{R}$, dizemos que:

$$\lim_{x \to a} f(x) = l$$

E 1.8 Seja $y = \dfrac{1}{x}, x \neq 0$, a função recíproca, e considerando a seguinte tabela e o gráfico a seguir:

x	-∞	...	-4	-3	-2	-1	1	2	3	4	...	∞
y	0	...	-1/4	-1/3	-1/2	-1	1	1/2	1/3	1/4	...	0

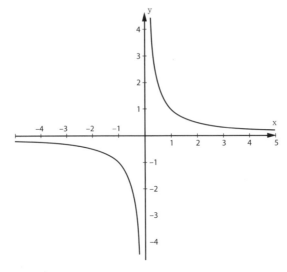

Figura 1.5

Pela tabela e pelo gráfico, concluímos que:

$$\lim_{x \to -\infty} f(x) = \lim_{x \to -\infty} \left(\frac{1}{x}\right) = 0$$

$$\lim_{x \to \infty} f(x) = \lim_{x \to \infty} \left(\frac{1}{x}\right) = 0$$

E também observamos que, quando x tende a 0 por valores maiores do que 0:

$$\lim_{x \to 0_+} f(x) = \lim_{x \to 0_+} \left(\frac{1}{x}\right) = \infty$$

E quando x tende a 0 por valores menores do que 0:

$$\lim_{x \to 0_-} f(x) = \lim_{x \to 0_-} \left(\frac{1}{x}\right) = -\infty$$

Nesse caso, diremos que estamos calculando limites laterais:
- $x \to 0_+$, $(x > 0) \Rightarrow$ limite à direita;
- $x \to 0_-$, $(x < 0) \Rightarrow$ limite à esquerda.

Exemplo:

E 1.9 Seja a função $y = \dfrac{1}{(x-1)^2}$, $x \neq 1$ **e consideremos a tabela e a figura a seguir:**

x	−100	...	−0,5	0	0,099	1,01	2	2,5	...	100
y	0,0001	...	0,44	1	10.000	10.000	1	0,44	...	0,0001

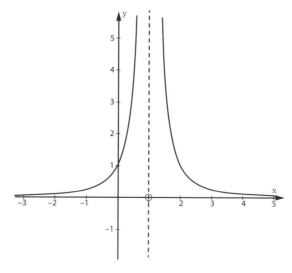

Figura 1.6

Observando a tabela e o gráfico, podemos afirmar que:

- $\lim\limits_{x \to 1_-} \dfrac{1}{(x-1)^2} = +\infty$, limite à esquerda, $x < 1$;

- $\lim\limits_{x \to 1_+} \dfrac{1}{(x-1)^2} = +\infty$, limite à direita, $x > 1$; e

- $\lim\limits_{x \to -\infty} \dfrac{1}{(x-1)^2} = 0$

- $\lim\limits_{x \to \infty} \dfrac{1}{(x-1)^2} = 0$

1.3 DEFINIÇÃO DE LIMITE

Tratamos da ideia de limite intuitivamente por meio de exemplos; agora iremos estudar o conceito de limite em uma definição mais formal, utilizando as letras gregas ε (épsilon) e δ (delta) para quantidades bem pequenas. Esta também é denominada a definição ε-δ de limites de uma função.

1.3.1 DEFINIÇÃO DE LIMITE DE UMA FUNÇÃO

Seja uma função f definida em um intervalo aberto que contém o ponto a, exceto, possivelmente, o próprio ponto a, e seja l um número real. Dizemos que o limite de $f(x)$ quando x se aproxima de a é l e escrevemos

$$\lim\limits_{x \to a} f(x) = l$$

e significa que para todo $\varepsilon > 0$, número real arbitrariamente pequeno, existe um $\delta > 0$, número real suficientemente pequeno, tal que se $0 < |x - a| < \delta$, então $|f(x) - l| < \varepsilon$.

Podemos dar à definição acima uma forma que não contenha o símbolo de valor absoluto, substituindo pelas equivalências:

a) $0 < |x - a| < \delta \Leftrightarrow a - \delta < x < a + \delta$ e $x \neq a$;

b) $|f(x) - l| < \varepsilon \Leftrightarrow l - \varepsilon < f(x) < l + \varepsilon$

que geometricamente seria ilustrado como a seguir:

Limites

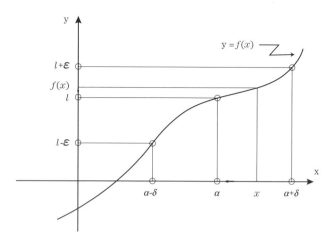

Figura 1.7

AUGUSTIN-LOUIS CAUCHY *(1789-1857)* — Matemático francês, foi o primeiro a introduzir o rigor formal na matemática. Preocupado com o embasamento teórico, desenvolveu a análise matemática, que é o cálculo diferencial e integral teórico. Desenvolveu também muitos tópicos da álgebra abstrata.

Foto: Wikipedia.

Exemplos:

E 1.10 Dado $\varepsilon = 0{,}02$, determinar um $\delta > 0$, tal que se $0 < |x - 2| < \delta$, então $|(2x - 1) - 3| < \varepsilon$.

Resolução:

Vamos trabalhar com a desigualdade envolvendo ε:

$$|(2x-1)-3| < \varepsilon \Rightarrow |2x-4| < \varepsilon \Rightarrow 2|x-2| < \varepsilon \Rightarrow |x-2| < \frac{\varepsilon}{2}$$

Agora, substituindo o valor de ε dado, obtemos o valor de δ:

$$|x-2| < \frac{0{,}02}{2} \Rightarrow |x-2| < 0{,}01 \Rightarrow \delta = 0{,}01$$

E 1.11 Utilizando a definição formal de limite, justificar:

$$\lim_{x \to 2}(2x+1) = 5$$

Resolução:

Seja um $\varepsilon > 0$, devemos determinar um $\delta > 0$, tal que se $0 < |x - 2| < \delta$, então $|(2x + 1) - 5| < \varepsilon$.

Como no exemplo anterior, vamos trabalhar com a desigualdade envolvendo ε:

$$|(2x + 1) - 5| < \varepsilon \Rightarrow |2x - 4| < \varepsilon \Rightarrow 2 \mid x - 2 \mid < \varepsilon \Rightarrow |x - 2| < \frac{\varepsilon}{2}$$

Ou seja, podemos tomar qualquer valor de δ que seja menor ou igual a $\frac{\varepsilon}{2}$.

Dado um $\varepsilon > 0$, podemos escolher um $\delta < \frac{\varepsilon}{2}$, tal que se $0 < |x - 2| < \delta$, então $|(2x + 1) - 5| < \varepsilon$.

1.4 UNICIDADE DO LIMITE

Se o limite existe, então ele é único, ou seja, se $\lim_{x \to a} f(x) = l_1$ e $\lim_{x \to a} f(x) = l_2$, então $l_1 = l_2$.

Justificação

Vamos aplicar a definição formal de limite para demonstrar esta afirmativa: dado $\varepsilon > 0$ arbitrário, como $\lim_{x \to a} f(x) = l_1$, então existe $\delta_1 > 0$ tal que $|f(x) - l_1| < \varepsilon$, sempre que $0 < |x - a| < \delta_1$. Do mesmo modo, como $\lim_{x \to a} f(x) = l_2$, existe $\delta_2 > 0$ tal que $|f(x) - l_2| < \varepsilon$, sempre que $0 < |x - a| < \delta_2$. Vamos escolher δ o menor entre os valores dos números δ_1 e δ_2, isto é, min (δ_1, δ_2), então:

$$|f(x) - l_1| < \frac{\varepsilon}{2} \text{ e } |f(x) - l_2| < \frac{\varepsilon}{2} \text{ sempre que } 0 < |x - a| < \delta.$$

Seja x tal que $0 < |x - a| < \delta$, pela propriedade da desigualdade triangular, $|x + y| \leq |x| + |y|$ e $|-x| = |x|$, temos:

$$|l_1 - l_2| = |l_1 - f(x) + f(x) - l_2| = |-(f(x) - l_1) + (f(x) - l_2)|$$
$$\leq |f(x) - l_1| + |f(x) - l_2| < \frac{\varepsilon}{2} + \frac{\varepsilon}{2} = \varepsilon$$

Como ε é arbitrário, podemos considerá-lo tendendo a zero, ou seja, $l_1 = l_2$.

1.5 LIMITES LATERAIS

Usando a linguagem formal da definição de limite, definimos:

1.5.1 LIMITE À ESQUERDA

Dizemos que o limite de $f(x)$ quando x se aproxima de a pela esquerda, ou seja, pelos valores menores do que a $(x < a)$, é l e escrevemos $\lim_{x \to a^-} f(x) = l$

Se, dado ε > 0, número real arbitrariamente pequeno, existe um δ > 0, número real suficientemente pequeno, tal que $a - δ < x < a$, então $|f(x) - l| < ε$.

1.5.2 LIMITE À DIREITA

Dizemos que o limite de $f(x)$ quando x se aproxima de a pela direita, ou seja, pelos valores maiores do que a ($x > a$), é l e escrevemos,

$$\lim_{x \to a_+} f(x) = l$$

Se dado ε > 0, número real arbitrariamente pequeno, existe um δ > 0, número real suficientemente pequeno, tal que $a < x < a + δ$, então $|f(x) - l| < ε$.

Exemplos:

E 1.12 Calcule os limites laterais $\lim_{x \to 1_-} f(x)$ e $\lim_{x \to 1_+} f(x)$, sendo:

$$f(x) = \begin{cases} x^2, \text{ se } x < 1 \\ 3x, \text{ se } x > 1 \end{cases}$$

Resolução:

Para calcular o limite à esquerda de $f(x)$, fazemos:

$$\lim_{x \to 1_-} f(x) = \lim_{x \to 1_-} x^2 = (1)^2 = 1 \quad (x < 1)$$

e, para calcular o limite à direita de $f(x)$, fazemos:

$$\lim_{x \to 1_+} f(x) = \lim_{x \to 1_+} 3x = 3.1 = 3 \quad (x > 1)$$

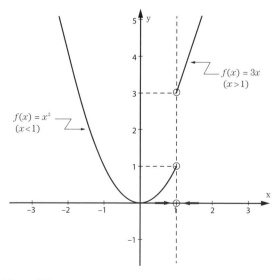

Figura 1.8

Observe que os limites laterais são diferentes pela unicidade do limite, e podemos afirmar que não existe limite de $f(x)$ quando x se aproxima de 1.

E 1.13 Calcule os limites laterais $\lim\limits_{x \to 0_-} \dfrac{|x|}{x}$ e $\lim\limits_{x \to 0_+} \dfrac{|x|}{x}$.

Resolução:

Aplicando a definição de módulo: $|x| = \begin{cases} x, \text{se } x \geq 0 \\ -x, \text{se } x < 0 \end{cases}$, temos que

$$f(x) = \dfrac{|x|}{x} = \begin{cases} \dfrac{x}{x} = 1, \text{se } x > 0 \\ -\dfrac{x}{x} = -1, \text{se } x < 0 \end{cases}$$

para $x \neq 0$

Logo,

$\lim\limits_{x \to 0_-} f(x) = \lim\limits_{x \to 0_-} (-1) = -1 \ (x < 0)$

$\lim\limits_{x \to 0_+} f(x) = \lim\limits_{x \to 0_+} (1) = 1 \ (x > 0)$

Graficamente,

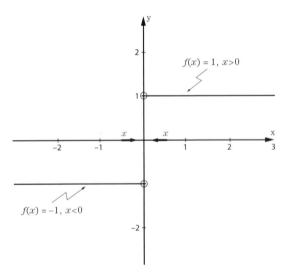

Figura 1.9

Observe que os limites laterais são diferentes, logo, não existe limite de $f(x) = \dfrac{|x|}{x}$, quando $x \to 0$.

1.6 EXISTÊNCIA DO LIMITE

Pelas observações feitas nos limites laterais, concluímos, sobre a existência de limites, que:

$\exists \lim_{x \to a} f(x) = l \Leftrightarrow \lim_{x \to a_-} f(x) = \lim_{x \to a_+} f(x) = l$

Exemplo:

E 1.14 Verifique se existe $\lim_{x \to 2} f(x)$:

$f(x) = \begin{cases} x^2, \text{se } x < 2 \\ 1, \text{se } x = 2 \\ -x + 6, \text{se } x > 2 \end{cases}$

Resolução:

Analisando o gráfico a seguir, podemos dizer que:

$\lim_{x \to 2_-} f(x) = \lim_{x \to 2_-} x^2 = 4$

$\lim_{x \to 2_+} f(x) = \lim_{x \to 2_+} (-x + 6) = 4$

Como

$\lim_{x \to 2_-} f(x) = \lim_{x \to 2_+} f(x) = 4,$

temos que existe $\lim_{x \to 2} f(x) = 4$, embora $f(2) = 1$.

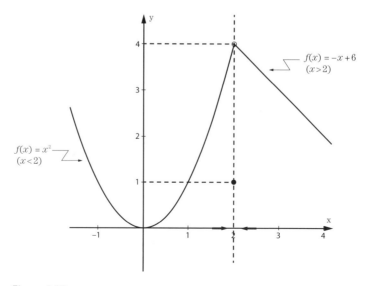

Figura 1.10

1.7 FUNÇÃO CONTÍNUA

Pelos exemplos apresentados, vimos que $\lim_{x \to a} f(x)$ pode existir, mesmo que $f(x)$ não esteja definida em a. Se $f(x)$ estiver definida em a e existir $\lim_{x \to a} f(x)$, pode ocorrer que esse limite seja diferente de $f(a)$.

Quando $\lim_{x \to a} f(x) = f(a)$, diremos que f é contínua em a. Logo, temos a definição.

1.7.1 DEFINIÇÃO DE FUNÇÃO CONTÍNUA

Dizemos que uma função f: $[b,c] \subset \mathbb{R} \to \mathbb{R}$ é contínua em $a \in [b,c]$ se as seguintes condições forem satisfeitas:

a) f é definida no ponto a;

b) existe $\lim_{x \to a} f(x)$;

c) $\lim_{x \to a} f(x) = f(a)$.

Exemplos:

E 1.15 Vamos rever os limites laterais do exemplo **E 1.13**:

$$f(x) = \frac{|x|}{x} = \begin{cases} \dfrac{x}{x} = 1, \text{se } x > 0 \\ -\dfrac{x}{x} = -1, \text{se } x < 0 \end{cases}$$

Como $\lim_{x \to 0-} f(x) = \lim_{x \to 0-}(-1) = -1$ e $\lim_{x \to 0+} = \lim_{x \to 0+}(1) = 1$, temos que não existe $\lim_{x \to 0} f(x)$, portanto, a função não pode ser contínua.

E 1.16 Agora, analisando os limites laterais da seguinte função no ponto $x = 2$,

$$f(x) = \begin{cases} x^2, \text{se } x < 2 \\ 4, \text{se } x = 2, \\ -x + 6, \text{se } x > 2 \end{cases}$$

temos que $\lim_{x \to 2-} f(x) = \lim_{x \to 2-} x^2 = 4$ e $\lim_{x \to 2+} f(x) = \lim_{x \to 2+}(-x + 6) = 4$. Neste caso, existe $\lim_{x \to 2+} f(x) = 4$ e como $f(2) = 4$, segue que a função é contínua em $x = 2$.

1.7.2 LIMITES EM PONTOS DE DESCONTINUIDADE DE UMA FUNÇÃO

Um ponto de descontinuidade de uma função é um ponto onde o gráfico apresenta uma interrupção ou um "salto", ou ausência de um ponto. Ao fazer o gráfico, num ponto de descontinuidade, precisamos fazer a interrupção necessária no seu traçado.

Exemplo:

E 1.17 Esboçar o gráfico da função $f(x) = \dfrac{x^2-1}{x-1}$, definida para $x \neq 1$, e, em seguida, calcular $\lim_{x \to 1} f(x)$.

Resolução:

Escrevendo $f(x) = \dfrac{f_1(x)}{f_2(x)} = \dfrac{x^2-1}{x-1}$ e estudando o numerador da função: $f_1(x) = x^2 - 1 \to f_1(1) = 1^2 - 1 = 0$, então, pelo teorema de D'Alembert, que diz: "um polinômio P(x) é divisível por $(x-a)$ se e somente se P(a) = 0", segue que:

$f(x) = \dfrac{x^2-1}{x-1} = \dfrac{(x+1)(x-1)}{x-1}$ e, para $x \neq 1, f(x) = x + 1$. Logo, o gráfico da função coincide com o gráfico da reta $y = x + 1$, nos pontos onde $x \neq 1$.

Como o gráfico apresenta uma interrupção no ponto $x = 1$, diremos que este é um ponto de descontinuidade da função, logo,

$$\lim_{x \to 1} f(x) = \lim_{x \to 1} \dfrac{x^2-1}{x-1} = \lim_{x \to 1}(x+1) = 2$$

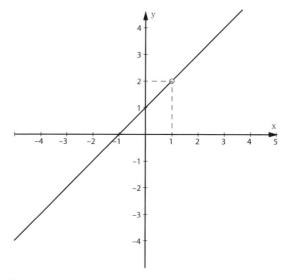

Figura 1.11

1.7.3 PROPRIEDADES DAS FUNÇÕES CONTÍNUAS

Se as funções f e g são contínuas em um ponto $a \in D(f) \cap D(g)$, então:

a) $f + g$ é contínua em a;
b) $f - g$ é contínua em a;

c) $f \cdot g$ é contínua em a;

d) $\dfrac{f}{g}$ é contínua em a, desde que $g(a) \neq 0$.

Consequências:

1) **Limite de uma função afim**

Se m, b e a são números reais, então:

$\lim\limits_{x \to a}(mx + b) = ma + b$

2) **Limite de uma função polinomial**

Se f é uma função polinomial, então:

$\lim\limits_{x \to a} f(x) = \lim\limits_{x \to a}(b_n x^n + \cdots + b_1 x + b_0) = b_n a^n + \cdots + b_1 a + b_0 = f(a)$

3) **Limite de uma função composta**

Se $\lim\limits_{x \to a} g(x) = b$ e f é contínua em b, então:

$\lim\limits_{x \to a} f(g(x)) = f(\lim\limits_{x \to a} g(x)) = f(b)$

4) **Limite e continuidade de funções trigonométricas**

Analisaremos as propriedades de continuidade das funções trigonométricas por meio das funções sen x e cos x e estenderemos para as demais funções trigonométricas, onde x é medido em radianos.

Em trigonometria, os gráficos de sen x e cos x são traçados como curvas contínuas, conforme a figura a seguir:

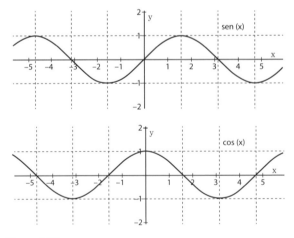

Figura 1.12

Assim, justifica-se que, para todo número real a, são válidas as seguintes igualdades:

1) $\lim\limits_{x \to a} \operatorname{sen} x = \operatorname{sen} a$;

2) $\lim\limits_{x\to a} \cos x = \cos a$.

Podemos estender para as demais funções trigonométricas, expressando-as em termos de sen x e cos x,

1) $\lim\limits_{x\to a} \operatorname{tg} x = \lim\limits_{x\to a} \dfrac{\operatorname{sen} x}{\cos x} = \dfrac{\operatorname{sen} a}{\cos a} = \operatorname{tg} a$, onde cos $a \neq 0$;

2) $\lim\limits_{x\to a} \operatorname{cotg} x = \lim\limits_{x\to a} \dfrac{\cos x}{\operatorname{sen} x} = \dfrac{\cos a}{\operatorname{sen} a} = \operatorname{cotg} a$, onde sen $a \neq 0$;

3) $\lim\limits_{x\to a} \sec x = \lim\limits_{x\to a} \dfrac{1}{\cos x} = \dfrac{1}{\cos a} = \sec a$, onde cos $a \neq 0$;

4) $\lim\limits_{x\to a} \operatorname{cossec} x = \lim\limits_{x\to a} \dfrac{1}{\operatorname{sen} x} = \dfrac{1}{\operatorname{sen} a} = \operatorname{cossec} a$, onde sen $a \neq 0$.

1.8 PROPRIEDADES OPERATÓRIAS DOS LIMITES DE FUNÇÕES

Até agora, calculamos os limites das funções de maneira intuitiva, com auxílio dos gráficos das funções, com o uso de álgebra elementar ou pelo uso da definição de limites. Na prática, os limites são usualmente calculados pelo uso de certas propriedades que vamos estabelecer.

a) Se $f(x) = c$ é uma função constante, então $\lim\limits_{x\to a} f(x) = \lim\limits_{x\to a} c = c$, isto é, o limite de uma função constante é a própria constante.

Para as propriedades a seguir, vamos supor que $\lim\limits_{x\to a} f(x) = l_1, \lim\limits_{x\to a} g(x) = l_2$ e c é um número real qualquer, então:

b) $\lim\limits_{x\to a} [f(x) + g(x)] = \lim\limits_{x\to a} f(x) + \lim\limits_{x\to a} g(x) = l_1 + l_2$, ou seja, o limite de uma soma é igual à soma dos limites das parcelas;

c) $\lim\limits_{x\to a} [f(x) - g(x)] = \lim\limits_{x\to a} f(x) - \lim\limits_{x\to a} g(x) = l_1 - l_2$, ou seja, o limite de uma diferença é igual à diferença dos limites dos termos;

d) $\lim\limits_{x\to a} [c \cdot f(x)] = c \cdot \lim\limits_{x\to a} f(x) = c \cdot l_1$, onde $c \in \mathbb{R}$, ou seja, o limite do produto de uma constante por uma função é igual ao produto dessa constante pelo limite da função;

e) $\lim\limits_{x\to a} [f(x) \cdot g(x)] = \lim\limits_{x\to a} f(x) \cdot \lim\limits_{x\to a} g(x) = l_1 \cdot l_2$, ou seja, o limite de um produto é igual ao produto dos limites dos fatores;

f) $\lim\limits_{x\to a} \left[\dfrac{f(x)}{g(x)} \right] = \dfrac{\lim\limits_{x\to a} f(x)}{\lim\limits_{x\to a} g(x)} = \dfrac{l_1}{l_2}$, onde $l_2 \neq 0$ ou seja, o limite do quociente de duas funções é igual ao quociente dos limites dessas funções, desde que o limite do divisor seja diferente de zero;

g) $\lim\limits_{x\to a} |f(x)| = |\lim\limits_{x\to a} f(x)| = |l_1|$; ou seja, o limite do módulo de uma função é igual ao módulo do limite dessa função;

h) $\lim\limits_{x\to a} [f(x)]^n = [\lim\limits_{x\to a} f(x)]^n = (l_1)^n$; ou seja, o limite da potência n-ésima de uma função é igual à potência n-ésima do limite dessa função, para qualquer n inteiro e positivo;

i) $\lim\limits_{x\to a} \sqrt[n]{f(x)} = \sqrt[n]{\lim\limits_{x\to a} f(x)} = \sqrt[n]{l_1}$; ou seja, o limite da raiz n-ésima de uma função é igual à raiz n-ésima do limite dessa função, desde que $l_1 > 0$ e n seja um inteiro positivo, ou, então, $l_1 < 0$ e n, um inteiro positivo ímpar;

j) $\lim_{x \to a}[b]^{f(x)} = b^{\lim_{x \to a} f(x)} = b^{l_1}$, para $b > 0$, ou seja, o limite da função exponencial $b^{f(x)}$ é igual a b elevado ao limite dessa função;

k) $\lim_{x \to a}[f(x)]^{g(x)} = [\lim_{x \to a} f(x)]^{\lim_{x \to a} g(x)} = (l_1)^{l_2}$, para $l_1 > 0$, ou seja, o limite da função potência exponencial $[f(x)]^{g(x)}$ é igual ao limite da função $f(x)$ elevado ao limite da função $g(x)$;

l) $\lim_{x \to a}[\log_b f(x)] = \log_b[\lim_{x \to a} f(x)] = \log_b l_1$, onde $f(x) > 0$ e $1 \neq b > 0$, ou seja, o limite do logaritmo na base b de uma função é igual ao logaritmo na base b do limite dessa função.

Exemplos:

E 1.18 Dada a função $f(x) = 3$, calcular $\lim_{x \to 2} f(x)$.

Resolução:

Como $f(x) = 3$ é uma função constante, pelo item (a) das propriedades operatórias de limite, $\lim_{x \to 2} f(x) = \lim_{x \to 2} 3 = 3$.

Pelo gráfico,

E 1.19 Dada a função $g(x) = x$, calcular $\lim_{x \to 4} g(x)$.

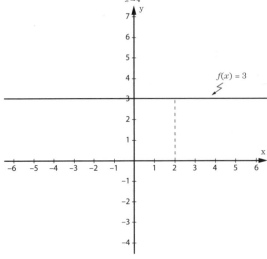

Figura 1.13

Resolução:

Como $g(x) = x$ é a função identidade, então, $\lim_{x \to 4} g(x) = \lim_{x \to 4} x = 4$

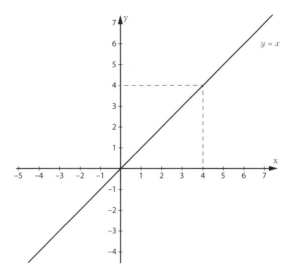

Figura 1.14

O gráfico de $g(x)$ é a reta $y = x$, que é a bissetriz dos quadrantes ímpares do plano cartesiano:

E 1.20 Utilizando as propriedades operatórias de limite, calcular:

1) $\lim\limits_{x \to 3}(5 - 2x + |x|)$

2) $\lim\limits_{x \to \pi/6}(\operatorname{sen} x - \cos x)$

3) $\lim\limits_{x \to 2}\dfrac{\dfrac{x}{2} + 7}{2x^2 - 5x + 6}$

4) $\lim\limits_{x \to \pi/4}(\operatorname{sen} x + \cos x + \operatorname{cotg} x + \sec x)$

5) $\lim\limits_{x \to 2}[\log_4 x + \log_2 2x]^3$

6) $\lim\limits_{x \to 3}[3x - 4]^{\left(\frac{2x^2}{3} - \frac{11}{2}\right)}$

7) $\lim\limits_{x \to 3}\dfrac{x^2 - 9}{x - 3}$

Resolução:

1) Aplicando as propriedades acima, temos:

$\lim\limits_{x \to 3}(5 - 2x + |x|) = \lim\limits_{x \to 3} 5 - \lim\limits_{x \to 3}(2x) + \lim\limits_{x \to 3}|x| = 5 - 2.(3) + |3| = 5 - 6 + 3 = 2.$

2) Aplicando as propriedades, segue:

$\lim\limits_{x \to \pi/6}(\operatorname{sen} x - \cos x) = \lim\limits_{x \to \pi/6}(\operatorname{sen} x) - \lim\limits_{x \to \pi/6}(\cos x) = \dfrac{1}{2} - \dfrac{\sqrt{3}}{2} = \dfrac{1 - \sqrt{3}}{2}$

3) Desenvolvendo as propriedades:

$$\lim_{x\to 2}\left(\frac{\frac{x}{2}+7}{2x^2-5x+6}\right)=\frac{\lim_{x\to 2}\left(\frac{x}{2}+7\right)}{\lim_{x\to 2}(2x^2-5x+6)}=\frac{\frac{2}{2}+7}{2.(2)^2-5.(2)+6}=\frac{1+7}{2.4-10+6}=\frac{8}{4}=2$$

4) Resolvendo o limite:

$$\lim_{x\to\pi/4}(\operatorname{sen} x+\cos x+\cotg x-\sec x)$$

$$=\lim_{x\to\pi/4}(\operatorname{sen} x)+\lim_{x\to\pi/4}(\cos x)+\lim_{x\to\pi/4}\left(\frac{\cos x}{\operatorname{sen} x}\right)-\frac{1}{\lim_{x\to\pi/4}(\cos x)}$$

$$=\operatorname{sen}\left(\frac{\pi}{4}\right)+\cos\left(\frac{\pi}{4}\right)+\frac{\cos\left(\frac{\pi}{4}\right)}{\operatorname{sen}\left(\frac{\pi}{4}\right)}-\frac{1}{\cos\left(\frac{\pi}{4}\right)}=\frac{\sqrt{2}}{2}+\frac{\sqrt{2}}{2}+\frac{\frac{\sqrt{2}}{2}}{\frac{\sqrt{2}}{2}}-\frac{1}{\frac{\sqrt{2}}{2}}$$

$$=\frac{\sqrt{2}+\sqrt{2}}{2}+1-\frac{2}{\sqrt{2}}=\frac{2\sqrt{2}}{2}+1-\frac{2\sqrt{2}}{2}=1$$

5) Pelas propriedades (b), (h) e (l), temos:

$$\lim_{x\to 2}[\log_4 x+\log_2 2x]^3=\left[\lim_{x\to 2}\log_4 x+\lim_{x\to 2}\log_2(2x)\right]^3$$

$$=\left[\log_4\lim_{x\to 2} x+\log_2\lim_{x\to 2}(2x)\right]^3=\left[\log_4 2+\log_2 4\right]^3$$

Pela mudança de base, $\log_c b=\dfrac{\log_a b}{\log_a c}$, segue que:

$$[\log_4 2+\log_2 4]^3=\left[\frac{\log_2 2}{\log_2 4}+2\right]^3=\left(\frac{1}{2}+2\right)^3=\left(\frac{5}{2}\right)^3=\frac{125}{8}$$

6) Aplicando a propriedade (k), temos:

$$\lim_{x\to 3}[3x-4]^{\left(\frac{2x^2}{3}-\frac{11}{2}\right)}=\left[\lim_{x\to 3}3x-4\right]^{\lim_{x\to 3}\left(\frac{2x^2}{3}-\frac{11}{2}\right)}=[3.(3)-4]^{\left(\frac{2(3)^2}{3}-\frac{11}{2}\right)}$$

$$=(9-4)^{\left(6-\frac{11}{2}\right)}=5^{\frac{1}{2}}=\sqrt{5}$$

7) Observemos que se aplicarmos a propriedade:

$$\lim_{x\to 3}\frac{x^2-9}{x-3}=\frac{\lim_{x\to 3}x^2-9}{\lim_{x\to 3}x-3}=\frac{0}{0}$$

Ou seja, não podemos aplicar a propriedade, já que o limite do denominador tende a zero. Nesse caso, devemos fatorar e simplificar a expressão do limite:

$$\frac{x^2-9}{x-3}=\frac{(x+3)(x-3)}{x-3}=x+3$$

Para valores diferentes de 3. Assim,

$$\lim_{x\to 3}\frac{x^2-9}{x-3}=\lim_{x\to 3}x+3=3+3=6$$

> **Observação**
>
> Existem outros resultados de limites que são denominados símbolos de indeterminação, tais como o $\left[\frac{0}{0}\right]$. São estes: $\left[\frac{\infty}{\infty}\right], [\infty - \infty], [0.\infty], [0^0], [1^{\pm\infty}]$ e $[\infty^0]$. Na resolução de tais limites, utilizamos transformações algébricas como simplificações ou artifícios de cálculo visando à simplificação.
>
> Outros exemplos serão estudados na seção 1.13, com roteiro de estudos com exercícios resolvidos e propostos.

1.9 LIMITES QUE ENVOLVEM INFINITO

Na seção 1.2, analisamos a noção intuitiva de limite, quando x tende a um número real a, e, nos exemplos E 1.8 e E 1.9, observamos que tanto o valor de x pode tender ao infinito como a própria função pode se aproximar do infinito. Vamos, então, formalizar os limites envolvendo infinito.

1.9.1 LIMITES INFINITOS PELA DIREITA

Seja f uma função definida num intervalo aberto]a; b[. Então,
$\lim_{x \to a^+} f(x) = +\infty$ ou $[\lim_{x \to a^+} f(x) = -\infty]$.

Significa que, para cada número positivo M, há um número positivo δ, tal que $f(x) > M$ ou $[f(x) < -M]$, sempre que $0 < |x - a| < \delta$.

> **Observação**
>
> $+\infty$ ou $-\infty$ não é número real, e sim símbolo.

Ilustrando a definição:

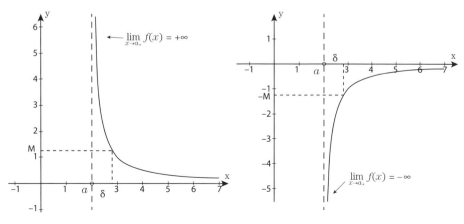

Figura 1.15   Figura 1.16

1.9.2 LIMITES INFINITOS PELA ESQUERDA

Seja f uma função definida num intervalo aberto]c; a[. Então,

$\lim_{x \to a_-} f(x) = +\infty$ ou $[\lim_{x \to a_-} f(x) = -\infty]$.

Significa que, para cada número positivo M, há um número positivo δ, tal que $f(x) > M$ ou $[f(x) > M]$, sempre que $0 < |x - a| < \delta$.

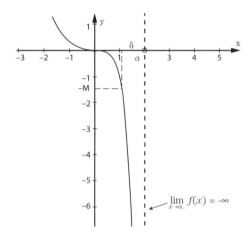

Figura 1.17

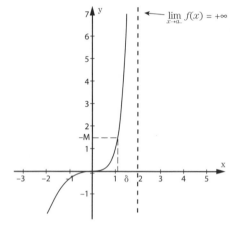

Figura 1.18

1.9.3 LIMITES INFINITOS

Seja f uma função definida em ambos os lados de a, exceto, possivelmente, em a. Então,

$\lim_{x \to a} f(x) = +\infty \Leftrightarrow \lim_{x \to a_-} f(x) = \lim_{x \to a_+} f(x) = +\infty$

ou

$\lim_{x \to a} f(x) = -\infty \Leftrightarrow \lim_{x \to a_-} f(x) = \lim_{x \to a_+} f(x) = -\infty$

Logo, se $\lim_{x \to a} f(x) = +\infty$, significa que podemos fazer os valores de $f(x)$ ficar arbitrariamente grandes (tão grandes quanto quisermos) por meio de uma escolha adequada de x nas proximidades de a, mas não igual a a.

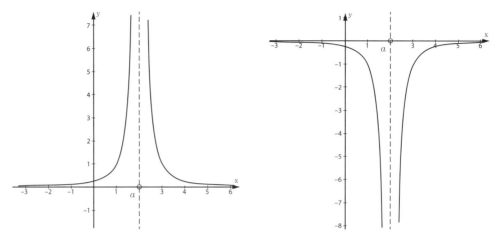

Figura 1.19 Figura 1.20

1.9.4 LIMITES NO INFINITO

Seja f uma função definida em pelo menos um intervalo aberto ilimitado $]a; \infty[$, (respectivamente $]-\infty, a[$). Definir $\lim_{x \to +\infty} f(x) = l$ (ou respectivamente $\lim_{x \to -\infty} f(x) = l$) significa que, para cada número real positivo ε, há um número real positivo N tal que se $x > N$ ou respectivamente $x < N$, então $|f(x) - l| < \varepsilon$. Nesse caso, denominamos de limite no infinito.

1.9.5 PROPRIEDADES DE LIMITES ENVOLVENDO INFINITO

1) Se $\lim_{x \to a} f(x) = l \neq 0$ e $\lim_{x \to a} g(x) = 0$, então $\lim_{x \to a} = \left| \dfrac{f(x)}{g(x)} \right| = +\infty$;

2) $\lim_{x \to +\infty} = \left(\dfrac{1}{x}\right)^p = \lim_{x \to +\infty} \dfrac{1}{x^p} = 0$ e $\lim_{x \to -\infty} \left(\dfrac{1}{x}\right)^p = \lim_{x \to -\infty} \dfrac{1}{x^p} = 0$;

3) Se $P(x) = a_m x^m + a_{m-1} x^{m-1} + \ldots + a_2 x^2 + a_1 x + a_0$ e $Q(x) = b_n x^n + b_{n-1} x^{n-1} + \ldots + b_2 x^2 + b_1 x + b_0$, com $a_m \neq 0$; $b_n \neq 0$, então:

a) $\lim_{x \to +\infty} P(x) = \lim_{x \to +\infty} a_m x^m$ e $\lim_{x \to +\infty} Q(x) = \lim_{x \to +\infty} b_n x^n$;

b) $\lim_{x \to +\infty} \dfrac{P(x)}{Q(x)} = \lim_{x \to +\infty} \dfrac{a_m x^m}{b_n x^n} = \begin{cases} \pm\infty, \text{se } m > n \\ \dfrac{a_m}{b_n}, \text{se } m = n \\ 0, \text{se } m < n \end{cases}$

1.10 TEOREMA DO CONFRONTO

Seja I um intervalo aberto, onde estão definidas as funções $g(x), f(x)$ e $h(x)$, e suponha que $g(x) \leq f(x) \leq h(x)$, para todo $x \in I$, exceto, possivelmente, em um ponto $a \in I$. Suponha também que $\lim_{x \to a} g(x) = \lim_{x \to a} h(x) = l$. Então, $\lim_{x \to a} f(x) = l$.

Demonstração:

Vamos usar a definição formal de limite para demonstrar este teorema. Sendo $\lim_{x \to a} g(x) = \lim_{x \to a} h(x) = l$, então, para todo $\varepsilon > 0$, existem $\delta_1 > 0$ e $\delta_2 > 0$ tais que:

$0 < |x - a| < \delta_1 \Rightarrow |g(x) - l| < \varepsilon \Rightarrow l - \varepsilon < g(x) < l + \varepsilon$

$0 < |x - a| < \delta_2 \Rightarrow |h(x) - l| < \varepsilon \Rightarrow l - \varepsilon < h(x) < l + \varepsilon$

Seja $\delta = \min(\delta_1, \delta_2)$, neste caso, temos que para todo $\varepsilon > 0$, se $0 < |x - a| < \delta$, segue que:

$l - \varepsilon < g(x) \leq f(x) \leq h(x) < l + \varepsilon \Rightarrow l - \varepsilon < f(x) < l + \varepsilon \Rightarrow |f(x) - l| < \varepsilon$

Ou seja, $\lim_{x \to a} f(x) = l$.

1.11 LIMITES FUNDAMENTAIS

1.11.1 LIMITE TRIGONOMÉTRICO FUNDAMENTAL

$$\lim_{x \to 0} \frac{\operatorname{sen} x}{x} = 1$$

Observe que, se substituirmos o valor de $x = 0$, temos um limite indeterminado do tipo $\left[\frac{0}{0}\right]$. Por isso, vamos fazer uma demonstração geométrica, para concluirmos que esse limite vale 1. Consideremos a circunferência trigonométrica de raio 1.

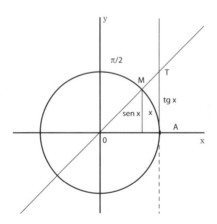

Figura 1.21

Seja x a medida em radianos do arco $\widehat{AOM}$, $x \in \left]0; \frac{\pi}{2}\right[$. Observando a figura ao lado, podemos escrever as seguintes desigualdades:

$\operatorname{sen} x < x < \operatorname{tg} x \Rightarrow \dfrac{1}{\operatorname{sen} x} > \dfrac{1}{x} > \dfrac{1}{\operatorname{tg} x}$

Como sen $x > 0$, podemos multiplicar a desigualdade acima toda por sen x:

$$\frac{\operatorname{sen} x}{\operatorname{sen} x} > \frac{\operatorname{sen} x}{x} > \frac{\operatorname{sen} x}{\operatorname{tg} x}$$

Simplificando os termos da desigualdade,

$$1 > \frac{\operatorname{sen} x}{x} > \cos x$$

Aplicando o limite nos termos da desigualdade e usando o teorema do confronto:

$$\lim_{x\to 0}\cos x < \lim_{x\to 0}\frac{\operatorname{sen} x}{x} < \lim_{x\to 0} 1$$

ou, ainda, $1 < \lim\limits_{x\to 0}\dfrac{\operatorname{sen} x}{x} < 1 \Rightarrow \lim\limits_{x\to 0}\dfrac{\operatorname{sen} x}{x} = 1$

Por outro lado, se $x \in \left]-\dfrac{\pi}{2};0\right[$, a demonstração é análoga.

Exemplo:

E 1.21 Calcular os seguintes limites, aplicando o limite fundamental trigonométrico:

a) $\quad \lim\limits_{x\to 0}\dfrac{\operatorname{sen}(2x)}{5x}$;

b) $\quad \lim\limits_{x\to 0}\dfrac{1-\cos x}{x^2}$.

Resolução:

a) Aplicando algumas propriedades de limites, temos:

$$\lim_{x\to 0}\frac{\operatorname{sen}(2x)}{5x} = \frac{1}{5}\cdot\lim_{x\to 0}\frac{\operatorname{sen}(2x)}{x}$$

Agora, para aplicar o limite fundamental trigonométrico, devemos ter o denominador igual ao arco em que se está aplicando o seno. Portanto,

$$\lim_{x\to 0}\frac{\operatorname{sen}(2x)}{5x} = \frac{1}{5}\cdot\lim_{x\to 0}\frac{\operatorname{sen}(2x)}{x} = \frac{1}{5}\cdot\lim_{x\to 0}\frac{2\cdot\operatorname{sen}(2x)}{2x} = \frac{2}{5}\cdot\lim_{x\to 0}\frac{\operatorname{sen}(2x)}{2x} = \frac{2}{5}\cdot 1 = \frac{2}{5}$$

b) Para resolver esse limite, vamos multiplicar e dividir a expressão por $(1 + \cos x)$, para aparecer a expressão que nos permita aplicar o limite fundamental trigonométrico:

$$\lim_{x\to 0}\frac{(1-\cos x)(1+\cos x)}{x^2(1+\cos x)} = \lim_{x\to 0}\frac{1^2-\cos^2 x}{x^2(1+\cos x)} = \lim_{x\to 0}\frac{\operatorname{sen}^2 x}{x^2(1+\cos x)}$$

Em seguida, dividimos em dois limites e, no primeiro limite, aplicamos o limite fundamental trigonométrico:

$$\lim_{x\to 0}\frac{\operatorname{sen}^2 x}{x^2(1+\cos x)} = \left[\lim_{x\to 0}\frac{\operatorname{sen} x}{x}\right]^2\cdot\lim_{x\to 0}\frac{1}{(1+\cos x)} = 1^2\cdot\frac{1}{1+\cos 0} = \frac{1}{2}$$

1.11.2 LIMITE FUNDAMENTAL DA FUNÇÃO POTÊNCIA EXPONENCIAL

$$\lim_{x\to\infty}\left(1+\frac{1}{x}\right)^x = e$$

O número de Euler e ($e \cong 2{,}7182818284590\ldots$) é o limite da função $f(x) = \left(1+\frac{1}{x}\right)^x$ quando $x \to \infty$ e também quando $x \to -\infty$. Verifica-se que existe $\lim_{x\to\infty}\left(1+\frac{1}{x}\right)^x$ de valor $2{,}7182818284590\ldots$, o qual se convencionou representar por e e é denominado número de Euler.

Foto: Wikipedia.

Matemático suíço, introduziu várias notações na matemática e contribuiu nos ramos da álgebra, análise, trigonometria, teoria dos números, teoria dos grafos e cálculo. O número de Euler aparece pela primeira vez em 1618, em um trabalho sobre logaritmos de John Napier.

LEONHARD EULER
(1707-1783)

Com o auxílio da calculadora, podemos determinar o valor aproximado de e, conforme a tabela abaixo:

x	10	100	1.000	10.000	$x \to \infty$
$f(x) = \left(1+\frac{1}{x}\right)^x$	2,5937	2,7048	2,7169	2,7181	$f(x) \to e$

Teorema:

Seja a função definida em $\{x \in \mathbb{R} / -1 < x \neq 0\}$ por $f(x) = (1+x)^{\frac{1}{x}}$, então:

$$\lim_{x\to 0}(1+x)^{\frac{1}{x}} = e$$

Verificação:

Fazendo $x = \frac{1}{t}$, temos:

$(1+x)^{\frac{1}{x}} = \left(1+\frac{1}{t}\right)^t$

E observando que

$x \to 0_+ \Rightarrow t = \frac{1}{x} \to +\infty$ e $x \to 0_- \Rightarrow t = \frac{1}{x} \to -\infty$, temos:

$$\lim_{x\to 0_+}(1+x)^{\frac{1}{x}} = \lim_{t\to +\infty}\left(1+\frac{1}{t}\right)^t = e$$

$$\lim_{x\to 0_-}(1+x)^{\frac{1}{x}} = \lim_{t\to -\infty}\left(1+\frac{1}{t}\right)^t = e$$

Logo, $\lim\limits_{x \to 0}(1+x)^{\frac{1}{x}} = e$.

Exemplo:

E 1.22 Calcular os seguintes limites, aplicando o limite fundamental da função potência exponencial:

a) $\lim\limits_{x \to +\infty} = \left(1 + \dfrac{1}{x}\right)^{2x}$;

b) $\lim\limits_{x \to -\infty}\left(1 + \dfrac{5}{x}\right)^{x}$.

Resolução:

a)   Aplicando algumas propriedades de limites e das potências, temos:

$$\lim_{x \to \infty}\left(1 + \frac{1}{x}\right)^{2x} = \lim_{x \to \infty}\left[\left(1 + \frac{1}{x}\right)^{x}\right]^{2} = \left[\lim_{x \to +\infty}\left(1 + \frac{1}{x}\right)^{x}\right]^{2} = e^{2}$$

b)   Fazendo uma substituição $\dfrac{5}{x} = \dfrac{1}{t}$ e, ainda, $x = 5t$, segue:

$$\lim_{x \to -\infty}\left(1 + \frac{5}{x}\right)^{x} = \lim_{t \to -\infty}\left(1 + \frac{1}{t}\right)^{5t} = \left[\lim_{t \to -\infty}\left(1 + \frac{1}{t}\right)^{t}\right]^{5} = e^{5}$$

1.11.3 CONSEQUÊNCIA DO LIMITE FUNDAMENTAL DA FUNÇÃO POTÊNCIA EXPONENCIAL

$$\lim_{x \to 0}\frac{a^{x} - 1}{x} = \ln a \text{, para } a > 0$$

Verificação:

1º)   Para $a = 1$, temos:

$$\lim_{x \to 0}\frac{a^{x} - 1}{x} = \lim_{x \to 0}\frac{1^{x} - 1}{x} = \lim_{x \to 0}0 = 0 = \ln 1$$

2º)   Supondo $0 < a \neq 1$, vamos fazer a seguinte substituição:

$t = a^{x} - 1 \Rightarrow a^{x} = 1 + t$ (1)

Aplicando o logaritmo natural em ambos os membros da última igualdade:

$\ln a^{x} = \ln(1 + t)$

Pela propriedade de logaritmo, temos:

$$x \cdot \ln a = \ln(1 + t) \Rightarrow x = \frac{\ln(1 + t)}{\ln a} \text{ (2)}$$

Substituindo (1) e (2) na expressão do limite:

$$\frac{a^x - 1}{x} = \frac{a^x - 1}{1} \cdot \frac{1}{x} = \frac{t}{1} \cdot \frac{\ln a : t}{\ln (1+t) : t} = \frac{\ln a}{\frac{1}{t} \cdot \ln (1+t)}$$

Pela propriedade de logaritmo, segue:

$$\frac{a^x - 1}{x} = \frac{\ln a}{\ln (1+t)^{1/t}}$$

Passando o limite tendendo a zero,

$$\lim_{x \to 0} \frac{a^x - 1}{x} = \lim_{t \to 0} \frac{\ln a}{\ln (1+t)^{1/t}} = \frac{\lim_{t \to 0} \ln a}{\ln \left[\lim_{t \to 0} (1+t)^{1/t} \right]} = \frac{\ln a}{\ln e} = \frac{\ln a}{1} = \ln a.$$

Donde segue o resultado.

Exemplo:

E 1.23 Calcular os seguintes limites, aplicando a consequência do limite fundamental da função potência exponencial:

a) $\lim_{x \to 0} \dfrac{2^{x+2} - 4}{3x}$;

b) $\lim_{x \to 0} \dfrac{3^x - 1}{\operatorname{sen} x}$.

Resolução:

a) Aplicando algumas propriedades de limites e das potências, temos:

$$\lim_{x \to 0} \frac{2^{x+2} - 4}{3x} = \lim_{x \to 0} \frac{2^x \cdot 2^2 - 4}{3x} = \frac{1}{3} \cdot \lim_{x \to 0} \frac{4(2^x - 1)}{x} = \frac{4}{3} \cdot \lim_{x \to 0} \frac{2^x - 1}{x} = \frac{4}{3} \ln 2$$

b) Multiplicando e dividindo a expressão do limite por x e aplicando o limite fundamental trigonométrico:

$$\lim_{x \to 0} \frac{3^x - 1}{\operatorname{sen} x} \cdot \frac{x}{x} = \lim_{x \to 0} \frac{3^x - 1}{x} \cdot \lim_{x \to 0} \frac{x}{\operatorname{sen} x} = \ln 3 \cdot 1 = \ln 3$$

1.12 ALGUMAS APLICAÇÕES DE LIMITES

1.12.1 ASSÍNTOTA HORIZONTAL, VERTICAL E INCLINADA

1.12.1.1 Assíntota horizontal

A reta $y = L$ é denominada assíntota horizontal da curva $y = f(x)$ se, pelo menos, uma das condições se verifica:

$$\lim_{x \to +\infty} f(x) = L \text{ ou } \lim_{x \to -\infty} f(x) = L$$

Exemplo:

E 1.24 Determinar a equação da assíntota horizontal da função $f(x) = \dfrac{2x-3}{x-3}$

Resolução:

$$\lim_{x \to +\infty} f(x) = \lim_{x \to +\infty} \frac{2x-3}{x-3} \quad \lim_{x \to +\infty} \frac{2x\left(1 - \dfrac{3}{2x}\right)}{x\left(1 - \dfrac{3}{x}\right)} = \lim_{x \to +\infty} \frac{2\left(1 - \overbrace{\dfrac{3}{2x}}^{0}\right)}{1\left(1 - \underbrace{\dfrac{3}{x}}_{0}\right)} = \frac{2}{1} = 2$$

Logo, a assíntota horizontal é $y = 2$.

Graficamente,

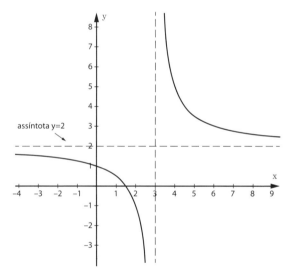

Figura 1.22

1.12.1.2 Assíntota vertical

A reta vertical $x = a$ é denominada assíntota vertical do gráfico da função $y = f(x)$ se pelo menos uma das condições se verifica:

1) $\lim_{x \to a^+} f(x) = +\infty$;
2) $\lim_{x \to a^-} f(x) = +\infty$;
3) $\lim_{x \to a^+} f(x) = -\infty$;
4) $\lim_{x \to a^-} f(x) = -\infty$;

Exemplo:

E 1.25 Determinar as assíntotas horizontais e verticais do gráfico da função $f(x) = \dfrac{3x}{x-2}$, se existirem, e esboça-las graficamente.

Resolução:

Para verificar se há assíntota horizontal, vamos calcular os seguintes limites:

$$\lim_{x \to +\infty} f(x) = \lim_{x \to +\infty} \frac{3x}{x-2} = \lim_{x \to +\infty} \frac{3x}{x\left(1 - \dfrac{2}{x}\right)} = \lim_{x \to +\infty} \frac{3}{1\left(1 - \dfrac{2}{x}\right)} = \frac{3}{1} = 3$$

e

$$\lim_{x \to -\infty} f(x) = \lim_{x \to -\infty} \frac{3x}{x-2} = \lim_{x \to -\infty} \frac{3x}{x\left(1 - \dfrac{2}{x}\right)} = \lim_{x \to -\infty} \frac{3}{1\left(1 - \dfrac{2}{x}\right)} = \frac{3}{1} = 3$$

Assim, $y = 3$ é uma assíntota horizontal.

Para verificar se existe assíntota vertical, vamos calcular os limites laterais do ponto que não pertence ao domínio da função, ou seja, $x = 2$:

- $\lim_{x \to 2^+} \dfrac{3x}{x-2} = +\infty$, pois o numerador é positivo e a função $y = x - 2$ é positiva para valores maiores que 2;

- $\lim_{x \to 2^-} \dfrac{3x}{x-2} = -\infty$, pois o numerador é positivo e a função $y = x - 2$ é negativa para valores menores que 2;

Logo, $x = 2$ é uma assíntota vertical. Graficamente,

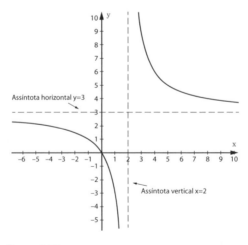

Figura 1.23

1.12.1.3 Assíntota inclinada

A reta $y = ax + b$ é uma assíntota inclinada do gráfico da função $y = f(x)$ se, pelo menos, uma das seguintes afirmações for verdadeira:

1) $\lim_{x \to +\infty}[f(x) - (ax + b)] = 0$;

2) $\lim_{x \to -\infty}[f(x) - (ax + b)] = 0$.

> **Observação**
>
> Verifica-se que as funções racionais do tipo $f(x) = \dfrac{P(x)}{Q(x)}$, sendo $P(x)$ e $Q(x)$ polinômios tais que a diferença entre o grau de $P(x)$ e $Q(x)$ seja igual a 1, possuem assíntotas inclinadas.

Exemplo:

E 1.26 Verificar que a reta $y = 3x$ é assíntota do gráfico de $f(x) = \dfrac{3x^3 + 4x}{x^2 + 4}$

Resolução:

Observe que (o grau do numerador) – (o grau do denominador) $= 3 - 2 = 1$. Verificando pelo limite,

$$\lim_{x \to \pm\infty}[f(x) - (ax + b)] = \lim_{x \to +\infty}\left[\frac{3x^3 + 4x}{x^2 + 4} - (3x)\right]$$

$$\lim_{x \to +\infty}\left[\frac{3x^3 + 4x - 3x(x^2 + 4)}{x^2 + 4}\right]$$

$$\lim_{x \to +\infty}\left[\frac{3x^3 + 4x - 3x^3 - 12x}{x^2 + 4}\right] = \lim_{x \to +\infty}\left[\frac{-8x}{x^2 + 4}\right] = \lim_{x \to +\infty}\left[\frac{-8}{x}\right] = 0$$

Portanto, $y = 3x$ é assíntota do gráfico de $f(x) = \dfrac{3x^3 + 4x}{x^2 + 4}$.

1.12.2 OUTRAS APLICAÇÕES

Exemplos:

E 1.27 Em uma fábrica de motores para indústria, modelou-se que, após x dias de treinamento, um operário monta m motores por dia, onde m é dada pela expressão:

$$m(x) = \frac{16x - 13}{2x + 1}$$

Qual o limite máximo de produção de um operário, após um longo período trabalhando com montagem de motores?

Resolução:

Observamos que, no primeiro dia de treinamento, $m(1) = \dfrac{16 \cdot 1 - 13}{2 \cdot 1 + 1} = 1$, ou seja, o operário monta 1 motor; no segundo dia, $m(2) = \dfrac{16 \cdot 2 - 13}{2 \cdot 2 + 1} = \dfrac{19}{5} = 3,8$, um pouco mais de 3 motores no segundo dia. Para um longo prazo, temos:

$$\lim_{x \to \infty} \frac{16x - 13}{2x + 1} = \lim_{x \to \infty} \frac{x\left(16 - \dfrac{13}{x}\right)}{x\left(2 + \dfrac{1}{x}\right)} = \frac{16}{2} = 8.$$

Resposta: Um operário pode produzir até 8 motores por dia, após um longo tempo de experiência.

E 1.28 Para produzir uma peça de material reciclável, tem-se a seguinte função, onde x é a quantidade de matéria-prima em quilograma:

$$p(x) = \frac{x^2 + 2x - 15}{2x - 6}$$

Determine quantas peças são produzidas com 3 quilogramas de material reciclável.

Resolução:

Como a função não está definida para $x = 3$, devemos simplificar a expressão e passar ao limite:

$$\lim_{x \to 3} \frac{x^2 + 2x - 15}{2x - 6} = \lim_{x \to 3} \frac{(x - 3)(x + 5)}{2(x - 3)} = \lim_{x \to 3} \frac{x + 5}{2} = \frac{8}{2} = 4$$

Resposta: São produzidas 4 peças com 3 quilos de matéria-prima.

E 1.29 Devido a algumas observações, obteve-se uma expressão para o número de coelhos de uma fazenda de criação de coelhos, em função de t meses:

$$N(t) = 3000 + \frac{2500t}{10t + 25}$$

Determine o número máximo de coelhos que poderá ter essa fazenda.

Resolução:

Passando ao limite quando t tende a infinito, temos:

$$\lim_{t \to \infty}\left[3000 + \frac{2500t}{10t + 25}\right] = \lim_{t \to \infty} 3000 + \lim_{t \to \infty} \frac{2500t}{10t + 25} = 3000 + \lim_{t \to \infty} \frac{2500}{10} = 3250$$

Resposta: O número máximo de coelhos será de 3250.

1.13 ROTEIRO DE ESTUDO COM EXERCÍCIOS RESOLVIDOS E EXERCÍCIOS PROPOSTOS

R 1.1 Dada a função $f: \mathbb{R} \rightarrow \mathbb{R}, f(x) = 2x + 1$, estudar completamente $\lim_{x \to 2} f(x)$.

Resolução:

1°) Pela intuição:

Limite à esquerda:

Atribuindo a x valores menores que 2, temos que o limite à esquerda é:
$\lim_{x \to 2_-} f(x) = \lim_{x \to 2_-} (2x + 1) = 5$

Vamos ver pela tabela:

x	1,9	1,95	1,99	1,995	1,999	$x \to 2_-$
f(x) = 2x + 1	4,8	4,90	4,98	4,990	4,998	f(x) → 5

Limite à direita:

Atribuindo a x valores maiores que 2, cada vez mais próximos de 2, temos que o limite à direita é:
$\lim_{x \to 2_+} f(x) = \lim_{x \to 2_+} (2x + 1) = 5$

Verifiquemos o resultado pela tabela:

x	2,1	2,05	2,01	2,005	2,001	$x \to 2_+$
f(x) = 2x + 1	5,2	5,10	5,02	5,010	5,002	f(x) → 5

Em ambos os casos, notamos que $\lim_{x \to 2_-} f(x) = \lim_{x \to 2_+} f(x) = 5$ e $f(2) = 2(2) + 1 = 5$, e podemos concluir que $\lim_{x \to 2} f(x) = f(2) = 5$, portanto, a função é contínua em $x = 2$.

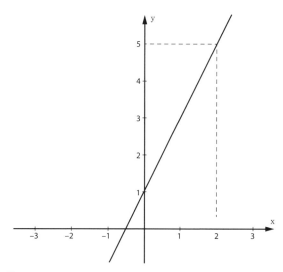

Figura 1.24

2º) Pela definição:

Aplicando a definição formal de limites, vamos concluir que $\lim_{x \to 2} f(x) = 5$.

Seja $\varepsilon > 0$, devemos determinar um número real $\delta > 0$, tal que $|(2x + 1) - 5| < \varepsilon$, sempre que $0 < |x - 2| < \delta$.

De $|(2x + 1) - 5| < \varepsilon$, temos $|2x - 4| < \varepsilon \Rightarrow 2|x - 2| < \varepsilon \Rightarrow |x - 2| < \dfrac{\varepsilon}{2}$, daí podemos escolher $\delta = \dfrac{\varepsilon}{2}$ e, nesse caso, se $0 < |x - 2| < \delta$, temos que $|(2x + 1) - 5| < \varepsilon$, ou seja, $\lim_{x \to 2} f(x) = 5$.

R 1.2 Calcular $\lim_{x \to 2} f(x)$, sendo:

$f(x) = \begin{cases} x + 2, \text{se } x > 2 \\ x^2, \text{se } x < 2 \end{cases}$

Resolução:

Vamos observar que:

$\lim_{x \to 2_-} f(x) = \lim_{x \to 2_-} x^2 = 2^2 = 4$

$\lim_{x \to 2_+} f(x) = \lim_{x \to 2_+} (x + 2) = 2 + 2 = 4$

Como os limites laterais são iguais, então:

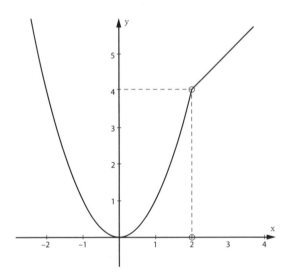

Figura 1.25

$\lim_{x \to 2} f(x) = 4$. Note que existe uma função contínua $h(x)$ que coincide com $f(x)$ em todo $x \neq 2$ e tal que $h(2) = 4$.

P 1.3 Avaliar $\lim\limits_{x \to 1} f(x)$, sendo:

$$f(x) = \begin{cases} 2 - x, \text{se } x < 1 \\ x - 1, \text{se } x > 1 \end{cases}$$

R 1.4 Dada a função $f(x) = \dfrac{1}{x}, x \neq 0$, a chamada função recíproca, justificar que $\lim\limits_{x \to -\infty} f(x) = 0$.

Resolução:

De acordo com a definição de limites no infinito (1.9.4), devemos verificar se, dado um número real $\varepsilon > 0$, podemos determinar um número real $M > 0$, tal que para todo $x < -M$, temos que $|f(x) - 0| < \varepsilon$, ou seja, $\left| \dfrac{1}{x} \right| < \varepsilon$.

De fato, se queremos que $\left| \dfrac{1}{x} \right| < \varepsilon \Leftrightarrow -\varepsilon < \dfrac{1}{x} < \varepsilon \Leftrightarrow -x\varepsilon > 1 > x\varepsilon$, ou seja, $1 < -x\varepsilon \underset{(-1)}{\Rightarrow} x\varepsilon < -1 \Rightarrow x < \dfrac{1}{\varepsilon}$. Vamos escolher, nesse caso, $M = \dfrac{1}{\varepsilon}$. Logo, sempre que $x < -M$, temos que $\left| \dfrac{1}{x} \right| < \varepsilon$, ou seja, $\lim\limits_{x \to -\infty} f(x) = 0$.

P 1.5 Verificar que, dada $f(x) = \dfrac{1}{x}, x \neq 0$, o $\lim\limits_{x \to \infty} f(x) = 0$.

R 1.6 Dada a função $f(x) = 2x + 1$, $x \in \mathbb{R}$, determinar um número real $\delta > 0$, tal que $|f(x) - 3| < 0{,}001$, sempre que $|x - 1| < \delta$.

Resolução:

Se queremos $|f(x) - 3| < 0{,}001$, então:

$|(2x + 1) - 3| < 0{,}001 \Leftrightarrow |2x - 2| < 0{,}001 \Leftrightarrow |2(x - 1)| < 0{,}001 \Leftrightarrow |x - 1| < 0{,}0005$.

Vamos escolher $\delta = 0{,}0005$.

Resposta: $\delta = 0{,}0005$.

P 1.7 Dada a função $f(x) = 1 - 4x$, $x \in \mathbb{R}$, determinar um intervalo em que x deve pertencer e um número real $\delta > 0$, em função de $\varepsilon > 0$, tal que $|f(x) + 3| < \varepsilon$, sempre que x esteja nesse intervalo.

R 1.8 Aplicando as propriedades operatórias dos limites, avaliar os limites a seguir:

a) $\lim\limits_{x \to 2} x^5$

b) $\lim_{x \to 1} (x^2 + 5x + 3)$

c) $\lim_{x \to 3} (x - 2)^{13}$

d) $\lim_{x \to \pi/4} (x \cdot \cos x)$

Resolução:

a) $\lim_{x \to 2} x^5 = (\lim_{x \to 2} x)^5 = 2^5 = 32$

b) $\lim_{x \to 1} (x^2 + 5x + 3) = (\lim_{x \to 1} x^2 + \lim_{x \to 1} 5x + \lim_{x \to 1} 3) =$
$(\lim_{x \to 1} x)^2 + 5\lim_{x \to 1} x + \lim_{x \to 1} 3 = 1^2 + 5 \cdot (1) + 3 = 9$

c) $\lim_{x \to 3} (x - 2)^{13} = (\lim_{x \to 3} (x - 2))^{13} = (3 - 2)^{13} = 1$

d) $\lim_{x \to \pi/4} (x \cdot \cos x) = \lim_{x \to \pi/4} (x) \cdot \lim_{x \to \pi/4} (\cos x) = \frac{\pi}{4} \cdot \cos\left(\frac{\pi}{4}\right) = \frac{\pi}{4} \cdot \frac{\sqrt{2}}{2} = \frac{\pi\sqrt{2}}{8}$

P 1.9 Aplicando as propriedades operatórias dos limites, avaliar os limites a seguir:

a) $\lim_{x \to 3} \sqrt{x^3 + 3x - 4}$

b) $\lim_{x \to -1/2} \frac{x^4 + x^2}{x + 1}$

c) $\lim_{x \to 3\pi/4} (\operatorname{sen} x + \cos x - \sec x)$

d) $\lim_{x \to 5} [\log_3 (x^3 - 8x - 4)]$

e) $\lim_{x \to -2} \sqrt{\frac{3x^3 - 5x^2 - x - 2}{4x + 3}}$

R 1.10 Calcular os seguintes limites, aplicando algumas simplificações algébricas, se necessário:

a) $\lim_{x \to 2} \frac{x^4 - x^3 + 2x^2}{x^3 - 2x^2}$

b) $\lim_{x \to 1} \frac{x^2 + x - 2}{x^2 - 1}$

c) $\lim_{x \to 3/2} \frac{2x - 3}{4x^2 - 9}$

d) $\lim_{x \to 1} \frac{x^3 - 1}{x^2 - 1}$

e) $\lim_{x \to 2} \frac{x^3 - 8}{x^4 - 16}$

Resolução:

Fatorando e simplificando as expressões dadas, temos:

a) $\lim\limits_{x\to 2}\dfrac{x^4-x^3+2x^2}{x^3-2x^2}=\lim\limits_{x\to 2}\dfrac{x^2\left(x^2-x+2\right)}{x^2\left(x-2\right)}=$

$\lim\limits_{x\to 2}\dfrac{\left(x-2\right)\left(x+1\right)}{x-2}=\lim\limits_{x\to 2}\left(x+1\right)=2+1=3$

b) $\lim\limits_{x\to 1}\dfrac{x^2+x-2}{x^2-1}=\lim\limits_{x\to 1}\dfrac{\left(x-1\right)\left(x+2\right)}{\left(x-1\right)\left(x+1\right)}=\lim\limits_{x\to 1}\dfrac{x+2}{x+1}=\dfrac{3}{2}$

c) $\lim\limits_{x\to 3/2}\dfrac{2x-3}{4x^2-9}=\lim\limits_{x\to 3/2}\dfrac{2x-3}{\left(2x-3\right)\left(2x+3\right)}=\lim\limits_{x\to 3/2}\dfrac{1}{2x+3}$

$$=\dfrac{1}{2\cdot\dfrac{3}{2}+3}=\dfrac{1}{3+3}=\dfrac{1}{6}$$

d) $\lim\limits_{x\to 1}\dfrac{x^3-1}{x^2-1}=\lim\limits_{x\to 1}\dfrac{\left(x-1\right)\left(x^2+x+1\right)}{\left(x-1\right)\left(x+1\right)}=\lim\limits_{x\to 1}\dfrac{x^2+x+1}{x+1}=\dfrac{1^2+1+1}{1+1}=\dfrac{3}{2}$

* Lembrando que:

$a^2-b^2=(a-b)(a+b)$ e que $a^3-b^3=(a-b)(a^2+ab+b^2)$

e) $\lim\limits_{x\to 2}\dfrac{x^3-8}{x^4-16}=\lim\limits_{x\to 2}\dfrac{\left(x-2\right)\left(x^2+2x+2^2\right)}{\left(x^2-4\right)\left(x^2+4\right)}=\lim\limits_{x\to 2}\dfrac{\left(x-2\right)\left(x^2+2x+4\right)}{\left(x-2\right)\left(x+2\right)\left(x^2+4\right)}=$

$\lim\limits_{x\to 2}\dfrac{\left(x^2+2x+4\right)}{\left(x+2\right)\left(x^2+4\right)}=\dfrac{2^2+2\left(2\right)+4}{\left(2+2\right)\left(2^2+4\right)}=\dfrac{12}{4\cdot 8}=\dfrac{3}{8}$

P 1.11 Calcular os seguintes limites, aplicando algumas simplificações algébricas, se necessário:

a) $\lim\limits_{x\to -3}\dfrac{2x^2+9x+9}{x+3}$

b) $\lim\limits_{x\to 2}\dfrac{x^2-8}{x-2}$

c) $\lim\limits_{x\to 1}\dfrac{3x^3-4x^2-x+2}{2x^3-3x^2+1}$

d) $\lim\limits_{x\to 2}\sqrt{\dfrac{x^2-4x+4}{x^2-4}}$

R 1.12 Calcular o limite a seguir, aplicando algumas simplificações algébricas, se necessário:

$$\lim\limits_{x\to 1}\dfrac{x^n-1}{x-1}$$

Resolução:

Dividindo x^n-1 por $x-1$, obtemos:

$$\lim_{x \to 1} \frac{x^n - 1}{x - 1} = \lim_{x \to 1} (\underbrace{x^{n-1} + x^{n-2} + \cdots + x + 1}_{n\,\text{parcelas}}) = 1^{n-1} + 1^{n-2} + \cdots + 1 + 1 = n \cdot 1 = n$$

Resposta: n

R 1.13 Calcular o limite a seguir, aplicando algumas simplificações algébricas, se necessário:

$$\lim_{x \to 1} \frac{\sqrt{x} - 1}{x - 1}$$

Resolução:

Vamos usar o produto notável $a^2 - b^2 = (a - b)(a + b)$, mas, para isso, vamos multiplicar e dividir a expressão por $\sqrt{x} + 1$:

$$\lim_{x \to 1} \frac{(\sqrt{x} - 1)(\sqrt{x} + 1)}{(x - 1)(\sqrt{x} + 1)} = \lim_{x \to 1} \frac{(\sqrt{x})^2 - 1^2}{(x - 1)(\sqrt{x} + 1)} = \lim_{x \to 1} \frac{x - 1}{(x - 1)(\sqrt{x} + 1)} = \lim_{x \to 1} \frac{1}{\sqrt{x} + 1} = \frac{1}{2}$$

Resposta: ½

P 1.14 Calcular os seguintes limites, aplicando algumas simplificações algébricas, se necessário:

a) $\lim_{x \to 3} \dfrac{\sqrt{x + 3} - \sqrt{2x}}{9 - x^2}$

b) $\lim_{x \to 2} \dfrac{x^2 - 4}{\sqrt{x + 2} - \sqrt{3x - 2}}$

c) $\lim_{x \to 1} \dfrac{\sqrt{2x + 3} - \sqrt{5}}{x^2 - 3x + 2}$

d) $\lim_{x \to 1} \dfrac{\sqrt{x^2 + x + 2} - 2}{x^2 + 2x - 3}$

e) $\lim_{x \to 1} \dfrac{\sqrt{x^2 + 15} - 7x + 3}{x^2 + x - 2}$

f) $\lim_{x \to 1} \dfrac{\sqrt{2x^2 + x + 1} - 3x + 1}{1 - x}$

g) $\lim_{x \to 1} \dfrac{\sqrt{x + 3} - 2}{3 - \sqrt{x^2 + 8}}$

R 1.15 Calcular os seguintes limites envolvendo infinitos:

a) $\lim_{x \to +\infty} (3x^2 - 5x)$

b) $\lim_{x \to -\infty} \dfrac{5x^7 + 3x^2 + 2}{3x^5 - 2x^3 - 6}$

c) $\lim\limits_{x \to +\infty} \dfrac{3x+2}{x-9}$

d) $\lim\limits_{x \to -\infty} \dfrac{x^2-5x}{4x^5}$

e) $\lim\limits_{x \to +\infty} (\sqrt{x^2+1} - x)$

f) $\lim\limits_{x \to +\infty} \dfrac{7\sqrt{x}+2x}{x+3\sqrt{x}}$

Resolução:

> **Observação**
>
> Note que, para funções polinomiais, ou seja, com $a_n \neq 0$, temos:
>
> $P(x) = a_n x^n + a_{n-1} x^{n-1} + \ldots + a_2 x^2 + a_1 x + a_0$
>
> $\lim\limits_{x \to +\infty} P(x) = \lim\limits_{x \to +\infty} a_n x^n$
>
> e
>
> $\lim\limits_{x \to -\infty} P(x) = \lim\limits_{x \to -\infty} a_n x^n$

a) Colocando o termo de maior grau em evidência:

$$\lim\limits_{x \to +\infty} (3x^2 - 5x) = \lim\limits_{x \to +\infty} 3x^2 \left(1 - \frac{5x}{3x^2}\right) = \lim\limits_{x \to +\infty} 3x^2 \cdot \lim\limits_{x \to +\infty} \left(1 - \frac{5}{3x}\right) = \infty \cdot 1 = \infty$$

Resposta: ∞

b) $\lim\limits_{x \to -\infty} \dfrac{5x^7 + 3x^2 + 2}{3x^5 - 2x^3 - 6} = \lim\limits_{x \to -\infty} \dfrac{5x^7}{3x^5} = \lim\limits_{x \to -\infty} \dfrac{5}{3} x^2 = \dfrac{5}{3} \cdot \lim\limits_{x \to -\infty} x^2 = \dfrac{5}{3} \cdot (-\infty)^2 = \infty$

Resposta: ∞

c) $\lim\limits_{x \to +\infty} \dfrac{3x+2}{x-9} = \lim\limits_{x \to +\infty} \dfrac{3x}{x} = \lim\limits_{x \to +\infty} 3 = 3$

Resposta: 3

d) $\lim\limits_{x \to -\infty} \dfrac{x^2-5x}{4x^5} = \lim\limits_{x \to -\infty} \dfrac{x^2}{4x^5} = \lim\limits_{x \to -\infty} \dfrac{1}{4x^3} = \dfrac{1}{-\infty} = 0$

Resposta: 0

e) O limite inicial é $\infty - \infty$. Multiplicando e dividindo a expressão pelo seu conjugado, temos:

$$\lim\limits_{x \to +\infty} (\sqrt{x^2+1} - x) \frac{(\sqrt{x^2+1}+x)}{(\sqrt{x^2+1}+x)} = \lim\limits_{x \to +\infty} \frac{(x^2+1) - x^2}{(\sqrt{x^2+1}+x)}$$

$$= \lim\limits_{x \to +\infty} \frac{1}{(\sqrt{x^2+1}+x)} = \frac{1}{\infty} = 0$$

Resposta: 0

62 — Matemática com aplicações tecnológicas – Volume 2

f) Colocando o x em evidência:

$$\lim_{x \to +\infty} \frac{7\sqrt{x} + 2x}{x + 3\sqrt{x}} = \lim_{x \to +\infty} \frac{x\left(7\sqrt{\frac{1}{x}} + 2\right)}{x\left(1 + 3\sqrt{\frac{1}{x}}\right)} = \lim_{x \to +\infty} \frac{\left(7\sqrt{\frac{1}{x}} + 2\right)}{\left(1 + 3\sqrt{\frac{1}{x}}\right)} = \frac{0 + 2}{1 + 0} = 2$$

Resposta: 2

P 1.16 Calcular os seguintes limites envolvendo infinitos:

a) $\lim\limits_{x \to +\infty} (\sqrt{x+1} - \sqrt{x})$

b) $\lim\limits_{x \to -\infty} \dfrac{4x^3 - 5x^2 + 6x - 7}{3x^2 + 4x - 9}$

c) $\lim\limits_{x \to -\infty} \dfrac{2x^2 + x + 1}{(x+1)^3 - x^3}$

d) $\lim\limits_{x \to +\infty} \dfrac{\sqrt{x^2 + 2x + 2}}{x^2 + 1}$

e) $\lim\limits_{x \to -\infty} \dfrac{2x^2 - 3x - 15}{\sqrt{x^4 + 2}}$

R 1.17 Achar, se possível, as assíntotas existentes no gráfico das funções a seguir:

a) $f(x) = \dfrac{2x - 5}{x - 3}$

b) $f(x) = \dfrac{3x}{\sqrt{x^2 + 1}}$

Resolução:

a) $f(x) = \dfrac{2x - 5}{x - 3}$

1) Vamos procurar a assíntota horizontal. Para isso, vamos passar ao limite quando x tende a $\pm \infty$:

$$\lim_{x \to +\infty} \frac{2x - 5}{x - 3} = \lim_{x \to +\infty} \frac{2x}{x} = 2 \text{ e } \lim_{x \to -\infty} \frac{2x - 5}{x - 3} = \lim_{x \to -\infty} \frac{2x}{x} = 2$$

Logo, $y = 2$ é a reta assíntota horizontal.

2) Vamos procurar a assíntota vertical. Para isso, vamos passar aos limites laterais no ponto $x = 3$, que não pertence ao domínio da função, pois é o ponto onde o denominador é zero:

$$\lim_{x \to 3+} \frac{2x - 5}{x - 3} = \frac{2 \cdot 3 - 5}{3, \cdots - 3} = \frac{1}{0^+} = +\infty \text{ e } \lim_{x \to 3-} \frac{2x - 5}{x - 3} = \frac{2 \cdot 3 - 5}{2,99 \cdots - 3} = \frac{1}{0^-} = -\infty$$

Logo, a reta $x = 3$ é assíntota vertical do gráfico da função.

3) Apresentando o gráfico:

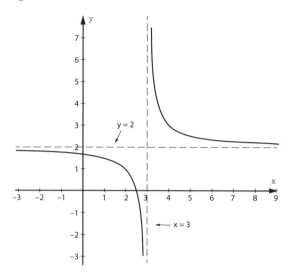

Figura 1.26

b) $f(x) = \dfrac{3x}{\sqrt{x^2+1}}$

1) Vamos procurar a assíntota horizontal. Para isso, vamos passar o limite quando x tende a $\pm\infty$:

$$\lim_{x \to +\infty} \frac{3x}{\sqrt{x^2+1}} = \lim_{x \to +\infty} \frac{3x}{\sqrt{x^2\left(1+\frac{1}{x^2}\right)}} = \lim_{x \to +\infty} \frac{3x}{|x|\sqrt{\left(1+\frac{1}{x^2}\right)}} =$$

$$\lim_{x \to +\infty} \frac{3x}{x\sqrt{\left(1+\frac{1}{x^2}\right)}} = 3$$

$$\lim_{x \to -\infty} \frac{3x}{\sqrt{x^2+1}} = \lim_{x \to -\infty} \frac{3x}{\sqrt{x^2\left(1+\frac{1}{x^2}\right)}} = \lim_{x \to -\infty} \frac{3x}{|x|\sqrt{\left(1+\frac{1}{x^2}\right)}} =$$

$$\lim_{x \to -\infty} \frac{3x}{-x\sqrt{\left(1+\frac{1}{x^2}\right)}} = -3$$

Logo, $y = 3$ e $y = -3$ são retas assíntotas horizontais.

2) Para procurar a assíntota vertical, devíamos procurar o ponto onde o denominador é zero. Mas $\sqrt{x^2+1} \neq 0$ para todos os valores de x. Então, não existe assíntota vertical no gráfico da função.

3) Apresentando o gráfico:

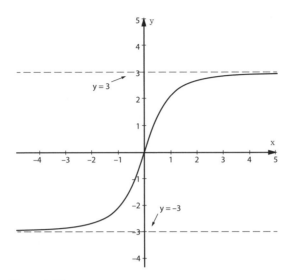

Figura 1.27

P 1.18 Achar, se possível, as assíntotas verticais e horizontais existentes no gráfico das funções a seguir:

a) $f(x) = \dfrac{2x-1}{5x+3}$

b) $f(x) = \dfrac{3x^2+2}{2x^2-5x}$

R 1.19 Calcular os seguintes limites, aplicando os limites fundamentais:

a) $\lim\limits_{x \to 0} \dfrac{\text{sen}(3x)}{x}$

b) $\lim\limits_{x \to 0} \dfrac{\text{sen}(3x)}{\text{sen}(4x)}$

c) $\lim\limits_{x \to 0} \dfrac{\text{sen}(x°)}{x°}$ ($x°$ é a medida do arco em graus)

d) $\lim\limits_{x \to 0} \dfrac{\text{tg}\, x}{x}$

e) $\lim\limits_{x \to 0} \dfrac{1-\cos x}{x^2}$

f) $\lim\limits_{x \to 0} \dfrac{3x}{4\text{sen}(8x)}$

g) $\lim\limits_{x \to 0_+} \dfrac{\text{sen}\, x}{5\sqrt{x}}$

h) $\lim\limits_{\theta \to 0} \dfrac{\theta^2}{1-\cos\theta}$

i) $\lim\limits_{x \to +\infty} \left(1+\dfrac{1}{x}\right)^{5x}$

j) $\displaystyle\lim_{x \to -\infty}\left(1 - \frac{3}{x}\right)^x$

k) $\displaystyle\lim_{x \to +\infty}\left(1 + \frac{5}{x}\right)^{x+2}$

l) $\displaystyle\lim_{x \to +\infty}\left(\frac{x+3}{x-4}\right)^x$

m) $\displaystyle\lim_{x \to 0}\frac{2^{3x} - 1}{x}$

n) $\displaystyle\lim_{x \to 0}\frac{\ln(1+x)}{x}$

o) $\displaystyle\lim_{x \to 0}\sqrt[x]{1 + 3x}$

p) $\displaystyle\lim_{x \to 0}\frac{e^{ax} - e^{bx}}{x}$

Resolução:

a) Para utilizar o limite fundamental trigonométrico, vamos multiplicar e dividir a expressão por 3:

$$\lim_{x \to 0}\frac{\operatorname{sen}(3x)}{x} = \lim_{x \to 0}\frac{3 \cdot \operatorname{sen}(3x)}{(3x)} = 3\lim_{x \to 0}\frac{\operatorname{sen}(3x)}{(3x)} = 3 \cdot 1$$

Resposta: 3

b) Para utilizar o limite fundamental trigonométrico, vamos multiplicar e dividir a expressão por x, 3 e 4:

$$\lim_{x \to 0}\frac{\operatorname{sen}(3x)}{\operatorname{sen}(4x)} = \lim_{x \to 0}\frac{\dfrac{3 \cdot \operatorname{sen}(3x)}{3x}}{\dfrac{4 \cdot \operatorname{sen}(4x)}{4x}} = \frac{\displaystyle\lim_{x \to 0}\dfrac{3 \cdot \operatorname{sen}(3x)}{3x}}{\displaystyle\lim_{x \to 0}\dfrac{4 \cdot \operatorname{sen}(4x)}{4x}} = \frac{3}{4}$$

Resposta: $\dfrac{3}{4}$

c) Vamos fazer a conversão para radianos:

$$\begin{array}{ccc} 180° & - & \pi\,\text{rad} \\ 0° & - & x\,\text{rad} \end{array} \to x° = \frac{180x}{\pi}$$

$$\lim_{x \to 0}\frac{\operatorname{sen}(x°)}{x°} = \lim_{x \to 0}\frac{\operatorname{sen} x}{\dfrac{180x}{\pi}} = \frac{\pi}{180} \cdot \lim_{x \to 0}\frac{\operatorname{sen} x}{x} = \frac{\pi}{180} \cdot 1 = \frac{\pi}{180}$$

Resposta: $\dfrac{\pi}{180}$

d) $\displaystyle\lim_{x \to 0}\frac{\operatorname{tg} x}{x} = \lim_{x \to 0}\frac{\dfrac{\operatorname{sen} x}{\cos x}}{x} = \lim_{x \to 0}\frac{\operatorname{sen} x}{\cos x} \cdot \frac{1}{x} = \lim_{x \to 0}\frac{\operatorname{sen} x}{x} \cdot \frac{1}{\cos x} = 1 \cdot \frac{1}{\cos 0} = 1 \cdot 1 = 1$

Resposta: 1

e) Façamos, inicialmente, as transformações algébricas, multiplicando a expressão pelo conjugado e aplicando a identidade trigonométrica $\operatorname{sen}^2 x + \cos^2 x = 1$

$$\lim_{x \to 0} \frac{1 - \cos x}{x^2} = \lim_{x \to 0} \frac{(1 - \cos x)(1 + \cos x)}{x^2(1 + \cos x)} = \lim_{x \to 0} \frac{1^2 - \cos^2 x}{x^2(1 + \cos x)}$$

$$= \lim_{x \to 0} \frac{\operatorname{sen}^2 x}{x^2(1 + \cos x)} = \lim_{x \to 0} \frac{\operatorname{sen}^2 x}{x^2} \cdot \lim_{x \to 0} \frac{1}{(1 + \cos x)}$$

$$= \left(\lim_{x \to 0} \frac{\operatorname{sen} x}{x^2}\right)^2 \cdot \lim_{x \to 0} \frac{1}{1 + \cos x} = 1^2 \cdot \frac{1}{1 + \cos 0} = \frac{1}{2}$$

Resposta: $\dfrac{1}{2}$

f) $\quad \lim_{x \to 0} \dfrac{3x}{4\operatorname{sen}(8x)} = \dfrac{3}{4} \lim_{x \to 0} \dfrac{8x}{8\operatorname{sen}(8x)} = \dfrac{3}{4} \cdot \dfrac{1}{8} \lim_{x \to 0} \dfrac{8x}{\operatorname{sen}(8x)} = \dfrac{3}{32} \cdot 1 = \dfrac{3}{32}$

Resposta: $\dfrac{3}{32}$

g) $\quad \lim_{x \to 0_+} \dfrac{\operatorname{sen} x}{5\sqrt{x}} = \lim_{x \to 0} \dfrac{\operatorname{sen} x}{5\sqrt{x}} \cdot \dfrac{\sqrt{x}}{\sqrt{x}} = \lim_{x \to 0} \dfrac{\sqrt{x} \cdot \operatorname{sen} x}{5x} = \dfrac{1}{5} \lim_{x \to 0} \sqrt{x} \cdot \lim_{x \to 0_+} \dfrac{\operatorname{sen} x}{x} = \dfrac{1}{5} \cdot \sqrt{0} \cdot 1 = 0$

Resposta: 0

h) $\quad \lim_{\theta \to 0} \dfrac{\theta^2}{1 - \cos \theta} \cdot \dfrac{(1 + \cos \theta)}{(1 + \cos \theta)} = \lim_{\theta \to 0} \dfrac{\theta^2(1 + \cos \theta)}{(1^2 + \cos^2 \theta)} = \lim_{\theta \to 0} \dfrac{\theta^2}{\operatorname{sen}^2 \theta} \cdot (1 + \cos \theta)$

$$= \lim_{\theta \to 0} \left(\dfrac{\theta}{\operatorname{sen} \theta}\right)^2 \cdot \lim_{\theta \to 0} (1 + \cos \theta) = 1^2 \cdot (1 + \cos 0) = 1 \cdot 2 = 2$$

Resposta: 2

i) Utilizando a propriedade de potenciação,

$$\lim_{x \to +\infty} \left(1 + \frac{1}{x}\right)^{5x} = \left[\lim_{x \to +\infty} \left(1 + \frac{1}{x}\right)^x\right]^5 = \left[\lim_{x \to +\infty} \left(1 + \frac{1}{x}\right)^x\right]^5 = e^5$$

Resposta: e^5

j) Fazendo a seguinte substituição: $\dfrac{-3}{x} = \dfrac{1}{t}$, note que $x = -3t$ e o limite: $x \to -\infty$ $\Rightarrow t \to +\infty$, logo:

$$\lim_{x \to -\infty} \left(1 - \frac{3}{x}\right)^x = \lim_{x \to +\infty} \left(1 + \frac{1}{t}\right)^{-3t} = \lim_{x \to +\infty} \left[\left(1 + \frac{1}{t}\right)^t\right]^{-3} = \left[\lim_{x \to +\infty} \left(1 + \frac{1}{t}\right)^t\right]^{-3} = e^{-3} = \frac{1}{e^3}$$

Resposta: $\dfrac{1}{e^3}$

k) Vamos aplicar a propriedade de potenciação e fazer a substituição: $\dfrac{5}{x} = \dfrac{1}{t}$, e aí segue que $x = 5t$ e o limite: $x \to +\infty \Rightarrow t \to +\infty$, logo:

$$\lim_{x \to +\infty} \left(1 + \frac{5}{x}\right)^{x+2} = \lim_{x \to +\infty} \left(1 + \frac{5}{x}\right)^x \left(1 + \frac{5}{x}\right)^2 = \lim_{x \to +\infty} \left(1 + \frac{5}{x}\right)^x \cdot \lim_{x \to +\infty} \left(1 + \frac{5}{x}\right)^2$$

$$= \lim_{t \to +\infty} \left(1 + \frac{1}{t}\right)^{5t} \cdot \lim_{x \to +\infty} \left(1 + \frac{5}{x}\right)^2 = e^5 \cdot (1 + 0)^2 = e^5$$

Resposta: e^5

Limites

l) Multiplicando e dividindo, dentro do parêntesis, por x, temos:

$$\lim_{x\to+\infty}\left(\frac{x+3}{x-4}\right)^x = \lim_{x\to+\infty}\left(\frac{\frac{x+3}{x}}{\frac{x-4}{x}}\right)^x = \lim_{x\to+\infty}\left(\frac{1+\frac{3}{x}}{1-\frac{4}{x}}\right)^x = \frac{\lim\limits_{x\to+\infty}\left(1+\frac{3}{x}\right)^x}{\lim\limits_{x\to+\infty}\left(1-\frac{4}{x}\right)^x}$$

Fazendo substituições nos limites do numerador e do denominador, do tipo: $\frac{3}{x} = \frac{1}{t}$ e $\frac{4}{x} = \frac{1}{s}$, segue que:

$$\lim_{x\to+\infty}\left(\frac{x+3}{x-4}\right)^x = \frac{\lim\limits_{t\to+\infty}\left(1+\frac{1}{t}\right)^{3t}}{\lim\limits_{s\to+\infty}\left(1+\frac{1}{s}\right)^{-4s}} = \frac{e^3}{e^{-4}} = e^7$$

Resposta: e^7

m) Aplicando a propriedade de potenciação:

$$\lim_{x\to0}\frac{2^{3x}-1}{x} = \lim_{x\to0}\frac{(2^3)^x-1}{x} = \ln(2^3) = 3\cdot\ln2$$

Resposta: $3.\ln2$

n) Utilizando o teorema que afirma que $\lim\limits_{x\to0}(1+x)^{\frac{1}{x}} = e$ e aplicando as propriedades de logaritmo:

$$\lim_{x\to0}\frac{\ln(1+x)}{x} = \lim_{x\to0}\ln(1+x)^{\frac{1}{x}} = \ln\left[\lim_{x\to0}(1+x)^{\frac{1}{x}}\right] = \ln e = 1$$

Resposta: 1

o) Escrevendo a raiz em forma de potência e fazendo a substituição $t = 3x$, segue:

$$\lim_{x\to0}\sqrt[x]{1+3x} = \lim_{x\to0}(1+3x)^{\frac{1}{x}} = \lim_{t\to0}(1+t)^{\frac{3}{t}} = \left[\lim_{t\to0}(1+t)^{\frac{1}{t}}\right]^3 = e^3$$

Resposta: e^3

p) Vamos colocar e^{bx} em evidência e, em seguida, aplicar algumas propriedades de potenciação:

$$\lim_{x\to0}\frac{e^{ax}-e^{bx}}{x} = \lim_{x\to0}\frac{e^{bx}\left(\frac{e^{ax}}{e^{bx}}-1\right)}{x} = \lim_{x\to0}\frac{(e^{ax-bx}-1)}{x} = \lim_{x\to0}\frac{e^{bx}[(e^{a-b})^x-1]}{x}$$

$$= \lim_{x\to0}e^{bx}\cdot\lim_{x\to0}\frac{[(e^{a-b})^x-1]}{x} = e^0\cdot\ln e^{a-b} = 1\cdot(a-b)\cdot\ln e = a-b$$

Resposta: $a-b$

P 1.20 Calcular os seguintes limites, aplicando os limites fundamentais:

a) $\lim\limits_{x\to0}\dfrac{\operatorname{sen}x+x}{x^2-\operatorname{sen}x}$

b) $\lim\limits_{x\to0}\dfrac{3\operatorname{sen}(5x)}{4x}$

c) $\lim\limits_{x\to 0}\dfrac{\mathrm{tg}\,(2x)}{5x}$

d) $\lim\limits_{x\to +\infty}\left(1+\dfrac{3}{4x}\right)^{2x}$

e) $\lim\limits_{x\to +\infty}\left(1-\dfrac{5}{2x}\right)^{4x}$

f) $\lim\limits_{x\to -\infty}\left(1+\dfrac{1}{5x}\right)^{3x}$

g) $\lim\limits_{x\to 0}\dfrac{5^{2x}-1}{3x}$

h) $\lim\limits_{x\to 0}\dfrac{3^{4x}-1}{2x}$

i) $\lim\limits_{x\to 0}\dfrac{\mathrm{sen}\,(3x)-\mathrm{sen}\,(2x)}{\mathrm{sen}\,x}$

j) $\lim\limits_{x\to 0}\dfrac{3^{x}-2^{x}}{x}$

k) $\lim\limits_{x\to +\infty} x\,[\ln(x+1)-\ln x]$

l) $\lim\limits_{x\to 0}\dfrac{\sqrt{3+\cos^2 x}-2}{x^2}$

m) $\lim\limits_{x\to 0}\dfrac{\sqrt{4+\mathrm{sen}\,x}-\sqrt{4-3\,\mathrm{sen}\,x}}{x}$

n) $\lim\limits_{x\to 0}\dfrac{1-\cos x}{\sqrt{1+\mathrm{sen}^2 x}-\cos x}$

o) $\lim\limits_{x\to 0}\dfrac{\sqrt{1+\mathrm{sen}^2 x}-\cos x}{\mathrm{sen}^2 x}$

p) $\lim\limits_{x\to 0}\dfrac{\ln(1+5x)}{x}$

RESPOSTAS DOS EXERCÍCIOS PROPOSTOS

P 1.3 Não existe $\lim_{x\to 1} f(x)$

P 1.7 $|x-1| < \varepsilon/4$

P 1.9 a) $4\sqrt{2}$; b) $-1/8$; c) $\sqrt{2}$; d) 4; e) $\sqrt{8,8}$

P 1.11 a) -3; b) 12; c) $5/3$; d) 0

P 1.14 a) $\sqrt{6}/72$; b) -8; c) $-\sqrt{5}/5$; d) $3/16$; e) $-17/8$; f) $-1/2$; g) $-3/8$

P 1.16 a) 0; b) ∞; c) $2/3$; d) 0; e) 2

P 1.18 a) $y = 2/5$; $x = -3/5$

b) $y = 3/2$; $x = 0$ e $x = 3/2$

P 1.20 a) -2; b) $15/4$; c) $2/5$; d) $e^{3/2}$; e) e^{-10}; f) $e^{3/5}$; g) $\dfrac{2}{3}\ln 5$; h) $2\ln 3$; i) 1; j) $\ln 3 - \ln 2$; k) 1;

l) $-1/4$; m) 1; n) $1/2$; o) 1; p) 5

Inicialmente, aplicaremos o conceito de limite introduzido no capítulo anterior, para definirmos derivada no ponto. Apesar de, historicamente, ter sido diferente (como vimos na introdução do Capítulo 1), depois de formalizado o cálculo diferencial e integral por Cauchy, o conceito de derivada passou a ser tratado como uma consequência do estudo de limites.

2.1 DERIVADA NO PONTO DE ABSCISSA x_0

Seja f uma função definida em um intervalo aberto I e $x_0 \in$ I. Chama-se derivada de f no ponto de abscissa x_0 ao seguinte limite:

$$\lim_{x \to x_0} \frac{f(x) - f(x_0)}{x - x_0}$$

se este limite existir e for finito.

Apresentaremos algumas das notações para representar a derivada da função f no ponto de abscissa x_0:

1) Notação de Lagrange: $f'(x_0)$ ou $y'(x_0)$;
2) Notação de Leibniz: $\frac{df}{dx}(x_0)$ ou $\frac{dy}{dx}(x_0)$;
3) Notação de Cauchy: $Df(x_0)$;
4) Notação de Newton: $\dot{f}(x_0)$.

Foto: Wikipedia.

Matemático italiano. Trabalhou em vários ramos da matemática como o cálculo das probabilidades, a teoria dos números, o cálculo diferencial e integral e etc. Aplicou-se também à física, apresentando resultados importantes. No cálculo, além de outros feitos, estudou os máximos e mínimos de funções.

JOSEPH LOUIS LAGRANGE
(1736-1813)

Vamos apresentar também algumas notações que serão úteis para a representação das derivadas no ponto e, posteriormente, da função derivada:

- $\Delta x = x - x_0 \to$ é denominado acréscimo ou incremento da variável x relativamente ao ponto de abscissa x_0;

- $\Delta y = f(x) - f(x_0) \to$ é denominado acréscimo ou incremento da função $f(x)$ relativamente ao ponto de abscissa x_0;

- $\dfrac{\Delta y}{\Delta x}$ o quociente recebe o nome de razão incremental de f relativamente ao ponto de abscissa x_0.

Logo, a derivada da função f no ponto de abscissa x_0 pode ser indicada das seguintes formas:

$$f'(x_0) = \lim_{x \to x_0} \frac{f(x) - f(x_0)}{x - x_0} = \lim_{\Delta x \to 0} \frac{\Delta y}{\Delta x} = \lim_{\Delta x \to 0} \frac{f(x_0 + \Delta x) - f(x_0)}{\Delta x}$$

Dizemos que a função f é derivável em um intervalo aberto I quando existe $f'(x)$ para todo $x_0 \in I$.

Exemplos:

E 2.1 Calcular a derivada de $f(x) = 3x$ no ponto $x_0 = 2$.

Resolução:

Vamos substituir $x_0 = 2$ na função, para calcular $f(x_0)$:

$f(2) = 3 \cdot 2 = 6$

Pela definição de derivada no ponto,

$$f'(2) = \lim_{x \to 2} \frac{f(x) - f(2)}{x - 2} = \lim_{x \to 2} \frac{3x - 6}{x - 2} = \lim_{x \to 2} \frac{3(x - 2)}{x - 2} = \lim_{x \to 2} 3 = 3$$

Resposta: $f'(2) = 3$.

E 2.2 Calcular a derivada de $f(x) = x^3$ no ponto $x_0 = 1$.

Resolução:

Pela definição de derivada no ponto, $f(1) = (1)^3 = 1$

$$f'(1) = \lim_{x \to 1} \frac{f(x) - f(1)}{x - 1} = \lim_{x \to 1} \frac{x^3 - 1}{x - 1} = \lim_{x \to 1} \frac{(x^2 + x + 1)(x - 1)}{x - 1} = \lim_{x \to 1}(x^2 + x + 1) = 3$$

Resposta: $f'(1) = 3$.

E 2.3 Calcular a derivada de $f(x) = \sqrt{x}$ no ponto $x_0 = 3$.

Resolução:

Pela definição de derivada no ponto, $f(3) = \sqrt{3}$

$$f'(3) = \lim_{x \to 3} \frac{f(x) - f(3)}{x - 3} = \lim_{x \to 3} \frac{\sqrt{x} - \sqrt{3}}{x - 3} = \lim_{x \to 3} \frac{(\sqrt{x} - \sqrt{3})(\sqrt{x} + \sqrt{3})}{(x - 3)(\sqrt{x} + \sqrt{3})}$$

$$= \lim_{x \to 3} \frac{x - 3}{(x - 3)(\sqrt{x} + \sqrt{3})} = \lim_{x \to 3} \frac{1}{(\sqrt{x} + \sqrt{3})} = \frac{1}{2\sqrt{3}} \times \frac{\sqrt{3}}{\sqrt{3}} = \frac{\sqrt{3}}{6}$$

Resposta: $f'(3) = \dfrac{\sqrt{3}}{6}$.

E 2.4 Calcular a derivada de $f(x) = \dfrac{1}{x}$ no ponto $x_0 = 2$.

Resolução:

Pela definição de derivada no ponto, $f(2) = \dfrac{1}{2}$

$$f'(2) = \lim_{x \to 2} \frac{f(x) - f(2)}{x - 2} = \lim_{x \to 2} \frac{\dfrac{1}{x} - \dfrac{1}{2}}{x - 2} = \lim_{x \to 2} \frac{\dfrac{2 - x}{2x}}{x - 2} = \lim_{x \to 2} \frac{-(x - 2)}{(x - 2)2x} = \lim_{x \to 2} \frac{-1}{2x} = \frac{-1}{4}$$

Resposta: $f'(2) = -\dfrac{1}{4}$.

E 2.5 Calcular a derivada de $f(x) = x^2 - x$ no ponto $x_0 = 1{,}5$.

Resolução:

Utilizando a definição $f'(x_0) = \lim_{\Delta x \to 0} \dfrac{f(x_0 + \Delta x) - f(x_0)}{\Delta x}$, temos:

$f(1{,}5) = (1{,}5)^2 - 1{,}5$

$f(1{,}5 + \Delta x) = (1{,}5 + \Delta x)^2 - (1{,}5 + \Delta x) = (1{,}5)^2 + 3 \cdot \Delta x + (\Delta x)^2 - 1{,}5 - \Delta x$

$$f'(1,5) = \lim_{\Delta x \to 0} \frac{f(1,5 + \Delta x) - f(1,5)}{\Delta x}$$

$$= \lim_{\Delta x \to 0} \frac{[(1,5)^2 + 3 \cdot \Delta x + (\Delta x)^2 - 1,5 - \Delta x - (1,5)^2 + 1,5]}{\Delta x}$$

$$= \lim_{\Delta x \to 0} \frac{3 \cdot \Delta x + (\Delta x)^2 - \Delta x}{\Delta x} = \lim_{\Delta x \to 0} \frac{\Delta x [2 + \Delta x]}{\Delta x} = \lim_{\Delta x \to 0} (2 + \Delta x) = 2$$

Resposta: $f'(1,5) = 2$.

2.2 FUNÇÃO DERIVADA

A derivada de uma função real $y = f(x)$ é a função $f'(x)$ tal que seu valor em qualquer ponto x pertencente ao domínio da função é dado por

$$f'(x) = \lim_{\Delta x \to 0} \frac{f(x + \Delta x) - f(x)}{\Delta x}$$

se este limite existir e for finito. (Lê-se: f linha de x.)

Dizemos que uma função real é derivável em seu domínio quando existe a derivada da função em todos os pontos de seu domínio. Podemos usar as mesmas notações de derivada no ponto para função derivada, bastando substituir x_0 por $x \in D(f)$.

Exemplos:

E 2.6 Calcular a função derivada de $f(x) = 3x^2 + 1$

Resolução:

Aplicando a definição de função derivada,

$$f'(x) = \lim_{\Delta x \to 0} \frac{f(x + \Delta x) - f(x)}{\Delta x} = \lim_{\Delta x \to 0} \frac{3(x + \Delta x)^2 + 1 - (3x^2 + 1)}{\Delta x}$$

$$= \lim_{\Delta x \to 0} \frac{3[x^2 + 2x \cdot \Delta x + (\Delta x)^2] + 1 - (3x^2 + 1)}{\Delta x}$$

$$= \lim_{\Delta x \to 0} \frac{3x^2 + 6x \cdot \Delta x + 3(\Delta x)^2 + 1 - 3x^2 - 1}{\Delta x} = \lim_{\Delta x \to 0} \frac{6x \cdot \Delta x + 3(\Delta x)^2}{\Delta x}$$

$$= \lim_{\Delta x \to 0} \frac{\Delta x (6x + 3\Delta x)}{\Delta x} = \lim_{\Delta x \to 0} (6x + 3\Delta x) = 6x$$

Resposta: $f'(x) = 6x$.

E 2.7 Calcular a função derivada de $f(x) = \sqrt{x}$

Resolução:

Aplicando a definição de função derivada,

$$f'(x) = \lim_{\Delta x \to 0} \frac{f(x + \Delta x) - f(x)}{\Delta x} = \lim_{\Delta x \to 0} \frac{(\sqrt{x + \Delta x} - \sqrt{x})}{\Delta x}$$

$$= \lim_{\Delta x \to 0} \frac{(\sqrt{x + \Delta x} - \sqrt{x})(\sqrt{x + \Delta x} + \sqrt{x})}{\Delta x (\sqrt{x + \Delta x} + \sqrt{x})}$$

$$= \lim_{\Delta x \to 0} \frac{\cancel{x} + \Delta x - \cancel{x}}{\Delta x (\sqrt{x + \Delta x} + \sqrt{x})} = \lim_{\Delta x \to 0} \frac{\cancel{\Delta x}}{\cancel{\Delta x} (\sqrt{x + \Delta x} + \sqrt{x})}$$

$$= \frac{1}{2\sqrt{x}}$$

Resposta: $\dfrac{1}{2\sqrt{x}}$

E 2.8 Calcular a função derivada de $f(x) = e^x$

Resolução:

Aplicando a definição de função derivada,

$$f'(x) = \lim_{\Delta x \to 0} \frac{f(x + \Delta x) - f(x)}{\Delta x} = \lim_{\Delta x \to 0} \frac{e^{x + \Delta x} - e^x}{\Delta x} = \lim_{\Delta x \to 0} \frac{e^x \cdot e^{\Delta x} - e^x}{\Delta x} = \lim_{\Delta x \to 0} \frac{e^x (e^{\Delta x} - 1)}{\Delta x}$$

$$= e^x \cdot \lim_{\Delta x \to 0} \frac{e^{\Delta x} - 1}{\Delta x} = e^x \cdot \ln e = e^x \cdot 1 = e^x$$

Lembrando que o último limite é um limite fundamental.

Resposta: $f'(x) = e^x$.

2.3 INTERPRETAÇÃO GEOMÉTRICA DA DERIVADA

Seja f uma função contínua em um intervalo aberto I, e admitamos que exista a derivada de f no ponto $x_0 \in I$. Dado um ponto $x \in I$, tal que $x \neq x_0$, consideremos a reta s determinada pelos pontos $P(x_0, f(x_0))$ e $Q(x, f(x))$.

Suponhamos que o gráfico cartesiano de uma função $y = f(x)$ admita uma reta tangente t no ponto $P(x_0, f(x_0))$. Vamos representar por $a_t(x_0)$ o ângulo de inclinação da reta tangente em relação ao eixo x.

Da geometria analítica, sabemos o coeficiente angular da reta t, que vamos indicar por $m_t(x_0) = \text{tg}(a_t(x_0))$.

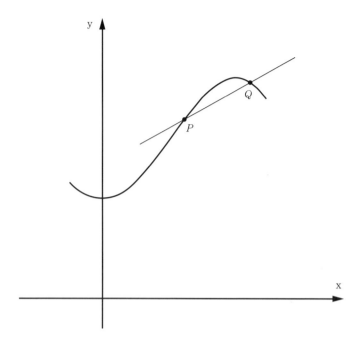

Figura 2.1

Seja a reta $s = \overline{PQ}$ secante ao gráfico de f. O coeficiente angular da secante que indicaremos por $m_s(x_0; x)$ é dado por:

$$m_s(x_0;x) = \operatorname{tg}(a_s(x_0)) = \frac{\Delta y}{\Delta x} = \frac{f(x) - f(x_0)}{x - x_0}$$

Fazendo x tender a x_0, isto é, supondo P fixo e Q se movimentando sobre o gráfico, aproximando-se de P, observamos que a inclinação da reta tangente tende a $m_t(x_0)$.

Portanto,

$$m_t(x_0) = \lim_{x \to x_0} m_s(x_0;x) = \lim_{x \to x_0} \frac{f(x) - f(x_0)}{x - x_0}$$

quando o limite existe e é finito.

Conclusão: A derivada de uma função f no ponto de abscissa x_0 é igual ao coeficiente angular da reta tangente ao gráfico de f no ponto de abscissa x_0.

Se a reta tangente a um gráfico num determinado ponto for perpendicular ao eixo x, não existe coeficiente angular da reta tangente, pois não existe tg 90°. Quando isso ocorre, o limite acima pode ser +∞ ou –∞, ou um dos limites laterais pode ser +∞ e o outro –∞.

2.3.1 EQUAÇÃO DA RETA TANGENTE t E DA RETA NORMAL n

Quando queremos obter uma equação de uma reta passando pelo ponto $P(x_0, y_0)$ com coeficiente angular m, utilizamos a fórmula da geometria analítica:

$y - y_0 = m(x - x_0)$

E a equação da reta normal n é dada por:

$$y - y_0 = -\frac{1}{m}(x - x_0)$$

Então, se quisermos a equação da reta tangente ao gráfico de uma função $y = f(x)$, no ponto de abscissa x_0, onde a função é derivável, temos que $y_0 = f(x_0)$ e $m = f'(x_0)$, ou seja, a equação da reta t passa a ser:

$y - f(x_0) = f'(x_0)(x - x_0)$

E a equação da reta normal n:

$$y - f(x_0) = -\frac{1}{f'(x_0)}(x - x_0)$$

Exemplos:

E 2.9 Determinar o coeficiente angular da reta tangente ao gráfico da função $y = x^2$ no ponto de abscissa $x = 1$. Determinar a equação dessa reta tangente.

Resolução:

Como vimos,

$$m = f'(x_0) = \lim_{x \to x_0} \frac{f(x) - f(x_0)}{x - x_0} = \lim_{x \to x_1} \frac{x^2 - 1^2}{x - 1}$$
$$= \lim_{x \to 1} \frac{(x - 1)(x + 1)}{x - 1} = \lim_{x \to 1}(x + 1) = 2$$

Pela equação da reta tangente,

$y - f(x_0) = f'(x_0)(x - x_0)$

$y - 1 = 2(x - 1)$

$y - 1 = 2x - 2$

$y = 2x - 1$

Resposta: $m = 2$ e a equação da reta tangente é $y = 2x - 1$.

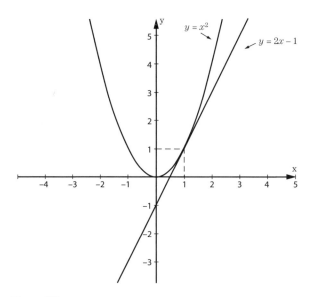

Figura 2.2

E 2.10 Determinar a equação da reta tangente ao gráfico da função $y = \sqrt{x}$ na origem.

Resolução:

Como vimos,

$$m = f'(x_0) = \lim_{x \to x_0} \frac{f(x) - f(x_0)}{x - x_0} = \lim_{x \to x_0} \frac{\sqrt{x} - \sqrt{0}}{x - 0} = \lim_{x \to 0} \frac{\sqrt{x} \times \sqrt{x}}{x \times \sqrt{x}} = \lim_{x \to 0} \frac{x}{x\sqrt{x}} = \lim_{x \to 0} \frac{1}{\sqrt{x}} = +\infty$$

Como tg(a_t) = +∞, segue que $a_t = 90°$, e concluímos que a reta tangente t é o eixo y.

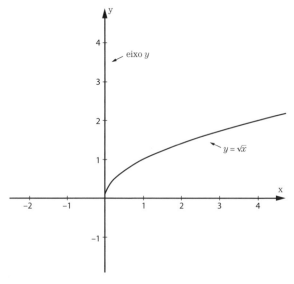

Figura 2.3

2.4 INTERPRETAÇÃO CINEMÁTICA

Um objeto cujas dimensões podem ser desprezadas em comparação com as demais dimensões envolvidas é denominado ponto material. Através do estudo da cinemática, podemos determinar a posição s do ponto material em movimento, em cada instante t, a partir de um ponto P arbitrário pertencente à trajetória L, por meio da equação horária $s = s(t)$.

Figura 2.4

2.4.1 VELOCIDADE

Seja um ponto material que se move numa trajetória e $s = s(t)$ representa o espaço percorrido no instante t. Então, no intervalo de tempo entre t e $t + \Delta t$, o ponto material sofre um deslocamento

$\Delta s = s(t + \Delta t) - s(t)$

Definimos a velocidade média no intervalo de tempo Δt ao seguinte quociente:

$$v_m = \frac{s(t + \Delta t) - s(t)}{\Delta t} = \frac{\Delta s}{\Delta t}$$

A velocidade instantânea ou velocidade no instante t é o limite da velocidade média quando Δt tende a zero, ou seja,

$$v(t) = \lim_{\Delta t \to 0} \frac{\Delta s}{\Delta t} = \lim_{\Delta t \to 0} \frac{s(t + \Delta t) - s(t)}{\Delta t} = s'(t)$$

2.4.2 ACELERAÇÃO

A aceleração média no intervalo de tempo entre t e $t + \Delta t$ é dada por:

$$a_m = \frac{v(t + \Delta t) - v(t)}{\Delta t} = \frac{\Delta v}{\Delta t}$$

E a aceleração instantânea ou aceleração no instante t é o limite da aceleração média, quando Δt tende a zero, ou seja,

$$a(t) = \lim_{\Delta t \to 0} \frac{\Delta v}{\Delta t} = \lim_{\Delta t \to 0} \frac{v(t + \Delta t) - v(t)}{\Delta t} = v'(t)$$

Exemplo:

E 2.11 Um ponto material percorre uma trajetória obedecendo à equação horária $s = t^2 - 5t + 6$. Determinar:

a) A velocidade média do ponto no intervalo de tempo [1; 2];

b) A velocidade do ponto no instante $t = 3$;

c) A aceleração média no intervalo de tempo [0; 4];

d) A aceleração no instante $t = 5$.

Resolução:

a) A velocidade média em [1; 2]:

$$v_m = \frac{s(t + \Delta t) - s(t)}{\Delta t} = \frac{s(2) - s(1)}{2 - 1} = \frac{[(2)^2 - 5(2) + 6] - [(1)^2 - 5(1) + 6]}{1}$$

$$= \frac{4 - 10 + 6 - 1 + 5 - 6}{1} = -2$$

b) A velocidade instantânea é dada por:

$$v(t) = \lim_{\Delta t \to 0} \frac{s(t + \Delta t) - s(t)}{\Delta t} = \lim_{\Delta t \to 0} \frac{[(t + \Delta t)^2 - 5(t + \Delta t) + 6] - (t^2 - 5t + 6)}{\Delta t}$$

$$= \lim_{\Delta t \to 0} \frac{t^2 + 2t \cdot \Delta t + \Delta^2 t - 5t - 5\Delta t + 6 - t^2 + 5t - 6}{\Delta t}$$

$$= \lim_{\Delta t \to 0} \frac{2t \cdot \Delta t + \Delta^2 t + 5\Delta t}{\Delta t} = \lim_{\Delta t \to 0} \frac{\Delta t(2t + \Delta t - 5)}{\Delta t}$$

$$= \lim_{\Delta t \to 0} (2t + \Delta t - 5) = 2t - 5$$

Como queremos $v(3) = 2(3) - 5 = 1$.

c) A aceleração média em [0; 4]:

$$a_m = \frac{v(t + \Delta t) - v(t)}{\Delta t} = \frac{v(4) - v(0)}{4 - 0} = \frac{[2(4) - 5] - [2(0) - 5]}{4} = \frac{8}{4} = 2$$

d) A aceleração instantânea é dada por:

$$a(t) = \lim_{\Delta t \to 0} \frac{v(t + \Delta t) - v(t)}{\Delta t} = \lim_{\Delta t \to 0} \frac{[2(t + \Delta t) - 5] - (2t - 5)}{\Delta t}$$

$$= \lim_{\Delta t \to 0} \frac{2t + 2\Delta t - 5 - 2t + 5}{\Delta t} = \lim_{\Delta t \to 0} \frac{2\Delta t}{\Delta t} = 2$$

Respostas: a) $v_m = -2$; b) $v(t) = 2t - 5$; c) $a_m = 2$: d) $a(t) = 2$.

2.5 DERIVADA E CONTINUIDADE

Teorema 1

Seja a função $f: A \to \mathbb{R}$ e $x_0 \in A$. Se f é derivável em x_0, então f é contínua em x_0.

Justificação

Observe que podemos escrever:

$$f(x)-f(x_0) = \frac{f(x)-f(x_0)}{x-x_0} \cdot (x-x_0)$$

Calculando os limites em ambos os membros e utilizando as propriedades sobre limites, temos:

$$\lim_{x \to x_0}[f(x)-f(x_0)] = \lim_{x \to x_0}\frac{f(x)-f(x_0)}{x-x_0} \cdot \lim_{x \to x_0}(x-x_0) = f'(x_0) \cdot 0 = 0$$

Logo,

$$\lim_{x \to x_0}[f(x)-f(x_0)] = 0 \;\;\to\;\; \lim_{x \to x_0} f(x) = f(x_0)$$

E, por definição, f é contínua no ponto x_0.

Observação

Notemos que o recíproco desse teorema não é verdadeiro, isto é, existem funções contínuas em x que não são deriváveis nesse ponto.

Exemplos:

E 2.12 Observando o gráfico da função a seguir, podemos concluir que:

- em $x = -1$ a função não é contínua nem derivável;
- em $x = 0$ a função é contínua e derivável;
- em $x = 1$ a função é contínua, mas não é derivável.

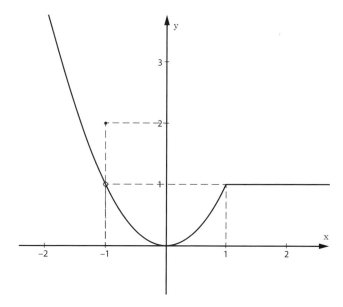

Figura 2.5

E 2.13 A função modular $f(x) = |x|$ é contínua no ponto $x_0 = 0$, pois:

$\lim_{x \to 0^-} |x| = \lim_{x \to 0^-} (-x) = 0$
$\lim_{x \to 0^-} |x| = \lim_{x \to 0^-} (x) = 0$ $\Rightarrow \lim_{x \to 0} |x| = 0 = f(0)$

Porém, $f(x) = |x|$ não é derivável no ponto $x_0 = 0$, pois, pela definição de derivada, $f'(x_0) = \lim_{x \to x_0} \dfrac{f(x) - f(x_0)}{x - x_0}$, temos:

$\lim_{x \to 0^-} \dfrac{|x| - 0}{x - 0} = \lim_{x \to 0^-} \dfrac{-x}{x} = \lim_{x \to 0^-} (-1) = -1$

$\lim_{x \to 0^+} \dfrac{|x| - 0}{x - 0} = \lim_{x \to 0^+} \dfrac{x}{x} = \lim_{x \to 0^+} (1) = 1$

Logo, não existe $f'(0) = \lim_{x \to 0} \dfrac{|x| - 0}{x - 0}$.

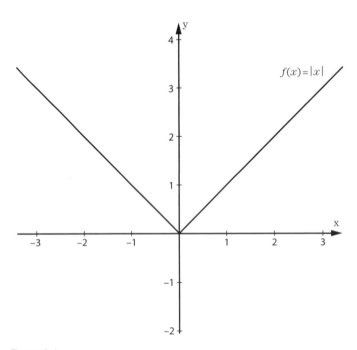

Figura 2.6

2.6 DERIVADA DE UMA FUNÇÃO COMPOSTA (REGRA DA CADEIA)

Dadas duas funções reais e deriváveis f e g e sendo $F = f \circ g$ a função composta definida por $F(x) = f(g(x))$, então a função composta F é derivável e a sua derivada F' é dada pelo produto:

$F'(x) = f'(g(x)) \cdot g'(x)$

Utilizando a notação de Leibniz, se $y = f(u)$ e $u = g(x)$ forem funções deriváveis, então:

$$\frac{dy}{dx} = \frac{dy}{du} \cdot \frac{du}{dx} \quad \text{ou} \quad y' = f'(u) \cdot u'(x)$$

Justificação

Seja Δu a variação de u correspondente à variação de Δx em x, isto é, $\Delta u = g(x + \Delta x) - g(x)$, então a variação correspondente em y é $\Delta y = f(u + \Delta u) - f(u)$. Vamos justificar para o caso $\Delta y \neq 0$. Consideremos a identidade:

$$\frac{\Delta y}{\Delta x} = \frac{\Delta y}{\Delta u} \cdot \frac{\Delta u}{\Delta x}$$

Calculando o limite quando $\Delta x \to 0$, temos:

$$\lim_{\Delta x \to 0} \frac{\Delta y}{\Delta x} = \lim_{\Delta x \to 0} \frac{\Delta y}{\Delta u} \cdot \lim_{\Delta x \to 0} \frac{\Delta u}{\Delta x}$$

que é

$$\frac{dy}{dx} = \frac{dy}{du} \cdot \frac{du}{dx}$$

Como $\Delta u = g(x + \Delta x) - g(x)$, pode acontecer que $\Delta u = 0$, mesmo quando $\Delta x \neq 0$. Nesse caso, a justificação não é feita como no exemplo da função $g(x) = k$, onde k é uma constante, mas ainda assim se pode aplicar o método.

Observação

- Verificamos que a derivada da função composta $f \circ g$ é o produto das derivadas de f e g. Esse resultado é uma das mais importantes regras de derivação, denominada Regra da Cadeia.

- É razoável interpretarmos derivadas como taxas de variação. Consideremos $\frac{du}{dx}$ como a taxa de variação de u em relação a x, $\frac{dy}{du}$ como a taxa de variação de y em relação a u e $\frac{dy}{dx}$ como a taxa de variação de y em relação a x. Se, por exemplo, u varia 3 vezes mais rápido do que x e y varia 2 vezes mais rápido do que u, então parece razoável que y varie $3 \times 2 = 6$ vezes mais rápido do que x, isto é,

$$\frac{dy}{dx} = \frac{dy}{du} \cdot \frac{du}{dx}$$

2.7 DERIVADA DA FUNÇÃO CONSTANTE

Dada a função $y = f(x) = c$, $c \in \mathbb{R}$. Pela geometria analítica, o gráfico da função constante é uma reta paralela ao eixo dos x, passando pelo ponto P$(0, c)$, logo:

$$\frac{\Delta y}{\Delta x} = \frac{f(x+\Delta x) - f(x)}{\Delta x} = \frac{c-c}{\Delta x} = 0$$

Então, pela definição de função derivada, temos:

$$f'(x) = \lim_{\Delta x \to 0} \frac{\Delta y}{\Delta x} = \lim_{\Delta x \to 0} 0 = 0$$

Portanto, se $y = f(x) = c$, segue que
$y' = f'(x) = 0$

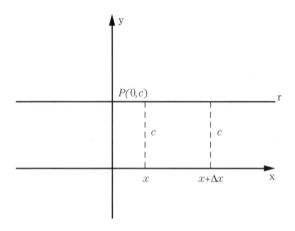

Figura 2.7

Exemplos:

Determinar a função derivada das seguintes funções:

E 2.14 $y = 5 \to y' = 0$.

E 2.15 $f(x) = -\frac{3}{4} \to f'(x) = 0$.

E 2.16 $y = -\frac{\pi}{2} \to y' = 0$.

E 2.17 $f(x) = \sqrt{2}\,\pi^2 \to f'(x) = 0$.

Derivadas

2.8 DERIVADA DA FUNÇÃO POTÊNCIA

Dada a função $y = f(x) = x^n$, $n \in \mathbb{N}^*$, temos:

$$\frac{\Delta y}{\Delta x} = \frac{f(x + \Delta x) - f(x)}{\Delta x} = \frac{(x + \Delta x)^n - x^n}{\Delta x}$$

Utilizando o desenvolvimento do binômio de Newton (1642-1727):

$$(a + b)^n = \sum_{p=0}^{n} \binom{n}{p} a^{n-p} b^p$$

onde $\binom{n}{p} = \dfrac{n!}{p!(n-p)!}$, $\forall n, p \in \mathbb{N}$, e lembrando que

$\binom{n}{0} = \binom{n}{n} = 1$ e $0! = 1$, temos:

$$\frac{\Delta y}{\Delta x} = \frac{(x + \Delta x)^n - x^n}{\Delta x} = \frac{\cancel{x^n} + \binom{n}{1} x^{n-1} \cdot \Delta x + \binom{n}{2} x^{n-2} \cdot (\Delta x)^2 + \cdots + (\Delta x)^n - \cancel{x^n}}{\Delta x}$$

Colocando Δx em evidência e simplificando a expressão:

$$\frac{\Delta y}{\Delta x} = \binom{n}{1} x^{n-1} + \binom{n}{2} x^{n-2} \cdot \Delta x + \cdots + (\Delta x)^{n-1}$$

Logo, pela definição de derivada,

$$f'(x) = \lim_{\Delta x \to 0} \frac{\Delta y}{\Delta x} = \lim_{\Delta x \to 0} \left[\binom{n}{1} x^{n-1} + \binom{n}{2} x^{n-2} \cdot \Delta x + \cdots + (\Delta x)^{n-1} \right] = \binom{n}{1} x^{n-1}$$

Como $\binom{n}{1} = \dfrac{n! \cdot 1!}{(n-1)!} = n$, segue que $y' = f'(x) = nx^{n-1}$.

Observação

Fatorial de : $n! = 1 \times 2 \times 3 \times \ldots \times n$, $\forall n \in \mathbb{N}$ e $n > 1$

Propriedade: $(n + 1)! = n!(n + 1)$, $\forall n \in \mathbb{N}$

Se $n = 1$, então $(1 + 1)! = 1!(1 + 1) \to 2! = 1! \, 2 \to 2 = 1! \, 2 \to 1! = 1$

Se $n = 0$, então $(0 + 1)! = 0!(0 + 1) \to 1! = 0! \to 0! = 1$

De um modo geral, se $a \in \mathbb{R}$ e $u = u(x)$ é uma função real, dada $y = u^a$, aplicando a regra da cadeia, $y' = a \cdot u^{a-1} \cdot u'$

Exemplos:

Determinar a função derivada das seguintes funções:

E 2.18 $y = x \to y' = 1 \cdot x^{1-1} = 1 \cdot x^0 = 1$

E 2.19 $f(x) = x^3 \rightarrow f'(x) = 3 \cdot x^{3\text{-}1} = 3 \cdot x^2$

E 2.20 $y = \sqrt{x} = x^{1/2} \rightarrow y' = \dfrac{1}{2} \cdot x^{\frac{1}{2}\text{-}1} = \dfrac{1}{2} \cdot x^{\text{-}1/2} = \dfrac{1}{2\sqrt{x}} \times \dfrac{\sqrt{x}}{\sqrt{x}} = \dfrac{\sqrt{x}}{2x}$

E 2.21 $f(x) = (x^2 + 1)^{100} \rightarrow f'(x) = 100 \cdot (x^2 + 1)^{100\text{-}1} \cdot (x^2 + 1)' = 100 \cdot (x^2 + 1)^{99} \cdot 2x$
$$= 200x \cdot (x^2 + 1)^{99}$$

Observemos que $f(x) = (x^2 + 1)^{100}$ é uma função composta de duas funções:

$u = x^2 + 1$ e $f(u) = u^a$

Portanto, $u' = 2x$ (função polinomial) e $f'(u) = au^{a-1}$ (função potência).

E 2.22 $y = \sqrt{x^2 + 1} = (x^2 + 1)^{1/2} \rightarrow f'(x) = \dfrac{1}{2} \cdot (x^2 + 1)^{\frac{1}{2}\text{-}1} \cdot (x^2 + 1)' = \dfrac{1}{2} \cdot (x^2 + 1)^{\text{-}1/2} \cdot 2x$
$$= \dfrac{2x}{2\sqrt{x^2 + 1}} \times \dfrac{\sqrt{x^2 + 1}}{\sqrt{x^2 + 1}} = \dfrac{x\sqrt{x^2 + 1}}{x^2 + 1}$$

2.9 DERIVADA DA FUNÇÃO EXPONENCIAL

Dada a função $f(x) = a^x$, com a constante $a \in \mathbb{R}$, $a > 0$ e $a \neq 1$, calculemos $f'(x)$, utilizando a definição:

$$\dfrac{\Delta y}{\Delta x} = \dfrac{f(x + \Delta x) - f(x)}{\Delta x} = \dfrac{a^{x + \Delta x} - a^x}{\Delta x}$$

Colocando o termo comum em evidência (a^x) e aplicando o limite fundamental,

$\lim_{\Delta x \to 0} \dfrac{a^{\Delta x} - 1}{\Delta x} = \ln a$, temos:

$$f'(x) = \lim_{\Delta x \to 0} \dfrac{\Delta y}{\Delta x} = \lim_{\Delta x \to 0} \dfrac{a^{x + \Delta x} - a^x}{\Delta x} = \lim_{\Delta x \to 0} \dfrac{a^x (a^{\Delta x} - 1)}{\Delta x} = a^x \cdot \ln a$$

No caso particular da função exponencial de base e (número de Euler), temos o seguinte resultado:

$f(x) = e^x \rightarrow f'(x) = e^x \cdot \ln e = e^x \cdot 1 = e^x$

Para a função composta, onde $u = u(x)$, temos:

$f(x) = a^u \rightarrow f'(x) = a^u \cdot \ln a \cdot u'$

$f(x) = e^u \rightarrow f'(x) = e^u \cdot u'$

Exemplos:

Determinar a função derivada das seguintes funções:

E 2.23 $f(x) = 5^x \rightarrow f'(x) = 5^x \cdot \ln 5$

E 2.24 $\quad y = e^{2x} \rightarrow y' = e^{2x} \cdot (2x)' = 2\,e^{2x}$

E 2.25 $\quad f(x) = 3^{5x^2+4} \rightarrow f'(x) = 3^{5x^2+4} \cdot \ln 3 \cdot (5x^2 + 4)' = 3^{5x^2+4} \cdot \ln 3 \cdot 10x$

$$= 10x \cdot 3^{5x^2+4} \cdot \ln 3$$

2.10 DERIVADA DA FUNÇÃO LOGARÍTMICA

Dada a função $f(x) = \log_e x = \ln x$, com $x \in \mathbb{R}$ e $x > 0$, calculemos $f'(x)$, utilizando a definição:

$$\frac{\Delta y}{\Delta x} = \frac{f(x + \Delta x) - f(x)}{\Delta x} = \frac{\ln(x + \Delta x) - \ln x}{\Delta x}$$

Aplicando as propriedades dos logaritmos:

$$\log_a\left(\frac{b}{c}\right) = \log_a b - \log_a c \quad \text{e} \quad \log_a b^c = c \cdot \log_a b$$

e o limite fundamental $\lim_{t \to 0}(1 + t)^{\frac{1}{t}} = e$, temos:

$$f'(x) = \lim_{\Delta x \to 0}\frac{\Delta y}{\Delta x} = \lim_{\Delta x \to 0}\frac{\ln(x + \Delta x) - \ln x}{\Delta x} = \lim_{\Delta x \to 0}\ln\left(\frac{x + \Delta x}{x}\right)^{1/\Delta x} = \lim_{\Delta x \to 0}\ln\left(1 + \frac{\Delta x}{x}\right)^{1/\Delta x}$$

$$= \ln\left[\lim_{\Delta x \to 0}\left(1 + \frac{\Delta x}{x}\right)^{1/\Delta x}\right]$$

Fazendo $\dfrac{\Delta x}{x} = t$, temos que $\Delta x = x \cdot t$ e, ainda, quando $\Delta x \to 0$, segue que $t \to 0$:

$$f'(x) = \ln\left[\lim_{\Delta x \to 0}\left(1 + \frac{\Delta x}{x}\right)^{1/\Delta x}\right] = \ln\left[\lim_{t \to 0}(1 + t)^{1/x \cdot t}\right] = \ln\left[\lim_{t \to 0}(1 + t)^{1/t}\right]^{1/x}$$

$$\ln[e]^{1/x} = \frac{1}{x} \cdot \ln e = \frac{1}{x} \cdot 1 = \frac{1}{x}$$

Para logaritmo numa base $a \in \mathbb{R}$, $a > 0$ e $a \neq 1$, faremos a mudança de base pela fórmula:

$$\log_a b = \frac{\log_c b}{\log_c a}$$

Fazendo $c = e$, se $f(x) = \log_a x = \dfrac{\ln x}{\ln a}$, então $f'(x) = \dfrac{1}{\ln a} \cdot \dfrac{1}{x} = \dfrac{1}{x \cdot \ln a}$

Para função composta, onde $u = u(x)$, temos:

$$f(x) = \log_a u \rightarrow f'(x) = \frac{1}{u \ln a} \cdot u' = \frac{u'}{u \ln a}$$

$$f(x) = \ln u \rightarrow f'(x) = \frac{1}{u} \cdot u' = \frac{u'}{u}$$

Exemplos:

Calcular a função derivada das seguintes funções:

E 2.26 $\quad y = \ln(5x) \rightarrow y' = \dfrac{(5x)'}{5x} = \dfrac{5}{5x} = \dfrac{1}{x}$

E 2.27 $\quad f(x) = \log(2x^2) \rightarrow f'(x) = \dfrac{(2x^2)'}{2x^2 \cdot \ln 10} = \dfrac{4x}{2x^2 \cdot \ln 10}$

$\qquad\qquad = \dfrac{2}{x \cdot \ln 10}$

2.11 OPERAÇÕES COM DERIVADAS

2.11.1 DERIVADA DA SOMA

Sejam $u = u(x)$ e $v = v(x)$ duas funções reais e deriváveis em um intervalo aberto $I = \,]a; b[$. Verifiquemos que a função $f(x) = u(x) + v(x)$ também é derivável em I e sua derivada é $f'(x) = u'(x) + v'(x)$. De fato,

$$\frac{\Delta y}{\Delta x} = \frac{f(x + \Delta x) - f(x)}{\Delta x} = \frac{[u(x + \Delta x) + v(x + \Delta x)] - [u(x) + v(x)]}{\Delta x}$$

$$= \frac{[u(x + \Delta x) - u(x)] + [v(x + \Delta x)] - v(x)]}{\Delta x} = \frac{\Delta u}{\Delta x} + \frac{\Delta v}{\Delta x}$$

Então,

$$f'(x) = \lim_{\Delta x \to 0} \frac{\Delta y}{\Delta x} = \lim_{\Delta x \to 0}\left[\frac{\Delta u}{\Delta x} + \frac{\Delta v}{\Delta x} \right] = \lim_{\Delta x \to 0} \frac{\Delta u}{\Delta x} + \lim_{\Delta x \to 0} \frac{\Delta v}{\Delta x} = u'(x) + v'(x)$$

De um modo geral, para a soma de n funções, temos:

$f(x) = u_1(x) + u_2(x) + \ldots + u_n(x)$

$f'(x) = u'_1(x) + u'_2(x) + \ldots + u'_n(x)$

2.11.2 DERIVADA DO PRODUTO

Sejam $u = u(x)$ e $v = v(x)$ duas funções reais e deriváveis em um intervalo aberto $I = \,]a; b[$. Verifiquemos que a função $f(x) = u(x) \cdot v(x)$ também é derivável em I e sua derivada é

$f'(x) = u'(x) \cdot v(x) + u(x) \cdot v'(x).$

De fato,

$$\frac{\Delta y}{\Delta x} = \frac{f(x + \Delta x) - f(x)}{\Delta x} = \frac{[u(x + \Delta x) \cdot v(x + \Delta x)] - [u(x) \cdot v(x)]}{\Delta x}$$

Subtraindo e adicionando a expressão $u(x) \cdot v(x + \Delta x)$, temos:

$$\frac{\Delta y}{\Delta x} = \frac{u(x + \Delta x) \cdot v(x + \Delta x) - u(x) \cdot v(x + \Delta x) + u(x) \cdot v(x + \Delta x) - u(x) \cdot v(x)}{\Delta x}$$

Agrupando os dois primeiros termos e os dois últimos e fatorando, temos:

$$\frac{\Delta y}{\Delta x} = \frac{v(x+\Delta x) \cdot [u(x+\Delta x) - u(x)] + u(x) \cdot [v(x+\Delta x) - v(x)]}{\Delta x}$$

Então,

$$f'(x) = \lim_{\Delta x \to 0} \frac{\Delta y}{\Delta x} = \lim_{\Delta x \to 0} \frac{v(x+\Delta x) \cdot [u(x+\Delta x) - u(x)] + u(x) \cdot [v(x+\Delta x) - v(x)]}{\Delta x}$$

$$= \lim_{\Delta x \to 0} \left[v(x+\Delta x) \frac{[u(x+\Delta x) - u(x)]}{\Delta x} + u(x) \cdot \frac{[v(x+\Delta x) - v(x)]}{\Delta x} \right]$$

$$= v(x) \cdot u'(x) + u(x) \cdot v'(x)$$

No caso particular em que $u = c \in \mathbb{R}$, ou seja, constante,

$f(x) = c \cdot v(x) \rightarrow f'(x) = c \cdot v'(x)$, pois $u'(x) \cdot v(x) = 0$

Notação prática:

1) $y = u \cdot v \rightarrow y' = u' \cdot v + u \cdot v'$

2) $y = c \cdot v \rightarrow y' = c \cdot v'$, onde c é constante

3) $y = u \cdot v \cdot w \rightarrow y' = u' \cdot v \cdot w + u \cdot v' \cdot w + u \cdot v \cdot w'$

4) $y = u_1 \cdot u_2 \dots u_n$
$y' = u'_1 \cdot u_2 \dots u_n + u_1 \cdot u'_2 \dots u_n + \dots u_1 \cdot u_2 \dots u'_n$,
n termos de n fatores, com um fator derivado em cada termo.

Na última expressão, se fizermos $u_1 = u_2 = \dots = u_n = u$, então $y = u^n$
e então $y' = u' \cdot u \dots u + u \cdot u' \cdot \dots u + u \cdot u \cdot \dots u' =$
$u'(\underbrace{u \cdot u \cdot \dots u}_{n\text{-}1 \text{ fatores}} + \underbrace{u \cdot u \cdot \dots u}_{n\text{-}1 \text{ fatores}} + \dots + \underbrace{u \cdot u \cdot \dots u}_{n\text{-}1 \text{ fatores}}) = n \cdot u^{n-1} \cdot u'$

Logo, entre parênteses temos n fatores iguais a u^{n-1}, portanto, $y' = n \cdot u^{n-1} \cdot u'$.

2.11.3 DERIVADA DO QUOCIENTE

Sejam $u = u(x)$ e $v = v(x)$ onde $v(x) \neq 0$ duas funções reais e deriváveis em um intervalo aberto $I =]a; b[$. Verifiquemos que a função $f(x) = \dfrac{u(x)}{v(x)}$ também é derivável em I e sua derivada é $f'(x) = \dfrac{u'(x) \cdot v(x) - u(x) \cdot v'(x)}{[v(x)]^2}$.

Considerando $f(x) = \dfrac{u(x)}{v(x)}$, então $u(x) = f(x) \cdot v(x)$. Utilizando a derivada do produto, $u'(x) = f'(x) \cdot v(x) + f(x) \cdot v'(x)$, ou, ainda, $f'(x) \cdot v(x) = u'(x) - f(x) \cdot v'(x)$. Substituindo $f(x)$ por $\dfrac{u(x)}{v(x)}$:

$$f'(x) \cdot v(x) = u'(x) - \frac{u(x)}{v(x)} \cdot v'(x)$$

$$f'(x) = \frac{u'(x)}{v(x)} - \frac{u(x)}{v(x)} \cdot \frac{v'(x)}{v(x)} = \frac{u'(x) \cdot v(x) - u(x) \cdot v'(x)}{v^2(x)}$$

Pela notação prática, temos:

$$y = \frac{u}{v} \to y' = \frac{u' \cdot v - u \cdot v'}{v^2}$$

Para o caso particular de $u = c \in \mathbb{R}$, ou seja, constante,

$$y = \frac{c}{v} \to y' = \frac{c' \cdot v - c \cdot v'}{v^2} = \frac{-c \cdot v'}{v^2}$$

Para $c = 1$, temos:

$$y = \frac{1}{v} \to y' = \frac{-v}{v^2}$$

Exemplos:

Calcular a função derivada das seguintes funções, utilizando as propriedades e simplificando, se possível:

E 2.28 $f(x) = \frac{1}{2}x^2 + 5x - \sqrt{2}$

$$f'(x) = \frac{1}{2} \cdot (2x) + 5 \cdot (1) - 0 = x + 5$$

E 2.29 $y = x^2 \cdot e^{2x}$

$$y' = (x^2)' \cdot e^{2x} + x^2 \cdot (e^{2x})' = 2x \cdot e^{2x} + x^2 \cdot e^{2x} \cdot 2 = 2x(1+x) \cdot e^{2x}$$

E 2.30 $f(x) = (2x)^3 \cdot 3^{4x} \cdot \ln(5x)$

Utilizando as propriedades de operações entre funções derivadas acima, ou seja, se $y = uvw$, então $y' = u'vw + uv'w + uvw'$, segue que

$$f'(x) = 8(x^3)' \cdot 3^{4x} \cdot \ln(5x) + (2x)^3 \cdot (3^{4x})' \cdot \ln(5x) + (2x)^3 \cdot 3^{4x} \cdot [\ln(5x)]'$$

$$f'(x) = 8(3x^2) \cdot 3^{4x} \cdot \ln(5x) + (2x)^3 \cdot (3^{4x} \cdot \ln 3 \cdot 4) \cdot \ln(5x) + (2x)^3 \cdot 3^{4x} \cdot \left[\frac{5}{5x}\right]$$

$$f'(x) = 24x^2 \cdot 3^{4x} \cdot \ln(5x) + 32x^3 \cdot 3^{4x} \cdot \ln 3 \cdot \ln(5x) + 8x^3 \cdot 3^{4x} \cdot \left[\frac{1}{x}\right]$$

$$f'(x) = 8x^2 \cdot 3^{4x} \cdot [3\ln(5x) + 4x \cdot \ln 3 \cdot \ln(5x) + 1]$$

E 2.31 $y = \frac{2x}{(x-1)}$ .Observando que, se $y = \frac{u}{v}$, então $y' = \frac{u'v - uv'}{v^2}$

$$y' = \frac{(2x)'(x-1) - (2x)(x-1)'}{(x-1)^2} = \frac{2(x-1) - (2x) \cdot 1}{(x-1)^2} = \frac{2x - 2 - 2x}{(x-1)^2} = \frac{-2}{(x-1)^2}$$

E 2.32 $f(x) = \frac{1}{x}$. Observando que, se $y = \frac{1}{v}$, então $y' = \frac{-v'}{v^2}$

$$f'(x) = \frac{-1}{x^2}$$

E 2.33 $y = \dfrac{\ln x}{x}$. Observando que, se $u = \ln x$, então $u' = \dfrac{1}{x}$

$$y' = \frac{(\ln x)'(x) - (\ln x)(x)'}{(x)^2} = \frac{\frac{1}{x}(x) - (\ln x)1}{x^2} = \frac{1 - \ln x}{x^2}$$

2.12 DERIVADAS DAS FUNÇÕES TRIGONOMÉTRICAS

Seja $f: I \subset \mathbb{R} \to \mathbb{R}$ uma função trigonométrica definida em $x \in I$, onde x é medido em radianos. Vamos estudar as funções derivadas dessas funções, em seus respectivos domínios.

2.12.1 DERIVADA DA FUNÇÃO SENO

Dada a função $y = f(x) = \operatorname{sen} x$, vamos calcular a função derivada, $y' = f'(x)$, aplicando a definição. Temos

$$\frac{\Delta y}{\Delta x} = \frac{f(x + \Delta x) - f(x)}{\Delta x} = \frac{\operatorname{sen}(x + \Delta x) - \operatorname{sen} x}{\Delta x}$$

Utilizando a expressão da fatoração trigonométrica dada por:

$$\operatorname{sen} p - \operatorname{sen} q = 2 \operatorname{sen}\left(\frac{p - q}{2}\right) \cdot \cos\left(\frac{p + q}{2}\right)$$

e o limite trigonométrico fundamental $\lim\limits_{u \to 0} \dfrac{\operatorname{sen} u}{u} = 1$, segue:

$$f'(x) = \lim_{\Delta x \to 0} \frac{\Delta y}{\Delta x} = \lim_{\Delta x \to 0} \frac{\operatorname{sen}(x + \Delta) - \operatorname{sen} x}{\Delta x} = \lim_{\Delta x \to 0} \frac{2 \cdot \operatorname{sen}\left(\frac{x + \Delta x - x}{2}\right) \cos\left(\frac{x + \Delta x + x}{2}\right)}{\Delta x}$$

$$= \lim_{\Delta x \to 0} \frac{\operatorname{sen}\left(\frac{\Delta y}{2}\right)}{\left(\frac{\Delta y}{2}\right)} \cdot \lim_{\Delta x \to 0} \cos\left(x + \frac{\Delta x}{2}\right) = 1 \cdot \cos x = \cos x$$

Portanto, $f(x) = \operatorname{sen} x \to f'(x) = \cos x$. Para função composta, onde $u = u(x)$, temos: $f(x) = \operatorname{sen} u \to f'(x) = \cos u \cdot u'$.

2.12.2 DERIVADA DA FUNÇÃO COSSENO

Dada a função $y = f(x) = \cos x$, vamos calcular a função derivada, $y' = f'(x)$, aplicando a definição. Temos

$$\frac{\Delta y}{\Delta x} = \frac{f(x + \Delta x) - f(x)}{\Delta x} = \frac{\cos(x + \Delta x) - \cos x}{\Delta x}$$

Utilizando a expressão da fatoração trigonométrica dada por:

$$\cos p - \cos q = -2 \operatorname{sen}\left(\frac{p - q}{2}\right) \cdot \operatorname{sen}\left(\frac{p + q}{2}\right)$$

e o limite trigonométrico fundamental $\lim\limits_{u \to 0} \dfrac{\operatorname{sen} u}{u} = 1$, segue:

$$f'(x) = \lim_{\Delta x \to 0} \frac{\Delta y}{\Delta x} = \lim_{\Delta x \to 0} \frac{\cos(x + \Delta) - \cos x}{\Delta x} = \lim_{\Delta x \to 0} \frac{-2 \cdot \operatorname{sen}\left(\dfrac{x + \Delta x - x}{2}\right)\operatorname{sen}\left(\dfrac{x + \Delta x + x}{2}\right)}{\Delta x}$$

$$= \lim_{\Delta x \to 0} \frac{\operatorname{sen}\left(\dfrac{\Delta y}{2}\right)}{\left(\dfrac{\Delta y}{2}\right)} \cdot \lim_{\Delta x \to 0}\left[-\operatorname{sen}\left(x + \frac{\Delta x}{2}\right)\right] = 1 \cdot (-\operatorname{sen} x) = -\operatorname{sen} x$$

Portanto, $f(x) = \cos x \to f'(x) = -\operatorname{sen} x$. Para função composta, onde $u = u(x)$, temos: $f(x) = \cos u \to f'(x) = -\operatorname{sen} u \cdot u'$.

2.12.3 DERIVADA DA FUNÇÃO TANGENTE

Dada a função $y = f(x) = \operatorname{tg} x$, vamos calcular a função derivada, $y' = f'(x)$, lembrando que $f(x) = \operatorname{tg} x = \dfrac{\operatorname{sen} x}{\cos x}$, para $\cos x \neq 0$, que se $y = \dfrac{u}{v}$, então $y' = \dfrac{u'v - uv'}{v^2}$, e usando as funções derivadas das funções $\operatorname{sen} x$ e $\cos x$, temos:

$$f'(x) = \left(\frac{\operatorname{sen} x}{\cos x}\right)' = \frac{(\operatorname{sen} x)' \cdot \cos x - \operatorname{sen} x \cdot (\cos x)'}{(\cos x)^2} = \frac{\cos x \cdot \cos x - \operatorname{sen} x(-\operatorname{sen} x)}{(\cos x)^2}$$

$$= \frac{\cos^2 x + sen^2 x}{\cos^2 x} = \frac{1}{\cos^2 x} = \sec^2 x$$

Portanto, $f(x) = \operatorname{tg} x \to f'(x) = \sec^2 x$. Para função composta, onde $u = u(x)$, temos: $f(x) = \operatorname{tg} u \to f'(x) = \sec^2 u \cdot u'$.

2.12.4 DERIVADA DA FUNÇÃO COTANGENTE

Dada a função $y = f(x) = \operatorname{cotg} x$, vamos calcular a função derivada, $y' = f'(x)$, lembrando que $f(x) = \operatorname{cotg} x = \dfrac{\cos x}{\operatorname{sen} x}$, para $\operatorname{sen} x \neq 0$, que se $y = \dfrac{u}{v}$, então $y' = \dfrac{u'v - uv'}{v^2}$, e usando as funções derivadas das funções $\operatorname{sen} x$ e $\cos x$, temos:

$$f'(x) = \left(\frac{\cos x}{\operatorname{sen} x}\right)' = \frac{(\cos x)' \cdot \operatorname{sen} x - \cos x \cdot (\operatorname{sen} x)'}{(\cos x)^2} = \frac{(-\operatorname{sen} x) \cdot \operatorname{sen} x - \cos x \cdot \cos x}{(\operatorname{sen} x)^2}$$

$$= \frac{-(sen^2 x + \cos^2 x)}{sen^2 x} = \frac{-1}{sen^2 x} = -\operatorname{cossec}^2 x$$

Portanto, $f(x) = \operatorname{cotg} x \to f'(x) = -\operatorname{cossec}^2 x$. Para função composta, onde $u = u(x)$, temos:

$f(x) = \operatorname{cotg} u \to f'(x) = -\operatorname{cossec}^2 u \cdot u'$.

2.12.5 DERIVADA DA FUNÇÃO SECANTE

Dada a função $f(x) = \sec x$, vamos calcular a função derivada, $y' = f'(x)$, lembrando que $f(x) = \sec x = \dfrac{1}{\cos x}$, para $\cos x \neq 0$, que se $y = \dfrac{1}{v}$, então $y' = -\dfrac{v'}{v^2}$, e usando a função derivada da função $\cos x$, temos:

$$f'(x) = \left(\frac{1}{\cos x}\right)' = \frac{-(\cos x)'}{(\cos x)^2} = \frac{-(-\operatorname{sen} x)}{(\cos x)^2} = \frac{\operatorname{sen} x}{\cos^2 x} = \frac{1}{\cos x} \cdot \frac{\operatorname{sen} x}{\cos x} = \sec x \cdot \operatorname{tg} x$$

Portanto, $f(x) = \sec x \to f'(x) = \sec x \cdot \operatorname{tg} x$. Para função composta, onde $u = u(x)$, temos: $f(x) = \sec u \to f'(x) = \sec u \cdot \operatorname{tg} u \cdot u'$.

2.12.6 DERIVADA DA FUNÇÃO COSSECANTE

Dada $f(x) = \operatorname{cossec} x$, vamos calcular a função derivada, $y' = f'(x)$, lembrando que $f(x) = \operatorname{cossec} x = \dfrac{1}{\operatorname{sen} x}$, para $\operatorname{sen} x \neq 0$, que se $y = \dfrac{1}{v}$, então $y' = -\dfrac{v'}{v^2}$, e usando a função derivada da função $\operatorname{sen} x$, temos:

$$\begin{aligned} f'(x) &= \left(\frac{1}{\operatorname{sen} x}\right)' = \frac{-(\operatorname{sen} x)'}{(\operatorname{sen} x)^2} = \frac{-(\cos x)}{(\operatorname{sen} x)^2} = \frac{-\cos x}{\operatorname{sen}^2 x} = \frac{-1}{\operatorname{sen} x} \cdot \frac{\cos x}{\operatorname{sen} x} \\ &= -\operatorname{cossec} x \cdot \operatorname{cotg} x \end{aligned}$$

Portanto, $f(x) = \operatorname{cossec} x \to f'(x) = -\operatorname{cossec} x \cdot \operatorname{cotg} x$. Para função composta, onde $u = u(x)$, temos:

$f(x) = \operatorname{cossec} u \to f'(x) = -\operatorname{cossec} u \cdot \operatorname{cotg} u \cdot u'$.

> **Observação**
>
> Para memorizar a tabela de derivadas trigonométricas mais facilmente, podemos utilizar a mnemônica, notando que o sinal de menos ("–") aparece nas derivadas das funções complementares, isto é, que têm "co" no nome: cosseno, cotangente e cossecante.

Exemplos:

Determinar a função derivada das seguintes funções:

E 2.34 $f(x) = \operatorname{sen}(x^3)$

Pela regra da cadeia, $f'(x) = \cos(x^3) \cdot (x^3)' = \cos(x^3) \cdot 3x^2 = 3x^2 \cos(x^3)$.

E 2.35 $y = \cos^2(2x)$

Observe que:

1) $\cos^2 u = [\cos u]^2$;

2) $\cos(u^2) \neq [\cos u]^2$;

3) $\operatorname{sen}(2u) = 2 \cdot \operatorname{sen} u \cdot \cos u$.

Escrevendo $y = \cos^2(2x) = [\cos(2x)]^2$ e aplicando a regra da cadeia para a função potência $y = u^a$, temos:

$y' = 2 \cdot \cos(2x) \cdot [\cos(2x)]' = 2 \cdot \cos(2x)[-\text{sen}(2x) \cdot 2] = -2[2\,\text{sen}(2x)\,\cos(2x)]$
$= -2\,\text{sen}(4x)$

E 2.36 $f(x) = 2\,\text{tg}(2x) - \text{cotg}(5x)$

Pela regra da cadeia,

$f'(x) = 2 \cdot \sec^2(2x) \cdot (2x)' - [-\text{cossec}^2(5x) \cdot (5x)']$

$= 2 \cdot \sec^2(2x) \cdot 2 + \text{cossec}^2(5x) \cdot 5 = 4 \cdot \sec^2(2x) + 5\,\text{cossec}^2(5x)$

E 2.37 $y = \sec^2(3x)$

Escrevendo $y = \sec^2(3x) = [\sec(3x)]^2$ e aplicando a regra da cadeia para a função potência $y = u^a$, temos:

$y = 2 \cdot \sec(3x) \cdot [\sec(3x)]' = 2 \cdot \sec(3x) \cdot [\sec(3x) \cdot \text{tg}(3x) \cdot 3] = 6 \cdot \sec^2(3x) \cdot \text{tg}(3x)$

E 2.38 $f(x) = \text{cossec}\left(\dfrac{1}{x}\right)$

Pela regra da cadeia,

$f'(x) = -\text{cossec}\left(\dfrac{1}{x}\right) \cdot \text{cotg}\left(\dfrac{1}{x}\right) \cdot \left(\dfrac{1}{x}\right)' = -\text{cossec}\left(\dfrac{1}{x}\right) \cdot \text{cotg}\left(\dfrac{1}{x}\right) \cdot \left(-\dfrac{1}{x^2}\right)$

$= \dfrac{1}{x^2}\,\text{cossec}\left(\dfrac{1}{x}\right) \cdot \text{cotg}\left(\dfrac{1}{x}\right)$

2.13 DERIVADA DA FUNÇÃO POTÊNCIA EXPONENCIAL

Seja $y = u^v$, onde $u = u(x)$, $v = v(x)$ e $u(x) > 0$ são funções deriváveis em um mesmo intervalo I da reta, calculemos a derivada y':

1° modo: Aplicando a função logarítmica na base natural em ambos os lados de $y = u^v$, temos: $\ln y = \ln(u^v)$.

Utilizando a propriedade da potência de logaritmo, segue que:

$\ln y = v \cdot \ln u$

Derivando ambos os membros, aplicando a regra do produto e a regra da cadeia,

$\dfrac{y'}{y} = v' \cdot \ln u + v \cdot \dfrac{u'}{u}$

Multiplicando ambos os membros por y:

$y' = y \cdot v' \cdot \ln u + y \cdot v \cdot \dfrac{u'}{u}$

Mas $y = u^v$, então:

$y' = u^v \cdot v' \cdot \ln u + u^v \cdot v \cdot \dfrac{u'}{u} = u^v \cdot v' \cdot \ln u + u^{v-1} \cdot v \cdot u'$

Para facilitar a visualização da fórmula, permutemos as parcelas do segundo membro e teremos:

$y = u^v \rightarrow y' = v \cdot u^{v-1}\,u' + u^v\,\ln u \cdot v'$

Observemos também que a 1ª parcela é a derivada da função potência, supondo $u = u(x)$ e $v \in \mathbb{R}$, e a 2ª parcela é a derivada da função exponencial, supondo $u \in \mathbb{R}$ e $v = v(x)$.

2° *modo:* Dada a função $y = u^v$, onde $u = u(x)$, $v = v(x)$ e $u(x) > 0$ são funções deriváveis em um mesmo intervalo I da reta, calculemos a derivada y' utilizando a propriedade de logaritmo, em que podemos escrever $y = u^v = \left[e^{\ln u}\right]^v = e^{v \cdot \ln u}$. Aplicando a regra da cadeia, temos:

$$y' = e^{v \cdot \ln u} \cdot [v \cdot \ln u]' = e^{v \cdot \ln u} \cdot \left[v' \cdot \ln u + v \cdot \frac{u'}{u}\right]$$

Substituindo $e^{v \cdot \ln u}$ por u^v, segue que:

$$y' = u^v \cdot \left[v' \cdot \ln u + v \cdot \frac{u'}{u}\right]$$

Aplicando a propriedade distributiva,

$$y' = u^v \cdot \ln u \cdot v' + v \cdot u^v \cdot \frac{u'}{u}$$

Simplificando e permutando as parcelas,

$$y' = v \cdot u^{v-1} \cdot u' + u^v \cdot \ln u \cdot v'$$

Exemplos:

Determinar a função derivada das seguintes funções:

E 2.39 $f(x) = (\operatorname{sen} x)^x$

Utilizando a regra da derivada da função potência exponencial,

$$f'(x) = x \cdot (\operatorname{sen} x)^{x-1} \cdot \cos x + (\operatorname{sen} x)^x \ln(\operatorname{sen} x)$$
$$= (\operatorname{sen} x)^{x-1} [x \cdot \cos x + \operatorname{sen} x \cdot \ln(\operatorname{sen} x)]$$

E 2.40 $f(x) = (2x^3 + 1)^{3x}$

Utilizando a regra da derivada da função potência exponencial,

$$f'(x) = 3x \cdot (2x^3 + 1)^{3x-1} \cdot 6x^2 + (2x^3 + 1)^{3x} \ln(2x^3 + 1) \cdot 3$$
$$= 3 \cdot (2x^3 + 1)^{3x-1} [6x^3 + (2x^3 + 1) \cdot \ln(2x^3 + 1)]$$

2.14   DERIVADA DA FUNÇÃO INVERSA

Seja $f : I \subset \mathbb{R} \to \mathbb{R}$ uma função bijetora e derivável, tal que $f'(x) \neq 0$ para todo $x \in I$. Dizemos que $g : f(I) \subset \mathbb{R} \to \mathbb{R}$ é a função inversa de $f'(x)$, se para todo $x \in I$, $g(f(x)) = x$. Nesse caso, se $y = f(x)$, escrevemos $x = g(y) = f^{-1}(y)$. Para derivar a função inversa de $f(x)$, ou seja, $f^{-1}(y)$, vamos aplicar a regra da cadeia à definição:

$$f^{-1}(f(x)) = x \to (f^{-1})'(y) \cdot y' = 1 \to (f^{-1})'(y) = \frac{1}{y'}$$

Exemplo:

E 2.41 Determinar a derivada da função logarítmica considerando que é inversa da função exponencial, ou seja, se $y = \log_a x$, então $x = a^y$.

Resolução:

Já vimos que, se $x = a^y$, então $x' = a^y \cdot \ln a$. Empregando a fórmula da derivada da função inversa, $y' = \dfrac{1}{x'}$, e substituindo $a^y = x$, temos:

$$y = \log_a x \rightarrow y' = \frac{1}{a^y \cdot \ln a} = \frac{1}{x \cdot \ln a}$$

2.15 DERIVADA DAS FUNÇÕES INVERSAS TRIGONOMÉTRICAS

2.15.1 DERIVADA DA FUNÇÃO ARCO SENO

Sabemos que a função seno não é bijetora. Entretanto, se reduzirmos à restrição principal, ou seja, $f:\left[-\dfrac{\pi}{2}, \dfrac{\pi}{2}\right] \rightarrow [-1, 1]$, onde $f(y) = \operatorname{sen} y$, a função é bijetora e admite inversa, $y = f^{-1}(x) = \operatorname{arc\,sen} x$, onde $f^{-1}:[-1, 1] \rightarrow \left[-\dfrac{\pi}{2}, \dfrac{\pi}{2}\right]$. Nesse caso, a função é derivável em $]-1, 1[$ e, nesse intervalo, $y' = \dfrac{1}{\sqrt{1 - x^2}}$.

Justificação

Aplicando a fórmula da derivada da função inversa, temos:

$$y = \operatorname{arc\,sen} x \rightarrow y' = \frac{1}{x'} = \frac{1}{(\operatorname{sen} y)'} = \frac{1}{\cos y}, \ y = \operatorname{arc\,sen} x \Leftrightarrow x = \operatorname{sen} y$$

Como para $y \in \left[-\dfrac{\pi}{2}, \dfrac{\pi}{2}\right], \cos y > 0$, e aplicando a identidade trigonométrica fundamental, $\cos^2 y + \operatorname{sen}^2 y = 1$, podemos escrever $\cos y = \sqrt{1 - \operatorname{sen}^2 y}$. Substituindo na derivada acima,

$$y' = \frac{1}{x'} = \frac{1}{\cos y} = \frac{1}{\sqrt{1 - \operatorname{sen}^2 y}} = \frac{1}{\sqrt{1 - x^2}}$$

Para função composta, onde $u = u(x)$, temos:

$$y = \operatorname{arc\,sen} u \rightarrow y' = \frac{u'}{\sqrt{1 - u^2}}, \text{para} \ |u| < 1$$

2.15.2 DERIVADA DA FUNÇÃO ARCO COSSENO

Do mesmo modo, a função cosseno não é bijetora. Entretanto, a restrição principal dessa função, $f:[0, \pi] \rightarrow [-1, 1]$, onde $f(y) = \cos y$, é bijetora e admite inversa,

$y = f^{-1}(x) = \text{arc cos } x$, onde $f^{-1}:[-1,1] \to [0, \pi]$. Nesse caso, a função é derivável em $]-1,1[$ e, nesse intervalo, $y' = \dfrac{-1}{\sqrt{1-x^2}}$.

Justificação

Aplicando a fórmula da derivada da função inversa, temos:

$y = \text{arc cos} x \to y' = \dfrac{1}{x'} = \dfrac{1}{(\cos y)'} = \dfrac{1}{-\text{sen } y}$, $y = \text{arc cos } x \Leftrightarrow x = \cos y$

Como para $y \in]0, \pi[$, sen $y > 0$, e aplicando a identidade trigonométrica fundamental, $\cos^2 y + \text{sen}^2 y = 1$, podemos escrever sen $y = \sqrt{1-\cos^2 y}$. Substituindo na derivada acima,

$y' = \dfrac{1}{x'} = \dfrac{1}{-\text{sen } y} = \dfrac{-1}{\sqrt{1-\cos^2 y}} = \dfrac{-1}{\sqrt{1-x^2}}$

Para função composta, onde $u = u(x)$, temos:

$y = \text{arc cos} u \to y' = \dfrac{-u'}{\sqrt{1-u^2}}$, para $|u| < 1$

2.15.3 DERIVADA DA FUNÇÃO ARCO TANGENTE

Chama-se restrição principal da função tangente o intervalo $f: \left]-\dfrac{\pi}{2}, \dfrac{\pi}{2}\right[\to \mathbb{R}$, onde $f(y) = \text{tg } y$ é uma função bijetora e, nesse caso, admite inversa, $y = f^{-1}(x) = \text{arc tg } x$, onde $f^{-1}: \mathbb{R} \to \left]-\dfrac{\pi}{2}, \dfrac{\pi}{2}\right[$. A função é derivável em $\mathbb{R}$ e $y' = \dfrac{1}{1+x^2}$.

Justificação

Aplicando a fórmula da derivada da função inversa, temos:

$y = \text{arc tg } x \to y' = \dfrac{1}{x'} = \dfrac{1}{(\text{tg } y)'} = \dfrac{1}{\sec^2 y}$, $y = \text{arc tg } x \Leftrightarrow x = \text{tg } y$

Vamos lembrar que, se dividirmos a identidade trigonométrica fundamental, $\cos^2 y + \text{sen}^2 y = 1$ por $\cos^2 y$, temos:

$\dfrac{\cos^2 y}{\cos^2 y} + \dfrac{\text{sen}^2 y}{\cos^2 y} = \dfrac{1}{\cos^2 y} \to 1 + \text{tg}^2 y = \sec^2 y$

Logo,

$y' = \dfrac{1}{x'} + \dfrac{1}{\sec^2 y} = \dfrac{1}{1+\text{tg}^2 y} = \dfrac{1}{1+x^2}$

Para função composta, onde $u = u(x)$, temos:

$y = \text{arc tg } u \to y' = \dfrac{u'}{1+u^2}$

2.15.4 DERIVADA DA FUNÇÃO ARCO COTANGENTE

Chama-se restrição principal da função cotangente o intervalo $f:[0, \pi] \to \mathbb{R}$, onde $f(y) = \cotg y$ é uma função bijetora e, nesse caso, admite inversa, $y = f^{-1}(x) = \arc\cotg x$, onde $f^{-1}: \mathbb{R} \to]0, \pi[$. A função é derivável em $\mathbb{R}$ e $y' = \dfrac{-1}{1 + x^2}$.

Justificação

Aplicando a fórmula da derivada da função inversa, temos:

$$y = \arc\cotg x \to y' = \frac{1}{x'} = \frac{1}{(\cotg y)'} = \frac{1}{-\cossec^2 y}, \; y = \arc\cotg x \Leftrightarrow x = \cotg y$$

Vamos lembrar que, se dividirmos a identidade trigonométrica fundamental, $\cos^2 y + \sen^2 y = 1$ por $\sen^2 y$, temos:

$$\frac{\cos^2 y}{\sen^2 y} + \frac{\sen^2 y}{\sen^2 y} = \frac{1}{\sen^2 y} \to \cotg^2 y + 1 = \cossec^2 y$$

Logo,

$$y' = \frac{1}{x'} = \frac{1}{-\cossec^2 y} = \frac{-1}{1 + \cotg^2 y} = \frac{-1}{1 + x^2}$$

Para função composta, onde $u = u(x)$, temos:

$$y = \arc\cotg u \to y' = \frac{-u'}{1 + u^2}$$

2.15.5 DERIVADA DA FUNÇÃO ARCO SECANTE

Chama-se $f:\left[0, \dfrac{\pi}{2}\left[\cup\right]\dfrac{\pi}{2}, \pi\right] \to]-\infty, -1] \cup [1, +\infty[$ a restrição principal da função secante, ou seja, $f(y) = \sec y$ é uma função bijetora e, nesse caso, admite inversa, $y = f^{-1}(x) = \arc\sec x$, onde $f^{-1}:]-\infty, -1] \cup [1, +\infty[\to \left[0, \dfrac{\pi}{2}\left[\cup\right]\dfrac{\pi}{2}, \pi\right]$. A função é derivável em $]-\infty, -1] \cup [1, +\infty[$ e $y' = \dfrac{1}{|x|\sqrt{x^2 - 1}}$.

Justificação

Aplicando a fórmula da derivada da função inversa, temos:

$$y = \arc\sec x \to y' = \frac{1}{x'} = \frac{1}{(\sec y)} = \frac{1}{\sec y \cdot \tg y}, \; y = \arc\sec x \Leftrightarrow x = \sec y$$

Usando a identidade trigonométrica já demonstrada acima,

$$\tg^2 y = \sec^2 y - 1$$

Substituindo na derivada,

$$y' = \frac{1}{x'} = \frac{1}{\sec y \cdot \tg y} = \frac{1}{\sec y \, (\pm \sqrt{\sec^2 y - 1})}$$

Observemos que:

- $\sec y \in \left[0, \dfrac{\pi}{2}\right[\Rightarrow \left\{\begin{array}{l} \sec y > 0 \\ \operatorname{tg} y > 0 \end{array}\right\} \Rightarrow \sec y \cdot \operatorname{tg} y = \sec y \cdot (\sqrt{\sec^2 y - 1})$
  $= x\sqrt{x^2 - 1}, \text{ para } x > 1;$

- $\sec y \in \left[\dfrac{\pi}{2}, \pi\right[\Rightarrow \left\{\begin{array}{l} \sec y < 0 \\ \operatorname{tg} y < 0 \end{array}\right\} \Rightarrow \sec y \cdot \operatorname{tg} y = \sec y \cdot (-\sqrt{\sec^2 y - 1})$
  $= x(-\sqrt{x^2 - 1}), \text{ para } x < -1.$

Portanto, $y' = \dfrac{1}{x'} = \dfrac{1}{\sec y \cdot \operatorname{tg} y} = \dfrac{1}{|x|\sqrt{x^2 - 1}}, \text{ para } |x| > 1$

Para função composta, onde $u = u(x)$, temos:

$y = \operatorname{arc\,sec} u \rightarrow y' = \dfrac{u'}{|u|\sqrt{u^2 - 1}}, \text{ para } |u| > 1$

2.15.6 DERIVADA DA FUNÇÃO ARCO COSSECANTE

Chama-se $f:\left[-\dfrac{\pi}{2}, 0\right[\cup \left]0, \dfrac{\pi}{2}\right] \rightarrow]-\infty, -1] \cup [1, +\infty[$ a restrição principal da função cossecante, ou seja, $f(y) = \operatorname{cossec} y$ é uma função bijetora e admite inversa, $y = f^{-1}(x) = \operatorname{arc\,cossec} x$, onde $f^{-1}:]-\infty, -1] \cup [1, +\infty[\rightarrow \left[-\dfrac{\pi}{2}, 0\right[\cup \left]0, \dfrac{\pi}{2}\right]$. A função é derivável em $]-\infty, -1] \cup [1, +\infty[$ e $y' = \dfrac{-1}{|x|\sqrt{x^2 - 1}}$.

Justificação

Utilizando a relação do arco complementar: $y = \operatorname{arc\,cossec} x = \dfrac{\pi}{2} - \operatorname{arc\,sec} x$, derivando a expressão,

$y' = (\operatorname{arc\,cossec} x)' = 0 - (\operatorname{arc\,sec} x)' = \dfrac{-1}{|x|\sqrt{x^2 - 1}}$

Para função composta, onde $u = u(x)$, temos:

$y = \operatorname{arc\,cos\,sec} u \rightarrow y' = \dfrac{-u'}{|u|\sqrt{u^2 - 1}}, \text{ para } |u| > 1$

Exemplos:

E 2.42 Determinar a função derivada das seguintes funções trigonométricas inversas:

a) $f(x) = \operatorname{arc\,sen}(2x + 1)$

b) $f(x) = x \cdot \operatorname{arc\,cos} x$

c) $f(x) = e^x \cdot \operatorname{arc\,tg}(2x)$

d) $f(x) = \dfrac{x^3}{\operatorname{arc\,sec}(3x)}$

e) $f(x) = \operatorname{arc\,cossec}(3x - 1)$

Resolução:

a) Trata-se de uma função composta onde $u = 2x + 1$. Nesse caso, $y = \text{arc sen } u$, então:

$$y' = \frac{u'}{\sqrt{1-u^2}} \to y' = \frac{2}{\sqrt{1-(2x+1)^2}} = \frac{2}{\sqrt{1-(4x^2+4x+1)}} = \frac{2}{\sqrt{-4x^2-4x}} = \frac{2}{\sqrt{4(-x^2-x)}}$$

$$= \frac{2}{2\sqrt{-x^2-x}}$$

Resposta: $y' = \dfrac{1}{\sqrt{-x^2-x}}$

b) Utilizando as fórmulas:

- $y = u \cdot v \to y' = u' \cdot v + u \cdot v'$

- $y = \text{arc cos } u \to y' = \dfrac{-u'}{\sqrt{1-u^2}}$

$$y' = 1 \cdot \text{arc cos} x + x \cdot \left(\frac{-1}{\sqrt{1-x^2}}\right) = \text{arc cos} x - \frac{x}{\sqrt{1-x^2}} \times \frac{\sqrt{1-x^2}}{\sqrt{1-x^2}}$$

$$= \text{arc cos} x - \frac{x\sqrt{1-x^2}}{1-x^2}$$

Resposta: $y' = \text{arc cos} x - \dfrac{x\sqrt{1-x^2}}{1-x^2}$

c) Utilizando as fórmulas:

- $y = u \cdot v \to y' = u' \cdot v + u \cdot v'$

- $y = \text{arc tg } u \to y' = \dfrac{u'}{1+u^2}$

$$y' = e^x \cdot \text{arc tg}(2x) + e^x \cdot \frac{2}{1+(2x)^2} = e^x \cdot \text{arc tg}(2x) + e^x \cdot \frac{2}{1+4x^2}$$

$$= \frac{e^x \cdot [(1+4x^2)\,\text{arc tg}(2x) + 2]}{1+4x^2}$$

Resposta: $y' = \dfrac{e^x \cdot [(1+4x^2)\,\text{arc tg}(2x) + 2]}{1+4x^2}$.

d) Para facilitar os cálculos, vamos considerar $x > 1$. Utilizando as fórmulas:

- $y = \dfrac{u}{v} \to y' = \dfrac{u' \cdot v - u \cdot v'}{v^2}$

- $y = \text{arc sec } u \to y' = \dfrac{u'}{|u|\sqrt{u^2-1}}$

$$y' = \frac{3x^2 \cdot \text{arc sec}(3x) - x^3 \cdot \left(\dfrac{3}{3x\sqrt{9x^2-1}}\right)}{(\text{arc sec}(3x))^2} = \frac{3x^2 \cdot \text{arc sec}(3x) - x^2 \cdot \left(\dfrac{\sqrt{9x^2-1}}{9x^2-1}\right)}{(\text{arc sec}(3x))^2}$$

$$= \frac{3x^2(9x^2-1)\,\text{arc sec}(3x) - x^2 \cdot \sqrt{9x^2-1}}{(9x^2-1)(\text{arc sec}(3x))^2}$$

Resposta: $y' = \dfrac{x^2[3(9x^2-1)\,arc\,\text{sec}(3x) - \sqrt{9x^2-1}]}{(9x^2-1)(\text{arc sec}(3x))^2}$

Derivadas

e) Sabendo que: $y = \operatorname{arc} \operatorname{cossec} u \to y' = \dfrac{-u'}{|u|\sqrt{u^2-1}}$

$$y' = \frac{-3}{|3x-1|\sqrt{(3x-x)^2-1}} = \frac{-3}{|3x-1|\sqrt{9x^2-6x}}$$

Resposta: $y' = \dfrac{-3}{|3x-1|\sqrt{9x^2-6x}}$.

2.16 DERIVADAS SUCESSIVAS OU DERIVADAS DE ORDEM SUPERIOR

Seja f uma função derivável. Se a derivada f' também for uma função derivável, então a sua derivada é chamada derivada de segunda ordem de f e é representada por $f''(x)$ e lê-se "f duas linhas de x". Assim, se f'' for derivável, temos a derivada de 3ª ordem de f e assim sucessivamente. A derivada de ordem n ou n-ésima derivada de f, representada por $f^{(n)}(x)$, é obtida derivando-se a derivada de ordem $(n-1)$ de f.

Notações:

Dada $y = f(x) \to y' = f'(x) = \dfrac{df}{dx}$

$$y'' = f''(x) = \frac{d^2f}{dx^2}$$

$$y''' = f'''(x) = \frac{d^3f}{dx^3} \quad \cdots \quad y^{(n)} = f^{(n)}(x) = \frac{d^nf}{dx^n}$$

Utilizando a notação de Leibniz, podemos escrever a derivada segunda de $y = f(x)$ como $\dfrac{d}{dx}\left(\dfrac{dy}{dx}\right) = \dfrac{d^2y}{dx^2}$. Outra notação é: $f''(x) = D^2f(x)$.

Exemplos:

E 2.43 Determinar as derivadas de todas as ordens de $f(x) = 2x^4 + x^3 - 2x^2 + x - 5$.

Resolução:

Aplicando a derivada da soma e a derivada da potência, temos:

$f'(x) = 8x^3 + 3x^2 - 4x + 1$

$f''(x) = 24x^2 + 6x - 4$

$f'''(x) = 48x + 6$

$f^{(4)}(x) = 48$

$f^{(5)}(x) = 0 \quad \cdots \quad f^{(n)}(x) = 0$, para $n \geq 5$.

E 2.44 Determinar a derivada de 4ª ordem da função $y = \ln\left(\dfrac{1}{x}\right)$.

Resolução:

Aplicando a fórmula $y = \ln u \rightarrow y' = \dfrac{u'}{u}$, vamos escrever $y = \ln\left(\dfrac{1}{x}\right) = \ln\left(x^{-1}\right)$.

Então,

$$y' = \frac{-x^{-2}}{x^{-1}} = -x^{-2-(-1)} = -x^{-1}$$

$$y'' = -(-1)x^{-2} = x^{-2}$$

$$y''' = -2x^{-3}$$

$$y^{(4)} = -2(-3x^{-4}) = 6x^{-4} = \frac{6}{x^4}$$

Resposta: $y^{(4)} = \dfrac{6}{x^4}$.

E 2.45 Calcular y'' de $y = x \cdot e^{x^2}$.

Resolução:

Utilizando as fórmulas:

- $y = u \cdot v \rightarrow y' = u' \cdot v + u \cdot v'$
- $y = e^u \rightarrow y' = e^u \cdot u'$

$$y' = 1 \cdot e^{x^2} + x \cdot e^{x^2} \cdot 2x = e^{x^2} + 2x^2 e^{x^2}$$

$$y'' = e^{x^2} \cdot 2x + 2 \cdot 2x \cdot e^{x^2} + 2x^2 e^{x^2} \cdot 2x = 6x \cdot e^{x^2} + 4x^3 \cdot e^{x^2} = 2x\left(3 + 2x^2\right)e^{x^2}$$

Resposta: $y'' = 2x\left(3 + 2x^2\right)e^{x^2}$.

E 2.46 Se $f(x) = \text{sen}^2(3x)$, calcular $f^{(5)}(x)$.

Resolução:

Utilizando a derivada da função potência,

$$f'(x) = 2(\text{sen}(3x))^1 \cdot \cos(3x) \cdot 3$$

Aplicando a fórmula do seno do arco duplo:

$\text{sen}(2a) = 2 \cdot \text{sen}(a) \cdot \cos(a)$ e tomando $a = 3x$,

$$f'(x) = 3 \cdot \text{sen}(6x)$$

$$f''(x) = 3 \cdot \cos(6x) \cdot 6 = 18\cos(6x)$$

$$f'''(x) = 18 \cdot (-\text{sen}(6x)) \cdot 6 = -108\,\text{sen}(6x)$$

$$f^{(4)}(x) = -108 \cdot \cos(6x) \cdot 6 = -648\cos(6x)$$
$$f^{(5)}(x) = -648(-\text{sen}(6x)) \cdot 6 = 3888\,\text{sen}(6x)$$

Resposta: $f^{(5)}(x) = 3888 \cdot \text{sen}(6x)$.

2.17 DERIVADAS IMPLÍCITAS

Algumas expressões não podem ser escritas na forma $y = f(x)$, mesmo sendo x a variável livre e y dependendo de x. Podemos exemplificar com a equação da circunferência de centro $(0, 0)$ e raio 1: $x^2 + y^2 = 1$. Sabemos que y depende do valor de x, mas essa expressão não é uma função, ou seja, não podemos escrever $y = f(x)$. Mas, ainda assim, podemos derivar a igualdade:

$$(x^2 + y^2)' = 1'$$
$$2x + 2y \cdot y' = 0$$
$$2y \cdot y' = -2x$$
$$y' = -\frac{x}{y}$$

Esse método chama-se *derivada implícita* e nos dá a derivada de expressões de y que dependem de x e que não são funções.

Exemplos:

E 2.47 Determinar y' sendo $x^2 + y^2 = 6xy$.

Resolução:

Derivando ambos os membros, temos:
$$2x + 2y \cdot y' = 6y + 6xy' \quad (:2)$$
$$x + y \cdot y' = 3y + 3xy'$$
$$y \cdot y' - 3xy' = 3y - x$$
$$y'(y - 3x) = 3y - x$$
$$y' = \frac{3y - x}{y - 3x}$$

Resposta: $y' = \dfrac{3y - x}{y - 3x}$.

E 2.48 Utilizar a derivada implícita para calcular $\dfrac{dy}{dx}$ se $5y^2 + \text{sen}\, y = x^3$.

Resolução:

Vamos usar a notação de Leibniz neste exemplo:

$$\frac{d}{dx}[5y^2 + \text{sen}\, y] = \frac{d}{dx}(x^3)$$

$$5\frac{d}{dx}(y^2) + \frac{d}{dx}(\text{sen}\, y) = 3x^2$$

$$5 \cdot 2y \cdot \frac{dy}{dx} + \cos y \cdot \frac{dy}{dx} = 3x^2$$

$$\frac{dy}{dx}[10y + \cos y] = 3x^2$$

$$\frac{dy}{dx} = \frac{3x^2}{10y + \cos y}$$

Resposta: $\dfrac{dy}{dx} = \dfrac{3x^2}{10y + \cos y}$.

E 2.49 Calcular y' na equação $xy = 1$.

Resolução:

1° modo: Aplicando a derivada ambos os membros, temos:

$$(xy)' = 1'$$
$$1y + xy' = 0$$
$$xy' = -y$$
$$y' = \frac{-y}{x}$$

Substituindo $xy = 1 \rightarrow y = \dfrac{1}{x}$, segue que:

$$y' = \frac{-1}{x^2}$$

2° modo: Como, neste caso, podemos escrever $y = \dfrac{1}{x} = x^{-1}$, aplicando a derivada da função potência, temos que:

$$y' = -x^{-2} = \frac{-1}{x^2},$$

o que coincide com a derivação implícita.

E 2.50 Determinar uma equação da reta tangente à circunferência $x^2 + y^2 = 25$, no ponto P $(4, 3)$.

Resolução:

Primeiro vamos calcular a derivada y':

$$(x^2 + y^2)' = 25'$$

$$2x + 2y \cdot y' = 0$$

$$2y \cdot y' = -2x$$

$$y' = -\frac{x}{y}$$

$$m = y'(x_0) = -\frac{4}{3}$$

Equação da reta tangente: $y - y_0 = -\dfrac{4}{3}(x - x_0)$

$$y - 3 = -\frac{4}{3}(x - 4)$$

$$3y - 9 = -4x + 16$$

$$4x + 3y = 25$$

Resposta: Reta tangente: $4x + 3y = 25$.

Tabela de derivadas[1]	
$f(x)$	$f'(x)$
C, onde $C \in \mathbb{R}$	0
u^a	$au^{a-1} \cdot u'$
e^u	$e^u \cdot u'$
a^u	$a^u \cdot \ln a \cdot u'$
$\ln u$	$\dfrac{u'}{u}$
$\log_a u$	$\dfrac{u'}{u \cdot \ln a}$
sen u	$\cos u \cdot u'$
$\cos u$	$-\operatorname{sen} u \cdot u'$
tg u	$\sec^2 u \cdot u'$
cotg u	$-\operatorname{cossec}^2 u \cdot u'$
sec u	$\sec u \cdot \operatorname{tg} u \cdot u'$
cossec u	$-\operatorname{cossec} u \cdot \operatorname{cotg} u \cdot u'$
arcsen u	$\dfrac{u'}{\sqrt{1-u^2}} \operatorname{para} |u| < 1$
arcos u	$\dfrac{-u'}{\sqrt{1-u^2}} \operatorname{para} |u| < 1$
arctg u	$\dfrac{u'}{1+u^2}$
arccotg u	$\dfrac{-u'}{1+u^2}$
arcsec u	$\dfrac{u'}{|u|\sqrt{u^2-1}} \operatorname{para} |u| > 1$
arccosec u	$\dfrac{-u'}{|u|\sqrt{u^2-1}} \operatorname{para} |u| > 1$
u^v	$u^v \cdot \left[v' \cdot \ln u + v \cdot \dfrac{u'}{u} \right]$

PROPRIEDADES OPERATÓRIAS		
$(u+v)' = u' + v'$	$(u \cdot v)' = u'v + uv'$	$\left(\dfrac{u}{v}\right)' = \dfrac{u'v - uv'}{v^2}$

---

[1] Esta tabela pode ser fotocopiada para auxílio na resolução de exercícios.

2.18 ROTEIRO DE ESTUDO COM EXERCÍCIOS RESOLVIDOS E EXERCÍCIOS PROPOSTOS

R 2.1 Calcular $f'(x_0)$ pela definição, sendo $f(x) = -\dfrac{1}{2}x^2 + 3x + 5$ e $x_0 = 2$.

Resolução:

Lembrando que $f'(x_0) = \lim\limits_{x \to x_0} \dfrac{f(x) - f(x_0)}{x - x_0}$, vamos calcular $f(x_0)$:

$$f(2) = -\frac{1}{2}(2)^2 + 3 \cdot (2) + 5 = -\frac{1}{2} \cdot 4 + 6 + 5 = -2 + 11 = 9$$

$$f'(2) = \lim_{x \to 2} \frac{-\dfrac{1}{2}x^2 + 3x + 5 - 9}{x - 2} = \lim_{x \to 2} \frac{-\dfrac{1}{2}x^2 + 3x - 4}{x - 2}$$

Fatorando o numerador pela igualdade $ax^2 + bx + c = a \cdot (x - x')(x - x'')$, onde x' e x'' são as raízes determinadas pela fórmula de Bháskara, vamos colocar $-\dfrac{1}{2}$ em evidência. Daí temos:

$$-\frac{1}{2}x^2 + 3x - 4 = -\frac{1}{2}(x^2 - 6x + 8)$$

Aplicando Bháskara em $x^2 - 6x + 8$:

$$x = \frac{-b \pm \sqrt{b^2 - 4ac}}{2a} = \frac{-(-6) \pm \sqrt{(-6)^2 - 4 \cdot 1 \cdot 8}}{2 \cdot 1}$$

$$= \frac{6 \pm \sqrt{36 - 32}}{2} = \frac{6 \pm \sqrt{4}}{2} = \frac{6 \pm 2}{2} = \begin{cases} x' = 2 \\ x'' = 4 \end{cases}$$

Voltando ao limite,

$$f'(2) = \lim_{x \to 2} \frac{-\dfrac{1}{2}x^2 + 3x - 4}{x - 2} = \lim_{x \to 2} \frac{-\dfrac{1}{2}\cancel{(x - 2)}(x - 4)}{\cancel{x - 2}}$$

$$= \lim_{x \to 2} -\frac{1}{2}(x - 4) = -\frac{1}{2}(2 - 4) = -\frac{1}{2}(-2) = 1$$

Resposta: $f'(2) = 1$

R 2.2 Se $f(x) = \sqrt[3]{x}$, então calcular $f'(2)$.

Resolução:

Aplicando a definição de derivada,

$$\frac{f(x) - f(2)}{x - 2} = \frac{\sqrt[3]{x} - \sqrt[3]{2}}{x - 2}$$

Utilizando a fatoração, $(a - b)(a^2 + ab + b^2) = a^3 - b^3$, vamos multiplicar em cima e embaixo na fração por $\left(\sqrt[3]{x}\right)^2 + \sqrt[3]{x}\sqrt[3]{2} + \left(\sqrt[3]{2}\right)^2$,

$$(\sqrt[3]{x} - \sqrt[3]{2}) \times \frac{(\sqrt[3]{x})^2 + \sqrt[3]{x}\sqrt[3]{2} + (\sqrt[3]{2})^2}{(\sqrt[3]{x})^2 + \sqrt[3]{x}\sqrt[3]{2} + (\sqrt[3]{2})^2}$$

$$= \frac{x - 2}{(x - 2)((\sqrt[3]{x})^2 + \sqrt[3]{x}\sqrt[3]{2} + (\sqrt[3]{2})^2)} = \frac{1}{(\sqrt[3]{x})^2 + \sqrt[3]{x}\sqrt[3]{2} + (\sqrt[3]{2})^2}$$

$$f'(2) = \lim_{x \to 2} \frac{1}{(\sqrt[3]{x})^2 + \sqrt[3]{x}\sqrt[3]{2} + (\sqrt[3]{2})^2} = \frac{1}{\sqrt[3]{2^2} + \sqrt[3]{2 \cdot 2} + \sqrt[3]{2^2}} = \frac{1}{3\sqrt[3]{4}}$$

Resposta: $f'(2) = \frac{1}{3\sqrt[3]{4}}$.

P 2.3 Calcular $f'(x_0)$ pela definição, sendo $f(x) = \sqrt{3x+1}$ e $x_0 = 1$.

P 2.4 Calcular $f'(x_0)$ pela definição, sendo $f(x) = \frac{2}{4-2x}$ e $x_0 = -1$.

P 2.5 Calcular $f'(x_0)$ pela definição, sendo $f(x) = 3x^2 + 2x + 1$ e $x_0 = 1$.

P 2.6 Calcular $f'(x_0)$ pela definição, sendo $f(x) = \frac{1}{\sqrt{2x-3}}$ e $x_0 = 2$.

R 2.7 Verificar se existe $f'(0)$ para a função modular $f(x) = |x|$.
Resolução:

Devemos verificar se existe o limite

$f'(0) = \lim_{x \to 0} \frac{f(x) - f(0)}{x - 0}$.

Para isso, devemos analisar os limites laterais para ver se eles são iguais:

$$\frac{f(x) - f(0)}{x - 0} = \frac{|x| - 0}{x - 0} = \frac{|x|}{x}$$

Pela definição da função modular,

$$\frac{|x|}{x} = \begin{cases} \frac{x}{x} = 1, \text{se } x > 0 \\ -\frac{x}{x} = -1, \text{se } x < 0 \end{cases}$$

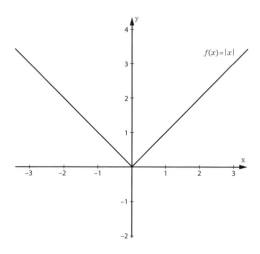

Então,

$\lim_{x \to 0_-} \frac{f(x) - f(0)}{x - 0} = \lim_{x \to 0_-} (-1) = -1$

$\lim_{x \to 0_+} \frac{f(x) - f(0)}{x - 0} = \lim_{x \to 0_+} (1) = 1$

Observe que o gráfico da função forma um ângulo reto no ponto $x_0 = 0$.

Resposta: Como os limites são diferentes, concluímos que a função $f(x) = |x|$ não é derivável no ponto $x_0 = 0$.

P 2.8 Verificar que não existe $f'(0)$ na função $f(x) = \sqrt[5]{x}$.

P 2.9 Dada a função $f(x) = x \cdot |x|$, verificar se existe $f'(0)$.

P 2.10 Dada a função $f(x) = |x - 5|$, verificar se existe $f'(5)$.

R 2.11 Determinar a função derivada da função $f(x) = -\dfrac{1}{2}x^2 + 3x + 5$ pela definição.

Resolução:

Lembrando que a definição de função derivada é dada pelo seguinte limite, se existir e for finito,

$$f'(x_0) = \lim_{\Delta x \to 0} \frac{f(x + \Delta x) - f(x)}{\Delta x}$$

Calculando $f(x + \Delta x)$,

$$f(x + \Delta x) = -\frac{1}{2}(x + \Delta x)^2 + 3(x + \Delta x) + 5 = -\frac{1}{2}(x^2 + 2x \cdot \Delta x + (\Delta x)^2) + 3x + 3 \cdot \Delta x + 5$$

Calculando separadamente $f(x + \Delta x) - f(x)$,

$$f(x + \Delta x) - f(x) = -\frac{1}{2}x^2 - x \cdot \Delta x - \frac{1}{2}(\Delta x)^2 + 3x + 3 \cdot \Delta x + 5 - \left(-\frac{1}{2}x^2 + 3x + 5\right)$$

$$= -x\Delta x - \frac{1}{2}(\Delta x)^2 + 3\Delta x = \Delta x\left(-x - \frac{1}{2}\Delta x + 3\right)$$

$$f'(x_0) = \lim_{\Delta x \to 0} \frac{f(x + \Delta x) - f(x)}{\Delta x} = \lim_{\Delta x \to 0} \frac{\Delta x\left(-x - \frac{1}{2}\Delta x + 3\right)}{\Delta x}$$

$$= \lim_{\Delta x \to 0}\left(-x - \frac{1}{2}\Delta x + 3\right) = -x + 3$$

Resposta: $f'(x) = -x + 3$. Em particular, $f'(2) = -2 + 3 = 1$ (exercício **R 2.1**).

P 2.12 Determinar a função derivada da função $f(x) = x^3$ pela definição e, em seguida, calcular $f'(1)$.

P 2.13 Determinar a função derivada da função $f(x) = \sqrt{2x - 1}$ pela definição.

P 2.14 Determinar a função derivada da função $f(x) = \dfrac{1}{3x+1}$ pela definição.

P 2.15 Determinar a função derivada da função $f(x) = 4x^2 - 3x + 2$ pela definição.

R 2.16 Verificar se a função $f'(x) = \begin{cases} x^2, \text{se } x \le 2 \\ x+2, \text{se } x > 2 \end{cases}$ é derivável no ponto $x_0 = 2$.

Resolução:

Para verificar se a função é derivável, devemos verificar se existe e é finito o limite:

$$\lim_{x \to 2} \frac{f(x) - f(2)}{x - 2}$$

Como existem duas expressões para a função, devemos calcular os limites laterais em $x_0 = 2$.

$$\lim_{x \to 2_+} \frac{f(x) - f(2)}{x - 2} = \lim_{x \to 2_+} \frac{(x+2) - (2+2)}{x - 2} = \lim_{x \to 2_+} \frac{x - 2}{x - 2} = \lim_{x \to 2_+} 1 = 1$$

$$\lim_{x \to 2_-} \frac{f(x) - f(2)}{x - 2} = \lim_{x \to 2_-} \frac{(x)^2 - (2)^2}{x - 2} = \lim_{x \to 2_-} \frac{x^2 - 4}{x - 2} = \lim_{x \to 2_-} \frac{(x-2)(x+2)}{x - 2}$$

$$= \lim_{x \to 2_-} x + 2 = 2 + 2 = 4$$

Resposta: Como os limites são diferentes, não existe limite, portanto, a função não é derivável em $x_0 = 2$.

P 2.17 Verificar se existe $f'(1)$ para a função

$$f(x) = \begin{cases} x^2, \text{se } x \le 1 \\ x+2, \text{se } x > 1 \end{cases}$$

R 2.18 Calcular os valores de a e b de modo que a função $f(x) = \begin{cases} 1 - x^2, \text{se } x \le 0 \\ ax + b, \text{se } x > 0 \end{cases}$ seja derivável no ponto $x_0 = 0$.

Resolução:

Para que a função seja derivável no ponto $x_0 = 0$, devemos verificar se existe e é finito o seguinte limite:

$$\lim_{x \to 0} \frac{f(x) - f(0)}{x - 0}$$

Para isso, vamos calcular os limites laterais e fazê-los iguais:

$$\lim_{x \to 0_-} \frac{f(x) - f(0)}{x - 0} = \lim_{x \to 0_-} \frac{1 - x^2 - (1 - 0^2)}{x - 0} = \lim_{x \to 0_-} \frac{-x^2}{x} = \lim_{x \to 0_-} -x = 0$$

Derivadas

$$\lim_{x \to 0_+} \frac{f(x) - f(0)}{x - 0} = \lim_{x \to 0_+} \frac{ax + b - (a \cdot 0 + b)}{x - 0} = \lim_{x \to 0_+} \frac{ax + b - (a \cdot 0 + b)}{x - 0} = \lim_{x \to 0_+} \frac{ax}{x} = \lim_{x \to 0_+} a = a$$

Daí, obtemos que $a = 0$. Como mostramos que toda função derivável é contínua, devemos ter, também, $f(0_-) = f(0_+)$.

$f(0_-) = 1 - 0^2 = 1$ e $f(0_+) = a \cdot 0 + b = b$, donde concluímos que $b = 1$.

Resposta: $a = 0$ e $b = 1$.

P 2.19 Seja $f : \mathbb{R} \to \mathbb{R}$ uma função tal que

$f(x) = \begin{cases} -x, \text{se } x < 4 \\ x^2 + 4x + 3, \text{se } x \geq 4 \end{cases}$. Verificar se a função é derivável em $x_0 = 4$ e, se for,

calcular $f'(4)$.

P 2.20 Calcular os valores de a e b de modo que a função $f(x) = \begin{cases} 1 - x^2, \text{se } x \leq 1 \\ ax + b, \text{se } x > 1 \end{cases}$
seja derivável no ponto $x_0 = 1$.

R 2.21 Calcular o coeficiente angular m da reta tangente ao gráfico de $y = 3 + 2x - x^2$ no ponto de abscissa 0.

Resolução:

Como vimos anteriormente, $m = f'(x_0)$, então:

$f'(x) = 2 - 2x \to m = f'(0) = 2 - 2 \cdot 0 = 2$

Resposta: $m = 2$.

P 2.22 Calcular o coeficiente angular m da reta tangente ao gráfico de $f(x) = \sqrt{9 - 4x}$ no ponto de abscissa -4.

P 2.23 Calcular o coeficiente angular m da reta tangente ao gráfico de $f(x) = \dfrac{1}{\sqrt{x}}$ no ponto de abscissa 4.

P 2.24 Calcular o coeficiente angular m da reta tangente ao gráfico de $f(x) = (x + 3)^2$ no ponto de abscissa 1.

P 2.25 Calcular o coeficiente angular m da reta tangente ao gráfico de $f(x) = \dfrac{3}{x+2}$ no ponto de abscissa 2.

P 2.26 Calcular o coeficiente angular m da reta tangente ao gráfico de $f(x) = 2\sqrt[3]{x}$ no ponto de abscissa $\dfrac{1}{8}$.

R 2.27 Determinar a equação da reta tangente à curva $y = x^2 - 2x$ no ponto de abscissa 3.

Resolução:

De acordo com a equação da reta tangente que passa pelo ponto $P(x_0, y_0)$,

$y - y_0 = f'(x_0)(x - x_0)$

onde $y_0 = f(x_0)$, então:

$y_0 = (3)^2 - 2(3) = 9 - 6 = 3$

$f'(x) = 2x - 2 \rightarrow f'(3) = 2 \cdot 3 - 2 = 6 - 2 = 4$

Substituindo na equação,

$y - 3 = 4(x - 3)$

$y = 4x - 12 + 3$

$y = 4x - 9$

Resposta: A equação da reta tangente é dada por $y = 4x - 9$.

R 2.28 Determinar a equação da reta tangente ao gráfico de $y = \operatorname{tg} x$ no ponto de abscissa $x_0 = \dfrac{\pi}{4}$.

Resolução:

Aplicando a equação da reta tangente que passa pelo ponto $P(x_0, y_0)$,

$y - y_0 = f'(x_0)(x - x_0)$

onde $y_0 = f(x)$, temos:

$y_0 = \operatorname{tg}\left(\dfrac{\pi}{4}\right) = 1$

$f'(x) = \sec^2 x = \dfrac{1}{\cos^2 x} \rightarrow f'\left(\dfrac{\pi}{4}\right) = \dfrac{1}{\cos^2\left(\dfrac{\pi}{4}\right)} = \dfrac{1}{\left(\dfrac{\sqrt{2}}{2}\right)^2} = \dfrac{1}{\dfrac{2}{4}} = 2$

Substituindo na equação,

$$y - 1 = 2\left(x - \frac{\pi}{4}\right)$$

$$y - 1 = 2x - \frac{\pi}{2}$$

$$y = 2x - \frac{\pi}{2} + 1$$

Resposta: A equação da reta tangente é dada por $y = 2x - \frac{\pi}{2} + 1$.

P 2.29 Determinar a equação da reta tangente ao gráfico de $y = x^2 - 3x$ no ponto de abscissa $\frac{1}{2}$.

P 2.30 Determinar a equação da reta tangente ao gráfico de $f(x) = \frac{1}{x}$ no ponto de abscissa $x_0 = \frac{1}{2}$.

P 2.31 Determinar a equação da reta tangente ao gráfico de $f(x) = 2x^2 - 5x + 1$ no ponto de $P(-1, -2)$.

R 2.32 Determinar a equação da reta tangente e a equação da reta normal ao gráfico de $f(x) = 4 - x^2$ no ponto de $P(1, 3)$.

Resolução:

Lembrando que a equação da reta tangente que passa pelo ponto $P(x_0, y_0)$ é

$$y - y_0 = f'(x_0)(x - x_0)$$

e da reta normal é

$$y - y_0 = \frac{-1}{f'(x_0)}(x - x_0)$$

Então:

$$f'(x) = -2x \rightarrow f'(1) = -2(1) = -2$$

Reta tangente:

$$y - 3 = -2(x - 1)$$

$$y = -2x + 2 + 3$$

$$y = -2x + 5$$

Reta normal:

$$y - 3 = \frac{1}{2}(x - 1)$$

$$y = \frac{1}{2}x - \frac{1}{2} + 3$$

$$y = \frac{1}{2}x + \frac{5}{2}$$

Resposta: Reta tangente: $y = -2x + 5$ e reta normal: $y = \frac{1}{2}x + \frac{5}{2}$.

P2.33 Determinar as equações das retas tangente e normal ao gráfico de $f(x) = \dfrac{2}{x+3}$ no ponto de $P\left(0, \dfrac{2}{3}\right)$.

R2.34 Determinar o ponto onde a reta normal a $f(x) = \dfrac{2}{x}$ no ponto de $P(1, 2)$ intercepta o eixo dos x e o eixo dos y.

Resolução:

Vamos escrever a equação da reta normal ao gráfico da função no ponto dado.

$$f'(x) = -2x^{-2} = \frac{-2}{x^2} \rightarrow f'(1) = -\frac{2}{1^2} = -2$$

Equação da reta normal:

$$y - 2 = \frac{-1}{-2}(x - 1)$$

$$y = \frac{1}{2}x - \frac{1}{2} + 2$$

$$y = \frac{1}{2}x + \frac{3}{2}$$

Para encontrar a interseção com o eixo x, substituímos na equação $y = 0$:

$$y = 0 \rightarrow 0 = \frac{1}{2}x + \frac{3}{2} \rightarrow \frac{1}{2}x = -\frac{3}{2} \rightarrow x = -3.$$

O ponto é $A(-3, 0)$.

Para encontrar a interseção com o eixo y, substituímos na equação $x = 0$:

$$x = 0 \rightarrow y = \frac{1}{2} \cdot 0 + \frac{3}{2} \rightarrow y = \frac{3}{2}.$$

O ponto é $B\left(0, \dfrac{3}{2}\right)$.

Resposta: $A(-3, 0)$ é o ponto de interseção com o eixo x e $B\left(0, \dfrac{3}{2}\right)$ é o ponto de interseção com o eixo y.

Derivadas

P 2.35 Determinar as interseções com os eixos dos x e y da reta tangente à $y = 2\sqrt{x}$ no ponto de $P(1,2)$.

R 2.36 Determinar a equação da reta tangente à curva $y = x^2 - 1$ que seja perpendicular à reta $y = -x$.

Resolução:

Como a reta tangente deve ser perpendicular à reta $y = -x$, então a reta $y = -x$ é paralela à reta normal à curva $y = x^2 - 1$. Vamos, então, comparar os coeficientes angulares das duas retas paralelas, que devem ser iguais:

$$m = f'(x_0) = 2\,x_0$$

Como o coeficiente angular da reta normal é $-\dfrac{1}{m}$, vamos igualá-lo ao coeficiente angular da reta $y = -x$ para determinar o ponto por onde a reta tangente passará:

$$-\frac{1}{m} = -\frac{1}{2x_0} = -1 \rightarrow x_0 = \frac{1}{2}$$

$$y_0 = (x_0)^2 - 1 = \left(\frac{1}{2}\right)^2 - 1 = \frac{1}{4} - 1 = -\frac{3}{4}$$

Pela equação da reta tangente,

$$y - y_0 = f'(x_0)\,(x - x_0)$$

$$y - \left(-\frac{3}{4}\right) = 2 \cdot \left(\frac{1}{2}\right)\left(x - \frac{1}{2}\right)$$

$$y + \frac{3}{4} = x - \frac{1}{2}$$

$$y = x - \frac{1}{2} - \frac{3}{4} = x - \frac{5}{4}$$

Se multiplicarmos a equação toda por 4, $4y = 4x - 5$.

Resposta: A equação da reta tangente é: $4x - 4y - 5 = 0$.

R 2.37 Obter a equação aceleração de uma partícula que se movimenta segundo a equação horária $s = f(t) = 2t^3 - 5t^2 + 4t + 3$.

Resolução:

Como foi visto, $v(t) = s'(t)$ e $a(t) = v'(t) = s''(t)$, logo:

$$s = 2t^3 - 5t^2 + 4t + 3$$

$$v(t) = s'(t) = 6t^2 - 10t + 4$$

$$a(t) = v'(t) = 12t - 10$$

114 Matemática com aplicações tecnológicas – Volume 2

Resposta: A equação horária da aceleração é $a(t) = 12t - 10$.

P 2.38 Um ponto material se desloca numa reta e sua equação horária é $s = t^2 + 3t$. Determinar a posição (s), a velocidade (v) e a aceleração (a) do móvel nos instantes 0, 1 e 2 do movimento. Obs.: as unidades estão em metro e o tempo em segundos.

P 2.39 Determinar as equações horárias da velocidade e da aceleração do movimento de uma partícula que se desloca sobre uma reta e que tem abscissa segundo a equação horária $s = 1 - 2t + 3t^2$.

P 2.40 Determinar as equações horárias da velocidade e da aceleração do movimento de uma partícula que se desloca sobre uma reta e que tem abscissa segundo a equação horária $s = 2\cos\left(t + \dfrac{\pi}{2}\right)$

P 2.41 Determinar as equações horárias da velocidade e da aceleração do movimento de uma partícula que se desloca sobre uma reta e que tem abscissa segundo a equação horária $s = r\cos(wt + \varphi)$, onde r, w e $\varphi \in \mathbb{R}$.

R 2.42 Determinar a primeira derivada e simplificar, onde for possível, as seguintes funções:

a) $y = \dfrac{1}{2}(x^2 - 3)^5$

b) $y = \dfrac{-\pi}{x} + \ln 2$

c) $y = \dfrac{a}{\sqrt[3]{x^2}}$

d) $y = (3x)^5 e^{2x}$

Resolução:

Aplicando as regras de derivação que estão resumidas na tabela de derivadas,

a) $y = u^a \to y' = au^{a-1} \cdot u'$, então:

$y' = \dfrac{1}{2} \cdot 5 \cdot (x^2 - 3)^4 \cdot (2x) = 5x(x^2 - 3)^4$

Resposta: $y' = 5x(x^2 - 3)^4$.

b) Lembrando que $\ln 2$ é constante e escrevendo $\dfrac{-\pi}{x} = -\pi x^{-1}$, temos:

$y' = -\pi(-1)x^{-2} = \pi x^{-2}$

Resposta: $y' = \dfrac{\pi}{x^2}$.

Derivadas

115

c) Escrevendo $\dfrac{a}{\sqrt[3]{x^2}} = ax^{-2/3}$, temos:

$$y' = a \cdot \left(-\frac{2}{3}\right)x^{-5/3} = -\frac{2a}{3\sqrt[3]{x^5}} \times \frac{\sqrt[3]{x}}{\sqrt[3]{x}} = -\frac{2a\sqrt[3]{x}}{3x^2}$$

Resposta: $y' = -\dfrac{2a\sqrt[3]{x}}{3x^2}$

d) $y = u \cdot v \rightarrow y' = u'v + uv'$, então:

$$y' = 5 \cdot (3x)^4 \cdot 3 \cdot e^{2x} + (3x)^5 e^{2x} \cdot 2 = (3x)^4 e^{2x}[15 + (3x) \cdot 2] = 81x^4 e^{2x}(15 + 6x)$$

Resposta: $y' = 81x^4 e^{2x}(15 + 6x)$.

R 2.43 Derivar e simplificar:

a) $y = \dfrac{3^{2x}}{\ln(2x)}$

b) $y = \mathrm{sen}\,(3x) \cdot \cos(3x)$

c) $y = \dfrac{\sec(5x)}{x^2}$

Resolução:

Aplicando as regras de derivação que estão resumidas na tabela de derivadas,

a) $y = \dfrac{u}{v} \rightarrow y' = \dfrac{u'v - uv'}{v^2}$, então:

$$y' = \frac{3^{2x} \cdot \ln 3 \cdot 2 \cdot \ln(2x) - 3^{2x} \cdot \dfrac{2}{2x}}{(\ln(2x))^2} = \frac{3^{2x}\left[2 \cdot \ln 3 \cdot \ln(2x) - \dfrac{1}{x}\right]}{\ln^2(2x)}$$

Resposta: $y' = \dfrac{3^{2x}\left[2 \cdot \ln 3 \cdot \ln(2x) - \dfrac{1}{x}\right]}{\ln^2(2x)}$

b) $y = u \cdot v \rightarrow y' = u'v + uv'$, então:

$$y' = \cos(3x) \cdot 3 \cdot \cos(3x) + \mathrm{sen}(3x) \cdot (-\,\mathrm{sen}(3x)) \cdot 3$$
$$= 3\cos^2(3x) - 3\,\mathrm{sen}^2(3x) = 3\cos(6x).$$

Resposta: $y' = 3\cos(6x)$.

c) $y = \dfrac{u}{v} \rightarrow y' = \dfrac{u'v - uv'}{v^2}$, então:

$$y' = \frac{\sec(5x) \cdot \mathrm{tg}(5x) \cdot 5 \cdot x^2 - \sec(5x) \cdot 2x}{(x^2)^2} = \frac{x \cdot \sec(5x)\,[5x \cdot \mathrm{tg}(5x) - 2]}{x^4}$$

$$= \frac{\sec(5x)\,[5x \cdot \mathrm{tg}(5x) - 2]}{x^3}$$

Resposta: $y' = \dfrac{\sec(5x)\,[5x \cdot \mathrm{tg}(5x) - 2]}{x^3}$

P 2.44 Determinar a primeira derivada e simplificar, onde for possível, as seguintes funções:

a) $y = \pi \sqrt[5]{x}$

b) $y = \text{sen}(2x)\ln(3x)$

c) $y = \dfrac{x \cdot \text{sen}\,x}{1 + \cos x}$

d) $y = \dfrac{a}{6}x^6 + \dfrac{b}{\sqrt{a^2 + b^2}}, a, b \in \mathbb{R}$

e) $y = (2x)^5 \sqrt{2x^3}$

f) $y = \dfrac{5a}{\sqrt[5]{ax^3}}, x \neq 0$

g) $y = \dfrac{\text{tg}(3x)\,a^2 x^6}{a^x}$

h) $y = \cos^2(3x)$

P 2.45 Dada a função $y = e^{\text{sen}\,x}$, calcular y' e $y'(0)$.

R 2.46 Dada a função $f(x) = (\text{sen}\,x)^{x^2}$, calcular $f'(x)$ e $f'\left(\dfrac{\pi}{2}\right)$.

Resolução:

Aplicando a regra de derivação da função potência-exponencial, temos:

$$y = u^v \rightarrow y' = u^v \cdot \left[v' \cdot \ln u + v \cdot \dfrac{u'}{u}\right]$$

$$f'(x) = (\text{sen}\,x)^{x^2}\left[2x \cdot \ln(\text{sen}\,x) + x^2 \dfrac{\cos x}{\text{sen}\,x}\right]$$

$$f'\left(\dfrac{\pi}{2}\right) = (\text{sen}(\tfrac{\pi}{2}))^{(\frac{\pi}{2})^2}\left[2\left(\dfrac{\pi}{2}\right) \cdot \ln(\text{sen}(\tfrac{\pi}{2})) + \left(\dfrac{\pi}{2}\right)^2 \dfrac{\cos\left(\tfrac{\pi}{2}\right)}{\text{sen}\left(\tfrac{\pi}{2}\right)}\right]$$

$$= 1^{(\frac{\pi}{2})^2}\left[\pi \cdot \ln 1 + \left(\dfrac{\pi}{2}\right)^2 \cdot \dfrac{0}{1}\right] = 0$$

Resposta: $f'\left(\dfrac{\pi}{2}\right) = 0$, pois $\ln 1 = 0$.

P 2.47 Seja a função $f(x) = (1 + 4x^2)^{\text{arctg}(2x)}$, calcular $f'(x)$ e $f'(0)$.

R 2.48 Derivar e simplificar, onde for possível, as seguintes funções:

a) $f(x) = \text{arc sen}(1 + x^2)$

b) $f(x) = \text{arc cos}(2 + 3x)$

c) $f(x) = \text{arc tg}(x^2 + 1)$

Derivadas

117

d) $f(x) = \text{arc cotg}\left(\dfrac{1}{\sqrt{x}}\right)$

e) $f(x) = \text{arc sec}\left(\dfrac{1}{\sqrt{1-x^2}}\right)$

f) $f(x) = \text{arc cossec}(\sec 2x)$

Resolução:

Aplicando as regras de derivação que estão resumidas na tabela de derivadas,

a) $y = \text{arc sen}\, u \rightarrow y' = \dfrac{u'}{\sqrt{1-u^2}}$ para $|u| < 1$

$$f'(x) = \frac{2x}{\sqrt{1-(1+x^2)^2}} = \frac{2x}{\sqrt{1-1-2x^2-x^4}} = \frac{2x}{\sqrt{x^2(-2-x^2)}}$$

$$= \frac{2x}{x\sqrt{-2-x^2}} = \frac{2}{\sqrt{-2-x^2}}$$

Resposta: $f'(x) = \dfrac{2}{\sqrt{-2-x^2}}$

b) $y = \text{arc cos}\, u \rightarrow y' = \dfrac{-u'}{\sqrt{1-u^2}}$ para $|u| < 1$

$$f'(x) = \frac{-3}{\sqrt{1-(2+3x)^2}} = \frac{-3}{\sqrt{1-4-12x-9x^2}} = \frac{-3}{\sqrt{-3-12x-9x^2}}$$

Resposta: $f'(x) = \dfrac{-3}{\sqrt{-3-12x-9x^2}}$

c) $y = \text{arc tg}\, u \rightarrow y' = \dfrac{u'}{1+u^2}$

$$f'(x) = \frac{2x}{1+(x^2+1)^2} = \frac{2x}{1+x^4+2x^2+1} = \frac{2x}{x^4+2x^2+2}$$

Resposta: $f'(x) = \dfrac{2x}{x^4+2x^2+2}$

d) $y = \text{arc cotg}\, u \rightarrow y' = \dfrac{-u'}{1-u^2}$

$$f'(x) = \frac{-\left(\dfrac{1}{\sqrt{x}}\right)'}{1+\left(\dfrac{1}{\sqrt{x}}\right)^2}$$

Como

$$\left(\frac{1}{\sqrt{x}}\right)' = \left(x^{-\frac{1}{2}}\right)' = -\frac{1}{2}x^{-\frac{3}{2}} = -\frac{1}{2\sqrt[2]{x^3}},$$

então

$$f'(x) = \frac{-\dfrac{1}{2\sqrt[2]{x^3}}}{1+\dfrac{1}{x}} = \frac{-\dfrac{1}{2\sqrt[2]{x^3}}}{\dfrac{x+1}{x}} = -\frac{1}{2\sqrt[2]{x^3}} \times \frac{x}{x+1} = -\frac{1}{2x\sqrt{x}} \times \frac{x}{x+1} =$$

$$-\frac{1}{1(x+1)\sqrt{x}} \times \frac{\sqrt{x}}{\sqrt{x}} = -\frac{\sqrt{x}}{2x(x+1)}$$

Resposta: $f'(x) = -\dfrac{\sqrt{x}}{2x(x+1)}$.

e) $y = \operatorname{arc\,sec}(u) \rightarrow y' = \dfrac{u'}{u\sqrt{u^2-1}}, \text{para}\,|u| > 1$

Como

$$\left(\frac{1}{\sqrt{1-x^2}}\right)' = \left((1-x^2)^{-\frac{1}{2}}\right)' = -\frac{1}{2}(1-x^2)^{-\frac{3}{2}} \cdot (2x) = -\frac{x}{\sqrt[2]{(1-x^2)^3}} = -\frac{x}{(1-x^2)\sqrt{1-x^2}},$$

então

$$f'(x) = \frac{-\dfrac{x}{(1-x^2)\sqrt{1-x^2}}}{\dfrac{1}{\sqrt{1-x^2}}\sqrt{\dfrac{1}{1-x^2}-1}} = \frac{-\dfrac{x}{(1-x^2)\sqrt{1-x^2}}}{\dfrac{1}{\sqrt{1-x^2}}\sqrt{\dfrac{1}{1-x^2}-\dfrac{1-x^2}{1-x^2}}} = \frac{-\dfrac{x}{(1-x^2)\sqrt{1-x^2}}}{\dfrac{1}{\sqrt{1-x^2}}\sqrt{\dfrac{x^2}{1-x^2}}}$$

$$= \frac{-\dfrac{x}{(1-x^2)\sqrt{1-x^2}}}{\dfrac{1}{\sqrt{1-x^2}}\dfrac{x}{\sqrt{1-x^2}}} = -\frac{x}{(1-x^2)\sqrt{1-x^2}} \times \frac{(1-x^2)}{x} = \frac{1}{\sqrt{1-x^2}} \times \frac{\sqrt{1-x^2}}{\sqrt{1-x^2}}$$

$$= \frac{\sqrt{1-x^2}}{1-x^2}$$

Resposta: $f'(x) = \dfrac{\sqrt{1-x^2}}{1-x^2}$.

f) $y = \operatorname{arc\,cossec} u \rightarrow y' = \dfrac{-u'}{u\sqrt{u^2-1}}, \text{para}\,|u| > 1$

Temos que

$(\sec(2x))' = \sec(2x) \cdot \operatorname{tg}(2x) \cdot 2,$

então

$$f'(x) = \frac{-\sec(2x) \cdot \operatorname{tg}(2x) \cdot 2}{\sec(2x)\sqrt{(\sec(2x))^2-1}} = \frac{-2 \cdot \operatorname{tg}(2x)}{\sqrt{\operatorname{tg}^2(2x)}} = -2$$

Para os valores onde $\sec(2x) \neq 0$ e $\operatorname{tg}(2x) \neq 0$.

Resposta: $f'(x) = -2$.

P 2.49 Derivar e simplificar, onde for possível, as seguintes funções:

a) $f(x) = \operatorname{sen}^{-1}(3x) = \operatorname{arc\,sen}(3x)$

b) $f(x) = \operatorname{arc\,cos}(5x)$

c) $f(x) = \text{arc}\cos(1 - x^2)$

d) $f(x) = \text{tg}^{-1}\left(\dfrac{x}{3}\right) = \text{arc tg}\left(\dfrac{x}{3}\right)$

e) $f(x) = \text{arc cotg}\left(\dfrac{2x^3}{3}\right)$

f) $f(x) = \text{arc cotg}(x^2 + 3)$

g) $f(x) = \text{arc sec}(x^3)$

h) $f(x) = \text{arc cossec}\left(\dfrac{3}{2x}\right)$

R 2.50 Calcular $f^{(n)}(x)$ das seguintes funções:

a) $f(x) = \dfrac{1}{3}x^3 + x^2 - 2x + 5$

b) $f(x) = \dfrac{1}{x}$

c) $f(x) = \text{sen}(ax), a \in \mathbb{R}$

Resolução:

a) $f'(x) = \dfrac{1}{3} \cdot 3x^2 + 2x - 2 = x^2 + 2x - 2$

$f''(x) = 2x + 2$

$f'''(x) = 2$

$f^{(4)}(x) = 0 \dots f^{(n)}(x) = 0$, para $n \geq 4$.

b) Escrevendo $f(x) = \dfrac{1}{x} = x^{-1}$

$f'(x) = -x^{-2} = -\dfrac{1}{x^2}$

$f''(x) = -(-2) \cdot 1x^{-3} = \dfrac{2}{x^3}$

$f'''(x) = -3 \cdot 2 \cdot 1x^{-4} = -\dfrac{6}{x^4}$

$f^{(4)}(x) = -(-4) 3 \cdot 2 \cdot 1x^{-5} = \dfrac{24}{x^5}$

$\vdots$

$f^{(n)}(x) = (-1)^n \cdot n! x^{-(n+1)} = \dfrac{(-1)^n \cdot n!}{x^{n+1}}$

c) Observemos que:

$\text{sen}\left(x + \dfrac{\pi}{2}\right) = \text{sen}\left[\pi - \left(x + \dfrac{\pi}{2}\right)\right] = \text{sen}\left(\dfrac{\pi}{2} - x\right) = \cos x$

$\cos\left(x + \dfrac{\pi}{2}\right) = -\cos\left[\pi - \left(x + \dfrac{\pi}{2}\right)\right] = -\cos\left(\dfrac{\pi}{2} - x\right) = -\text{sen}\, x$

Então:

$$f(x) = \operatorname{sen}(ax)$$

$$f'(x) = a \cdot \cos(ax) = a\left[\operatorname{sen}\left(ax + \frac{\pi}{2}\right)\right]$$

$$f''(x) = a^2 \cdot \cos\left(ax + \frac{\pi}{2}\right) = a^2\left[\operatorname{sen}\left(ax + \frac{\pi}{2} + \frac{\pi}{2}\right)\right] = a^2\left[\operatorname{sen}\left(ax + 2\frac{\pi}{2}\right)\right]$$

$$f'''(x) = a^3 \cdot \cos\left(ax + 2\frac{\pi}{2}\right) = a^3\left[\operatorname{sen}\left(ax + 2\frac{\pi}{2} + \frac{\pi}{2}\right)\right] = a^3\left[\operatorname{sen}\left(ax + 3\frac{\pi}{2}\right)\right]\cdots$$

$$f^{(n)}(x) = a^n\left[\operatorname{sen}\left(ax + n\frac{\pi}{2}\right)\right]$$

P 2.51 Considerar as funções $f(x) = e^x$ e $g(x) = 2^x$ e calcular as suas derivadas sucessivas.

P 2.52 Calcular $f^{(n)}(x)$ das seguintes funções:

a) $f(x) = \cos x$

b) $f(x) = \dfrac{1}{2 + x}$, $x \neq -2$

c) $f(x) = \operatorname{sen}(3x + 1)$

R 2.53 Determinar a derivada de segunda ordem da função $f(x) = \operatorname{sen}^2(4x)$.

Resolução:

Escrevendo $f(x) = \operatorname{sen}^2(4x) = (\operatorname{sen}(4x))^2$, vamos aplicar a fórmula da potência:

$$y = u^a \rightarrow y' = au^{a-1} \cdot u'$$

Devemos lembrar, também que:

$$\operatorname{sen}(2a) = 2\operatorname{sen} a \cdot \cos a$$

Então,

$$y' = 2(\operatorname{sen}(4x))^1 \cdot \cos(4x) \cdot 4 = 4\operatorname{sen}(2(4x)) = 4\operatorname{sen}(8x)$$

$$y'' = 4\cos(8x) \cdot 8 = 32\cos(8x)$$

Resposta: $y'' = 32\cos(8x)$.

P 2.54 Determinar a derivada de quarta ordem da função $f(x) = \operatorname{sen}^2\left(\dfrac{x}{2}\right)$

R 2.55 Aplicar a derivação implícita para calcular y' da seguinte expressão:

$$x - xy^2 = 3y + 3y^3$$

Resolução:

Derivando ambos os membros,

$(x - xy^2)' = (3y + 3y^3)'$

$x' - (xy^2)' = (3y)' + (3y^3)'$

$1 - (1 \cdot y^2 + x \cdot 2y \cdot y') = 3y' + 3 \cdot 3y^2 \cdot y'$

$-2xyy' - 3y' - 9y^2y' = y^2 - 1$

$-y'(2xy + 3 + 9y^2) = y^2 - 1$

$y' = \dfrac{1 - y^2}{9y^2 + 2xy + 3}$

Resposta: $y' = \dfrac{1 - y^2}{9y^2 + 2xy + 3}$.

P 2.56 Aplicar a derivação implícita para calcular y' das seguintes expressões:

a) $x^3y^3 - x \operatorname{sen} y = 0$

b) $3x^2y^4 - x^3 - 4y^3 = 2 + 4x$

c) $y^2 - 3 = 3xy - x^2$

R 2.57 Determinar a equação da reta tangente à curva $x^2 + \dfrac{2}{3}y - 2 = 0$ no ponto $P(2,3)$

Resolução:

Devemos inicialmente calcular y':

$2x + \dfrac{2}{3}y' = 0$

$\dfrac{2}{3}y' = -2x \rightarrow y' = -3x$

Lembrando que a equação da reta tangente é: $y - y_0 = f'(x_0)(x - x_0)$, $f'(x_0) = -3(2) = -6$

Logo, $y - 3 = -6(x - 2) \rightarrow y = -6x + 15$

Resposta: A equação da reta tangente é $y = -6x + 15$.

P 2.58 Determinar as equações das retas tangente e normal ao gráfico da função definida implicitamente pela equação $x^2 + xy + 2y^2 - 28 = 0$ no ponto $P(1,2)$.

RESPOSTAS DOS EXERCÍCIOS PROPOSTOS

P 2.3 $f'(1) = \dfrac{3}{4}$

P 2.4 $f'(-1) = \dfrac{1}{9}$

P 2.5 $f'(1) = 8$

P 2.6 $f'(2) = -1$

P 2.9 $f'(0) = 0$

P 2.10 não existe

P 2.12 $f'(x) = 3x^2$ e $f'(1) = 3$

P 2.13 $f'(x) = \dfrac{\sqrt{2x-1}}{2x-1}$

P 2.14 $f'(x) = \dfrac{-3}{(3x+1)^2}$

P 2.15 $f'(x) = 8x - 3$

P 2.17 não existe

P 2.19 não é derivável

P 2.20 $a = -2$ e $b = 0$

P 2.22 $m = -\dfrac{2}{5}$

P 2.23 $m = -\dfrac{1}{16}$

P 2.24 $m = 8$

P 2.25 $m = -\dfrac{3}{16}$

P 2.26 $m = \dfrac{8}{3}$

P 2.29 $y = -2x - \dfrac{1}{4}$

P 2.30 $y = -4x + 4$

P 2.31 $y = -9x + 1$

P 2.33 reta tangente: $y = -\dfrac{2}{9}x + \dfrac{2}{3}$

reta normal: $y = \dfrac{9}{2}x + \dfrac{2}{3}$

P 2.35 eixo x: $x = -1$ e eixo y: $y = 1$

P 2.38 $t = 0: s = 0m; v = 3m/s; a = 2m/s^2$

$t = 1: s = 4m; v = 5m/s; a = 2m/s^2$

$t = 2: s = 10m; v = 7m/s; a = 2m/s^2$

P 2.39 $v = -2 + 6t$ e $a = 6$

P 2.40 $v(t) = -2\,\text{sen}\left(t + \dfrac{\pi}{2}\right)$ e $a(t) = -2\cos\left(t + \dfrac{\pi}{2}\right)$

P 2.41 $v(t) = -rw\,\text{sen}\,(wt + \varphi)$ e $a(t) = -rw^2\cos\,(wt + \varphi)$

P 2.44 a) $y' = \dfrac{\pi \sqrt[5]{x}}{5x}$

P 2.44 b) $y' = 2\cos(2x) \cdot \ln(3x) + \dfrac{\operatorname{sen}(2x)}{x}$

P 2.44 c) $y' = \dfrac{\operatorname{sen} x + x}{1 + \cos x}$

P 2.44 d) $y' = ax^5$

P 2.44 e) $y' = 208x^5 \sqrt{2x}$

P 2.44 f) $y' = \dfrac{-3a}{x\sqrt[5]{ax^3}}$

P 2.44 g) $y' = \dfrac{a^2 x^5 [3 \cdot x \cdot \sec^2(3x) + 6 \operatorname{tg}(3x) - x \cdot \ln a \cdot \operatorname{tg}(3x)]}{a^x}$

P 2.44 h) $y' = -3\operatorname{sen}(6x)$

P 2.45 $y' = e^{\operatorname{sen} x} \cdot \cos x; y'(0) = 1$

P 2.47 $y' = 2(1 + 4x^2)^{\operatorname{arc tg}(2x) - 1} [\ln(1 + 4x^2) + 4x \operatorname{arc tg}(2x)] \operatorname{e} f'(0) = 0$

P 2.49 a) $f'(x) = \dfrac{3}{\sqrt{1 - 9x^2}}$

P 2.49 b) $f'(x) = \dfrac{-5}{\sqrt{1 - 25x^2}}$

P 2.49 c) $f'(x) = \dfrac{2}{x\sqrt{2 - x^2}}$

P 2.49 d) $f'(x) = \dfrac{3}{9 + x^2}$

P 2.49 e) $f'(x) = \dfrac{-18x^2}{9 + 4x^6}$

P 2.49 f) $f'(x) = \dfrac{-2x}{x^4 + 6x^2 + 10}$

P 2.49 g) $f'(x) = \dfrac{3}{x\sqrt{x^6 - 1}}$

P 2.49 h) $f'(x) = \dfrac{-2}{\sqrt{9 - 4x^2}}$

P 2.51 $f^{(n)}(x) = e^x$ e $g^{(n)}(x) = 2^x (\ln 2)^n$

P 2.52 a) $f^{(n)}(x) = -1^n \cos\left(x + \dfrac{n\pi}{2}\right)$

P 2.52 b) $f^{(n)}(x) = \dfrac{(-1)^n n!}{(2 + x)^{n+1}}$

P 2.52 c) $f^{(n)}(x) = 3^n \operatorname{sen}\left(3x + 1 + \dfrac{n\pi}{2}\right)$

P 2.54 $f^{(4)}(x) = -\dfrac{1}{2}\cos x$

P 2.56 a) $y' = \dfrac{\operatorname{sen} y - 3x^2 y^3}{3x^3 y^2 - x \cos y}$

P 2.56 b) $y' = \dfrac{4 + 3x^2 - 6xy^4}{9x^2 y^3 - 12y^2}$

P 2.56 c) $y' = \dfrac{3y - 2x}{3x + 2y}$

P 2.58 reta tangente: $y = -\dfrac{4}{9}x + \dfrac{22}{9}$

reta normal: $y = \dfrac{9}{4}x - \dfrac{1}{4}$

Depois de apresentada a parte formal do cálculo, chegou a vez das aplicações. Foi por causa da necessidade de Newton de conceituar variações como variação de posição, variação da velocidade, etc, que surgiu o cálculo diferencial. Paralelamente, Leibniz também desenvolveu o cálculo e sua notação foi melhor aproveitada nas aplicações do que a de Newton.

Não pretendemos explorar todas as aplicações, pois seria impossível, mas apresentaremos algumas que são estratégicas e básicas.

3.1 CRESCIMENTO E DECRESCIMENTO DE UMA FUNÇÃO DE UMA VARIÁVEL

A primeira aplicação que vamos apresentar é como observar os intervalos de crescimento e os intervalos de decrescimento de uma função usando a derivada. Mas antes de chegar a esse ponto, precisamos de alguns conceitos anteriores e algumas definições.

No capítulo anterior, vimos que a interpretação geométrica da derivada de uma função no ponto é a inclinação da reta tangente ao gráfico da função em um ponto dado. Quando essa inclinação é paralela ao eixo dos x no ponto de abscissa x_0, dizemos que o ponto $P = (x_0, y_0)$ é um ponto crítico, podendo representar um ponto de máximo, mínimo ou ponto de inflexão do gráfico.

3.1.1 VALOR MÁXIMO RELATIVO

Uma função $f: D \subset \mathbb{R} \to \mathbb{R}$ tem um valor máximo relativo em c se existir um intervalo aberto $I =]a, b] \subset D$ com $c \in I$ tal que $f(c) \geq f(x)$ para todo $x \in I$.

E 3.1

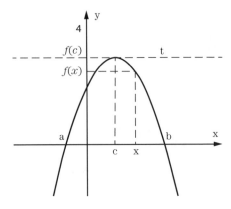

Figura 3.1

3.1.2 VALOR MÍNIMO RELATIVO

Uma função $f: D \subset \mathbb{R} \to \mathbb{R}$ tem um valor mínimo relativo em c se existir um intervalo aberto $I =]a, b[\subset D$ com $c \in I$ tal que $f(c) \leq f(x)$ para todo $x \in I$.

E 3.2 Se a função f tem um valor máximo relativo ou um valor mínimo relativo em c, então dizemos que f tem um valor extremo ou extremante relativo em c.

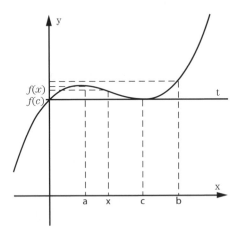

Figura 3.2

3.1.3 TEOREMA DE FERMAT

Se uma função $f: I \subset \mathbb{R} \to \mathbb{R}$ é contínua e derivável em $I = \,]a, b[$ e tem um extremo relativo em c onde $a < c < b$, então $f'(c) = 0$.

Justificação

Vamos supor que a função tenha um valor mínimo relativo em c. O processo é semelhante para o caso em que c é abscissa de um valor máximo relativo.

Como f tem um valor mínimo relativo em c, para x próximo de c, temos que $f(x) - f(c) \geq 0$. Analisando a derivada da função no ponto, pela definição de derivada, temos:

- $f'(c) = \lim\limits_{x \to c+} \dfrac{f(x) - f(c)}{x - c} \geq 0$, já que $x > c$, então $x - c > 0$;

- $f'(c) = \lim\limits_{x \to c-} \dfrac{f(x) - f(c)}{x - c} \leq 0$, já que $x < c$, então $x - c < 0$.

Como a função é derivável em c, pela condição de existência do limite, segue que $f'(c) = 0$.

Existem pontos em que a derivada se anula e que não é ponto de máximo e nem de mínimo da função, portanto, a recíproca desse teorema não é verdadeira.

Exemplo:

E 3.3 Dada $f(x) = (x - 1)^3$, analisar o ponto em que a derivada se anula.

Resolução:

Observe que $f'(x) = 3(x - 1)^2 = 0 \to x = 1$ não é ponto extremo da função.

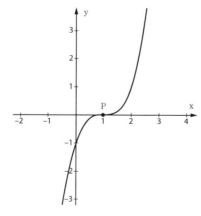

Figura 3.3

Foto: Wikipedia.

| Jurista e magistrado por profissão e matemático amador. Era francês e foi considerado o "príncipe dos amadores". Seu gosto pela matemática surgiu quando leu uma versão do texto "Arithmetica" de Diofanto. Em 1629, nasce a geometria analítica, descrita por ele num trabalho intitulado *Introdução aos lugares geométricos planos e sólidos*. Infelizmente, por sua personalidade reservada, não publicou o trabalho, que circulou apenas na forma de manuscrito. Travou diversas questões com Descartes. | **PIERRE DE FERMAT** *(1601-1665)* |

3.1.4 TEOREMA DE WEIERSTRASS

Se uma função $f: I \subset \mathbb{R} \to \mathbb{R}$ é contínua em $I = [a, b]$ e derivável em $]a, b[$, então f possui valor máximo e valor mínimo em I.

Vamos nos restringir a observar o teorema acima em alguns exemplos:

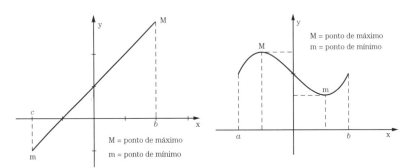

Figura 3.4

Foto: Wikipedia.

| Matemático alemão. Foi pioneiro na moderna análise matemática, trabalhou com funções analíticas e definiu funções contínuas quando não eram deriváveis, dentre outros trabalhos. | **KARL WEIERSTRASS** *(1815-1897)* |

3.1.5 TEOREMA DE ROLLE

Se uma função $f: I \subset \mathbb{R} \to \mathbb{R}$ é contínua em $I = [a, b]$ e derivável em $]a, b[$ e $f(a) = f(b)$, então existe ao menos um ponto $c \in]a, b[$ tal que $f'(c) = 0$.

Justificação

Vamos analisar a função separando-a em dois casos.

1° caso: f é constante em $[a, b]$.

Neste caso, como $f(x) = k$, $k \in \mathbb{R}$ para todo $x \in [a, b]$, segue que $f'(x) = 0$, para todo $x \in]a, b[$, em particular, para $x = c$.

2° caso: f não é constante em $[a, b]$.

Então existe $x \in]a, b[$, tal que $f(x) \neq f(a) = f(b)$. Como f é contínua em $[a, b]$, pelo teorema de Weierstrass, a função tem um máximo e um mínimo no intervalo. Se $f(x) > f(a) = f(b)$ e $f(x)$ e não é o máximo da função no intervalo, então existe $c \in]a, b[$ tal que a função assume o máximo nesse ponto e, sendo f derivável em $]a, b[$, temos $f'(c) = 0$.

MICHEL ROLLE (1652-1719) — Matemático francês. Esse teorema é seu feito mais conhecido, apesar de ter sido o coautor do método de eliminação de Gauss, usado para resolver sistemas lineares e determinação de matrizes inversas, entre outros feitos.

Foto: Wikipedia.

3.1.6 TEOREMA DO VALOR MÉDIO OU TEOREMA DE LAGRANGE

Se uma função $f: I \subset \mathbb{R} \to \mathbb{R}$ é contínua em $I = [a, b]$ e derivável em $]a, b[$, então existe ao menos um ponto $c \in]a, b[$ tal que $f'(c) = \dfrac{f(b) - f(a)}{b - a}$.

Justificação

Vamos analisar a função separando-a em dois casos.

1° caso: $f(a) = f(b)$

Neste caso temos $\dfrac{f(b) - f(a)}{b - a} = 0$ e, pelo teorema de Rolle, existe ao menos um ponto $c \in]a, b[$ tal que $f'(c) = 0 = \dfrac{f(b) - f(a)}{b - a}$.

2° caso: $f(a) \neq f(b)$

Consideremos os pontos $A = (a, f(a))$ e $B = (b, f(b))$ pertencentes ao gráfico da função $y = f(x)$. A reta que passa pelos pontos A e B tem a equação:

$$s(x) - f(a) = \dfrac{f(b) - f(a)}{b - a}(x - a)$$

ou

$$s(x) = \dfrac{f(b) - f(a)}{b - a}(x - a) + f(a)$$

Agora, seja $F(x)$ a função auxiliar que determina a distância vertical entre um ponto $(x, f(x))$ no gráfico da função f e o ponto correspondente na reta secante $s(x)$ que passa por A e B. Então:

$F(x) = f(x) - s(x)$

ou seja,

$F(x) = f(x) - \dfrac{f(b) - f(a)}{b - a}(x - a) - f(a)$

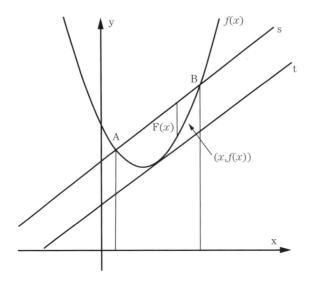

Figura 3.5

Verifiquemos que esta função satisfaz as duas condições do teorema de Rolle, isto é,

1º) F é contínua no intervalo fechado $[a, b]$, pois é a soma de $f(x)$ com a função linear $s(x)$ e derivável no intervalo aberto $]a, b[$;

2º) $F(a) = F(b)$, pois

$F(a) = f(a) - \dfrac{f(b) - f(a)}{b - a}(a - a) - f(a) = f(a) - f(a) = 0$

$F(b) = f(b) - \dfrac{f(b) - f(a)}{b - a}(b - a) - f(a) = f(b) - f(b) + f(a) - f(a) = 0$

Então, a conclusão do teorema de Rolle é que existe um ponto $c \in]a, b[$ tal que $F'(c) = 0$. Derivando a função,

$F'(x) = f'(x) - \dfrac{f(b) - f(a)}{b - a}(1 - 0) - 0 = f'(x) - \dfrac{f(b) - f(a)}{b - a}$

Substituindo o ponto c,

$0 = f'(c) - \dfrac{f(b) - f(a)}{b - a} \rightarrow f'(c) = \dfrac{f(b) - f(a)}{b - a}$

JOSEPH LOUIS LAGRANGE
(1736-1813)

Matemático italiano de elevado senso crítico, levou 33 anos para publicar sua obra-prima, *Mecânica analítica*, e dizia nunca estar totalmente satisfeito com o próprio trabalho. Seus trabalhos eram voltados à análise matemática, aplicando o cálculo diferencial à teoria das probabilidades.

Foto: Wikipedia.

3.1.7 FUNÇÕES CRESCENTES E DECRESCENTES

Os termos crescente, decrescente e constante são usados para estudar a variação de uma função em um intervalo, à medida que percorremos o seu gráfico da esquerda para a direita. Por exemplo, a função cujo gráfico está na figura a seguir.

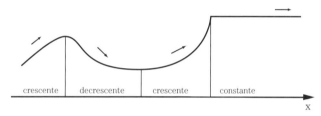

Figura 3.6

As primeiras aplicações baseiam-se na interpretação da derivada como sendo o coeficiente angular da reta tangente a uma curva num ponto. Utilizaremos a derivada como ferramenta a fim de descobrir os aspectos mais importantes de uma função e esboçar seu gráfico.

Dizemos que uma função $f: I \subset \mathbb{R} \to \mathbb{R}$ é crescente em I se, para quaisquer x_1, $x_2 \in I$, $x_1 < x_2$, temos $f(x_1) \leq (x_2)$. E dizemos que uma função $f: I \subset \mathbb{R} \to \mathbb{R}$ é decrescente em I se, para quaisquer $x_1, x_2 \in I$, $x_1 < x_2$, temos $f(x_1) \geq (x_2)$. Ilustrando,

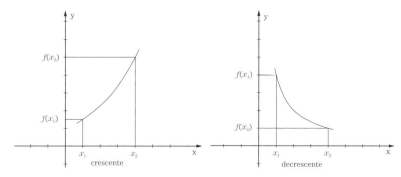

Figura 3.7

132 Matemática com aplicações tecnológicas – Volume 2

Se uma função é crescente ou decrescente num intervalo, então dizemos que é monótona nesse intervalo.

Proposição 3.1

Seja uma função $f: I \subset \mathbb{R} \to \mathbb{R}$, contínua em $I = [a, b]$ e derivável em $]a, b[$, então:

a) Se $f'(x) \geq 0$ para todo $x \in]a, b[$, então f é crescente em $[a, b]$.

b) Se $f'(x) \leq 0$ para todo $x \in]a, b[$, então f é decrescente em $[a, b]$.

c) Se $f'(x) = 0$ para todo $x \in]a, b[$, então f é constante em $[a, b]$.

Justificação

Vamos apenas justificar o item (a), pois os itens (b) e (c) são justificados de maneira semelhante a (a).

Sejam x_1 e x_2 dois números quaisquer no intervalo $[a, b]$, tais que $x_1 < x_2$. Como f é contínua em $[x_1, x_2]$ e derivável em $]x_1, x_2[$, pelo teorema do valor médio, existe ao menos um ponto $c \in]x_1, x_2[$ tal que $f'(c) = \dfrac{f(x_2) - f(x_1)}{x_2 - x_1}$. Por hipótese, $f'(x) \geq 0$ para todo $x \in]a, b[$, logo $f'(c) \geq 0$. Como $x_1 < x_2$, então $x_2 - x_1 > 0$. Da expressão de $f'(c)$, concluímos que $f(x_2) - f(x_1) \geq 0$, ou seja, $f(x_2) \geq f(x_1)$, logo f é crescente em $[a, b]$.

> **Observação**
>
> Se $f'(x) > 0$ ou $f'(x) < 0$, então dizemos que $f(x)$ é estritamente crescente ou estritamente decrescente no intervalo $[a, b]$.

Exemplos:

Estude a monotonicidade das seguintes funções:

E 3.4 $f(x) = 3$

Resolução:

Devemos analisar o sinal de $f'(x)$. Como $f(x) = 3$, segue que $f'(x) = 0$, para todo $x \in \mathbb{R}$. Logo $f(x) = 3$ é uma função constante em $\mathbb{R}$ e o seu gráfico é paralelo ao eixo dos x.

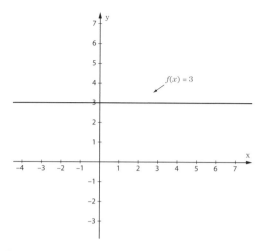

Figura 3.8

E 3.5 $f(x) = x^2 - x - 2$

Resolução:

Devemos analisar o sinal de $f'(x)$. Derivando a função, temos:

$f'(x) = 2x - 1$

Estudando a função derivada, temos que é uma função do 1° grau, com coeficiente angular 2, ou seja, positivo, portanto é uma função crescente e muda de sinal na raiz, ou seja, em $f'(x) = 0$:

$2x - 1 = 0 \rightarrow 2x = 1 \rightarrow x = \dfrac{1}{2}$

Então, a função derivada tem a seguinte variação de sinal:

Aplicando a proposição acima, concluímos que, para $x \leq \dfrac{1}{2}$, a função $f(x)$ é decrescente e, para $x \geq \dfrac{1}{2}$, a função $f(x)$ é crescente. Para ilustração gráfica, vamos comparar os gráficos das funções $f'(x)$ e $f(x)$.

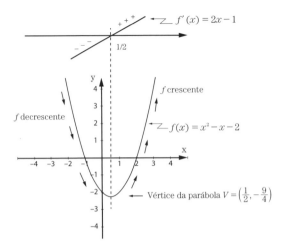

Figura 3.9

E 3.6 $f(x) = x^3 - 1$

Devemos analisar o sinal de $f'(x)$. Derivando a função, temos:

$f'(x) = 3x^2 \geq 0$

Estudando a função derivada, temos que a função do 2º grau, com concavidade positiva, tem o zero como raiz, portanto só toca o eixo dos x em zero e no restante é positiva. Logo, a função $f(x)$ é sempre crescente em $\mathbb{R}$.

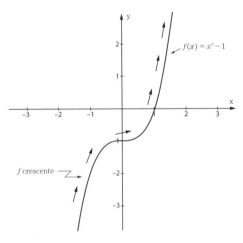

Figura 3.10

E 3.7 $f(x) = \dfrac{1}{x}$ função recíproca

Derivando, temos:

$f'(x) = \dfrac{-1}{x^2} \leq 0$

Estudando a função derivada, temos que a função é sempre decrescente, $\forall x \in \mathbb{R}^*$.

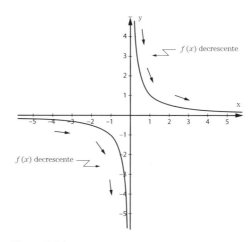

Figura 3.11

E 3.8 $f(x) = x^3 - 3x^2$

Devemos analisar o sinal de $f'(x)$. Derivando a função, temos:

$f'(x) = 3x^2 - 6x$

Estudando a função derivada, temos que a função do 2° grau, com concavidade positiva tem como raízes:

$3x^2 - 6x = 0 \rightarrow x^2 - 2x = 0 \rightarrow x(x-2) = 0 \rightarrow \begin{cases} x' = 0 \\ x'' = 2 \end{cases}$

Então, a função derivada tem a seguinte variação de sinal:

Aplicando a proposição acima, concluímos que: $\forall x \in \mathbb{R}; x \leq 0$ ou $x \geq 2$ temos que $f(x)$ é crescente, e $\forall x \in \mathbb{R}; 0 \leq x \leq 2$, segue que $f(x)$ é decrescente. Para ilustração gráfica, vamos comparar os gráficos das funções $f'(x)$ e $f(x)$.

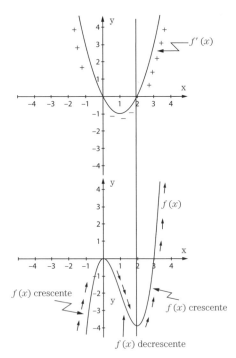

Figura 3.12

3.2 CONCAVIDADE DE UMA FUNÇÃO DE UMA VARIÁVEL

Um dos aspectos importantes do estudo do traçado de um gráfico é o sentido em que ele se curva. Na figura (a) a seguir, observamos que dado um ponto qualquer c entre a e b, o gráfico da função está acima da tangente à curva no ponto $P(c, f(c))$. Dizemos que a curva tem concavidade voltada para cima ou concavidade positiva no intervalo $]a, b[$.

Como $f'(x)$ é a inclinação da reta tangente à curva, podemos observar geometricamente que a reta tangente gira no sentido anti-horário à medida que avançamos sobre a curva da esquerda para a direita, significando que $f'(x)$ é uma função crescente no intervalo.

Do mesmo modo, na figura (b) a seguir, observamos que a reta tangente gira no sentido horário quando nos deslocamos sobre a curva da esquerda para a direita, isto é, $f'(x)$ é decrescente em $]a, b[$.

Uma função f tem gráfico com concavidade positiva no intervalo $]a, b[$ se $f'(x)$ é crescente nesse intervalo, e uma função f tem gráfico com concavidade negativa no intervalo $]a, b[$ se $f'(x)$ é decrescente nesse intervalo.

Aplicações de derivadas

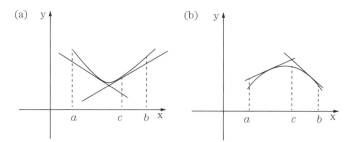

Figura 3.13

Proposição 3.2

Seja uma função $f: I \subset \mathbb{R} \to \mathbb{R}$ é contínua em $I = [a, b]$ e derivável em $]a, b[$, então:

1) Se $f''(x) > 0$ para todo $x \in]a, b[$, então f tem gráfico com concavidade positiva neste intervalo;

2) Se $f''(x) < 0$ para todo $x \in]a, b[$, então f tem gráfico com concavidade negativa neste intervalo.

Justificação

Se $f''(x) > 0$, então podemos escrever $f''(x) = [f'(x)]' > 0$ para todo $x \in]a, b[$, e, pela Proposição 3.1, $f'(x)$ é crescente neste intervalo, logo a função tem concavidade positiva. A justificação do item (2) é análoga.

Exemplo:

E 3.9 Estudar a concavidade da função $f(x) = x^3 - 4x^2 - 5x + 6$.

Resolução:

Devemos estudar a variação de sinal da segunda derivada da função, de acordo com a Proposição 3.2:

$f(x) = x^3 - 4x^2 - 5x + 6$

$f'(x) = 3x^2 - 8x - 5$

$f''(x) = 6x - 8$

A última função é do 1º grau, com coeficiente angular $6 > 0$, portanto a função é crescente, mudando de sinal na raiz:

$6x - 8 = 0 \to 6x = 8 \to x = \dfrac{8}{6} = \dfrac{4}{3}$

Esquematicamente,

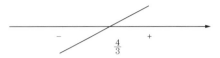

Logo, para $x \in \mathbb{R};\ x < \frac{4}{3}$, temos que o gráfico da função tem concavidade negativa, e $x \in \mathbb{R};\ x > \frac{4}{3}$, a função tem concavidade positiva. Ilustrando,

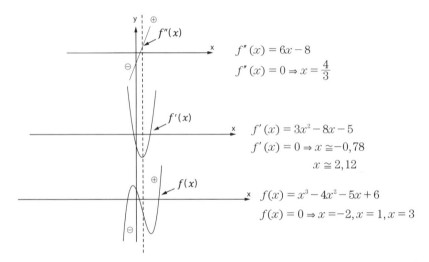

Figura 3.14

Conclusão: Verificamos pelos gráficos que os sinais de y'' correspondem aos sinais da concavidade de y.

3.3 DETERMINAÇÃO DOS EXTREMOS DE UMA FUNÇÃO DE UMA VARIÁVEL

Dada uma função $f: I \subset \mathbb{R} \to \mathbb{R}$ contínua e derivável em $I = \,]a, b[$, o teorema de Fermat afirma que os valores de x que anulam a derivada da função são os possíveis extremos da função. Logo, o teorema de Fermat é uma condição necessária para o cálculo do extremante, porém, não suficiente.

3.3.1 CRITÉRIOS PARA DETERMINAR OS EXTREMOS DE UMA FUNÇÃO

Proposição 3.3

Dada uma função $f: I \subset \mathbb{R} \to \mathbb{R}$ contínua e derivável até segunda ordem em $I = \,]a, b[$,

Aplicações de derivadas

com derivadas f' e f'' contínuas em I. Seja $c \in I$ tal que $f'(c) = 0$. Nessas condições, temos:

a) Se $f''(c) < 0$, então c é ponto de máximo local de f.

b) Se $f''(c) > 0$, então c é ponto de mínimo local de f.

Justificação

a) Se $f''(c) < 0$ e f'' é contínua, existe uma vizinhança V de c na qual $f''(x) < 0$, $\forall x \in V$. Se $f''(x) < 0$, então $(f'(x))' < 0$ e, pela Proposição 3.1, $f'(x)$ é decrescente em V. Portanto, como $f'(c) = 0$, em V, à esquerda de c, temos $f'(x) > 0$ e, à direita de c, $f'(x) < 0$, ou seja, a função cresce em V até c e depois de c ela decresce. Daí concluímos que c é abscissa de um ponto de máximo local da função.

b) Justifica-se da mesma maneira que o item anterior.

Exemplos:

E 3.10 Dada a função $f(x) = x^3 + x^2 - x - 1$, determinar as abscissas dos pontos extremos da função em $\mathbb{R}$.

Resolução:

Vamos calcular até a segunda derivada da função:

$f(x) = x^3 + x^2 - x - 1$

$f'(x) = 3x^2 + 2x - 1$

$f''(x) = 6x + 2$

Aplicando o teorema de Fermat, vamos determinar as abscissas dos extremantes:

$$f'(x) = 0 \rightarrow 3x^2 + 2x - 1 = 0 \rightarrow x = \frac{-2 \pm \sqrt{4 + 12}}{2 \cdot 3} = \frac{-2 \pm 4}{6} = \begin{cases} x' = -1 \\ x'' = \dfrac{1}{3} \end{cases}$$

Testando esses valores na segunda derivada, temos:

$f''(-1) = 6(-1) + 2 = -4 < 0$

$f''(1/3) = 6(1/3) + 2 = 4 > 0$

Pela Proposição 3.3, $x = -1$ é abscissa de ponto de máximo e $x = 1/3$ é abscissa de ponto de mínimo da função. Se quisermos completar o ponto:
$f(-1) = (-1)^3 + (-1)^2 - (-1) - 1 = 0$, então o ponto de máximo é $P = (-1, 0)$ e
$f(1/3) = (1/3)^3 + (1/3)^2 - (1/3) - 1 = -32/27$, e, nesse caso, o ponto de mínimo é
$Q = \left(\dfrac{1}{3}, -\dfrac{32}{27} \right)$. Ilustrando,

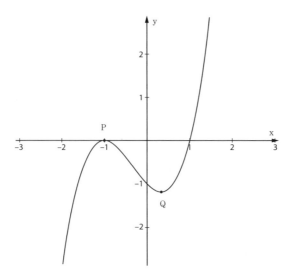

Figura 3.15

E 3.11 Dada a função $f(x) = x + \frac{1}{x}$, determinar as abscissas dos pontos extremos da função em $\mathbb{R}^*$.

Resolução:

Vamos calcular até a segunda derivada da função:

$f(x) = x + \frac{1}{x}$

$f'(x) = 1 - \frac{1}{x^2} = \frac{x^2 - 1}{x^2}$

$f''(x) = \frac{2}{x^3}$

Aplicando o teorema de Fermat, vamos determinar as abscissas dos extremantes:

$f'(x) = 0 \to x^2 - 1 = 0 \to \begin{cases} x' = -1 \\ x'' = 1 \end{cases}$

Testando esses valores na segunda derivada, temos:

$f''(-1) = \frac{2}{(-1)^3} = -2 < 0$

$f''(1) = \frac{2}{(1)^3} = 2 > 0$

Pela Proposição 3.3, $x = -1$ é abscissa de ponto de máximo e $x = 1$ é abscissa de ponto de mínimo da função. Se quisermos completar o ponto: $f(-1) = -1 + \frac{1}{-1} = -2$, então o ponto de máximo é $P = (-1, -2)$ e $f(1) = 1 + \frac{1}{1} = 2$ e, nesse caso, o ponto de mínimo é $Q = (1, 2)$. Ilustrando,

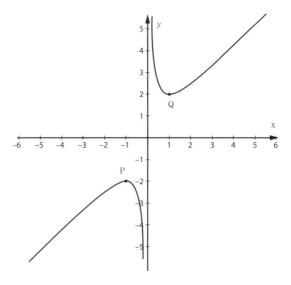

Figura 3.16

3.4 PONTOS DE INFLEXÃO

Chamamos de pontos de inflexão de uma função $y = f(x)$ aos pontos nos quais as inclinações das retas tangentes mudam de crescente para decrescente ou vice-versa, ou, ainda, os pontos nos quais as concavidades da função mudam de sinais.

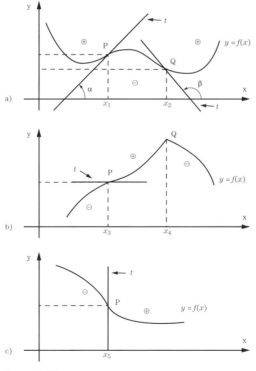

Figura 3.17

Proposição 3.4

Dada uma função $f: I \subset \mathbb{R} \to \mathbb{R}$ contínua e derivável até terceira ordem em $I =]a, b[$. Seja $c \in I$ tal que $f''(c) = 0$ e $f'''(c) \neq 0$, então c é abscissa de um ponto de inflexão.

Justificação

Vamos supor que $f''(c) = 0$ e $f'''(c) > 0$. Então, podemos escrever: $(f'(c))' = 0$ e $(f''(c))' > 0$ e, de acordo com a Proposição 3.3, c é um ponto de mínimo local da função f'. Logo, existe uma vizinhança V de c tal que:

- Se $x \in V, x < c \to f''(x) < 0$.

- Se $x \in V, x > c \to f''(x) > 0$

Isto é, em c, a função f'' troca de sinal, portanto, c é abscissa de um ponto de inflexão. Naturalmente, se supormos $f'''(c) < 0$, pelo mesmo raciocínio, chegaremos à mesma conclusão.

Observações

1) Se c é abscissa de um ponto de inflexão, então $f''(c) = 0$, pois, caso contrário, $f''(c) > 0$ ou $f''(c) < 0$. Logo, pela Proposição 3.2, na vizinhança de c, o gráfico de f teria concavidade positiva ou concavidade negativa, ou seja, não trocaria de sinal.

2) Uma condição necessária para c ser a abscissa de um ponto de inflexão é que devemos ter $f''(c) = 0$. Entretanto, se $f''(c) = f'''(c) = 0$, nada podemos concluir com a teoria dada.

3.5 CRITÉRIO GERAL PARA O ESTUDO DOS EXTREMOS RELATIVOS E PONTOS DE INFLEXÃO DE UMA FUNÇÃO

Os estudos feitos sobre extremos e pontos de inflexão não completam a análise geral das funções. Apresentamos, então, uma proposição geral que estabelece um critério para pesquisar extremos relativos locais e pontos de inflexão.

Proposição 3.5

Seja uma função $f: I \subset \mathbb{R} \to \mathbb{R}$ contínua com derivadas sucessivas, todas contínuas em $I =]a, b[$. Seja $c \in I$ tal que: $f'(c) = f''(c) = \cdots = f^{(n-1)}(c) = 0$ e $f^{(n)}(c) \neq 0$.

1) Se n é par e $f^{(n)}(c) < 0$, então c é abscissa de um ponto de máximo da função.

2) Se n é par e $f^{(n)}(c) > 0$, então c é abscissa de um ponto de mínimo da função.

3) Se n é ímpar e $f'(c) = 0$, então c é abscissa de um ponto de inflexão da função.

4) Se $f'(c) \neq 0$ e $f''(c) = 0$ e a primeira derivada que não se anula é de ordem ímpar, então c é abscissa de um ponto de inflexão da função.

Observação

Utilizamos o método mnemônico, associando a ordem da derivada com o esquema do gráfico correspondente para aplicar corretamente o critério geral.

Exemplos

E 3.12 Dada a função $f(x) = x^3$, estudar as abscissas dos pontos de inflexão.

Resolução:

Vamos analisar as derivadas da função:

$f(x) = x^3$

$f'(x) = 3x^2$

$f''(x) = 6x$

$f'''(x) = 6$

$f^{(4)}(x) = 0$

Condição: $f''(x) = 0 \to 6x = 0 \to x = 0$. Vamos testar o ponto nas outras derivadas: $f'(0) = 3 \cdot 0^2 = 0$ e $f'''(0) = 6 \neq 0$. Nesse caso, pelo item (3) da Proposição 3.5, $x = 0$ é abscissa do ponto de inflexão da função. Ilustrando,

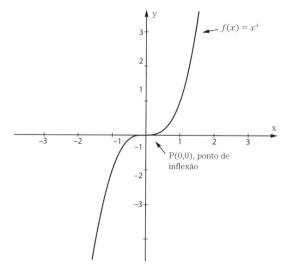

Figura 3.18

E 3.13 Dada a função $f(x) = x^4$, estudar as abscissas dos pontos de inflexão.

Resolução:

Vamos analisar as derivadas da função:

$f(x) = x^4$

$f'(x) = 4x^3$

$f''(x) = 12x^2$

$f'''(x) = 24x$

$f^{(4)}(x) = 24$

Condição: $f''(x) = 0 \to 12x^2 = 0 \to x = 0$. Vamos testar o ponto nas outras derivadas: $f'(0) = 4 \cdot 0^3$ e $f'''(0) = 24 \cdot 0$. Embora $f''(0) = 0$, não ocorre mudança de sinal na concavidade da função. Logo, pelo item (2) da Proposição 3.5, $x = 0$ é abscissa do ponto de mínimo da função e não há pontos de inflexão. Ilustrando,

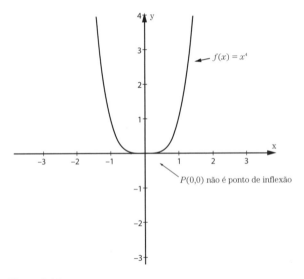

Figura 3.19

E 3.14 Dada a função $f(x) = \sqrt[3]{x}$, estudar as abscissas dos pontos de inflexão.

Resolução:

Vamos analisar as derivadas da função:

$f(x) = \sqrt[3]{x}$

$f'(x) = \dfrac{1}{3}x^{-2/3} = \dfrac{1}{3\sqrt[3]{x^2}}$

$f''(x) = \dfrac{-2}{9}x^{-5/3} = \dfrac{-2}{9\sqrt[3]{x^5}}$

$f'''(x) = \dfrac{10}{27}x^{-8/3} = \dfrac{10}{27\sqrt[3]{x^8}}$

Quando analisamos a derivada de segunda ordem, $f''(x) = \dfrac{-2}{9}x^{-5/3} = \dfrac{-2}{9\sqrt[3]{x^5}}$, vemos que ela nem está definida para o ponto $x = 0$. Nesse caso, não há como analisar aplicando a proposição, mas, se estudarmos o sinal da segunda derivada, vemos que ela muda de sinal para $x > 0$ e $x < 0$. Ou seja, muda de concavidade, logo $x = 0$ é um ponto de inflexão da função. Ilustrando,

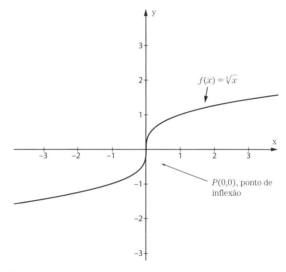

Figura 3.20

E 3.15 Dada a função $f(x) = x^4 - 4x^3 + 10$, estudar as abscissas dos pontos de inflexão.

Resolução:

Vamos analisar as derivadas da função:

$f(x) = x^4 - 4x^3 + 10$

$f'(x) = 4x^3 - 12x^2$

$f''(x) = 12x^2 - 24x$

$f'''(x) = 24x - 24$

$f^{(4)}(x) = 24$

Condição: $f''(x) = 0 \rightarrow 12x^2 - 24x = 0 \rightarrow 12x(x-2) = 0 \rightarrow x = 0$ ou $x = 2$. Vamos testar os pontos nas outras derivadas:

Para $x = 0$: $f'(0) = 4 \cdot 0^3 - 12 \cdot 0^2 = 0$ e $f'''(0) = 24 \cdot 0 - 24 = -24 \neq 0$. Nesse caso, pelo item (3) da Proposição 3.5, $x = 0$ é abscissa do ponto de inflexão da função.

Para $x = 2$: $f'(2) = 4 \cdot 2^3 - 12 \cdot 2^2 = -16 \neq 0$ e $f'''(2) = 24 \cdot 2 - 24 = 24 \neq 0$. Nesse caso, pelo item (3) da Proposição 3.5, $x = 2$ é abscissa do ponto de inflexão da função. Ilustrando,

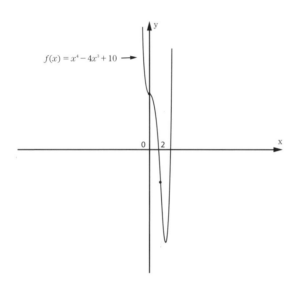

Figura 3.21

3.6 CONSTRUÇÃO DE GRÁFICO DE FUNÇÃO DE UMA VARIÁVEL

Vamos aplicar o que já estudamos até agora para esboçar o gráfico de uma função de uma variável real. Para isso, vamos seguir o seguinte roteiro:

a) Determinação do domínio da função.

b) Procurar, se possível, interseção da função com os eixos x e y.

c) Estudar a monotonicidade da função, isto é, intervalos de crescimento e decrescimento.

d) Estudar a concavidade da função.

e) Determinar, se existir, os pontos de máximos, mínimos e de inflexão da função.

f) Determinar assíntotas, se existir.

g) Estudar os limites da função em $-\infty$ e $+\infty$.

h) Esboçar o gráfico.

Exemplos:

E 3.16 Seja a função $f(x) = x^3 - x$.

Resolução:

Seguindo o roteiro:

a) Como a função é polinomial, não tem restrições, $D(f) = \mathbb{R}$.
b) Interseção com o eixo y: $f(0) = 0^3 - 0 = 0 \to P = (0, 0)$; interseção com o eixo x: $x^3 - x = 0 \to x(x^2 - 1) = 0 \to x_1 = 0; x_2 = -1$ e $x_3 = 1$. Neste caso, temos: $P = (0, 0); Q = (-1, 0)$ e $R = (1, 0)$.
c) Vamos estudar o sinal da primeira derivada:

$$f'(x) = 3x^2 - 1 = 0 \to 3x^2 = 1 \to x^2 = \frac{1}{3} \to x = \pm\sqrt{\frac{1}{3}} \to \begin{cases} x' = \dfrac{\sqrt{3}}{3} \\ x'' = -\dfrac{\sqrt{3}}{3} \end{cases}$$

Neste caso, a derivada da função é uma função do 2º grau, com concavidade positiva e sua variação é:

E a função $f(x)$ então: $\forall x \in \mathbb{R}; x \leq -\dfrac{\sqrt{3}}{3}$ ou $x \geq \dfrac{\sqrt{3}}{3}$, a função é crescente, e $\forall x \in \mathbb{R}; -\dfrac{\sqrt{3}}{3} \leq x \leq \dfrac{\sqrt{3}}{3}$, a função é decrescente.

d) Agora, vamos estudar o sinal da segunda derivada: $f(x) = 6x = 0 \to x = 0$

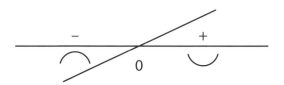

Neste caso, a segunda derivada muda de sinal de acordo com o valor do x:

E a função $f(x)$ tem concavidade positiva para $x > 0$ e concavidade negativa para $x < 0$.

e) De acordo com o item (c), as abscissas dos extremantes são: $x' = \dfrac{\sqrt{3}}{3}$ e $x'' = -\dfrac{\sqrt{3}}{3}$. Vamos calcular as segundas derivadas desses pontos, para, de acordo com a Proposição 3.3, decidir o tipo de extremante:

- $f''\left(\frac{\sqrt{3}}{3}\right) = 6\left(\frac{\sqrt{3}}{3}\right) > 0$, então $x' = \frac{\sqrt{3}}{3}$ é abscissa de ponto de mínimo.
- $f''\left(-\frac{\sqrt{3}}{3}\right) = 6\left(-\frac{\sqrt{3}}{3}\right) < 0$, então $x'' = -\frac{\sqrt{3}}{3}$ é abscissa de ponto de máximo.

De acordo com o item (d), claramente $P = (0, 0)$ é ponto de inflexão da função.

f) A função não tem assíntotas verticais, pois não há pontos de restrição em seu domínio e as assíntotas horizontais, se houver, aparecem no item (g), se o resultado do limite for um número real, de acordo com a seção 1.12 do capítulo 1.

g) $\lim\limits_{x \to -\infty} x^3 - x = -\infty$ e $\lim\limits_{x \to +\infty} x^3 - x = +\infty$

h) Marcando os pontos de interseção com os eixos, começamos a esboçar o gráfico, observando que ele vem de $-\infty$ crescente com a concavidade negativa até o $x = -\frac{\sqrt{3}}{3}$; depois passa a decrescer, mas ainda com a concavidade negativa até o $x = 0$, onde ele muda para concavidade positiva e continua decrescendo até $x = \frac{\sqrt{3}}{3}$, onde passa a crescer até $+\infty$. Observe:

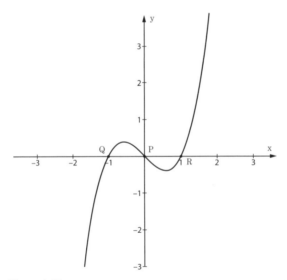

Figura 3.22

E 3.17 Seja a função $f(x) = \frac{x+1}{x-2}$.

Resolução:

Seguindo o roteiro:

a) Dada a restrição de $x - 2 \neq 0$, temos que $D(f) = \mathbb{R} - \{2\}$.

b) Interseção com o eixo y: $f(0) = \dfrac{0+1}{0-2} = -\dfrac{1}{2} \to P = (0, -\dfrac{1}{2})$; interseção com o eixo x: $x + 1 = 0 \to x = -1 \to Q = (-1, 0)$.

c) Vamos estudar o sinal da primeira derivada:
$f'(x) = \dfrac{1(x-2) - (x+1) \cdot 1}{(x-2)^2} = \dfrac{-3}{(x-2)^2} < 0$ para todos os valores do domínio da função.

Neste caso, a função $f(x)$ é sempre decrescente para $x < 2$ e $x > 2$.

d) Agora, vamos estudar o sinal da segunda derivada:
$f''(x) = \dfrac{0 \cdot (x-2)^2 - (-3) \cdot 2(x-2)}{(x-2)^4} = \dfrac{6}{(x-2)^3}$

Neste caso, a segunda derivada muda de sinal de acordo com o valor do $x - 2$:

E a função $f(x)$ tem concavidade positiva para $x > 2$ e concavidade negativa para $x < 2$.

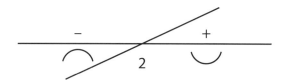

e) De acordo com o item (c), a função não tem extremantes, pois a primeira derivada não se anula. De acordo com o item (d), $x = 2$ seria o ponto de inflexão da função se pertencesse ao domínio da função. Logo, não há pontos de inflexão.

f) Assíntotas verticais:
$\lim\limits_{x \to 2^-} \dfrac{x+1}{x-2} = -\infty$ e $\lim\limits_{x \to 2^+} \dfrac{x+1}{x-2} = +\infty$

Portanto, $x = 2$ é uma assíntota vertical. A assíntota horizontal, se houver, aparece no item (g), ou seja, se o resultado do limite for um número real, de acordo com a seção 1.12 do capítulo 1.

g) $\lim\limits_{x \to -\infty} \dfrac{x+1}{x-2} = 1$ e $\lim\limits_{x \to +\infty} \dfrac{x+1}{x-2} = 1$

Logo, $y = 1$ é uma assíntota horizontal

h) Marcando os pontos de interseção com os eixos e marcando as assíntotas com um tracejado, começamos a esboçar o gráfico, observando que ele vem de sempre decrescente com a concavidade negativa até o $x = 2$, onde tende para $-\infty$. Neste caso, temos uma quebra no gráfico e recomeçamos do lado direito de $x = 2$, vindo de $+\infty$, ainda decrescendo, mas agora com a concavidade positiva, até encontrar de novo a assíntota, $y = 1$. Observe:

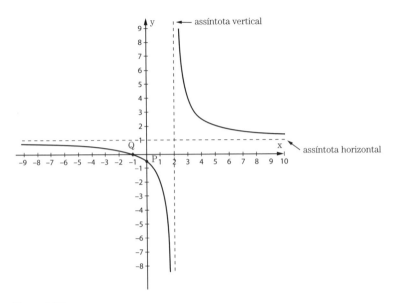

Figura 3.23

3.7 PROBLEMAS DE MAXIMIZAÇÃO E DE MINIMIZAÇÃO

Nesta seção, vamos apresentar uma série de exemplos resolvidos onde se aplicam os conhecimentos de derivada.

Exemplos:

E 3.18 Um retângulo de dimensões x e y tem perímetro 20 m. Determinar suas dimensões para que a área seja máxima.

Resolução:

Consideremos o retângulo $ABCD$ de base $AB = x$ e altura $BC = y$. Sua área é dada por $A = x \cdot y$ e o seu perímetro é $P = 2x + 2y$.

Pelo problema,

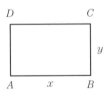

$2x + 2y = 20$ (:2)

$x + y = 10$

$y = 10 - x$

Substituindo y na fórmula da área,

$A = x \cdot y \to A = x \cdot (10 - x) = 10x - x^2$

Utilizando o critério geral para o estudo de extremos relativos, temos:

$A' = 10 - 2x = 0 \to x = 5$

$A'' = -2 < 0$

$A''' = 0$

Neste caso, como a segunda derivada é negativa, $x = 5$ é abscissa do ponto de máximo da função área. Substituindo em $y = 10 - x = 10 - 5 = 5$. Portanto, $x = y = 5$ é o retângulo que dá a área máxima e, neste caso, é um quadrado. Área máxima: $A = 5 \cdot 5 = 25 \text{ m}^2$.

Observação

Este foi o primeiro problema de máximos e mínimos resolvido pelos métodos de cálculo por Fermat.

E 3.19 Determinar as dimensões do retângulo de maior área que pode ser inscrito numa semicircunferência de raio a.

Resolução:

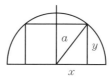

Seja a semicircunferência de raio a e vamos chamar a base do retângulo de $2x$ e a altura de y. Pela figura, temos:

$x^2 + y^2 = a^2$

E a área do retângulo é $A = 2 \cdot x \cdot y$. Da primeira identidade, segue que:

$y = \sqrt{a^2 - x^2}$

Substituindo em A,

$A = 2 \cdot x \cdot y = 2 \cdot x \cdot \sqrt{a^2 - x^2}$

Utilizando o critério geral para o estudo de extremos relativos, temos:

$A = 2 \cdot (a^2 - x^2)^{1/2} + 2x \cdot \dfrac{1}{2}(a^2 - x^2)^{-1/2} \cdot (-2x) = 2 \cdot \sqrt{a^2 - x^2} - \dfrac{2x^2}{\sqrt{a^2 - x^2}}$

$= \dfrac{2a^2 - 2x^2 - 2x^2}{\sqrt{a^2 - x^2}} = \dfrac{2a^2 - 4x^2}{\sqrt{a^2 - x^2}}$

Igualando o numerador a zero, $2a^2 - 4x^2 = 0 \rightarrow 2x^2 = a^2 \rightarrow x = \pm\dfrac{a}{\sqrt{2}}$; como $a > 0$,

temos $x = \dfrac{\sqrt{2}\,a}{2}$

Calculando y,

$$y = \sqrt{a^2 - x^2} = \sqrt{a^2 - \left(\dfrac{\sqrt{2}\,a}{2}\right)^2} = \sqrt{a^2 - \dfrac{2a^2}{4}} = \sqrt{\dfrac{4a^2 - 2a^2}{4}} = \sqrt{\dfrac{2a^2}{4}} = \dfrac{a\sqrt{2}}{2}$$

Logo, as dimensões do maior retângulo inscrito são base $2x = a\sqrt{2}$ e altura $y = \dfrac{a\sqrt{2}}{2}$.

E 3.20 Determinar dois números positivos cuja soma é 18 e cujo produto é o máximo possível.

Resolução:

Chamemos esses números por x e y. Daí temos:

$x + y = 18$

$P = x \cdot y,$

onde P é o produto

Temos que determinar os valores de x e y que maximizem o produto. Vamos utilizar o critério geral para determinação de extremantes. Da primeira equação, temos:

$y = 18 - x$

Substituindo no produto:

$P = x \cdot y = x \cdot (18 - x) = 18x - x^2$

Derivando e igualando a zero,

$P' = 18 - 2x = 0 \rightarrow 18 = 2x \rightarrow x = 9$

Vamos testar na segunda derivada,

$P'' = -2 < 0$

Logo, $x = 9$ é abscissa de ponto de máximo da função produto. Calculando y,

$y = 18 - x = 18 - 9 = 9$

Portanto, os números são 9 e 9 e o produto é 81.

E 3.21 Um tecnólogo tem disponível uma chapa de alumínio e tem como tarefa construir um recipiente em forma de paralelepípedo, sem tampa, que guarde a maior quantidade de óleo possível. Sabendo que as dimensões da chapa são de 80 cm por 40 cm, determinar o volume máximo e as dimensões do recipiente.

Aplicações de derivadas

Resolução:

Primeiro, devemos notar que não importa se a chapa é de alumínio ou outro material, ou ainda se guardará óleo ou outro líquido qualquer. O problema está na determinação do maior volume possível que podemos conseguir com a chapa dada.

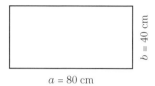

Para se construir a caixa, a chapa deverá ser marcada para os devidos cortes e dobras.

O volume do recipiente é dado por:

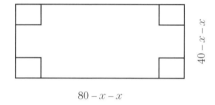

$V = (80 - 2x)(40 - 2x)x$

Desenvolvendo,

$V = (80 - 2x)(40x - 2x^2)$

$V = 3200x - 160x^2 - 80x^2 + 4x^3$

$V = 4x^3 - 240x^2 + 3200x$

Derivando a expressão e igualando a zero, temos:

$V' = 12x^2 - 480x + 3200 = 0$

Podemos simplificar antes de determinar as raízes pela fórmula de Bháskara,

$3x^2 - 120x + 800 = 0$

$x = \dfrac{-(-120) \pm \sqrt{(120)^2 - 4 \cdot 3 \cdot 800}}{2 \cdot 3} = \dfrac{120 \pm \sqrt{4800}}{6} = \begin{cases} x' = 8,4529946 \\ x'' = 31,547005 \end{cases}$

Esses são os pontos onde a derivada se anula. Experimentando na 2ª derivada,

$V'' = 24x - 480 \rightarrow \begin{cases} V'' = (8,4529946) = 24 \times 8,4529946 - 480 < 0 \\ V'' = (31,547005) = 24 \times 31,547005 - 480 > 0 \end{cases}$

Vemos que o ponto $x = 8,4529946$ é uma abscissa de ponto de máximo da função volume. Determinado o valor de x que nos interessa, podemos, agora, determinar as dimensões e o volume do recipiente. Arredondando o valor para duas casas decimais:

Largura: $80 - 2 \times 8,45 = 63,1 \; cm$.

Altura: 40 − 2 × 8,45 = 23,1 cm.

Profundidade: 8,45 cm.

Volume: 63,1 × 23,1 × 8,45 = 12316,8 cm^3.

E 3.22 Vamos analisar um problema relacionado à transferência de energia em uma bateria ou pilha elétrica. Como se sabe, uma bateria ou pilha elétrica é capaz de converter energia química em energia elétrica. As baterias e pilhas elétricas se desenvolveram muito nos últimos anos devido a aparelhos eletrônicos como telefones celulares, computadores pessoais, câmeras fotográficas digitais e outros equipamentos do tipo. Também é digno de nota o desenvolvimento de carros elétricos, cujo fator limitante sempre foi o peso das baterias e a autonomia devido à capacidade de armazenamento de energia. O caso é que tanto as pilhas como as baterias elétricas não são ideais, pois durante a passagem de corrente elétrica, quando estão sendo utilizadas, há uma dissipação de energia elétrica (transformação em energia térmica) devido à existência de uma resistência elétrica na própria bateria ou pilha elétrica, chamada de resistência interna, simbolizada por r. Esquematicamente podemos representar a situação de uma pilha ou bateria elétrica alimentando uma carga resistiva, por exemplo, uma lâmpada, ou qualquer outro dispositivo eletroeletrônico.

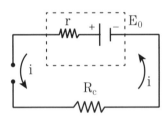

Aplicando as leis de Kirchoff, temos que:

$E_0 - r \cdot i - R_c \cdot i = 0$ (1)

Ou seja, a força eletromotriz (f_{em}) é aquela tensão elétrica medida nos terminais da bateria quando estes estão sendo utilizados. Por meio da teoria dos circuitos elétricos, temos que a potência elétrica dissipada em um resistor é dada pela seguinte expressão matemática:

$P = R \cdot i^2$ (2)

No caso do resistor com resistência elétrica R_c, temos que a potência elétrica nele dissipada é dada por:

$P_{R_c} = R_c \cdot i^2$ (3)

Mas, considerando a expressão (1), temos que

$i = \dfrac{E_0}{r + R_c}$ (4)

Substituindo na expressão (3),

$P_{R_c} = R_c \cdot \left(\dfrac{E_0}{r + R_c}\right)^2$ (5)

Queremos saber qual é o valor da resistência R_c, para que tenhamos a maior transferência elétrica de uma bateria. Para ilustrar a situação, vamos tomar $r = 1\,\Omega$ e $E_0 = 100$ Volts. Dessa forma, a equação (5) fica

$$P_{R_c} = R_c \cdot \left(\frac{100}{1+R_c}\right)^2$$

Utilizando o critério geral para o estudo de extremos relativos, vamos derivar e igualar a zero. Lembrando que $(u \cdot v)' = u' \cdot v + u \cdot v'$. Então:

$$P'_{R_c} = 1 \cdot \left(\frac{100}{1+R_c}\right)^2 = R_c \cdot 2 \cdot \left(\frac{100}{1+R_c}\right) \cdot \left(\frac{-100}{(1+R_c)^2}\right) = \left(\frac{100}{1+R_c}\right)^2 \left[1 - \frac{2R_c}{1+R_c}\right]$$

$$= \left(\frac{100}{1+R_c}\right)^2 \left[\frac{1+R_c-2R_c}{1+R_c}\right] = \left(\frac{100}{1+R_c}\right)^2 \left[\frac{1-R_c}{1+R_c}\right] = 0$$

Vemos que a derivada se anula para o valor de $R_c = 1\,\Omega$. Analisando a segunda derivada,

$$P''_{R_c} = 2\left(\frac{100}{1+R_c}\right) \cdot \left(\frac{-100}{(1+R_c)^2}\right)\left[\frac{1-R_c}{1+R_c}\right] + \left(\frac{100}{1+R_c}\right)^2 \left[\frac{-1(1+R_c)-(1-R_c)\cdot 1}{(1+R_c)^2}\right]$$

$$= \left(\frac{100^2}{(1+R_c)^3}\right)\left[2\left(\frac{R_c-1}{1+R_c}\right) - 2 - 2R_c\right]$$

$$P''_{R_c}(1) < 0$$

Portanto, o valor da resistência para a maior transferência elétrica realmente é $R_c = 1\,\Omega$.

E 3.23 Considere o seguinte problema tecnológico: precisamos construir um corpo usado em metrologia mecânica, com formato cilíndrico e um volume V especificado. Para que ocorra a menor oxidação possível em sua superfície, devemos projetar o cilindro de forma que a área superficial seja a menor possível. Quais devem ser o raio e a altura desse cilindro?

Resolução:

Desenhando o cilindro de altura h, raio r e, portanto, diâmetro $d = 2r$, o volume do cilindro é dado por:

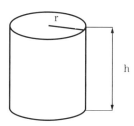

$$V = \pi r^2 \cdot h = \frac{\pi}{4} d^2 \cdot h$$

E a área superficial total é dada por:

$$A = 2\pi rh + 2\pi r^2 = \pi \cdot d \cdot h + \frac{\pi}{2}d^2$$

Sendo $2\pi rh$ a área da superfície lateral e $2(\pi r^2)$ as áreas das superfícies superior e inferior do cilindro.

Vamos considerar o volume do cilindro como sendo $V = 10\ cm^3$. Então,

$$10 = \pi r^2 \cdot h \to h = \frac{10}{\pi r^2}$$

Substituindo na expressão da área superficial,

$$A = 2\pi r \cdot \left(\frac{10}{\pi r^2}\right) + 2\pi r^2 = \frac{20}{r} + 2\pi r^2$$

Sendo essa a função pela qual devemos encontrar o ponto de mínimo. Derivando a expressão e depois procurando as raízes da derivada,

$$A' = -\frac{20}{r^2} + 4\pi r = 0 \to \frac{-20 + 4\pi r^3}{r^2} = 0$$

Como o denominador não pode ser zero e não faz sentido raio igual a zero,

$$-20 + 4\pi r^3 = 0 \to 4\pi r^3 = 20 \to r^3 = \frac{20}{4\pi} = \frac{5}{\pi} \to r = \sqrt[3]{\frac{5}{\pi}}$$

Verificando na segunda derivada, $A'' = \frac{40}{r^3} + 4\pi > 0$, para todo valor de $r > 0$. Logo, o raio que encontramos é o que dá a área superficial mínima. Vamos determinar a altura h:

$$h = \frac{10}{\pi r^2} = \frac{10 \cdot r}{\pi r^3} = \frac{10 \cdot r}{\pi \cdot \frac{5}{\pi}} = 2r = 2\sqrt[3]{\frac{5}{\pi}}$$

Ou seja, para um volume qualquer, não necessariamente $V = 10\ cm^3$, a área superficial será mínima quando a altura do cilindro for igual ao seu diâmetro.

E 3.24 Consideremos um trem em movimento que parte do repouso e tem o seu motor exercendo uma propulsão constante, isto é, a força que o impulsionará é constante. Ocorre que o trem em movimento interage com a atmosfera e esta exerce uma força que se opõe ao deslocamento do trem; temos assim a chamada resistência do ar. Um estudo sobre o assunto mostra experimentalmente que a força de atrito com o ar é de intensidade que depende linearmente da velocidade do trem. Mas a constante de proporcionalidade, sendo constante, depende da aerodinâmica do trem. Esque-

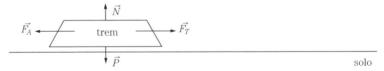

maticamente temos o seguinte problema de movimento. Vamos admitir o movimento ocorrendo no plano e em linha reta.

Nesse caso, o peso do trem é anulado pela força normal, isto é: $\vec{P} = -\vec{N}$. Considerando as leis de Newton do movimento em relação ao referencial inercial (aproximado) situado no solo, temos que a posição do trem é dada pela seguinte expressão:

$$x(t) = \frac{m^2 \cdot a_T}{b^2} \cdot \left(-1 + \frac{b}{m} \cdot t + e^{-\frac{b}{m}t}\right)$$

sendo b o coeficiente de proporcionalidade na força de atrito com o ar, ou seja, $F_A = -b \cdot v$, com $b > 0$. Como a velocidade depende do tempo t, ou seja, $v = v(t)$, temos $F_A(t) = -b \cdot v(t)$. Ainda, m é a massa do trem e a_T a aceleração constante devido à força propulsora constante F_T, assim, $a_T = \frac{F_T}{m}$.

Com a função horária do movimento, podemos determinar a velocidade e a aceleração do trem. Então, a velocidade é

$$v(t) = \frac{dx(t)}{dt} = \frac{m^2 \cdot a_T}{b^2}\left(\frac{b}{m} - \frac{b}{m}e^{-\frac{b}{m}t}\right) = \frac{m \cdot a_T}{b}\left(1 - e^{-\frac{b}{m}t}\right)$$

E a aceleração,

$$a(t) = \frac{dv(t)}{dt} = \frac{d}{dt}\left(\frac{dx(t)}{dt}\right) = \frac{m \cdot a_T}{b}\left(\frac{b}{m}e^{-\frac{b}{m}t}\right) = a_T \cdot e^{-\frac{b}{m}t}$$

Assim temos que a velocidade cresce do valor $v(t = 0) = 0$ (repouso) até a velocidade limite $v(t \to \infty) = \frac{m \cdot a_T}{b}$. Veja que, neste caso, $v_L \cdot b = m \cdot a_T$, sendo $v_L = \lim_{t \to \infty} v(t)$, $v_L \cdot b$ a intensidade máxima da força de atrito com o ar e $m \cdot a_T$ a intensidade da força propulsora. Dessa forma,

$$|F_{Amáxima}| = b \cdot v_L \text{ e } F_T = m \cdot a_T$$

Ou seja, no limite, de $t \to \infty$, $|F_{Amáxima}| = F_T$. A partir dessa situação o movimento é retilíneo uniforme.

E 3.25 Este é um problema relacionado a custos de produção. Procuramos minimizar o custo da construção de um muro, parte construído em tijolo e parte construído em concreto, para cercar um terreno de área igual a 800 m². Considerando que a construção do muro com tijolo custa R$ 200,00 o metro linear e a construção em concreto custa R$ 300,00 o metro linear, quais devem ser o comprimento e a largura dos lados do retângulo para se gastar o mínimo possível?

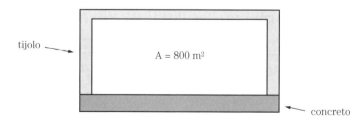

Resolução:

Podemos chamar a largura da base de y e a altura do muro de x. A área do retângulo é dada por

$A = x \cdot y = 800$ $\quad$ (1)

E o seu perímetro é

$P = 2x + 2y$

O custo da construção do muro de tijolo pode ser escrito como

$C_T = 200(x + y + x)$

E o custo da construção do muro de concreto é dado por

$C_C = 300y$

Dessa forma, o custo total é de

$C = 200(2x + y) + 300y = 400x + 500y$ $\quad$ (2)

De (1), temos que $y = \dfrac{800}{x}$. Substituindo em (2),

$C = 400x + 500\left(\dfrac{800}{x}\right) = 400x + \dfrac{400.000}{x}$

Estamos procurando o ponto de mínimo dessa função. Derivando e igualando a zero,

$$C' = 400 - \frac{400.000}{x^2} = 0 \to \frac{400.000}{x^2} = 400 \to x^2 = \frac{400.000}{400}$$

$$= 1000 \to x = \sqrt{1000} \cong 31,63\,m.$$

Vamos analisar a segunda derivada para verificar se esse realmente é o ponto de mínimo da função custo:

$$C'' = \frac{800.000}{x^3} > 0, \text{para } x = 31,63$$

Logo, esse valor de x fornece o custo mínimo, e

$$y = \frac{800}{31,63} \cong 25,29$$

E, no caso, o custo mínimo é dado por:

$$C = 400\,(31,63) + \frac{400.000}{31,63} = 25,298,22$$

Resposta: Largura do muro: 25,29 m; altura do muro: 31,63 m.

3.8 REGRA DE L'HOSPITAL

Sejam as funções f, g: $I \subset \mathbb{R} \to \mathbb{R}$ contínuas em I e deriváveis em $a \in I$, tais que $f(a) = g(a) = 0$. Então, se $g'(a) \neq 0$,

$$\lim_{x \to a} \frac{f(x)}{g(x)} = \frac{f'(x)}{g'(x)} \quad (1)$$

Justificação

Como $f(a) = g(a) = 0$, para todo $x \in I$, podemos escrever

$$\frac{f(x)}{g(x)} = \frac{f(x)-f(a)}{g(x)-g(a)} = \frac{\frac{f(x)-f(a)}{x-a}}{\frac{g(x)-g(a)}{x-a}}, \text{ para } x \neq a$$

Logo,

$$\lim_{x \to a} \frac{f(x)}{g(x)} = \lim_{x \to a} \frac{\frac{f(x)-f(a)}{x-a}}{\frac{g(x)-g(a)}{x-a}} = \frac{f'(a)}{g'(a)}$$

Exemplo:

E 3.26 Determinar o limite abaixo de duas maneiras: aplicando a fatoração e aplicando a regra de L'Hospital.

$$\lim_{x \to 1} \frac{x-1}{x^3-1}$$

Pela fatoração:

$$\lim_{x \to 1} \frac{x-1}{x^3-1} = \lim_{x \to 1} \frac{x-1}{(x-1)(x^2+x+1)} = \lim_{x \to 1} \frac{1}{x^2+x+1} = \frac{1}{3}$$

Pela regra de L'Hospital:

$$\lim_{x \to 1} \frac{x-1}{x^3-1} = \lim_{x \to 1} \frac{d(x-1)}{d(x^3-1)} = \lim_{x \to 1} \frac{1}{3x^2} = \frac{1}{3}$$

A fórmula (1) exige a existência das derivadas das funções $f(x)$ e $g(x)$ apenas no ponto $x = a$. No entanto, se as derivadas existem no intervalo I e são contínuas em a, então podemos obter a fórmula (1) generalizada por meio do Teorema do Valor Médio. Ou seja, se $f(a) = f'(a) = \cdots = f^{(n-1)}(a) = 0$, $g(a) = \cdots = g^{(n-1)}(a) = 0$, $f^{(n)}(a) \neq 0$ e $g^{(n)}(a) \neq 0$, então,

$$\lim_{x \to a} \frac{f(x)}{g(x)} = \lim_{x \to a} \frac{f^{(n)}(x)}{g^{(n)}(x)}$$

Foto: Wikipedia.

GUILLAUME FRANÇOIS ANTOINE DE L'HOSPITAL (1661-1704)

Marquês de Sainte-Mesme, matemático e nobre francês. Foi aluno de Jonh Bernoulli, que morou um tempo em sua casa, tempo em que, acredita-se, desenvolveram a regra que leva o nome de L'Hospital. A forma original de seu nome era L'Hospital, mas após algumas reformas ortográficas ocorridas na França, a grafia passou a ser L'Hôpital.

Exemplos:

E 3.27 Determinar o valor do limite:

$$\lim_{x \to 2} \frac{3x^2 - 5x - 2}{x^2 + 2x - 8}$$

160 Matemática com aplicações tecnológicas – Volume 2

Resolução:

Primeiro devemos nos certificar de que as funções se anulam no ponto $x = 2$. Quando aplicarmos a regra de L'Hospital, vamos indicar com a notação "L'H".

$3(2)^2 - 5(2) - 2 = 12 - 10 - 2 = 0; (2)^2 + 2(2) - 8 = 4 + 4 - 8 = 0$

$$\lim_{x \to 2} \frac{3x^2 - 5x - 2}{x^2 + 2x - 8} \underset{L'H}{=\!=\!=} \lim_{x \to 2} \frac{6x - 5}{2x + 2} = \frac{7}{6}$$

Resposta: $\dfrac{7}{6}$.

E 3.28 Determinar o valor do limite:

$$\lim_{x \to 0} \frac{\operatorname{sen}(2x)}{x}$$

Resolução:

Verificando se as funções se anulam: $\operatorname{sen}(2 \cdot 0) = 0$.

$$\lim_{x \to 0} \frac{\operatorname{sen}(2x)}{x} \underset{L'H}{=\!=\!=} \lim_{x \to 0} \frac{2 \cdot \cos(2x)}{1} = \frac{2 \cdot 1}{1} = 2$$

Resposta: 2.

E 3.29 Determinar o valor do limite:

$$\lim_{x \to 0} \frac{(1 - \cos x)}{x^2}$$

Resolução:

Verificando se as funções se anulam: $(1 - \cos x) = 1 - 1 = 0; 0^2 = 0$

$$\lim_{x \to 0} \frac{(1 - \cos x)}{x^2} \underset{L'H}{=\!=\!=} \lim_{x \to 0} \frac{\operatorname{sen} x}{2x} \underset{L'H}{=\!=\!=} \lim_{x \to 0} \frac{\cos x}{2} = \frac{1}{2}$$

Resposta: $\dfrac{1}{2}$.

3.8.1 CONSEQUÊNCIAS DA REGRA DE L'HOSPITAL

3.8.1.1 *Limites indeterminados do tipo* $\frac{\infty}{\infty}$

Quando o limite é indeterminado da forma $\frac{\infty}{\infty}$, não precisamos fazer transformações algébricas na função para aplicar a regra de L'Hospital para que o limite passe a tender a $\frac{0}{0}$, pois, se para $x = a$, a função $F(x) = \frac{f(x)}{g(x)}$ assume a forma $\frac{\infty}{\infty}$, podemos escrever:

Aplicações de derivadas

$$F(x) = \frac{f(x)}{g(x)} = \frac{f(x):[f(x) \cdot g(x)]}{g(x):[f(x) \cdot g(x)]} = \frac{\dfrac{1}{g(x)}}{\dfrac{1}{f(x)}}$$

Logo, se

$$\lim_{x \to a} \frac{f(x)}{g(x)} \to \frac{\infty}{\infty}, \text{ temos que } \lim_{x \to a} \frac{\dfrac{1}{g(x)}}{\dfrac{1}{f(x)}} \to \frac{0}{0}$$

Daí verificamos que

$$\lim_{x \to a} \frac{f(x)}{g(x)} = \lim_{x \to a} \frac{\dfrac{1}{g(x)}}{\dfrac{1}{f(x)}} \underset{=}{L'H} \lim_{x \to a} \frac{\dfrac{-g'(x)}{g^2(x)}}{\dfrac{-f'(x)}{f^2(x)}} = \left[\lim_{x \to a} \frac{f(x)}{g(x)}\right]^2 \cdot \lim_{x \to a} \frac{g'(x)}{f'(x)}$$

Simplificando ambos os lados,

$$1 = \lim_{x \to a} \frac{f(x)}{g(x)} \cdot \lim_{x \to a} \frac{g'(x)}{f'(x)} \to \lim_{x \to a} \frac{f(x)}{g(x)} = \frac{1}{\lim\limits_{x \to a} \dfrac{g'(x)}{f'(x)}} = \lim_{x \to a} \frac{f'(x)}{g'(x)}$$

como na regra de L'Hospital. Logo, basta aplicar diretamente a regra.

Exemplos:

E 3.30 Determinar o valor do limite:

$$\lim_{x \to \infty} \frac{x^2}{e^x}$$

Resolução:

Observando que tal limite tende à forma indeterminada do tipo $\frac{\infty}{\infty}$, como vimos acima, podemos aplicar diretamente a regra de L'Hospital:

$$\lim_{x \to \infty} \frac{x^2}{e^x} \underset{=}{L'H} \lim_{x \to \infty} \frac{2x}{e^x} \underset{=}{L'H} \lim_{x \to \infty} \frac{2}{e^x} = \frac{2}{\infty} = 0$$

Resposta: 0.

E 3.31 Determinar o valor do limite:

$$\lim_{x \to a} \frac{\ln(x - a)}{\ln(e^x - e^a)}$$

Resolução:

Observando que tal limite tende à forma indeterminada do tipo $\frac{\infty}{\infty}$, podemos aplicar diretamente a regra de L'Hospital:

$$\lim_{x \to a_+} \frac{\ln(x-a)}{\ln(e^x - e^a)} \underset{L'H}{=} \lim_{x \to a_+} \frac{\dfrac{1}{(x-a)}}{\dfrac{e^x}{e^x - e^a}} = \lim_{x \to a_+} \frac{e^x - e^a}{e^x(x-a)} \underset{L'H}{=} \lim_{x \to a_+} \frac{e^x}{e^x(x-a) + e^x \cdot 1}$$

$$= \lim_{x \to a_+} \frac{1}{(x-a)+1} = \frac{1}{1} = 1$$

Resposta: 1.

Observações importantes

1) A regra de L'Hospital deve ser utilizada após análise prévia do limite e não de modo puramente mecânico. Com frequência, há um modo mais fácil para determinar o limite, por meio das simplificações algébricas. Por exemplo:

a) $\lim\limits_{x \to 2} \dfrac{x^2 - 4}{x - 2} = \lim\limits_{x \to 2} \dfrac{(x+2)(x-2)}{x-2} = \lim\limits_{x \to 2} \dfrac{(x+2)}{1} = 4$

b) $\lim\limits_{x \to 0} \dfrac{\operatorname{sen}^3 x}{x^3} = \lim\limits_{x \to 0} \left(\dfrac{\operatorname{sen} x}{x} \right)^3 = \left(\lim\limits_{x \to 0} \dfrac{\operatorname{sen} x}{x} \right)^3 = 1^3 = 1$

2) A regra de L'Hospital não poderá ser aplicada quando o limite não for da forma indeterminada. Por exemplo:

$$\lim_{x \to 2} \frac{2x^2 + 3}{x} = \frac{2(2)^2 + 3}{2} = \frac{11}{2}$$

Se aplicarmos a regra de L'Hospital, teremos:

$$\lim_{x \to 2} \frac{4x + 0}{1} = 8 \,,$$

que não é a resposta correta.

3) Na regra de L'Hospital devemos derivar separadamente $f(x)$ e $g(x)$, o que é diferente de aplicar a regra do quociente para a derivada de $\dfrac{f(x)}{g(x)}$. Observe o exemplo a seguir:

$$\lim_{x \to 0} \frac{(1 - \cos x)}{x} \underset{L'H}{=} \lim_{x \to 0} \frac{\operatorname{sen} x}{1} = 0$$

Se derivarmos a função quociente,

$$\lim_{x \to 0} \frac{(1 - \cos x)' x - (1 - \cos x)(x)'}{(x)^2} = \lim_{x \to 0} \frac{(\operatorname{sen} x) \cdot x - 1 + \cos x}{x^2} \to \frac{0}{0},$$

que não condiz com o resultado correto.

4) Após a aplicação da regra de L'Hospital, devemos, quando possível, efetuar simplificações antes de aplicá-la uma segunda vez, quando necessário.

3.8.1.2 *Limites indeterminados do tipo* $0 \cdot \infty$

Quando o limite é indeterminado da forma $0 \cdot \infty$, devemos fazer uma transformação algébrica conveniente na função para que possamos aplicar a regra de L'Hospital,

Aplicações de derivadas

163

ou seja, para que o limite passe a tender a $\dfrac{0}{0}$. Se para $x = a$ a função $F(x) = f(x) \cdot g(x)$ e temos $f(a) \to \infty$ e $g(a) = 0$, podemos escrever:

$$F(x) = f(x) \cdot g(x) = \frac{g(x)}{\dfrac{1}{f(x)}} \quad \text{ou} \quad F(x) = f(x) \cdot g(x) = \frac{f(x)}{\dfrac{1}{g(x)}}$$

Exemplos:

E 3.32 Determinar o valor do limite:

$$\lim_{x \to 0_+} (x \cdot \ln x)$$

Resolução:

Observemos que seu limite tende à forma indeterminada do tipo $0 \cdot \infty$. Devemos aplicar a transformação algébrica acima antes de aplicar a regra de L'Hospital:

$$\lim_{x \to 0_+} (x \cdot \ln x) = \lim_{x \to 0_+} \frac{\ln x}{\dfrac{1}{x}} \xlongequal{L'H} \lim_{x \to 0_+} \frac{\dfrac{1}{x}}{\dfrac{-1}{x^2}} = \lim_{x \to 0_+} \frac{1}{x} \cdot \left(-\frac{x^2}{1} \right) = \lim_{x \to 0_+} (-x) = 0$$

Resposta: 0.

E 3.33 Determinar o valor do limite:

$$\lim_{x \to \infty} \left[(x + 1) \cdot \ln \left(1 + \frac{1}{x} \right) \right]$$

Resolução:

Observemos que seu limite tende à forma indeterminada do tipo $0 \cdot \infty$. Devemos aplicar a transformação algébrica acima antes de aplicar a regra de L'Hospital:

$$\lim_{x \to \infty} \left[(x + 1) \cdot \ln \left(1 + \frac{1}{x} \right) \right] = \lim_{x \to \infty} \frac{\ln \left(1 + \dfrac{1}{x} \right)}{\dfrac{1}{x + 1}} \xlongequal{L'H} \lim_{x \to \infty} \frac{\dfrac{-\dfrac{1}{x^2}}{\left(1 + \dfrac{1}{x} \right)}}{\dfrac{-1}{(x + 1)^2}}$$

Resposta: 1.

$$= \lim_{x \to \infty} \frac{1}{x^2} \frac{x}{(x + 1)} \cdot (x + 1)^2 = \lim_{x \to \infty} \frac{(x + 1)}{x} = 1$$

3.8.1.3 Limites indeterminados do tipo $\infty - \infty$

Quando o limite é indeterminado da forma $\infty - \infty$, devemos fazer uma transformação algébrica conveniente na função para que possamos aplicar a regra de

164 Matemática com aplicações tecnológicas – Volume 2

L'Hospital, ou seja, para que o limite passe a tender a $\dfrac{0}{0}$. Se para $x = a$ a função $F(x) = f(x) - g(x)$ e temos $f(a) \to \infty$ e $g(a) \to \infty$, podemos escrever:

$$F(x) = f(x) - g(x) = \dfrac{1}{\dfrac{1}{f(x)}} - \dfrac{1}{\dfrac{1}{g(x)}} = \dfrac{\dfrac{1}{g(x)} - \dfrac{1}{f(x)}}{\dfrac{1}{f(x) \cdot g(x)}}$$

Exemplos:

E 3.34 Determinar o valor do limite:

$$\lim_{x \to 0}\left(\dfrac{1}{x} - \dfrac{1}{e^x - 1}\right)$$

Resolução:

Observemos que seu limite tende à forma indeterminada do tipo $\infty - \infty$. Devemos aplicar a transformação algébrica acima antes de aplicar a regra de L'Hospital:

$$\lim_{x \to 0}\left(\dfrac{1}{x} - \dfrac{1}{e^x - 1}\right) = \lim_{x \to 0}\dfrac{e^x - 1 - x}{x\,(e^x - 1)} \underset{L'H}{=\!=} \lim_{x \to 0}\dfrac{e^x - 1}{(e^x - 1) + x \cdot e^x}$$

$$\underset{L'H}{=\!=} \lim_{x \to 0}\dfrac{e^x}{e^x + e^x + x \cdot e^x} = \dfrac{1}{1 + 1 + 0} = \dfrac{1}{2}$$

Resposta: 1/2.

E 3.35 Determinar o valor do limite:

$$\lim_{x \to 0_+}\left(\dfrac{1}{x} - \operatorname{cossec} x\right)$$

Resolução:

Observemos que seu limite tende à forma indeterminada do tipo $\infty - \infty$. Devemos aplicar a transformação algébrica acima antes de aplicar a regra de L'Hospital:

$$\lim_{x \to 0_+}\left(\dfrac{1}{x} - \operatorname{cossec} x\right) = \lim_{x \to 0_+}\left(\dfrac{1}{x} - \dfrac{1}{\operatorname{sen} x}\right) = \lim_{x \to 0_+}\left(\dfrac{\operatorname{sen} x - x}{x \cdot \operatorname{sen} x}\right) \underset{L'H}{=\!=} \lim_{x \to 0_+}\left(\dfrac{\cos x - 1}{1 \cdot \operatorname{sen} x + x \cdot \cos x}\right)$$

$$\underset{L'H}{=\!=} \lim_{x \to 0_+}\left(\dfrac{-\operatorname{sen} x}{\cos x + 1 \cdot \cos x - x \cdot \operatorname{sen} x}\right) = \dfrac{0}{1 + 1 - 0} = 0$$

Resposta: 0.

3.8.1.4 Limites indeterminados do tipo 0^0, ∞^0, 1^∞

Quando o limite é indeterminado das formas acima, é porque temos uma função potência do tipo $F(x) = [f(x)]^{g(x)}$. Esse tipo de limite é redutível a uma das formas estudadas. Mas, para isso, devemos aplicar a função logarítmica em ambos os lados da igualdade:

$$\ln F(x) = \ln \left[f(x) \right]^{g(x)}$$

Utilizando a propriedade operatória dos logaritmos,

$$\ln F(x) = g(x) \cdot \ln f(x) \Leftrightarrow F(x) = e^{g(x) \cdot \ln(x)}$$

O limite da função $\ln F(x)$ recai no modelo estudado anteriormente. Resolve-se o limite dessa função. Para se calcular

$$\lim_{x \to a} F(x) = e^{\lim_{x \to a} g(x) \cdot \ln f(x)}$$

Exemplos:

E 3.36 Determinar o valor do limite:

$$\lim_{x \to 0_+} x^{\frac{1}{x - \ln x}}$$

Resolução:

Observemos que seu limite tende à forma indeterminada do tipo 0^0. Devemos aplicar a função logarítmica em ambos os lados e as transformações algébricas necessárias antes de aplicar a regra de L'Hospital:

$$F(x) = x^{\frac{1}{x - \ln x}} \to \ln F(x) = \frac{1}{x - \ln x} \cdot \ln x$$

Chamemos de $L = \lim_{x \to 0+} \ln F(x)$, então,

$$L = \lim_{x \to 0_+} \frac{1}{x - \ln x} \cdot \ln x = \lim_{x \to 0_+} \frac{\ln x}{x - \ln x} \underset{L'H}{=} \lim_{x \to 0_+} \frac{\dfrac{1}{x}}{1 - \dfrac{1}{x}} = \lim_{x \to 0_+} \frac{\dfrac{1}{x}}{\dfrac{x - 1}{x}} = \lim_{x \to 0_+} \frac{1}{x - 1} = -1$$

Logo,

$$\lim_{x \to 0_+} x^{\frac{1}{x - \ln x}} = e^L = e^{-1} = \frac{1}{e}.$$

Resposta: $\dfrac{1}{e}$.

E 3.37 Determinar o valor do limite:

$$\lim_{x \to 0_+} x^{\operatorname{sen} x}$$

Resolução:

Observemos que seu limite tende à forma indeterminada do tipo 0^0. Devemos aplicar a função logarítmica em ambos os lados e as transformações algébricas necessárias antes de aplicar a regra de L'Hospital:

$$F(x) = x^{\operatorname{sen} x} \to \ln F(x) = \operatorname{sen} x \cdot \ln x$$

Chamemos de $L = \lim\limits_{x \to 0_+} \ln F(x)$, então,

$$L = \lim_{x \to 0_+} \operatorname{sen} x \cdot \ln x = \lim_{x \to 0_+} \frac{\ln x}{\dfrac{1}{\operatorname{sen} x}} \underset{L'H}{=\!=\!=} \lim_{x \to 0_+} \frac{\dfrac{1}{x}}{\dfrac{-\cos x}{\operatorname{sen}^2 x}} = \lim_{x \to 0_+} \frac{1}{x} \times \frac{\operatorname{sen}^2 x}{-\cos x}$$

$$= \lim_{x \to 0_+} \frac{\operatorname{sen} x}{x} \times \lim_{x \to 0_+} \left(-\frac{\operatorname{sen} x}{\cos x}\right) = 1 \times 0 = 0$$

Logo,

$$\lim_{x \to 0_+} x^{\operatorname{sen} x} = e^L = e^0 = 1$$

Resposta: 1.

3.9 DIFERENCIAL DE UMA FUNÇÃO

Seja $f: I \subset \mathbb{R} \to \mathbb{R}$ contínua e derivável em $I = [a, b]$, então existe $f'(x)$ e, como sabemos,

$$f'(x) = \lim_{\Delta x \to 0} \frac{\Delta y}{\Delta x},$$

onde $\Delta y = f(x + \Delta x) - f(x)$. Como

$$\lim_{\Delta x \to 0}\left[\frac{\Delta y}{\Delta x} - f'(x)\right] = \lim_{\Delta x \to 0}\frac{\Delta y}{\Delta x} - \lim_{\Delta x \to 0} f'(x) = f'(x) - f'(x) = 0,$$

temos que, para todo $\varepsilon > 0$, existe $\delta > 0$ tal que, sempre que $0 < |\Delta x| < \delta$, temos

$$\left|\frac{\Delta y}{\Delta x} - f'(x)\right| < \varepsilon,$$

que é equivalente a:

$$|\Delta y - f'(x)\Delta x| < \varepsilon \cdot |\Delta x|.$$

Isso significa que $|\Delta y - f'(x)\Delta x|$ pode se tornar tão pequeno quanto se deseja. Basta tomar $|\Delta x|$ suficientemente pequeno. Assim, $f'(x)\Delta x$ é uma boa aproximação para o valor de Δy.

Dada a função $y = f(x)$ nas condições acima, a diferencial de x representada por dx é dada por $dx = \Delta x$, onde Δx é um incremento arbitrário. A diferencial de y, representada por dy é dada por:

$$dy = f'(x)dx$$

3.9.1 INTERPRETAÇÃO GEOMÉTRICA

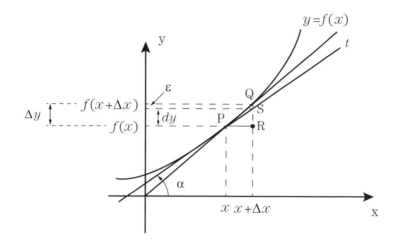

Pelas figuras:

1) A reta (t) é tangente ao gráfico de $y = f(x)$ no ponto $P(x, y)$, formando um ângulo α com o eixo dos x. Logo temos:

$$f'(x) = \text{tg}\,\alpha = \frac{\overline{RS}}{\overline{PR}} = \frac{\overline{RS}}{\Delta x} \to \overline{RS} = f'(x)\,\Delta x \to \overline{RS} = dy$$

2) A diferencial $dy = \overline{RS}$ pode ser:

a) $dy = \overline{RS} > \Delta y$;

b) $dy = \overline{RS} = \Delta y$;

c) $dy = \overline{RS} < \Delta y$.

3) O erro pela aproximação por diferenciais é calculado por:

$\varepsilon = \Delta y - dy$

Exemplos:

E 3.38 Dada a função $y = 3x^2 - 2x$, determinar Δy, dy e $\varepsilon = \Delta y - dy$ para:

a) qualquer x e Δx

b) $x = 1$; $\Delta x = 0{,}1$

c) $x = 1$; $\Delta x = 0{,}01$

d) $x = 1$; $\Delta x = 0{,}001$

168 Matemática com aplicações tecnológicas – Volume 2

Resolução:

a) $\Delta y = f(x + \Delta x) - f(x) = 3(x + \Delta x)^2 - 2(x + \Delta x) - (3x^2 - 2x)$
$= 3x^2 + 6x \cdot \Delta x + 3(\Delta x)^2 - 2x - 2\Delta x - 3x^2 + 2x = 6x \cdot \Delta x + 3(\Delta x)^2 - 2\Delta x$

$\Delta y = (6x - 2 + 3\Delta x)\Delta x$

$dy = f'(x)dx = (6x - 2)dx$

b) $\Delta y = (6 \cdot 1 - 2 + 3 \cdot 0{,}1)0{,}1 = 4{,}3 \cdot 0{,}1 = 0{,}43$

$dy = (6 \cdot 1 - 2) \cdot 0{,}1 = 4 \cdot 0{,}1 = 0{,}4$

c) $\Delta y = (6 \cdot 1 - 2 - 3 \cdot 0{,}01)0{,}01 = 4{,}03 \cdot 0{,}01 = 0{,}0403$

$dy = (6 \cdot 1 - 2) \cdot 0{,}01 = 4 \cdot 0{,}01 = 0{,}04$

d) $\Delta y = (6 \cdot 1 - 2 - 3 \cdot 0{,}001)0{,}001 = 4{,}003 \cdot 0{,}001 = 0{,}004003$

$dy = (6 \cdot 1 - 2) \cdot 0{,}001 = 4 \cdot 0{,}001 = 0{,}004$

Para demonstrar o erro:

x	Δx	Δy	dy	$\varepsilon = \Delta y - dy$
1	0,1	0,43	0,4	0,03
1	0,01	0,0403	0,04	0,0003
1	0,001	0,004003	0,004	0,000003

E 3.39 Calcular um valor aproximado para:

a) $\sqrt[3]{28}$

b) $(2{,}01)^3$

c) $(1{,}99)^4$

Resolução:

a) Consideremos a função $f(x) = \sqrt[3]{x}$ e vamos utilizar a aproximação pela diferencial:

$dy = f'(x)dx \rightarrow dy = \dfrac{1}{3\sqrt[3]{x^2}}dx$

Substituindo 28 por 27, que é o cubo perfeito mais próximo de 28, temos $x = 27$ e $\Delta x = 1$:

$dy = \dfrac{1}{3\sqrt[3]{x^2}}(1) = \dfrac{1}{3\sqrt[3]{(3^3)^2}} = \dfrac{1}{27}$

Usando a aproximação,

$dy \cong \Delta y = f(x) - f(x_0)$

$\dfrac{1}{27} \cong f(x) - \sqrt[3]{27}$

$\sqrt[3]{28} \cong \sqrt[3]{27} + \dfrac{1}{27} = 3 + 0{,}037 = 3{,}037.$

b) Consideremos a função $f(x) = x^3$ e vamos utilizar a aproximação pela diferencial:

$dy = f'(x)dx \rightarrow dy = 3x^2dx$

Vamos tomar $x = 2$ e $\Delta x = 0{,}01$. Assim, temos:

$dy = 3\,(2)^2\,(0{,}01) = 12 \cdot (0{,}01) = 0{,}12$

$dy \cong \Delta y = f(x) - f(x_0)$

$0{,}12 \cong (2{,}01)^3 - 2^3$

$(2{,}01)^3 \cong 2^3 + 0{,}12 = 8{,}12$

c) Consideremos a função $f(x) = x^4$ e vamos utilizar a aproximação pela diferencial:

$dy = f'(x)dx \rightarrow dy = 4x^3dx$

Vamos tomar $x = 2$ e $\Delta x = -0{,}01$. Assim, temos:

$dy = 4\,(2)^3\,(-0{,}01) = 32 \cdot (-0{,}01) = -0{,}32$

$dy \cong \Delta y = f(x) - f(x_0)$

$-0{,}32 \cong (1{,}99)^4 - 2^4$

$(1{,}99)^4 \cong 2^4 - 0{,}32 = 15{,}68$

E 3.40 Calcular a variação aproximada da área A de uma chapa metálica quadrada de lado medindo 5 cm quando este é aumentado de 2%.

Resolução:

Sabendo que a área do quadrado é dada por: $A = l^2$, onde l é o lado do quadrado, vamos usar a diferencial da área para calcular a variação:

$dA = A'dl$

$dl = 2\% \cdot 5 = \dfrac{2}{100} \cdot 5 = \dfrac{10}{100} = 0{,}1$

$A' = 2l \rightarrow dA = 2\,(5) \cdot (0{,}1) = 1$

Resposta: A variação aproximada é de 1 cm^2.

3.10 ROTEIRO DE ESTUDO COM EXERCÍCIOS RESOLVIDOS E EXERCÍCIOS PROPOSTOS

Seguindo o roteiro abaixo, esboçar o gráfico das funções a seguir.

a) Determinação do domínio da função.

b) Procurar, se possível, a interseção da função com os eixos x e y.

c) Estudar a monotonicidade da função, isto é, intervalos de crescimento e decrescimento.

d) Estudar a concavidade da função.

e) Determinar, se existirem, os pontos de máximos, mínimos e de inflexão da função.

f) Determinar assíntotas, se existir.

g) Estudar os limites da função em $-\infty$ e $+\infty$.

h) Esboçar o gráfico.

P 3.1 $f(x) = 3x^4 - 8x^3 + 6x^2 + 2$

P 3.2 $f(x) = e^x - x$

P 3.3 $f(x) = x^2 + \dfrac{1}{x^2}$

P 3.4 $f(x) = \sqrt{x^2 - 4}$

P 3.5 $f(x) = \dfrac{x^2}{x + 1}$

P 3.6 $f(x) = \dfrac{x^2 - x + 1}{x^2}$

P 3.7 $f(x) = \dfrac{x}{\sqrt{x^2 + 2}}$

P 3.8 $f(x) = x^2 - \ln x$

P 3.9 Determinar as dimensões necessárias para se construir uma caixa de forma cilíndrica, de $1\ \text{m}^3$ de volume, com as laterais e o fundo de papelão, ao custo de R\$ 7,00 o metro quadrado, e a tampa de alumínio, ao preço de R\$ 8,50 o metro quadrado. Deseja-se que o custo seja mínimo.

P 3.10 Determinar as dimensões do retângulo de área máxima e perímetro 40 cm.

P 3.11 Determinar as dimensões do retângulo de área máxima cujos lados são paralelos aos eixos coordenados e está inscrito na elipse $4x^2 + 9y^2 = 36$.

P 3.12 O custo de certo item produzido por uma empresa é dado, em função da quantidade q, em milhares, por $C(q) = q^3 - 6q^2 + 9q + 20$.

Sabendo que a empresa vende o produto a R\$ 8,00 a unidade, determinar a quantidade que deve ser produzida pela empresa para se obter lucro máximo.

P 3.13 Deseja-se cercar um terreno retangular de $180\ \text{m}^2$ de área com 4 voltas de arame farpado. Determinar o custo total mínimo, sabendo que o arame custa R\$ 5,50 o metro linear.

P 3.14 Determinar dois números reais positivos de modo que a soma seja 96 e o produto do primeiro pelo quadrado do segundo seja o maior possível.

P 3.15 Deve-se construir uma caixa de base quadrada, aberta, de 64 cm³ de volume. O custo do material da base é de R$ 1,20 o metro quadrado e o material das laterais custa R$ 0,80 o metro quadrado. Determine as dimensões da caixa para que o custo seja mínimo.

P 3.16 Temos uma placa metálica quadrada de 80 cm de lado e precisamos montar uma peça cúbica sem tampa, retirando pequenos quadrados iguais de cada um dos cantos da placa, para utilização posterior. Determinar a medida do lado desses quadrados retirados para que o volume da peça seja o máximo.

P 3.17 Determinar o ponto positivo da curva $y = \dfrac{5}{x}$ que está mais próximo da origem.

P 3.18 Queremos construir uma piscina de formato retangular anexado num semicírculo cujo perímetro total seja de 42,84 m. Determinar x e y de modo que a área seja máxima.

P 3.19 O número 80 deve ser dividido em duas partes de modo que a soma de seus quadrados seja mínima. Determinar uma das partes.

P 3.20 Um terreno é cercado de um lado por um muro e os outros três lados por uma cerca de arame de 50 metros, formando um retângulo. Determinar a área máxima do terreno.

P 3.21 Determinar as dimensões do retângulo de maior área que pode ser inscrito numa semicircunferência de raio 1.

P 3.22 Um triângulo retângulo está inscrito numa semicircunferência de raio 2. Seus lados medem a e b e a hipotenusa 4. Calcular a e b para que a área do triângulo seja máxima.

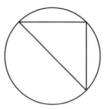

P 3.23 Um jardineiro deve construir um canteiro com a forma de um setor circular. Ele dispõe de 300 m de fio para cercá-lo, dando 3 voltas. Qual deve ser o raio do setor para que a área do canteiro seja a maior possível?

P 3.24 A resistência de uma viga retangular é proporcional à base e ao quadrado da altura. Calcular as dimensões que devem ter a viga que se extrai de um tronco cilíndrico de raio 15 cm para que a resistência da viga seja máxima.

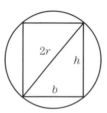

P 3.25 Calcular o volume máximo de uma caixa-d'água na forma de cone de revolução cuja geratriz é $l = 1$ m.

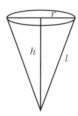

Determinar os seguintes limites indeterminados aplicando a regra de L'Hospital ou as suas consequências:

R 3.26 $\lim\limits_{x \to 2} \dfrac{x^2 - 4}{x - 2}$

Aplicações de derivadas

Resolução:

Primeiro devemos nos certificar de que o limite é indeterminado e verificar qual é a indeterminação. Note que as funções se anulam no ponto $x = 2$.

$(2)^2 - 4 -= 0; 2 - 2 = 0$

$$\lim_{x \to 2} \frac{x^2 - 4}{x - 2} \underline{\underline{L'H}} \lim_{x \to 2} \frac{2x}{1} = 4$$

Resposta: 4.

P 3.27 $\lim_{x \to 1} \dfrac{x - 1 - \ln x}{x^2 - 2x + 1}$

P 3.28 $\lim_{x \to 0} \dfrac{\operatorname{sen}(2x)}{x^2 + x}$

P 3.29 $\lim_{x \to 0} \dfrac{4^x - 2^x}{\operatorname{sen} x}$

R 3.30 $\lim_{x \to \infty} \dfrac{x^2 + 2x}{e^x - 1}$

Resolução:

Observando que seu limite tende à forma indeterminada do tipo $\dfrac{\infty}{\infty}$, podemos aplicar diretamente a regra de L'Hospital:

$$\lim_{x \to \infty} \frac{x^2 + 2x}{e^x - 1} \underline{\underline{L'H}} \lim_{x \to \infty} \frac{2x + 2}{e^x} \underline{\underline{L'H}} \lim_{x \to \infty} \frac{2}{e^x} = \frac{2}{\infty} = 0$$

Resposta: 0.

P 3.31 $\lim_{x \to \infty} \dfrac{x \cdot \ln x}{x - 1}$

P 3.32 $\lim_{x \to \infty} \dfrac{4x^3 + 2x^2 + 1}{e^x}$

P 3.33 $\lim_{x \to \infty} \dfrac{\ln x}{x^2 + 1}$

R 3.34 $\lim_{x \to \frac{\pi}{4}} \sec(2x)(1 - \operatorname{tg} x)$

Resolução:

Observemos que seu limite tende à forma indeterminada do tipo $\infty \cdot 0$. Devemos aplicar a transformação algébrica acima, antes de aplicar a regra de L'Hospital:

$$\lim_{x \to \frac{\pi}{4}} \sec(2x)(1 - \operatorname{tg} x) = \lim_{x \to \frac{\pi}{4}} \frac{1 - \operatorname{tg} x}{\cos(2x)} \underset{L'H}{=\!=\!=} \lim_{x \to \frac{\pi}{4}} \frac{-\sec^2 x}{-2\operatorname{sen}(2x)} = \frac{\sec^2\left(\frac{\pi}{4}\right)}{2\operatorname{sen}\left(2\frac{\pi}{4}\right)} = \frac{(\sqrt{2})^2}{2 \cdot 1} = 1$$

Resposta: 1.

P 3.35 $\lim_{x \to \infty} x^3 \cdot e^{-2x}$

P 3.36 $\lim_{x \to 0_+} (1 - \cos(2x)) \cdot \ln x$

P 3.37 $\lim_{x \to 0_+} (\operatorname{sen} x \cdot \ln x)$

R 3.38 $\lim_{x \to 0_+} \left(\dfrac{1}{x \cdot \cos x} - \cotg x \right)$

Resolução:

Observemos que seu limite tende à forma indeterminada do tipo $\infty - \infty \cdot 0$. Devemos aplicar a transformação algébrica acima antes de aplicar a regra de L'Hospital:

$$\lim_{x \to 0_+} \left(\frac{1}{x \cdot \cos x} - \cotg x \right) = \lim_{x \to 0_+} \left(\frac{1}{x \cdot \cos x} - \frac{\cos x}{\operatorname{sen} x} \right) = \lim_{x \to 0_+} \left(\frac{\operatorname{sen} x - x \cdot \cos^2 x}{x \cdot \operatorname{sen} x \cdot \cos x} \right)$$

$$\underset{L'H}{=\!=\!=} \lim_{x \to 0_+} \left(\frac{\cos x - 1 \cdot \cos^2 x - x(2\cos x \cdot (-\operatorname{sen} x))}{1 \cdot \operatorname{sen} x \cos x + x \cdot \cos^2 x - x \cdot \operatorname{sen}^2 x} \right) = \lim_{x \to 0_+} \left(\frac{\cos x - \cos^2 x + x \cdot \operatorname{sen}(2x)}{\operatorname{sen} x \cos x + x \cdot \cos(2x)} \right)$$

$$\underset{L'H}{=\!=\!=} \lim_{x \to 0_+} \left(\frac{-\operatorname{sen} x + 2\cos x \cdot \operatorname{sen} x + \operatorname{sen}(2x) + x \cdot 2\cos(2x)}{\cos^2 x - \operatorname{sen}^2 x + \cos(2x) - 2\operatorname{sen}(2x)} \right) = \frac{2 \cdot 1}{1 + 1} = 1$$

Resposta: 1.

P 3.39 $\lim_{x \to 0_+} \left(\dfrac{1}{\operatorname{sen} x} - \dfrac{1}{x^2} \right)$

P 3.40 $\lim_{x \to 1} \left(\dfrac{1}{3x - 3} - \dfrac{1}{x^2 - 2x + 1} \right)$

P 3.41 $\lim_{x \to 0_+} \left(\dfrac{1}{x^2} - \dfrac{1}{x^2 + 2x} \right)$

R 3.42 $\lim_{x \to \infty} \left(1 + \dfrac{1}{x} \right)^x$

Resolução:

Observemos que seu limite tende à forma indeterminada do tipo 1^∞. Devemos aplicar a função logarítmica em ambos os lados e as transformações algébricas necessárias antes de aplicar a regra de L'Hospital:

$$F(x) = \left(1 + \frac{1}{x}\right)^x \rightarrow \ln F(x) = x \cdot \ln\left(1 + \frac{1}{x}\right)$$

Chamemos de $L = \lim_{x \to \infty} \ln F(x)$ ou, então,

$$L = \lim_{x \to \infty} x \cdot \ln\left(1 + \frac{1}{x}\right) = \lim_{x \to \infty} \frac{\ln\left(1 + \frac{1}{x}\right)}{\frac{1}{x}} \underset{L'H}{=\!=} \lim_{x \to \infty} \frac{\left(\frac{\frac{-1}{x^2}}{1 + \frac{1}{x}}\right)}{\left(\frac{-1}{x^2}\right)}$$

$$= \lim_{x \to \infty} \left(\frac{1}{1 + \frac{1}{x}}\right) = \lim_{x \to \infty} \frac{x}{x + 1} \underset{L'H}{=\!=} \lim_{x \to \infty} \frac{1}{1} = 1$$

Logo,

$$\lim_{x \to \infty} \left(1 + \frac{1}{x}\right)^x = e^L = e^1 = e$$

Resposta: e.

P 3.43 $\displaystyle\lim_{x \to 0_+} (x + \operatorname{sen} x)^{\operatorname{tg} x}$

P 3.44 $\displaystyle\lim_{x \to 0_+} x^{\frac{1}{x}}$

P 3.45 $\displaystyle\lim_{x \to 0_+} (e^x + x)^{\frac{1}{x}}$

P 3.46 Dada a função $f(x) = x^2 + 2x$, determinar Δy, dy e o erro $\varepsilon = \Delta y - dy$ para $x = 2$ e $\Delta x = 0{,}1$.

P 3.47 Usando a aproximação diferencial, calcular um valor aproximado para $\sqrt[2]{5}$.

P 3.48 Usando a aproximação diferencial, calcular um valor aproximado para $(2{,}01)^4$.

P 3.49 Calcular a variação aproximada da área A de uma chapa circular de raio medindo 3 cm quando este é aumentado de 3%.

P 3.50 Calcular a variação aproximada do volume V de um recipiente cúbico de aresta medindo 2 cm quando este é aumentado de 0,1 cm.

P 3.51 Um silo em forma cilíndrica, 5 metros de altura e cujo raio da base mede 2 metros, sofre, em dias mais quentes, uma dilatação de até 0,1 metro em seu raio, permanecendo sua altura inalterada. Determinar a variação de seu volume total nesses dias mais quentes.

P 3.52 Usar aproximação de diferenciais para obter o aumento aproximado do volume da esfera quando seu raio aumenta de 2 cm para 2,2 cm.

RESPOSTAS DOS EXERCÍCIOS PROPOSTOS

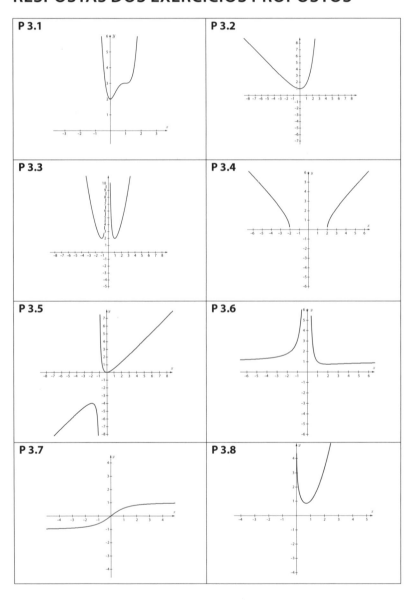

Aplicações de derivadas

P 3.9 Altura h = 1,18 m; raio r = 0,52 m.

P 3.10 Base = altura = 10 cm.

P 3.11 Base = $3\sqrt{2}$; altura = $2\sqrt{2}$.

P 3.12 Aproximadamente 3.915 unidades.

P 3.13 R$ 1.180,64.

P 3.14 Primeiro número = 32; segundo número = 64.

P 3.15 Comprimento da base = 4,40 cm; altura = 3,30 cm.

P 3.16 Lado = 53,34 cm.

P 3.17 $x = y = \sqrt{5}$.

P 3.18 x = 6,04 m; y = 11,97 m.

P 3.19 Uma das partes é 40.

P 3.20 A área máxima do terreno é $312,5 \ \text{m}^2$.

P 3.21 Base $\sqrt{2}$; altura = $\sqrt{2}/2$.

P 3.22 $a = b = 2\sqrt{2}$

P 3.23 O raio deve ser de 25 m.

P 3.24 Base $10\sqrt{3}$ cm; altura = $10\sqrt{6}$ cm.

P 3.25 Volume máximo $\dfrac{2\pi\sqrt{3}}{27} \, m^3$.

P 3.27 R: 1/2	**P 3.31** R: ∞	**P 3.35** R: 0	**P 3.39** R: $-\infty$	**P 3.43** R: 1
P 3.28 R: 2	**P 3.32** R: 0	**P 3.36** R: 0	**P 3.40** R: ∞	**P 3.44** R: 1
P 3.29 R: ln 2	**P 3.33** R: 0	**P 3.37** R: 0	**P 3.41** R: ∞	**P 3.45** R: $e^{1/2}$

P 3.46 $\Delta y = 0,61$, $dy = 0,6$ e $\varepsilon = 0,01$

P 3.47 $\sqrt[2]{5} \cong 2,25$

P 3.48 $(2,01)^4 \cong 16,32$

P 3.49 $\Delta A \cong 0,54\pi \, \text{cm}^2$

P 3.50 $\Delta A \cong 1,2 \, \text{cm}^3$

P 3.51 $\Delta V \cong 2\pi \, \text{m}^3$

P 3.52 $3,2\pi \text{cm}^3$

4 INTEGRAIS INDEFINIDAS

Historicamente, as integrais definidas, que serão apresentadas no Capítulo 5, são anteriores às integrais indefinidas. Aparentemente, as derivadas usadas para calcular taxas de variações, eram independentes das integrais definidas, que eram usadas para calcular áreas. Foi Isaac Barrow, professor de Isaac Newton, que percebeu a interligação entre as duas operações e, provocando Newton, fez com que este formulasse o Teorema Fundamental do Cálculo, que faz a ligação entre o Cálculo Diferencial e o Cálculo Integral.

Nos capítulos anteriores, resolvemos problemas do tipo: Dada uma função f, determinar a derivada f'. Neste capítulo, teremos a seguinte situação: "dada uma função f, vamos determinar uma função F tal que $F' = f$." Este processo de determinação da função F é denominado antidiferenciação.

4.1 A INVERSA DA DIFERENCIAL

4.1.1 PRIMITIVA DE UMA FUNÇÃO

Sejam $f: I \subset \mathbb{R} \to \mathbb{R}$ e $F: I \subset \mathbb{R} \to \mathbb{R}$ funções tal que $F'(x) = f(x)$, $\forall x \in I$. Nesse caso, dizemos que $F(x)$ é uma primitiva de $f(x)$ em I.

Exemplos:

E 4.1 Dada $f(x) = 3x^2$, $x \in \mathbb{R}$, a função $F(x) = x^3$ é uma primitiva de $f(x)$, pois $F'(x) = 3x^2 = f(x)$, $\forall x \in \mathbb{R}$.

E 4.2 Dada $f(x) = 2\cos(2x)$, $x \in R$, a função $F(x) = \text{sen}(2x)$ é uma primitiva de $f(x)$, pois $F'(x) = 2\cos(2x) = f(x)$, $\forall x \in \mathbb{R}$.

Note que podemos ter outras primitivas de $f(x) = 2\cos(2x)$, por exemplo:

- $F_1(x) = \text{sen}(2x) + 5$
- $F_2(x) = \text{sen}(2x) - 2\pi$
- $F_3(x) = \text{sen}(2x) + 2\sqrt{2}$

4.2 INTEGRAL INDEFINIDA

Se $F(x)$ é uma primitiva de $f(x)$ em I, então chama-se de integral indefinida de $f(x)$ à expressão $F(x) + C$, onde C é uma constante arbitrária, ou seja, $C \in \mathbb{R}$. Isto significa que a integral indefinida de $f(x)$ é o conjunto de todas as primitivas da função, representadas por $F(x) + C$. E representa-se por:

$$\int f(x)\,dx = F(x) + C$$

Lê-se: integral de $f(x)$.

Observações

1) Chamamos $\int$ de sinal de integral.
2) Na expressão $\int f(x)dx$, $f(x)$ é denominado integrando.
3) dx representa a diferencial da variável x, que designamos como variável de integração.
4) Observe que: $(F(x) + C)' = F'(x) = f(x)$

Exemplos:

E 4.3 $\displaystyle\int e^x dx = e^x + C$

E 4.4 $\displaystyle\int 4x^3 dx = x^4 + C$

E 4.5 $\displaystyle\int \frac{1}{x} dx = \ln|x| + C$

Propriedades Operatórias

P1. $\displaystyle\int k \cdot f(x)dx = k \cdot \int f(x)dx$, para $k \in \mathbb{R}$;

P2. $\displaystyle\int [u(x) + v(x)]dx = \int u(x)dx + \int v(x)dx$.

Exemplos:

E 4.6 $\displaystyle\int 2e^x dx = 2 \cdot \int e^x dx = 2 \cdot e^x + C$

E 4.7 $\displaystyle\int \left(3x^2 + \frac{1}{x}\right)dx = \int 3x^2 dx + \int \frac{1}{x} dx = x^3 + \ln|x| + C$

Tabela de integrais[1]

$$\int 1 dx = x + C$$

$$\int x^a dx = \frac{x^{a+1}}{a+1} + C;\ a \neq -1$$

$$\int \frac{1}{x} = \ln|x| + C$$

$$\int e^x dx = e^x + C$$

$$\int a^x dx = \frac{a^x}{\ln a} + C$$

$$\int \operatorname{sen}(x)\, dx = -\cos(x) + C$$

$$\int \cos(x)\, dx = \operatorname{sen}(x) + C$$

$$\int \operatorname{tg}(x)\, dx = \ln|\sec(x)| + C$$

$$\int \operatorname{cotg}(x)\, dx = \ln|\operatorname{sen}(x)| + C$$

$$\int \sec(x) \cdot dx = \ln|\sec(x) + \operatorname{tg}(x)| + C$$

$$\int \operatorname{cossec}(x) \cdot dx = -\ln|\operatorname{cossec}(x) + \operatorname{cotg}(x)| + C$$

$$\int \sec(x) \cdot \operatorname{tg}(x)\, dx = \sec(x) + C$$

$$\int \operatorname{cossec}(x) \cdot \operatorname{cotg}(x)\, dx = -\operatorname{cossec}(x) + C$$

$$\int \operatorname{sen}^2(x)\, dx = \frac{x}{2} - \frac{1}{4}\operatorname{sen}(2x) + C$$

$$\int \cos^2(x)\, dx = \frac{x}{2} + \frac{1}{4}\operatorname{sen}(2x) + C$$

$$\int \sec^2(x)\, dx = \operatorname{tg}(x) + C$$

$$\int \operatorname{cossec}^2(x)\, dx = -\operatorname{cotg}(x) + C$$

$$\int \frac{1}{\sqrt{1-x^2}} dx = \operatorname{arcsen}(x) + C$$

$$\int \frac{1}{1+x^2} dx = \operatorname{arctg}(x) + C$$

$$\int \frac{1}{x\sqrt{x^2-1}} dx = \operatorname{arcsec}(x) + C$$

---

[1] Esta tabela pode ser fotocopiada para auxílio na resolução de exercícios.

4.3 MÉTODOS DE INTEGRAÇÃO

4.3.1 INTEGRAIS IMEDIATAS

Integrais imediatas são aquelas que se resolvem apenas com as aplicações das fórmulas tabeladas, das propriedades e algumas transformações algébricas.

Exemplos:

E 4.8 Calcular $I = \int (3x^2 - 2x + 5)dx$

Resolução:

Utilizando as propriedades e a tabela de integrais,

$$I = 3\int x^2 dx - 2\int x dx + 5\int 1 dx = 3\frac{x^3}{3} - 2\frac{x^2}{2} + 5x + C$$
$$= x^3 - x^2 + 5x + C$$

Resposta: $I = x^3 - x^2 + 5x + C$.

E 4.9 Calcular $I = \int \left(\sqrt{x} + \frac{1}{2}\sqrt{a}\right)^2 dx$

Resolução:

Desenvolvendo o produto notável do integrando,

$$\left(\sqrt{x} + \frac{1}{2}\sqrt{a}\right)^2 = (\sqrt{x})^2 + 2.\sqrt{x} \cdot \frac{1}{2}\sqrt{a} + \left(\frac{\sqrt{a}}{2}\right)^2 = x + \sqrt{a}\sqrt{x} + \frac{a}{4}$$

Então,

$$I = \int \left(\sqrt{x} + \frac{1}{2}\sqrt{a}\right)^2 dx = \int \left(x + \sqrt{a}\sqrt{x} + \frac{a}{4}\right)dx = \int x dx + \sqrt{a}\int x^{\frac{1}{2}}dx + \frac{a}{4}\int 1 dx$$

$$= \frac{x^2}{2} + \sqrt{a} \cdot \frac{x^{\frac{1}{2}+1}}{\frac{1}{2}+1} + \frac{ax}{4} + C = \frac{x^2}{2} + \sqrt{a} \cdot \frac{x^{\frac{3}{2}}}{\frac{3}{2}} + \frac{ax}{4} + C$$

$$= \frac{x^2}{2} + \frac{2}{3}\sqrt{a} \cdot \sqrt[2]{x^3} + \frac{ax}{4} + C = \frac{x^2}{2} + \frac{2}{3}\sqrt{a} \cdot x\sqrt{x} + \frac{ax}{4} + C$$

Resposta: $I = \frac{x^2}{2} + \frac{2}{3}\sqrt{a} \cdot x\sqrt{x} + \frac{ax}{4} + C$.

E 4.10 Calcular $I = \int \frac{t^3 - t}{t\sqrt{t}}dt$

Resolução:

Separando o integrando em uma soma de duas frações e fazendo as simplificações necessárias,

Integrais indefinidas

$$I = \int \frac{t^3 - t}{t\sqrt{t}} dt = \int \frac{t^3}{t \cdot t^{\frac{1}{2}}} dt - \int \frac{t}{t \cdot t^{\frac{1}{2}}} dt = \int t^3 \cdot t^{-1} \cdot t^{\frac{-1}{2}} dt - \int t \cdot t^{-1} \cdot t^{\frac{-1}{2}} dt$$

$$= \int t^{\frac{3}{2}} dt - \int t^{\frac{-1}{2}} dt = \frac{t^{\frac{3}{2}+1}}{\frac{3}{2}+1} - \frac{t^{\frac{-1}{2}+1}}{\frac{-1}{2}+1} + C = \frac{t^{\frac{5}{2}}}{\frac{5}{2}} - \frac{t^{\frac{1}{2}}}{\frac{1}{2}} + C$$

$$= \frac{2}{5}\sqrt[2]{t^5} - 2\sqrt{t} + C = \frac{2}{5}\sqrt[2]{t^4 \cdot t} - 2\sqrt{t} + C = \frac{2}{5}t^2\sqrt{t} - 2\sqrt{t} + C$$

Resposta: $I = \sqrt{t}\left(\frac{2}{5}t^2 - 2\right) + C.$

E 4.11 Calcular $I = \int \left(\frac{x}{2} - \frac{2}{x}\right)^2 dx$

Resolução:

Desenvolvendo o produto notável do integrando,

$$\left(\frac{x}{2} - \frac{2}{x}\right)^2 = \left(\frac{x}{2}\right)^2 - 2 \cdot \frac{x}{2} \cdot \frac{2}{x} + \left(\frac{2}{x}\right)^2 = \frac{x^2}{4} - 2 + \frac{4}{x^2}$$

Então,

$$I = \int \left(\frac{x}{2} - \frac{2}{x}\right)^2 dx = \int \left(\frac{x^2}{4} - 2 + \frac{4}{x^2}\right) dx = \frac{1}{4}\int x^2 dx - 2\int 1 dx + 4\int x^{-2} dx$$

$$= \frac{1}{4} \cdot \frac{x^3}{3} - 2 \cdot x + 4\frac{x^{-2+1}}{-2+1} + C = \frac{x^3}{12} - 2x + 4\frac{x^{-1}}{-1} + C$$

$$= \frac{x^3}{12} - 2x - \frac{4}{x} + C$$

Resposta: $I = \frac{x^3}{12} - 2x - \frac{4}{x} + C.$

E 4.12 Calcular $I = \int \left(\frac{2}{3} \cdot 5^x + \frac{5}{2x}\right) dx$

Resolução:

Utilizando as propriedades e a tabela de integrais,

$$I = \int \left(\frac{2}{3} \cdot 5^x + \frac{5}{2x}\right) dx = \frac{2}{3}\int 5^x dx + \frac{5}{2}\int \frac{1}{x} dx = \frac{2}{3}\frac{5^x}{\ln 5} + \frac{5}{2}\ln|x| + C$$

Resposta: $I = \frac{2}{3}\frac{5^x}{\ln 5} + \frac{5}{2}\ln|x| + C.$

E 4.13 Calcular $I = \int \left(\frac{-4}{5 \cdot 3^{-x}} - \frac{1}{3x^4}\right) dx$

Resolução:

Utilizando as propriedades e a tabela de integrais,

$$I = \int \left(\frac{-4}{5 \cdot 3^{-x}} - \frac{1}{3x^4} \right) dx = -\frac{4}{5} \int 3^x dx - \frac{1}{3} \int x^{-4} dx$$

$$= -\frac{4}{5} \frac{3^x}{\ln 3} - \frac{1}{3} \frac{x^{-3}}{-3} + C = -\frac{4}{5} \frac{3^x}{\ln 3} + \frac{1}{9x^3} + C$$

Resposta: $I = -\dfrac{4}{5} \dfrac{3^x}{\ln 3} + \dfrac{1}{9x^3} + C.$

E 4.14 Calcular $I = \int \left(\dfrac{3a\cos x}{5} \right) dx$

Resolução:

Utilizando as propriedades e a tabela de integrais,

$$I = \int \left(\frac{3a\cos x}{5} \right) dx = \frac{3a}{5} \int \cos x \, dx = \frac{3a}{5} \operatorname{sen} x + C$$

Resposta: $I = \dfrac{3a}{5} \operatorname{sen} x + C.$

E 4.15 Calcular $I = \int \left(\dfrac{8}{\cos^2 x} + \sec x \cdot tg\, x \right) dx$

Resolução:

Utilizando as definições trigonométricas e a tabela de integrais,

$$I = \int \left(\frac{8}{\cos^2 x} + \sec x \cdot tg\, x \right) dx = 8 \int \frac{1}{\cos^2 x} dx + \int \sec x \cdot tg\, x \, dx$$

$$= 8 \int \sec^2 x \, dx + \int \sec x \cdot tg\, x \, dx = 8\, tg\, x + \sec x + C$$

Resposta: $I = 8\, tg\, x + \sec x + C.$

E 4.16 Calcular $I = \int \left(\dfrac{1}{\operatorname{sen}^2 x \cos^2 x} \right) dx$

Resolução:

Utilizando a relação trigonométrica fundamental e separando em duas integrais,

$$I = \int \left(\frac{1}{\operatorname{sen}^2 x \cos^2 x} \right) dx = \int \left(\frac{\operatorname{sen}^2 x + \cos^2 x}{\operatorname{sen}^2 x \cos^2 x} \right) dx$$

$$= \int \left(\frac{\operatorname{sen}^2 x}{\operatorname{sen}^2 x \cos^2 x} \right) dx + \int \left(\frac{\cos^2 x}{\operatorname{sen}^2 x \cos^2 x} \right) dx$$

$$= \int \sec^2 x \, dx + \int \operatorname{cossec}^2 x \, dx = tg\, x - \cotg\, x + C$$

Resposta: $I = tg\, x - \cotg\, x + C.$

4.3.2 MÉTODO DE INTEGRAÇÃO POR SUBSTITUIÇÃO DE VARIÁVEL

O método de integração por substituição de vareável é baseado na regra de derivação da função composta, pois, se F é uma das primitivas da função f, então

$$\int f(g(x))g'(x)\,dx = F(g(x)) + C$$

O que fazemos é substituir a função:

$$u = g(x) \rightarrow du = g'(x)\,dx$$

E aplicamos a tabela de integrais na nova integral:

$$\int f(u)\,du = F(u) + C$$

Devemos, então, voltar à resposta, ou seja, $F(u)$, para a variável apresentada na integral inicial, x.

> **Observação**
>
> Algumas vezes, após fazer a substituição, $u = g(x)$, pode ser que haja necessidade de inserir uma constante multiplicando o integrando para obter a expressão exata de $du = g'(x)dx$.

Exemplos:

E 4.17 Calcular $I = \int (x^2 + 5)^5 x\,dx$

Resolução:

Façamos a mudança de variável,

$$u = x^2 + 5 \rightarrow du = 2x\,dx \rightarrow x\,dx = \frac{du}{2}$$

$$I = \int (x^2 + 5)^5 x\,dx = \int u^5 \frac{du}{2} = \frac{1}{2} \int u^5\,du = \frac{1}{2}\frac{u^6}{6} + C = \frac{u^6}{12} + C$$

E voltamos para a variável original:

$$I = \frac{(x^2 + 5)^6}{12} + C$$

Resposta: $I = \dfrac{(x^2 + 5)^6}{12} + C$.

E 4.18 Calcular $I = \int \sqrt{3x + 4}\,dx$

Resolução:

Façamos a mudança de variável,

$$u = 3x + 4 \rightarrow du = 3dx \rightarrow dx = \frac{du}{3}$$

$$I = \int \sqrt{3x+4}\,dx = \int u^{\frac{1}{2}} \frac{du}{3} = \frac{1}{3}\int u^{\frac{1}{2}}\,du = \frac{1}{3}\frac{u^{\frac{1}{2}+1}}{\frac{1}{2}+1} + C$$

$$= \frac{1}{3} \cdot \frac{2}{3} u^{\frac{3}{2}} + C = \frac{2}{9}\sqrt{(3x+4)^3} + C = \frac{2}{9}\sqrt{(3x+4)^2(3x+4)} + C$$

$$= \frac{2}{9}(3x+4)\sqrt{3x+4} + C$$

Resposta: $I = \dfrac{2}{9}(3x+4)\sqrt{3x+4} + C.$

E 4.19 Calcular $I = \displaystyle\int \frac{x^3}{\sqrt[5]{x^4+1}}\,dx$

Resolução:

Fazendo a substituição de variável,

$$u = x^4 + 1 \rightarrow du = 4x^3\,dx \rightarrow x^3\,dx = \frac{du}{4}$$

$$I = \int \frac{x^3}{\sqrt[5]{x^4+1}}\,dx = \int \frac{1}{u^{\frac{1}{5}}}\frac{du}{4} = \frac{1}{4}\int u^{\frac{-1}{5}}\,du = \frac{1}{4}\frac{u^{\frac{-1}{5}+1}}{\left(\frac{-1}{5}+1\right)} + C$$

$$= \frac{1}{4} \cdot \frac{5}{4} u^{\frac{4}{5}} + C = \frac{5}{16}\sqrt[5]{(x^4+1)^4} + C$$

Resposta: $I = \dfrac{5}{16}\sqrt[5]{(x^4+1)^4} + C.$

E 4.20 Calcular $I = \displaystyle\int e^{2ax}\,dx$

Resolução:

Fazendo a substituição de variável,

$$u = 2ax \rightarrow du = 2a\,dx \rightarrow dx = \frac{du}{2a}$$

$$I = \int e^{2ax}\,dx = \int e^u \frac{du}{2a} = \frac{1}{2a}\int e^u\,du = \frac{1}{2a}e^u + C = \frac{1}{2a}e^{2ax} + C$$

Resposta: $I = \dfrac{1}{2a}e^{2ax} + C.$

Integrais indefinidas 187

E 4.21 Calcular $I = \int \dfrac{1}{x \cdot \ln(3x)} dx$

Resolução:

Fazendo a substituição de variável,

$$u = \ln(3x) \to du = \frac{3}{3x} dx \to \frac{1}{x} dx = du$$

$$I = \int \frac{1}{x \cdot \ln(3x)} dx = \int \frac{1}{u} du = \ln|u| + C = \ln|\ln(3x)| + C$$

Resposta: $I = \ln|\ln(3x)| + C$.

E 4.22 Calcular $I = \int \operatorname{sen} x \cdot \cos x \, dx$

Resolução:

Vamos resolver este exemplo de dois modos diferentes.

1° modo:

$$u = \operatorname{sen} x \to du = \cos x \, dx$$

$$I = \int \operatorname{sen} x \cdot \cos x \, dx = \int u \, du = \frac{u^2}{2} + C = \frac{\operatorname{sen}^2 x}{2} + C$$

Se fizermos a substituição chamando de $u = \cos x$, teremos como resposta

$$I = \frac{-\cos^2 x}{2} + C,$$

que é equivalente à resposta anterior, bastando usar a identidade trigonométrica fundamental, sendo a diferença uma constante, que pode ser incluída em C.

2° modo: Utilizaremos a fórmula do arco duplo:

$$\operatorname{sen}(2x) = 2 \operatorname{sen} x \cdot \cos x$$

Neste caso,

$$I = \int \operatorname{sen} x \cdot \cos x \, dx = \frac{1}{2} \int \operatorname{sen}(2x) \, dx$$

$$u = 2x \to du = 2dx \to dx = \frac{du}{2}$$

$$I = \frac{1}{2} \int \operatorname{sen}(2x) \, dx = \frac{1}{2} \int \operatorname{sen}(u) \frac{du}{2} = \frac{1}{4} \int \operatorname{sen}(u) \, du$$

$$= \frac{1}{4}(-\cos(u)) + C = -\frac{1}{4} \cos(2x) + C$$

Analisando a equivalência desta resposta com a anterior,

$$\cos(2x) = \cos^2 x - \operatorname{sen}^2 x$$

$$-\frac{1}{4}\cos(2x) = -\frac{1}{4}(\cos^2 x - \operatorname{sen}^2 x) = -\frac{1}{4}((1 - \operatorname{sen}^2 x) - \operatorname{sen}^2 x)$$

$$= -\frac{1}{4}(1 - 2\operatorname{sen}^2 x) = \frac{1}{2}\operatorname{sen}^2 x - \frac{1}{4}$$

Ou seja, a diferença também é uma constante, que pode ser incluída na constante C.

Resposta: $I = \dfrac{\operatorname{sen}^2 x}{2} + C = \dfrac{-\cos^2 x}{2} + C = -\dfrac{1}{4}\cos(2x) + C$.

E 4.23 Calcular $I = \displaystyle\int \operatorname{tg}(2x)dx$

Resolução:

Apesar de já constar da tabela de integrais, vamos apresentar a sua dedução. Pela definição da função tangente,

$$\int \operatorname{tg}(2x)\,dx = \int \frac{\operatorname{sen}(2x)}{\cos(2x)}\,dx$$

$$u = \cos(2x) \to du = -2\operatorname{sen}(2x)\,dx \to \operatorname{sen}(2x)\,dx = \frac{du}{-2}$$

$$I = \int \frac{\operatorname{sen}(2x)}{\cos(2x)}\,dx = \int \frac{1}{u}\frac{du}{(-2)} = -\frac{1}{2}\ln|u| + C = -\frac{1}{2}\ln|\cos(2x)| + C$$

Resposta: $I = -\dfrac{1}{2}\ln|\cos(2x)| + C$.

E 4.24 Calcular $I = \displaystyle\int \sec(5x)dx$

Resolução:

Apesar dessa integral também já constar da tabela de integrais, vamos apresentar a sua dedução. Utilizando um artifício de cálculo, vamos multiplicar e dividir o integrando por $(\sec(5x) + \operatorname{tg}(5x))$

$$\int \sec(5x)\,dx = \int \frac{\sec(5x)(\sec(5x) + \operatorname{tg}(5x))}{(\sec(5x) + \operatorname{tg}(5x))}\,dx$$

$$= \int \frac{\sec^2(5x) + \sec(5x)\operatorname{tg}(5x)}{\sec(5x) + \operatorname{tg}(5x)}\,dx$$

$$u = (\sec(5x) + \operatorname{tg}(5x)) \to du = (5\sec^2(5x) + 5\sec(5x)\operatorname{tg}(5x))\,dx$$

$$\to (\sec^2(5x) + \sec(5x)\operatorname{tg}(5x))\,dx = \frac{du}{5}$$

$$I = \int \sec(5x)\,dx = \int \frac{1}{u}\frac{du}{5} = \frac{1}{5}\ln|u| + C = \frac{1}{5}\ln|\sec(5x) + \operatorname{tg}(5x)| + C$$

Resposta: $I = \dfrac{1}{5}\ln|\sec(5x) + \operatorname{tg}(5x)| + C$.

E 4.25 Calcular $I = \displaystyle\int \frac{x}{\sqrt{1 - x^4}}\,dx$

Resolução:

Preparando a integral antes de fazer a substituição de variável,

$$\int \frac{x}{\sqrt{1-x^4}}dx = \int \frac{x}{\sqrt{1-(x^2)^2}}dx$$

$$u = x^2 \to du = 2xdx \to xdx = \frac{du}{2}$$

$$I = \int \frac{x}{\sqrt{1-x^4}}dx = \int \frac{1}{\sqrt{1-u^2}}\frac{du}{2} = \frac{1}{2}\int \frac{1}{\sqrt{1-u^2}}du$$

$$= \frac{1}{2}\operatorname{arcsen}(u) + C = \frac{1}{2}\operatorname{arcsen}(x^2) + C$$

Resposta: $I = \frac{1}{2}\operatorname{arcsen}(x^2) + C.$

E 4.26 Calcular $I = \int \dfrac{\operatorname{arctg}(2x)}{1+4x^2}dx$

Resolução:

Fazendo a substituição de variável,

$$u = \operatorname{arctg}(2x) \to du = \frac{2}{1+4x^2}dx \to \frac{1}{1+4x^2}dx = \frac{du}{2}$$

$$I = \int \frac{\operatorname{arctg}(2x)}{1+4x^2}dx = \int u\frac{du}{2} = \frac{1}{2}\int u\,du = \frac{1}{2}\frac{u^2}{2} + C$$

$$= \frac{1}{4}\operatorname{arctg}^2(2x) + C$$

Resposta: $I = \frac{1}{4}\operatorname{arctg}^2(2x) + C.$

E 4.27 Calcular $I = \int x(x+1)^{10}dx$

Resolução:

Observe que esse exemplo também se resolve por substituição de variável, mas vamos ter que fazê-lo em dois momentos. O objetivo é "deslocar" o expoente para podermos aplicar a propriedade distributiva:

$$u = x+1 \to x = u-1 \to du = dx$$

$$I = \int x(x+1)^{10}dx = \int (u-1)u^{10}du = \int (u^{11}-u^{10})\,du$$

$$= \frac{u^{12}}{12} - \frac{u^{11}}{11} + C = \frac{(x+1)^{12}}{12} - \frac{(x+1)^{11}}{11} + C$$

Resposta: $I = \dfrac{(x+1)^{12}}{12} - \dfrac{(x+1)^{11}}{11} + C.$

4.3.3 MÉTODO DE INTEGRAÇÃO POR PARTES

Este método é muito útil quando a expressão a ser integrada é o produto de uma função f pela diferencial dg de uma função g conhecida. Ele provém da derivada do produto, como vemos a seguir.

Sejam as funções $u = f(x)$ e $v = g(x)$, deriváveis em seus domínios. Então, $d(u \cdot v) = du \cdot v + u \cdot dv$

Aplicando a integral em ambos os lados,

$$\int d(u \cdot v) = \int du \cdot v + \int u \cdot dv$$

$$uv = \int v \cdot du + \int u \cdot dv$$

Ou, escrevendo de forma conveniente,

$$\int u \cdot dv = uv - \int v \cdot du$$

Observações

1) A constante de integração será colocada apenas no final da integração.

2) A integral do 2º membro é, em geral, mais simples do que a integral do 1º membro.

3) Para se aplicar o método de integração por partes, devemos ter um produto de duas funções, sendo que vamos chamar uma função de u e derivá-la para se obter du, e vamos chamar a outra função de dv e integrá-la para se obter v. Na escolha da função u, sugerimos seguir a seguinte sequência:

Logarítmica

Inversa trigonométrica

Algébrica

Trigonométrica

Exponencial

Ou seja, a função u só será uma exponencial se não aparecer no integrando: logarítmica, inversa trigonométrica, algébrica (x^n) ou trigonométrica.

Exemplos:

E 4.28 Calcular $I = \int x \cdot \cos x \, dx$

Resolução:

Vamos fazer as escolhas de u e de dv,

$$u = x \rightarrow du = 1dx$$

$$dv = \cos x \rightarrow v = \int \cos x \, dx = \operatorname{sen} x$$

Integrais indefinidas

Aplicando a fórmula da integração por partes,

$$I = \int u \cdot dv = uv - \int v \cdot du$$

$$I = \int x \cdot \cos x \, dx = x \cdot \operatorname{sen} x - \int \operatorname{sen} x \, dx = x \cdot \operatorname{sen} x + \cos x + C$$

Resposta: $I = x \cdot \operatorname{sen} x + \cos x + C.$

E 4.29 Calcular $I = \int x \cdot \sec^2 (2x) \, dx$

Resolução:

Vamos fazer as escolhas de u e de dv,

$$u = x \to du = 1 dx$$

$$dv = \sec^2 (2x) \to v = \int \sec^2 (2x) \, dx = \frac{1}{2} \operatorname{tg} (2x)$$

$$t = 2x \to dt = 2dx \to dx = \frac{dt}{2}$$

$$\int \sec^2 (2x) \, dx = \int \sec^2 (t) \frac{dt}{2} = \frac{1}{2} \operatorname{tg} t$$

Aplicando a fórmula da integração por partes,

$$I = \int u \cdot dv = uv - \int v \cdot du$$

$$I = \int x \cdot \sec^2 (2x) \, dx = \frac{1}{2} x \cdot \operatorname{tg} (2x) - \frac{1}{2} \int \operatorname{tg} (2x) \, dx$$

$$= \frac{1}{2} x \cdot \operatorname{tg} (2x) - \frac{1}{2} \cdot \left[\frac{1}{2} \ln |\sec (2x)| \right] + C$$

$$= \frac{1}{2} \left[x \cdot \operatorname{tg} (2x) - \frac{1}{2} \cdot \ln |\sec (2x)| \right] + C$$

Resposta: $I = \frac{1}{2} \left[x \cdot \operatorname{tg} (2x) - \frac{1}{2} \cdot \ln |\sec (2x)| \right] + C.$

$$t = 2x \to dt = 2dx \to dx = \frac{dt}{2}$$

$$\int \operatorname{tg} (2x) \, dx = \int \operatorname{tg} (t) \frac{dt}{2} = \frac{1}{2} \ln |\sec t|$$

E 4.30 Calcular $I = \int \ln x \, dx$

Resolução:

Vamos fazer as escolhas de u e de dv,

$$u = \ln x \to du = \frac{1}{x} dx$$

$$dv = 1 dx \to v = \int 1 dx = x$$

Matemática com aplicações tecnológicas – Volume 2

Aplicando a fórmula da integração por partes,

$$I = \int u \cdot dv = uv - \int v \cdot du$$

$$I = \int \ln x \, dx = x \cdot \ln x - \int x \cdot \frac{1}{x} dx = x \cdot \ln x - \int 1 dx$$

$$= x \cdot \ln x - x + C$$

Resposta: $I = x \cdot \ln x - x + C$.

E 4.31 Calcular $I = \int x^2 \cdot \operatorname{sen} x \, dx$

Resolução:

Vamos fazer as escolhas de u e de dv,

$$u = x^2 \rightarrow du = 2x dx$$

$$dv = \operatorname{sen} x \rightarrow v = \int \operatorname{sen} x \, dx = -\cos x$$

Aplicando a fórmula da integração por partes,

$$I = \int u \cdot dv = uv - \int v \cdot du$$

$$I = \int x^2 \cdot \operatorname{sen} x \, dx = x^2 \cdot (-\cos x) - \int (-\cos x) 2x dx = -x^2 \cdot \cos x + 2 \int x \cdot \cos x dx$$

Para essa última integral, devemos utilizar outra vez a mesma fórmula de integração por partes:

$$u = x \rightarrow du = 1 dx$$

$$dv = \cos x \rightarrow v = \int \cos x \, dx = \operatorname{sen} x$$

$$I = \int x^2 \cdot \operatorname{sen} x \, dx = -x^2 \cdot \cos x + 2\left[x \cdot \operatorname{sen} x - \int \operatorname{sen} x \, dx \right]$$

$$= -x^2 \cdot \cos x + 2[x \cdot \operatorname{sen} x - (-\cos x)] + C = -x^2 \cdot \cos x + 2x \cdot \operatorname{sen} x + 2\cos x + C$$

Resposta: $I = -x^2 \cdot \cos x + 2x \cdot \operatorname{sen} x + 2\cos x + C$.

E 4.32 Calcular $I = \int e^x \cdot \cos x \, dx$

Resolução:

Vamos fazer as escolhas de u e de dv. De acordo com a regra do LIATE, vamos escolher:

$$u = \cos x \rightarrow du = -\operatorname{sen} x \, dx$$

$$dv = e^x \rightarrow v = \int e^x dx = e^x$$

Aplicando a fórmula da integração por partes,

$$I = \int u \cdot dv = uv - \int v \cdot du$$

$$I = \int e^x \cdot \cos x \, dx = e^x \cdot \cos x - \int e^x \cdot (-\operatorname{sen} x) \, dx$$

$$= e^x \cdot \cos x + \int e^x \cdot \operatorname{sen} x \, dx$$

Para esta última integral, devemos utilizar outra vez a mesma fórmula de integração por partes, usando os mesmos princípios:

$$u = \operatorname{sen} x \to du = \cos x \, dx$$

$$dv = e^x \to v = \int e^x dx = e^x$$

$$I = \int e^x \cdot \cos x \, dx = e^x \cdot \cos x + \int e^x \cdot \operatorname{sen} x \, dx$$

$$= e^x \cdot \cos x + \left[e^x \cdot \operatorname{sen} x - \int e^x \cdot \cos x \, dx \right]$$

Observe que esta última integral é a mesma que queremos resolver, ou seja, I. Então,

$$\int e^x \cdot \cos x \, dx = e^x \cdot \cos x + e^x \cdot \operatorname{sen} x - \int e^x \cdot \cos x \, dx$$

$$2 \int e^x \cdot \cos x \, dx = e^x \cdot \cos x + e^x \cdot \operatorname{sen} x$$

$$\int e^x \cdot \cos x \, dx = \frac{1}{2}[e^x \cdot \cos x + e^x \cdot \operatorname{sen} x] + C$$

Resposta: $I = \dfrac{1}{2} e^x [\cos x + \operatorname{sen} x] + C.$

E 4.33 Calcular $I = \displaystyle\int \sec^3 x \, dx$

Resolução:

Vamos fazer as escolhas de u e de dv, escrevendo

$$\sec^3 x = \sec x \cdot \sec^2 x$$

$$u = \sec x \to du = \sec x \cdot \operatorname{tg} x \, dx$$

$$dv = \sec^2 x \to v = \int \sec^2 x \, dx = \operatorname{tg} x$$

Aplicando a fórmula da integração por partes,

$$I = \int u \cdot dv = uv - \int v \cdot du$$

$$\int \sec^3 x \, dx = \sec x \cdot \operatorname{tg} x - \int \operatorname{tg} x \cdot \sec x \cdot \operatorname{tg} x \, dx$$

$$= \sec x \cdot \operatorname{tg} x - \int \operatorname{tg}^2 x \cdot \sec x \, dx$$

Aplicando a identidade trigonométrica $\operatorname{tg}^2 x = \sec^2 x - 1$, temos

$$I = \sec x \cdot \operatorname{tg} x - \int (\sec^2 x - 1) \cdot \sec x \, dx$$

$$= \sec x \cdot \operatorname{tg} x - \int \sec^3 x \, dx + \int \sec x \, dx$$

Observe que, no meio da integral, aparece a integral que queremos resolver:

$$\int \sec^3 x \, dx = \sec x \cdot \operatorname{tg} x - \int \sec^3 x \, dx + \int \sec x \, dx$$

$$2 \int \sec^3 x \, dx = \sec x \cdot \operatorname{tg} x + \int \sec x \, dx$$

$$2 \int \sec^3 x \, dx = \sec x \cdot \operatorname{tg} x + \ln |\sec x + \operatorname{tg} x|$$

$$\int \sec^3 x \, dx = \frac{1}{2}[\sec x \cdot \operatorname{tg} x + \ln |\sec x + \operatorname{tg} x|] + C$$

Resposta: $I = \dfrac{1}{2}[\sec x \cdot \operatorname{tg} x + \ln|\sec x + \operatorname{tg} x|] + C.$

4.3.4 MÉTODO DE INTEGRAÇÃO DE FUNÇÕES RACIONAIS POR FRAÇÕES PARCIAIS

Este método de integração é específico para integrais do tipo:

$$\int \frac{P(x)}{Q(x)} dx,$$

onde $P(x)$ e $Q(x)$ são polinômios de graus m e n, respectivamente.

Um polinômio em x é uma função da forma:

$$a_n x^n + a_{n-1} x^{n-1} + \cdots + a_1 x + a_0,$$

onde os a_i, $i = 0, 1, 2, \ldots, n$ são constantes, $a_n \neq 0$, n é o grau do polinômio e é um número inteiro não negativo.

Todo polinômio pode ser expresso como um produto de fatores lineares reais da forma $ax + b$ e fatores quadráticos reais irredutíveis da forma $ax^2 + bx + c$, sendo $\Delta = b^2 - 4ac < 0$.

Dizemos que uma função é racional se ela é da forma

$$F(x) = \frac{P(x)}{Q(x)}, \text{ onde } P(x) \text{ e } Q(x) \text{ são polinômios.}$$

Vamos apresentar regras para o cálculo de integrais de funções racionais, procurando fatorar o denominador e expressar a função como uma soma de frações parciais. Apresentaremos esse estudo em casos.

4.3.4.1 Denominador com fatores lineares simples

Se o grau do numerador é menor que o grau do denominador e se o denominador é expresso em apenas fatores lineares, a cada fator linear $ax + b$ corresponde uma única fração parcial da forma $\dfrac{A}{ax + b}$, onde A é uma constante que deve ser determinada. Se o grau do numerador é **maior ou igual** ao grau do denominador, antes fazemos a divisão de polinômio e aplicamos o método ao resto que continua sobre o denominador.

Exemplos:

E 4.34 Calcular $I = \displaystyle\int \frac{(x+1)}{x^3 + x^2 - 6x} dx$

Resolução:

Vamos fatorar o denominador,

$$x^3 + x^2 - 6x = x(x^2 + x - 6)$$

Aplicando a fórmula de Bháskara ao fator $x^2 + x - 6 = 0$

$$x = \frac{-1 \pm \sqrt{1^2 - 4 \cdot 1 \cdot (-6)}}{2 \cdot 1} = \frac{-1 \pm \sqrt{25}}{2} = \frac{-1 \pm 5}{2} = \begin{cases} x_1 = -3 \\ x_2 = 2 \end{cases}$$

Como na fatoração, $ax^2 + bx + c = a(x - x_1)(x - x_2)$, temos

$$x^3 + x^2 - 6x = x(x^2 + x - 6) = x(x + 3)(x - 2)$$

Então, tomamos o integrando e separamos em frações parciais, cujos denominadores são os fatores:

$$\frac{(x+1)}{x^3 + x^2 - 6x} = \frac{(x+1)}{x(x+3)(x-2)} = \frac{A}{x} + \frac{B}{(x+3)} + \frac{C}{(x-2)}$$

Reduzindo a última soma ao mesmo denominador, temos:

$$\frac{(x+1)}{x^3 + x^2 - 6x} = \frac{A(x+3)(x-2) + Bx(x-2) + Cx(x+3)}{x(x+3)(x-2)}$$

Observe que temos uma igualdade de frações cujos denominadores são iguais, portanto, os numeradores também devem ser iguais, ou seja,

$$(x + 1) = A(x + 3)(x - 2) + Bx(x - 2) + Cx(x + 3) \ (*)$$

Agora temos uma igualdade de polinômios, cujos termos semelhantes basta igualar:

$$(x + 1) = A(x^2 + x - 6) + B(x^2 - 2x) + C(x^2 + 3x)$$

$$(x + 1) = (A + B + C)x^2 + (A - 2B + 3C)x - 6A$$

Então,

$$\begin{cases} A + B + C = 0 \\ A - 2B + 3C = 1 \\ -6A = 1 \to A = -\frac{1}{6} \end{cases} \to \begin{cases} B + C = \frac{1}{6} \\ -2B + 3C = 1 + \frac{1}{6} = \frac{7}{6} \end{cases} \to \begin{cases} 2B + 2C = \frac{2}{6} \\ -2B + 3C = \frac{7}{6} \end{cases}$$

$$\to 5C = \frac{9}{6} = \frac{3}{2} \to C = \frac{3}{10}$$

$$B + C = \frac{1}{6} \to B = \frac{1}{6} - \frac{3}{10} = \frac{5}{30} - \frac{9}{30} = \frac{-4}{30} = \frac{-2}{15}$$

Outra maneira de resolver (*): como se trata de uma igualdade que vale para qualquer valor de x, podemos atribuir valores convenientes a x, ou seja, as raízes:

$$(x + 1) = A(x + 3)(x - 2) + Bx(x - 2) + Cx(x + 3)$$

Para $x = 0$:

$$(0 + 1) = A(0 + 3)(0 - 2) + B \cdot 0(0 - 2) + C \cdot 0(0 + 3) \to -6A = 1 \to A = -\frac{1}{6}$$

Para $x = 2$:

$$(2 + 1) = A(2 + 3)(2 - 2) + B \cdot 2(2 - 2) + C \cdot 2(2 + 3) \to 10C = 3 \to C = \frac{3}{10}$$

Para $x = -3$:

$$(-3 + 1) = A(-3 + 3)(-3 - 2) + B \cdot (-3)(-3 - 2) + C \cdot (-3)(-3 + 3)$$

$$\to 15B = -2 \to B = \frac{-2}{15}$$

Voltando à integral,

$$I = \int \frac{(x+1)}{x^3 + x^2 - 6x} dx$$

$$= \int \left[\frac{-\frac{1}{6}}{x} + \frac{-\frac{2}{15}}{(x+3)} + \frac{\frac{3}{10}}{(x-2)} \right] dx$$

$$= -\frac{1}{6} \int \frac{1}{x} dx - \frac{2}{15} \int \frac{1}{x+3} dx + \frac{3}{10} \int \frac{1}{x-2} dx$$

Fazendo mudanças de variável convenientes nas segunda e terceira integrais, temos:

$$I = -\frac{1}{6} \ln x - \frac{2}{15} \ln|x+3| + \frac{3}{10} \ln|x-2| + C$$

Aplicando as propriedades de logaritmo:

$$\log_a b^n = n \log_a b \quad e \quad \log_a b + \log_a c = \log_a (b \cdot c)$$

$$I = \ln x^{\frac{-1}{6}} + \ln|x+3|^{\frac{-2}{15}} + \ln|x-2|^{\frac{3}{10}} + C = \ln \left[\frac{|x-2|^{\frac{3}{10}}}{x^{\frac{1}{6}} \cdot |x+3|^{\frac{2}{15}}} \right] + C$$

Resposta: $I = \ln \left[\dfrac{|x-2|^{\frac{3}{10}}}{x^{\frac{1}{6}} \cdot |x+3|^{\frac{2}{15}}} \right] + C.$

E 4.35 Calcular $I = \int \dfrac{x^2}{x^2 - 3x + 2} dx$

Resolução:

Observe que o grau do numerador é igual ao grau do denominador. Então, devemos primeiro fazer a divisão de polinômio:

$$\begin{array}{r|l} x^2 & \underline{x^2 - 3x + 2} \\ \underline{-x^2 + 3x - 2} & 1 \\ 3x - 2 & \end{array}$$

Ou seja,

$$I = \int \frac{x^2}{x^2 - 3x + 2} dx = \int \left[1 + \frac{3x - 2}{x^2 - 3x + 2} \right] dx = \int 1 dx + \int \frac{3x - 2}{x^2 - 3x + 2} dx$$

Fatorando o denominador da segunda integral pela fórmula de Bháskara,

$$x^2 - 3x + 2 = 0$$

$$x = \frac{-(-3) \pm \sqrt{(-3)^2 - 4 \cdot 1 \cdot 2}}{2 \cdot 1} = \frac{3 \pm \sqrt{1}}{2} = \frac{3 \pm 1}{2} = \begin{cases} x_1 = 2 \\ x_2 = 1 \end{cases}$$

Como na fatoração, $ax^2 + bx + c = a(x - x_1)(x - x_2)$, temos

$$x^2 - 3x + 2 = (x - 1)(x - 2)$$

Então, tomamos o integrando da segunda integral e separamos em frações parciais, cujos denominadores são os fatores:

$$\frac{3x - 2}{x^2 - 3x + 2} = \frac{3x - 2}{(x - 1)(x - 2)} = \frac{A}{x - 1} + \frac{B}{x - 2}$$

Reduzindo a última soma ao mesmo denominador, temos:

$$\frac{3x-2}{(x-1)(x-2)} = \frac{A(x-2)+B(x-1)}{(x-1)(x-2)}$$

Observe que temos uma igualdade de frações cujos denominadores são iguais, portanto, os numeradores também devem ser iguais. Ou seja,

$$3x - 2 = A(x-2) + B(x-1)$$

Usando o dispositivo prático e substituindo as raízes na igualdade acima:

Para $x = 1$:

$$3 \cdot 1 - 2 = A(1-2) + B(1-1) \rightarrow -A = 1 \rightarrow A = -1$$

Para $x = 2$:

$$3 \cdot 2 - 2 = A(2-2) + B(2-1) \rightarrow B = 4$$

Voltando à integral,

$$I = \int \frac{x^2}{x^2 - 3x + 2} dx = \int 1 dx + \int \frac{3x-2}{x^2-3x+2} dx$$

$$= x + \int \left[\frac{-1}{x-1} + \frac{4}{x-2} \right] dx = x - \int \frac{1}{x-1} dx + 4 \int \frac{1}{x-2} dx$$

Fazendo mudanças de variável convenientes nas integrais acima, temos:

$$I = x - \ln|x-1| + 4\ln|x-2| + C$$

Aplicando as propriedades de logaritmo:

$$\log_a b^n = n \log_a b \quad e \quad \log_a b + \log_a c = \log_a (b \cdot c)$$

$$I = x + \ln|x-1|^{-1} + \ln|x-2|^4 + C = x + \ln[|x-1|^{-1} \cdot |x-2|^4] + C$$

$$= x + \ln\left[\frac{|x-2|^4}{|x-1|} \right] + C$$

Resposta: $I = x + \ln\left[\dfrac{|x-2|^4}{|x-1|} \right] + C.$

4.3.4.2 Denominador com fatores lineares repetidos

Se o grau do numerador é menor que o grau do denominador e se o denominador é expresso em potências de fatores lineares, a cada fator linear $(ax + b)^n$ correspondem n frações parciais da forma:

$$\frac{A_1}{ax+b} + \frac{A_2}{(ax+b)^2} + \cdots + \frac{A_n}{(ax+b)^n},$$

onde A_i, $i = 1, 2, 3, \ldots, n$ são constantes que devem ser determinadas. Se o grau do numerador é **maior ou igual** ao grau do denominador, antes fazemos a divisão de polinômio e aplicamos o método ao resto que continua sobre o denominador.

Exemplo:

E 4.36 Calcular $I = \int \dfrac{x^4 - x^3 - x - 1}{x^3 - x^2}\,dx$

Resolução:

Observe que o grau do numerador é maior que o grau do denominador. Então, devemos primeiro fazer a divisão de polinômio:

$$
\begin{array}{r|l}
x^4 - x^3 - x - 1 & \underline{x^3 - x^2} \\
\underline{-x^4 + x^3} & x \\
\;\;\;\;\;\; -x - 1 &
\end{array}
$$

Ou seja,

$$I = \int \frac{x^4 - x^3 - x - 1}{x^3 - x^2}\,dx = \int \left[x + \frac{-x - 1}{x^3 - x^2} \right]dx = \int x\,dx - \int \frac{x + 1}{x^3 - x^2}\,dx$$

Fatorando o denominador da segunda integral,

$$x^3 - x^2 = x^2(x - 1)$$

Então, tomamos o integrando e separamos em frações parciais, cujos denominadores são os fatores:

$$\frac{x + 1}{x^3 - x^2} = \frac{(x + 1)}{x^2(x - 1)} = \frac{A}{x} + \frac{B}{x^2} + \frac{C}{(x - 1)}$$

Reduzindo a última soma ao mesmo denominador, temos:

$$\frac{x + 1}{x^3 - x^2} = \frac{Ax(x - 1) + B(x - 1) + Cx^2}{x^2(x - 1)}$$

Observe que temos uma igualdade de frações cujos denominadores são iguais, portanto, os numeradores também devem ser iguais. Ou seja,

$$x + 1 = Ax(x - 1) + B(x - 1) + Cx^2$$

Usando o dispositivo prático, podemos substituir as raízes na igualdade acima, mas não será suficiente. Daí, substituímos um valor qualquer para determinar a última variável. Por exemplo, $x = 2$:

Para $x = 1$:

$$1 + 1 = A \cdot 1(1 - 1) + B(1 - 1) + C \cdot 1^2 \to C = 2$$

Para $x = 0$:

$$0 + 1 = A \cdot 0(0 - 1) + B(0 - 1) + C \cdot 0^2 \to -B = 1 \to B = -1$$

Para $x = 2$:

$$2 + 1 = A \cdot 2(2 - 1) + B(2 - 1) + C \cdot 2^2 \to 2A + B + 4C = 3$$

$$2A = 3 + 1 - 8 = -4 \to A = -2$$

Voltando à integral,

$$I = \int \frac{x^4 - x^3 - x - 1}{x^3 - x^2} dx = \int x \, dx - \int \frac{x+1}{x^3 - x^2} dx$$

$$= \frac{x^2}{2} - \int \left[\frac{-2}{x} + \frac{-1}{x^2} + \frac{2}{x-1} \right] dx = \frac{x^2}{2} + 2 \int \frac{1}{x} dx + \int x^{-2} dx - 2 \int \frac{1}{x-1} dx$$

Fazendo mudança de variável conveniente na última integral, temos:

$$I = \frac{x^2}{2} + 2\ln|x| + \frac{x^{-1}}{-1} - 2\ln|x-1| + C = \frac{x^2}{2} - \frac{1}{x} + 2\ln|x| - 2\ln|x-1| + C$$

Aplicando as propriedades do logaritmo:

$$\log_a b^n = n \log_a b \quad e \quad \log_a b + \log_a c = \log_a (b \cdot c)$$

$$I = \frac{x^2}{2} - \frac{1}{x} + \ln|x|^2 + \ln|x-1|^{-2} + C = \frac{x^2}{2} - \frac{1}{x} + \ln[|x|^2 \cdot |x-1|^{-2}] + C$$

$$= \frac{x^2}{2} - \frac{1}{x} + \ln\left[\frac{|x|}{|x-1|} \right]^2 + C$$

Resposta: $I = \dfrac{x^2}{2} - \dfrac{1}{x} + \ln\left[\dfrac{|x|}{|x-1|} \right]^2 + C.$

4.3.4.3 Denominador com fatores quadráticos distintos

Se o grau do numerador é menor que o grau do denominador e se o denominador é expresso em fatores quadráticos irredutíveis distintos, a cada fator quadrático irredutível $ax^2 + bx + c$ corresponde uma única fração parcial da forma:

$$\frac{Ax + B}{ax^2 + bx + c},$$

onde A e B são constantes que devem ser determinadas. Se o grau do numerador é **maior ou igual** ao grau do denominador, antes fazemos a divisão de polinômio e aplicamos o método ao resto que continua sobre o denominador.

Exemplo:

E 4.37 Calcular $I = \int \dfrac{x^2}{1 - x^4} dx$

Resolução:

Vamos fatorar o denominador, aplicando o produto notável de diferença de quadrados,

$$1 - x^4 = (1 - x^2)(1 + x^2) = (1 - x)(1 + x)(1 + x^2)$$

Então, tomamos o integrando e separamos em frações parciais, cujos denominadores são os fatores:

$$\frac{x^2}{1 - x^4} = \frac{x^2}{(1 - x)(1 + x)(1 + x^2)} = \frac{A}{1 - x} + \frac{B}{1 + x} + \frac{Cx + D}{1 + x^2}$$

Reduzindo a última soma ao mesmo denominador, temos:

$$\frac{x^2}{1-x^4} = \frac{A(1+x)(1+x^2)+B(1-x)(1+x^2)+(Cx+D)(1-x)(1+x)}{(1-x)(1+x)(1+x^2)}$$

Observe que temos uma igualdade de frações cujos denominadores são iguais, portanto, os numeradores também devem ser iguais. Ou seja,

$$A(1+x)(1+x^2)+B(1-x)(1+x^2)+(Cx+D)(1-x)(1+x) = x^2$$

Usando o dispositivo prático, podemos substituir as raízes na igualdade acima, o que não será suficiente. Daí, substituímos valores quaisquer para determinar as variáveis restantes. Por exemplo, $x = 0$ e $x = 2$:

Para $x = 1$:

$$A(1+1)(1+1^2)+B(1-1)(1+1^2)+(C\cdot1+D)(1-1)(1+1)$$
$$= 1^2 \to 4A = 1 \to A = \frac{1}{4}$$

Para $x = -1$:

$$A(1+(-1))(1+(-1)^2)+B(1-(-1))(1+(-1)^2)+(C\cdot(-1)+D)(1-(-1))(1+(-1))$$
$$= (-1)^2 \to 4B = 1$$
$$\to B = \frac{1}{4}$$

Para $x = 0$:

$$A(1+0)(1+0^2)+B(1-0)(1+0^2)+(C\cdot0+D)(1-0)(1+0) = 0^2$$
$$\to A+B+D = 0 \to D = -\frac{1}{4}-\frac{1}{4} = -\frac{2}{4} = -\frac{1}{2}$$

Para $x = 2$:

$$A(1+2)(1+2^2)+B(1-2)(1+2^2)+(C\cdot2+D)(1-2)(1+2) = 2^2$$
$$\to 15A-5B-6C-3D = 4 \to \frac{15}{4}-\frac{5}{4}-6C+\frac{3}{2} = 4$$
$$\to \frac{10}{4}-6C+\frac{3}{2} = 4 \to -6C = 4-\frac{5}{2}-\frac{3}{2} = 0 \to C = 0$$

Voltando à integral,

$$I = \int \frac{x^2}{1-x^4}dx = \int \left[\frac{\frac{1}{4}}{1-x}+\frac{\frac{1}{4}}{1+x}+\frac{0\cdot x-\frac{1}{2}}{1+x^2}\right]dx$$
$$= \frac{1}{4}\int \frac{1}{1-x}dx+\frac{1}{4}\int \frac{1}{1+x}dx-\frac{1}{2}\int \frac{1}{1+x^2}dx$$

Fazendo mudanças de variável convenientes nas primeira e segunda integrais, temos:

$$I = -\frac{1}{4}\ln|1-x|+\frac{1}{4}\ln|1+x|-\frac{1}{2}\operatorname{arctg} x + C$$

Aplicando as propriedades do logaritmo:

$$\log_a b^n = n \log_a b \quad e \quad \log_a b + \log_a c = \log_a(b \cdot c)$$

$$I = \ln|1-x|^{\frac{-1}{4}} + \ln|1+x|^{\frac{1}{4}} - \frac{1}{2}\operatorname{arctg} x + C$$

$$= \ln\left[|1-x|^{\frac{-1}{4}} \cdot |1+x|^{\frac{1}{4}}\right] - \frac{1}{2}\operatorname{arctg} x + C = ln\left[\frac{|1+x|}{|1-x|}\right]^{\frac{1}{4}} - \frac{1}{2}\operatorname{arctg} x + C$$

Resposta: $I = \ln\left[\frac{|1+x|}{|1-x|}\right]^{\frac{1}{4}} - \frac{1}{2}\operatorname{arctg} x + C.$

4.3.4.4 Denominador com fatores quadráticos repetidos

Se o grau do numerador é menor que o grau do denominador e se o denominador é expresso em fatores quadráticos irredutíveis múltiplos, a cada fator quadrático irredutível $ax^2 + bx + c$ ocorrendo n vezes corresponde uma soma de frações parciais da forma:

$$\frac{A_1 x + B_1}{ax^2 + bx + c} + \frac{A_2 x + B_2}{(ax^2 + bx + c)^2} + \cdots + \frac{A_n x + B_n}{(ax^2 + bx + c)^n}$$

onde A_i e B_i, $i = 1, 2, 3, \ldots, n$ são constantes que devem ser determinadas. Se o grau do numerador é **maior ou igual** ao grau do denominador, antes fazemos a divisão de polinômio e aplicamos o método ao resto que continua sobre o denominador.

Exemplo:

E 4.38 Calcular $I = \int \dfrac{2x^2 + 3x + 2}{(x^2 + 1)^2} dx$

Resolução:

Vamos decompor o integrando em soma de frações parciais:

$$\frac{2x^2 + 3x + 2}{(x^2 + 1)^2} = \frac{Ax + B}{x^2 + 1} + \frac{Cx + D}{(x^2 + 1)^2}$$

Reduzindo a última soma ao mesmo denominador, temos:

$$\frac{2x^2 + 3x + 2}{(x^2 + 1)^2} = \frac{(Ax + B)(x^2 + 1) + (Cx + D)}{(x^2 + 1)^2}$$

Observe que temos uma igualdade de frações cujos denominadores são iguais, portanto, os numeradores também devem ser iguais. Ou seja,

$$2x^2 + 3x + 2 = (Ax + B)(x^2 + 1) + (Cx + D)$$

Nesse caso, fica mais fácil a resolução fazendo a igualdade de polinômios. Para isso, vamos desenvolver o segundo membro e colocar as potências de x em evidência para podermos igualar os coeficientes,

$$2x^2 + 3x + 2 = Ax^3 + Ax + Bx^2 + B + Cx + D$$

$$2x^2 + 3x + 2 = Ax^3 + Bx^2 + (A + C)x + (B + D)$$

Donde, comparando os termos de mesmo grau,

$A = 0$

$B = 2$

$A + C = 3 \to C = 3$

$B + D = 2 \to D = 0$

Voltando à integral,

$$I = \int \frac{2x^2 + 3x + 2}{(x^2 + 1)^2} dx = \int \frac{0 \cdot x + 2}{x^2 + 1} + \frac{3x + 0}{(x^2 + 1)^2} dx = \int \left[\frac{2}{x^2 + 1} + \frac{3x}{(x^2 + 1)^2} \right] dx$$

$$= 2 \int \frac{1}{x^2 + 1} dx + 3 \int \frac{x}{(x^2 + 1)^2} dx = 2 \operatorname{arctg} x - \frac{3}{2(x^2 + 1)} + C$$

$$t = x^2 + 1 \to dt = 2x dx \to x dx = \frac{dt}{2}$$

$$\int \frac{x}{(x^2 + 1)^2} dx = \int t^{-2} \frac{dt}{2} = \frac{t^{-1}}{2(-1)}$$

Resposta: $I = 2 \operatorname{arctg} x - \dfrac{3}{2(x^2 + 1)} + C.$

4.3.4.5 Integrais envolvendo expressões quadráticas

Existem integrais que apresentam expressões quadráticas, $ax^2 + bx + c$, com $b \neq 0$, sendo que, às vezes, se torna mais fácil completar o quadrado e resolver por mudança de variável. O processo é como se segue:

$$ax^2 + bx + c = a\left(x^2 + \frac{b}{a}x\right) + c$$

Dividindo o termo $\dfrac{b}{a}x$ por $2x$, temos $\dfrac{b}{2a}$. Elevando ao quadrado o binômio $\left(x + \dfrac{b}{2a}\right)$ e, em seguida, subtraindo $\left(\dfrac{b}{2a}\right)^2$, temos:

$$ax^2 + bx + c = a\left(x + \frac{b}{2a}\right)^2 + c - \left(\frac{b}{2a}\right)^2$$

A seguinte substituição pode levar a uma integral já tabelada:

$$u = x + \frac{b}{2a} \to du = dx$$

Exemplos:

E 4.39 Calcular $I = \displaystyle\int \frac{2x - 1}{x^2 - 6x + 13} dx$

Resolução:

Vamos fazer a mudança de variável, a partir do denominador:

$$u = x + \frac{-6}{2 \cdot 1} = x - 3 \to du = dx$$

Então,

$$x^2 - 6x + 13 = (x-3)^2 + 4$$

Este é um caso em que usamos a substituição de variável duas vezes, pois:

$$u = x - 3 \to x = u + 3 \text{ e } du = dx$$

Então,

$$I = \int \frac{2x-1}{x^2-6x+13}\,dx = \int \frac{2x-1}{(x-3)^2+4}\,dx = \int \frac{2(u+3)-1}{(u)^2+4}\,du$$

$$\int \frac{2u+6-1}{u^2+4}\,du = \int \frac{2u}{u^2+4}\,du + 5\int \frac{1}{u^2+4}\,du$$

$$\boxed{\begin{array}{l} t = u^2+4 \to dt = 2u\,du \\ \int \dfrac{2u}{u^2+4}\,du = \int \dfrac{dt}{t} = \ln|t| \end{array}}$$

$$\boxed{\begin{array}{l} s = \dfrac{u}{2} \to ds = \dfrac{1}{2}du \to du = 2ds \\ \int \dfrac{1}{u^2+4}\,du = 2\int \dfrac{1}{4(s^2+1)}\,ds = \\ \qquad = \dfrac{1}{2}\operatorname{arctg} s \end{array}}$$

Ou seja,

$$I = \ln|u^2+4| + \frac{5}{2}\operatorname{arctg}\left(\frac{u}{2}\right) + C$$

Voltando à variável da integral,

$$I = \int \frac{2x-1}{x^2-6x+13}\,dx = \ln|(x-3)^2+4| + \frac{5}{2}\operatorname{arctg}\left(\frac{x-3}{2}\right) + C$$

Resposta: $I = \ln|x^2-6x+13| + \dfrac{5}{2}\operatorname{arctg}\left(\dfrac{x-3}{2}\right) + C.$

E 4.40 Calcular $I = \int \dfrac{1}{\sqrt{8+2x-x^2}}\,dx$

Resolução:

Vamos fazer a mudança de variável, a partir do denominador:

$$u = x + \frac{2}{2\cdot(-1)} = x - 1 \to du = dx$$

Como

$$(x-1)^2 = x^2 - 2x + 1 \to 8 + 2x - x^2 = 8 - (x^2 - 2x + 1) + 1 = 9 - (x-1)^2$$

logo,

$$I = \int \frac{1}{\sqrt{8+2x-x^2}}\,dx = \int \frac{1}{\sqrt{9-(x-1)^2}}\,dx$$

e, aplicando a mudança de variável,

$$I = \int \frac{1}{\sqrt{9-u^2}}\,du = \int \frac{1}{\sqrt{9\left(1-\left(\frac{u}{3}\right)^2\right)}}\,du,$$

e, fazendo uma nova mudança de variável,

$$t = \frac{u}{3} \rightarrow dt = \frac{1}{3}du$$

$$I = \int \frac{\dfrac{1}{3}}{\sqrt{\left(1 - \left(\dfrac{u}{3}\right)^2\right)}}\,du = \int \frac{1}{\sqrt{1 - (t)^2}}\,dt = \operatorname{arcsen} t + C$$

$$= \operatorname{arcsen}\left(\frac{u}{3}\right) + C = \operatorname{arcsen}\left(\frac{x-1}{3}\right) + C$$

Resposta: $I = \operatorname{arcsen}\left(\dfrac{x-1}{3}\right) + C.$

4.3.5 INTEGRAÇÃO DE POTÊNCIAS DE FUNÇÕES TRIGONOMÉTRICAS

4.3.5.1 *Integrais com produto de potências de seno e cosseno em que pelo menos uma das potências é ímpar*

Consideremos

$$I = \int \operatorname{sen}^m x \cdot \cos^n x\,dx$$

Nesse caso, podemos ter apenas um expoente ímpar ou os dois expoentes ímpares. Vamos trabalhar apenas com um expoente. Portanto, se os dois forem ímpares, escolhemos sempre o menor. Vamos supor, por exemplo, que temos a potência do seno como o expoente ímpar que vamos trabalhar. Então escrevemos:

$$\operatorname{sen}^m x = \operatorname{sen}^{m-1} x \cdot \operatorname{sen} x$$

Como m é ímpar, segue que $m - 1$ é par e, então, substituímos essas potências pares pela identidade trigonométrica fundamental:

$$\operatorname{sen}^2 x + \cos^2 x = 1$$

Exemplos:

E 4.41 Calcular $I = \int \operatorname{sen}^3(5x)dx$

Resolução:

$$I = \int \operatorname{sen}^3(5x)dx = \int \operatorname{sen}^2(5x) \cdot \operatorname{sen}(5x)dx =$$
$$\int (1 - \cos^2(5x)) \cdot \operatorname{sen}(5x)dx$$

Agora fazemos a substituição de variável:

$$u = \cos(5x) \rightarrow du = -5\operatorname{sen}(5x) \cdot dx \rightarrow \operatorname{sen}(5x)\,dx = \frac{du}{-5}$$

$$I = \int (1 - \cos^2(5x)) \cdot \operatorname{sen}(5x)\,dx = \int (1 - u^2) \cdot \left(-\frac{du}{5}\right)$$

$$= -\frac{1}{5}\left(u - \frac{u^3}{3}\right) + C = \frac{1}{5}\left(\frac{\cos^3(5x)}{3} - \cos(5x)\right) + C$$

$$Resposta:. \ I = \frac{1}{5}\left(\frac{\cos^3(5x)}{3} - \cos(5x)\right) + C.$$

E 4.42 Calcular $I = \int \text{sen}^6 x \cdot \cos^5 x \, dx$

Resolução:

Vamos apenas trabalhar com a potência do cosseno:

$$I = \int \text{sen}^6 x \cdot \cos^5 x \, dx = \int \text{sen}^6 x \cdot \cos^4 x \cdot \cos x \, dx$$

$$= \int \text{sen}^6 x \cdot (1 - \text{sen}^2 x)^2 \cdot \cos x \, dx$$

Agora fazemos a substituição de variável:

$$u = \text{sen} \ x \rightarrow du = \cos x \cdot dx$$

$$I = \int \text{sen}^6 x \cdot (1 - \text{sen}^2 x)^2 \cdot \cos x \, dx = \int u^6 (1 - u^2)^2 \cdot du$$

$$= \int u^6 (1 - 2u^2 + u^4) \cdot du = \int (u^6 - 2u^8 + u^{10}) \cdot du$$

$$= \frac{u^7}{7} - 2\frac{u^9}{9} + \frac{u^{11}}{11} + C = \frac{1}{7} \text{sen}^7 x - \frac{2}{9} \text{sen}^9 x + \frac{1}{11} \text{sen}^{11} x + C$$

$$Resposta: \ I = \frac{1}{7} \text{sen}^7 x - \frac{2}{9} \text{sen}^9 x + \frac{1}{11} \text{sen}^{11} x + C.$$

E 4.43 Calcular $I = \int \text{sen}^3(2x) \cdot \cos^9(2x) \, dx$

Resolução:

Vamos trabalhar apenas com a potência do seno, pois, no caso, é a menor:

$$I = \int \text{sen}^3(2x) \cdot \cos^9(2x) \, dx = \int \text{sen}^2(2x) \cdot \text{sen}(2x) \cdot \cos^9(2x) \, dx$$

$$= \int (1 - \cos^2(2x)) \cdot \cos^9(2x) \cdot \text{sen}(2x) \cdot dx$$

Agora fazemos a substituição de variável:

$$u = \cos(2x) \rightarrow du = -2 \text{sen}(2x) \cdot dx \rightarrow \text{sen}(2x) \, dx = \frac{du}{-2}$$

$$I = \int (1 - \cos^2(2x)) \cdot \cos^9(2x) \cdot \text{sen}(2x) \cdot dx = \int (1 - u^2) \cdot u^9 \cdot \frac{du}{-2}$$

$$= -\frac{1}{2} \int (u^9 - u^{11}) \, du = -\frac{1}{2}\left(\frac{u^{10}}{10} - \frac{u^{12}}{12}\right) + C = -\frac{1}{20} \cos^{10}(2x) + \frac{1}{24} \cos^{12}(2x) + C$$

$$Resposta: \ I = -\frac{1}{20} \cos^{10}(2x) + \frac{1}{24} \cos^{12}(2x) + C.$$

4.3.5.2 Integrais com produto de potências de seno e cosseno em que as potências são pares

Consideremos

$$I = \int \text{sen}^m x \cdot \cos^n x \, dx$$

Matemática com aplicações tecnológicas – Volume 2

Agora tanto m quanto n são pares. Nesse caso, substituímos as potências pares pelas seguintes igualdades trigonométricas:

$$\cos^2 x = \frac{1 + \cos(2x)}{2} \quad \text{ou} \quad \text{sen}^2 x = \frac{1 - \cos(2x)}{2}$$

Exemplos:

E 4.44 Calcular $I = \int \text{sen}^2(3x)\, dx$

Resolução:

Começamos fazendo uma substituição de variável,

$$u = 3x \rightarrow du = 3dx \rightarrow dx = \frac{du}{3}$$

$$I = \int \text{sen}^2(u)\frac{du}{3} = \frac{1}{3}\int \frac{1 - \cos(2u)}{2}du = \frac{1}{6}\int (1 - \cos(2u))\, du$$

$$= \frac{1}{6}\Big[\int 1du - \int \cos(2u)\, du\Big]$$

Agora fazemos outra substituição de variável apenas na segunda integral:

$$t = 2u \rightarrow dt = 2du \rightarrow du = \frac{dt}{2}$$

$$I = \frac{1}{6}\Big[u - \int \cos t\frac{dt}{2}\Big] = \frac{1}{6}\Big(u + \frac{\text{sen}\, t}{2}\Big) + C = \frac{u}{6} + \frac{1}{12}\text{sen}(2u) + C$$

$$= \frac{3x}{6} + \frac{1}{12}\text{sen}(6x) + C$$

Resposta: $I = \dfrac{x}{2} + \dfrac{1}{12}\text{sen}(6x) + C.$

E 4.45 Calcular $I = \int \cos^4 x\, dx$

Resolução:

Vamos substituir as potências pares de cosseno:

$$I = \int \cos^4 x\, dx = \int \Big(\frac{1 + \cos(2x)}{2}\Big)^2 dx = \frac{1}{4}\int (1 + 2\cos(2x) + \cos^2(2x))\, dx$$

Vamos ter de fazer outra substituição na última integral,

$$I = \frac{1}{4}\int \Big(1 + 2\cos(2x) + \Big(\frac{1 + \cos(4x)}{2}\Big)\Big)dx$$

$$= \frac{1}{4}\Big[\int 1dx + 2\int \cos(2x)\, dx + \frac{1}{2}\int dx + \frac{1}{2}\int \cos(4x)\, dx\Big]$$

$$= \frac{1}{4}\Big[x + \text{sen}(2x) + \frac{1}{2}\Big(x + \frac{1}{8}\text{sen}(4x)\Big)\Big] + C = \frac{1}{4}\Big[\frac{3x}{2} + \text{sen}(2x) + \frac{1}{16}\text{sen}(4x)\Big] + C$$

Observe que fizemos mudanças de variável nas segunda e quarta integrais.

Resposta: $I = \dfrac{1}{4}\Big[\dfrac{3x}{2} + \text{sen}(2x) + \dfrac{1}{16}\text{sen}(4x)\Big] + C.$

E 4.46 Calcular $I = \int \cos^2 x \cdot \text{sen}^2 x \, dx$

Resolução:

Vamos substituir as potências pares de seno e de cosseno:

$$I = \int \cos^2 x \cdot \text{sen}^2 x \, dx = \int \left(\frac{1 + \cos(2x)}{2} \right) \left(\frac{1 - \cos(2x)}{2} \right) dx = \frac{1}{4} \int \left(1 - \cos^2(2x) \right) dx$$

Vamos ter de fazer outra substituição na última integral,

$$I = \frac{1}{4} \left[\int \left(1 - \left(\frac{1 + \cos(4x)}{2} \right) \right) \right] dx = \frac{1}{4} \left[\int dx - \frac{1}{2} \int dx - \frac{1}{2} \int \cos(4x) \, dx \right]$$

$$= \frac{1}{4} \left[\int x - \frac{1}{2} x - \frac{1}{8} \text{sen}(4x) \right] + C = \frac{1}{4} \left[\frac{1}{2} x - \frac{1}{8} \text{sen}(4x) \right] + C = \frac{1}{8} \left[x - \frac{1}{4} \text{sen}(4x) \right] + C$$

Resposta: $I = \frac{1}{8} \left[x - \frac{1}{4} \text{sen}(4x) \right] + C.$

4.3.5.3 Integrais com potências de tangente, cotangente, secante e cossecante

Consideremos integrais do tipo:

$$I = \int \text{tg}^n x \, dx; \quad I = \int \text{cotg}^n x \, dx; \quad I = \int \text{sec}^n x \, dx \text{ ou } I = \int \text{cossec}^n x \, dx \quad n \in \mathbb{N}^*$$

Se $n \geq 2$, substituímos uma potência par das funções por uma das seguintes igualdades trigonométricas:

$$\text{tg}^2 x = \text{sec}^2 x - 1 \quad \text{ou} \quad \text{cotg}^2 x = \text{cossec}^2 x - 1$$

Observe que a integral da função tangente já foi resolvida no exemplo **E 4.23**; a integral da função secante, no exemplo **E 4.24**; e a integral da potência cúbica da secante, no exemplo **E 4.33**.

Exemplos:

E 4.47 Calcular $I = \int \text{cotg} \, x \, dx$

Resolução:

Vamos escrever cotangente em função de seno e cosseno e fazer a substituição de variável.

$$\int \text{cotg} \, x \, dx = \int \frac{\cos x}{\text{sen} \, x} \, dx$$

$$u = \text{sen} \, x \rightarrow du = \cos x \, dx$$

Então,

$$\int \text{cotg} \, x \, dx = \int \frac{\cos x}{\text{sen} \, x} \, dx = \int \frac{1}{u} \, du = \ln|u| + C = \ln|\text{sen} \, x| + C$$

Resposta: $I = \ln|\text{sen} \, x| + C.$

E 4.48 Calcular $I = \int \operatorname{tg}^2 x \, dx$

Resolução:

Vamos usar a substituição da potência par da tangente:

$$I = \int \operatorname{tg}^2 x \, dx = \int (\sec^2 x - 1) \, dx = \int \sec^2 x \, dx - \int 1 dx = \operatorname{tg} x - x + C$$

Resposta: $I = \operatorname{tg} x - x + C$.

E 4.49 Calcular $I = \int \operatorname{cotg}^3 x \, dx$

Resolução:

Vamos separar em um produto e depois usar a substituição da potência par da cotangente:

$$\int \operatorname{cotg}^3 x \, dx = \int \operatorname{cotg}^2 x \cdot \operatorname{cotg} x \, dx = \int (\operatorname{cossec}^2 x - 1) \cdot \operatorname{cotg} x \, dx$$
$$= \int \operatorname{cossec}^2 x \cdot \operatorname{cotg} x \, dx - \int \operatorname{cotg} x \, dx$$

Fazendo a substituição de variável na primeira integral,

$$u = \operatorname{cotg} x \to du = -\operatorname{cossec}^2 x \, dx$$

$$I = \int u \cdot (-du) - \int \operatorname{cotg} x \, dx = -\frac{u^2}{2} - \ln|\operatorname{sen} x| + C = -\frac{\operatorname{cotg}^2 x}{2} - \ln|\operatorname{sen} x| + C$$

Resposta: $I = -\dfrac{\operatorname{cotg}^2 x}{2} - \ln|\operatorname{sen} x| + C$.

E 4.50 Calcular $I = \int \operatorname{tg}^4 x \, dx$

Resolução:

Vamos separar em um produto e depois usar a substituição em uma potência par da tangente:

$$I = \int \operatorname{tg}^4 x \, dx = \int \operatorname{tg}^2 x \cdot \operatorname{tg}^2 x \, dx = \int \operatorname{tg}^2 x (\sec^2 x - 1) \, dx$$
$$= \int \operatorname{tg}^2 x \cdot \sec^2 x \, dx - \int \operatorname{tg}^2 x \, dx$$

Fazendo a substituição de variável na primeira integral e fazendo de novo a substituição da potência par da tangente na segunda integral:

$$u = \operatorname{tg} x \to du = \sec^2 x \, dx$$

$$I = \int u^2 \cdot du - \int (\sec^2 x - 1) \, dx = \frac{u^3}{3} - \operatorname{tg} x + x + C = \frac{\operatorname{tg}^3 x}{3} - \operatorname{tg} x + x + C$$

Resposta: $I = \dfrac{\operatorname{tg}^3 x}{3} - \operatorname{tg} x + x + C$.

Integrais indefinidas

E 4.51 Calcular $I = \int \cotg^6 x\, dx$

Resolução:

Vamos separar em um produto e depois usar a substituição em uma potência par da cotangente:

$$I = \int \cotg^6 x\, dx = \int \cotg^4 x \cdot \cotg^2 x\, dx = \int \cotg^4 x\, (\cossec^2 x - 1)\, dx$$
$$= \int \cotg^4 x \cdot \cossec^2 x\, dx - \int \cotg^4 x\, dx$$

Fazendo a substituição de variável na primeira integral e fazendo de novo a substituição de uma potência par da cotangente na segunda integral:

$$u = \cotg x \rightarrow du = -\cossec^2 x\, dx$$
$$I = \int u^4 \cdot (-du) - \int \cotg^2 x\, (\cossec^2 x - 1)\, dx$$
$$= -\frac{u^5}{5} - \int \cotg^2 x \cdot \cossec^2 x\, dx + \int \cotg^2 x\, dx$$
$$= -\frac{u^5}{5} - \int u^2 \cdot (-du) + \int (\cossec^2 x - 1)\, dx$$
$$= -\frac{u^5}{5} + \frac{u^3}{3} - \cotg x - x + C = -\frac{\cotg^5 x}{5} + \frac{\cotg^3 x}{3} - \cotg x - x + C$$

Resposta: $I = \dfrac{-\cotg^5 x}{5} + \dfrac{\cotg^3 x}{3} - \cotg x - x + C.$

E 4.52 Calcular $I = \int \sec^5 x\, dx$

Resolução:

Vamos transformar em um produto, deixando uma potência par e, depois, fazer integração por partes:

$$I = \int \sec^5 x\, dx = \int \sec^3 x \cdot \sec^2 x\, dx$$
$$u = \sec^3 x \rightarrow du = 3\sec^3 x \cdot \tg x\, dx$$
$$dv = \sec^2 x\, dx \rightarrow v = \tg x$$
$$I = \sec^3 x\, \tg x - 3\int \sec^3 x \cdot \tg^2 x\, dx$$

Agora fazemos a substituição da potência par da tangente na segunda integral:

$$I = \int \sec^5 x\, dx = \sec^3 x\, \tg x - 3\int \sec^3 x \cdot (\sec^2 x - 1)\, dx$$
$$= \sec^3 x\, \tg x - 3\int \sec^5 x \cdot dx + 3\int \sec^3 x\, dx$$

Como a integral que queremos resolver aparece de novo, passamos para o primeiro membro para calcular seu valor:

$$I = \sec^3 x\, \text{tg}\, x - 3I + 3\int \sec^3 x\, dx$$

$$I + 3I = \sec^3 x\, tg\, x + 3\int \sec^3 x\, dx$$

$$4I = \sec^3 x\, \text{tg}\, x + 3\int \sec^3 x\, dx$$

$$I = \frac{1}{4}\left[\sec^3 x\, \text{tg}\, x + 3\left(\frac{1}{2}[\sec x \cdot \text{tg}\, x + \ln|\sec x + \text{tg}\, x|]\right)\right] + C$$

Obs: $\int \sec^3 x\, dx$ foi resolvido em E 4.33.

Resposta: $I = \frac{1}{4}\left[\sec^3 x\, \text{tg}\, x + 3\left(\frac{1}{2}[\sec x \cdot \text{tg}\, x + \ln|\sec x + \text{tg}\, x|]\right)\right] + C.$

4.3.5.4 *Integrais com produto de potências de tangente e secante, cotangente e cossecante*

Consideremos integrais do tipo:

$$I = \int \text{tg}^m x \sec^n x\, dx \quad \text{ou} \quad I = \int \text{cotg}^m x \, \text{cossec}^n x\, dx; \quad \text{onde m, n} \in \mathbb{N}^*$$

Nesse caso, devemos lembrar das derivadas das funções trigonométricas envolvidas e as identidades trigonométricas abaixo:

$$\text{tg}^2 x + 1 = \sec^2 x \quad \text{ou} \quad \text{cotg}^2 x + 1 = \text{cossec}^2 x$$

$$(\sec x)' = \sec x \cdot \text{tg}\, x \quad (\text{cossec}\, x)' = -\text{cossec}\, x \cdot \text{cotg}\, x$$

$$(\text{tg}\, x)' = \sec^2 x \quad (\text{cotg}\, x)' = -\text{cossec}^2 x$$

Exemplos:

E 4.53 Calcular $I = \int \text{tg}^3 x \cdot \sec^2 x\, dx$

Resolução:

Vamos fazer a substituição de variável:

$$u = \text{tg}\, x \rightarrow du = \sec^2 x\, dx$$

Então,

$$\int \text{tg}^3 x \cdot \sec^2 x = \int u^3\, du = \frac{u^4}{4} + C = \frac{\text{tg}^4 x}{4} + C$$

Resposta: $I = \dfrac{\text{tg}^4 x}{4} + C.$

Integrais indefinidas

E 4.54 Calcular $I = \int \mathrm{tg}\, x \cdot \sec^4 x\, dx$

Resolução:

Vamos separar duas potências pares de secante e substituir uma potência par pela igualdade trigonométrica:

$$I = \int \mathrm{tg}\, x \cdot \sec^4 x\, dx = \int \mathrm{tg}\, x \cdot \sec^2 x \cdot \sec^2 x\, dx = \int \mathrm{tg}\, x \cdot (\mathrm{tg}^2 x + 1) \cdot \sec^2 x\, dx$$

Fazendo a substituição de variável,

$$u = \mathrm{tg}\, x \to du = \sec^2 x\, dx$$

Então,

$$I = \int \mathrm{tg}\, x \cdot (\mathrm{tg}^2 x + 1) \cdot \sec^2 x\, dx = \int u \cdot (u^2 + 1)\, du = \int (u^3 + u)\, du$$

$$= \frac{u^4}{4} + \frac{u^2}{2} + C = \frac{\mathrm{tg}^4 x}{4} + \frac{\mathrm{tg}^2 x}{2} + C$$

Resposta: $I = \dfrac{\mathrm{tg}^4 x}{4} + \dfrac{\mathrm{tg}^2 x}{2} + C.$

E 4.55 Calcular $I = \int \mathrm{cotg}(3x) \cdot \mathrm{cossec}^3(3x)\, dx$

Resolução:

Vamos separar em um produto de cossecante:

$$I = \int \mathrm{cotg}\,(3x) \cdot \mathrm{cossec}^3\,(3x)\, dx = \int \mathrm{cotg}\,(3x) \cdot \mathrm{cossec}\,(3x) \cdot \mathrm{cossec}^2\,(3x)\, dx$$

Fazendo a substituição de variável,

$$u = \mathrm{cossec}\,(3x) \to du = -3 \cdot \mathrm{cossec}\,(3x)\,\mathrm{cotg}\,(3x)\, dx$$

Então,

$$I = \int \mathrm{cotg}\,(3x) \cdot \mathrm{cossec}\,(3x) \cdot \mathrm{cossec}^2\,(3x)\, dx = \int u^2 \left(-\frac{du}{3}\right)$$

$$= -\frac{1}{3} \int u^2\, du = -\frac{u^3}{9} + C = -\frac{\mathrm{cossec}^3\,(3x)}{9} + C$$

Resposta: $I = -\dfrac{\mathrm{cossec}^3\,(3x)}{9} + C.$

4.3.6 INTEGRAÇÃO POR SUBSTITUIÇÃO TRIGONOMÉTRICA

Algumas integrais que têm radicais envolvendo algumas somas ou diferenças específicas podem ser resolvidas com as substituições sugeridas a seguir. A ideia é usar identidades trigonométricas para simplificar a raiz e, então, resolver a integral por um método já estudado.

a) $\sqrt{a^2 - (u(x))^2} \to u(x) = a \cdot \mathrm{sen}\, t$

b) $\sqrt{(u(x))^2 - a^2} \to u(x) = a \cdot \sec t$

c) $\sqrt{(u(x))^2 + a^2} \to u(x) = a \cdot \tg t$

Vamos utilizar as identidades trigonométricas já conhecidas:

- $\sen^2 x + \cos^2 x = 1$ (1)
- $\tg^2 x + 1 = \sec^2 x$ (2)
- $\sen(2x) = 2 \cdot \sen x \cdot \cos x$ (3)

Exemplos:

E 4.56 Calcular $I = \int \sqrt{4 - x^2}\, dx$

Resolução:

Observe que:
$\sqrt{4 - x^2} = \sqrt{2^2 - x^2} \to a = 2$ e $u(x) = x$

Fazendo a substituição,
$x = 2 \cdot \sen t \to dx = 2 \cdot \cos t \cdot dt$

Se formos representar no triângulo retângulo, como:

$\sen t = \dfrac{\text{cateto oposto}}{\text{hipotenusa}},$

temos

$\sen t = \dfrac{x}{2}$

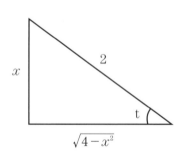

Chamamos o cateto oposto de x e a hipotenusa de 2. Aplicando o teorema de Pitágoras,
$2^2 = x^2 + y^2 \to y^2 = 4 - x^2 \to y = \sqrt{4 - x^2}$

Ou seja, o outro lado do triângulo é exatamente o radical que aparece na nossa integral.

Voltando à integral,

$I = \int \sqrt{4 - x^2}\, dx = \int \sqrt{4 - (2 \cdot \sen t)^2}\, 2 \cdot \cos t \cdot dt = \int \sqrt{4(1 - \sen^2 t)}\, 2 \cdot \cos t \cdot dt$

Aplicando a identidade trigonométrica fundamental, ou seja, (1), temos:

$I = \int 2\sqrt{\cos^2 t} \cdot 2 \cdot \cos t \cdot dt = 4 \int \cos^2 t\, dt$

Fazendo a substituição para potências pares de cosseno,

$$I = 4\int \cos^2 t\, dt = 4\int \left(\frac{1+\cos(2t)}{2}\right)dt = 2\left[\int 1\,dt + \int \cos(2t)\,dt\right]$$

Fazendo a substituição conveniente na segunda integral, temos:

$$I = 2\left[t + \frac{1}{2}\operatorname{sen}(2t)\right] + C$$

Precisamos voltar à variável de integração. Note que:

$$\operatorname{sen} t = \frac{x}{2} \rightarrow t = \operatorname{arc sen}\left(\frac{x}{2}\right)$$

$$\operatorname{sen}(2t) = 2 \cdot \operatorname{sen} t \cdot \cos t = 2 \cdot \left(\frac{x}{2}\right) \cdot \sqrt{(1-\operatorname{sen}^2 t)} = x \cdot \sqrt{1 - \left(\frac{x}{2}\right)^2}$$

$$= x \cdot \sqrt{\frac{4-x^2}{4}} = x \cdot \frac{\sqrt{4-x^2}}{2}$$

Note também que, se resolvêssemos calcular pelo triângulo retângulo desenhado anteriormente, sendo:

$$\cos t = \frac{\text{cateto adjacente}}{\text{hipotenusa}} = \frac{\sqrt{4-x^2}}{2},$$

o resultado seria o mesmo. Voltando à integral,

$$I = 2\left[t + \frac{1}{2}\operatorname{sen}(2t)\right] + C = 2\operatorname{arc sen}\left(\frac{x}{2}\right) + x \cdot \frac{\sqrt{4-x^2}}{2} + C$$

Resposta: $I = 2\operatorname{arc sen}\left(\frac{x}{2}\right) + x \cdot \frac{\sqrt{4-x^2}}{2} + C.$

E 4.57 Calcular $I = \int \sqrt{9+x^2}\, dx$

Resolução:

Observe que:
$\sqrt{9+x^2} = \sqrt{3^2+x^2} \rightarrow a = 3$ e $u(x) = x$

Fazendo a substituição,
$x = 3 \cdot \operatorname{tg} t \rightarrow dx = 3 \cdot \sec^2 t \cdot dt$

Se formos representar no triângulo retângulo, como:

$$\operatorname{tg} t = \frac{\text{cateto oposto}}{\text{cateto adjacente}}$$

temos

$$\operatorname{tg} t = \frac{x}{3}$$

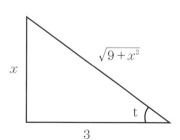

Chamamos o cateto oposto de x e o cateto adjacente de 3. Aplicando o teorema de Pitágoras,

$$y^2 = 3^2 + x^2 \to y^2 = 9 + x^2 \to y = \sqrt{9 + x^2}$$

Ou seja, o outro lado do triângulo é exatamente o radical que aparece na nossa integral.

Voltando à integral,

$$I = \int \sqrt{9 + x^2}\, dx = \int \sqrt{9 + (3 \cdot \operatorname{tg} t)^2}\, 3 \cdot \sec^2 t \cdot dt = \int \sqrt{9(1 + \operatorname{tg}^2 t)}\, 3 \cdot \sec^2 t \cdot dt$$

Aplicando a identidade trigonométrica (2), temos:

$$I = \int 3\sqrt{\sec^2 t} \cdot 3 \cdot \sec^2 t \cdot dt = 9 \int \sec^3 t \cdot dt$$

Essa integral foi resolvida no exemplo E 4.33. Então,

$$I = 9 \int \sec^3 t \cdot dt = \frac{9}{2} [\sec t \cdot \operatorname{tg} t + \ln|\sec t + \operatorname{tg} t|] + C$$

Precisamos voltar à variável de integração. Note que, pela identidade (2):

$$\operatorname{tg} t = \frac{x}{3} \quad e$$

$$\sec^2 x = \operatorname{tg}^2 x + 1 = \left(\frac{x}{3}\right)^2 + 1 = \frac{x^2 + 9}{9} \to \sec t = \frac{\sqrt{x^2 + 9}}{3}$$

Se calcularmos $\sec t$ pelo triângulo retângulo desenhado anteriormente, temos:

$$\sec t = \frac{\text{hipotenusa}}{\text{cateto adjacente}} = \frac{\sqrt{x^2 + 9}}{3}$$

Ou seja, o resultado seria o mesmo. Voltando à integral,

$$I = \frac{9}{2} [\sec t \cdot \operatorname{tg} t + \ln|\sec t + \operatorname{tg} t|] + C$$

$$= \frac{9}{2} \left[\frac{\sqrt{x^2 + 9}}{3} \cdot \frac{x}{3} + \ln\left|\frac{\sqrt{x^2 + 9}}{3} + \frac{x}{3}\right| \right] + C.$$

Resposta: $I = \dfrac{1}{2} \left[x \cdot \sqrt{x^2 + 9} + \ln\left|\dfrac{\sqrt{x^2 + 9}}{3} + \dfrac{x}{3}\right| \right] + C.$

E 4.58 Calcular $I = \int \sqrt{x^2 - 4}\, dx$

Resolução:

Observe que:

$$\sqrt{x^2 - 4} = \sqrt{x^2 - 2^2} \to a = 2 \ \text{e} \ u(x) = x$$

Fazendo a substituição,

$$x = 2 \cdot \sec t \to dx = 2 \cdot \sec t \cdot \operatorname{tg} t\, dt$$

Se formos representar no triângulo retângulo, como:

$$\sec t = \frac{\text{hipotenusa}}{\text{cateto adjacente}}$$

temos

$$\sec t = \frac{x}{2}$$

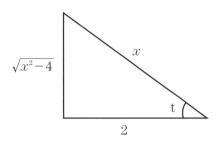

Chamando a hipotenusa de x e o cateto adjacente de 2 e aplicando o teorema de Pitágoras,

$$x^2 = 2^2 + y^2 \to y^2 = x^2 - 4 \to y = \sqrt{x^2 - 4}$$

Ou seja, o outro lado do triângulo é exatamente o radical que aparece na nossa integral.

Voltando à integral,

$$I = \int \sqrt{x^2 - 4}\, dx = \int \sqrt{(2 \cdot \sec t)^2 - 4} \cdot 2 \cdot \sec t \cdot \text{tg}\, t\, dt$$
$$= \int \sqrt{4(\sec^2 t - 1)} \cdot 2 \cdot \sec t \cdot \text{tg}\, t\, dt$$

Aplicando a identidade trigonométrica (2), temos:

$$I = \int 2\sqrt{\text{tg}^2 t} \cdot 2 \cdot \sec t \cdot \text{tg}\, t\, dt = 4 \int \text{tg}^2 t \cdot \sec t\, dt$$

Devemos substituir novamente a identidade (2) na integral:

$$I = 4 \int \text{tg}^2 t \cdot \sec t\, dt = 4 \int (\sec^2 t - 1) \cdot \sec t\, dt = 4 \int \sec^3 t\, dt - 4 \int \sec t\, dt$$

A primeira integral já foi resolvida no exemplo E 4.33 e a segunda integral consta da tabela. Então:

$$I = 4 \int \sec^3 t\, dt - 4 \int \sec t\, dt$$
$$= \frac{4}{2}[\sec t \cdot \text{tg}\, t + \ln|\sec t + \text{tg}\, t|] - 4\ln|\sec t + \text{tg}\, t| + C$$
$$= 2[\sec t \cdot \text{tg}\, t - \ln|\sec t + \text{tg}\, t|] + C$$

Voltando à variável x:

$$\sec t = \frac{x}{2} \text{ e } \text{tg}\, t = \sec^2 t - 1 = \left(\frac{x}{2}\right)^2 - 1 = \frac{x^2 - 4}{4} \to \text{tg}\, t = \frac{\sqrt{x^2 - 4}}{2}$$

Se calcularmos tg t pelo triângulo retângulo desenhado acima, temos:

$$\text{tg}\, t = \frac{\text{cateto oposto}}{\text{cateto adjacente}} = \frac{\sqrt{x^2 - 4}}{2}$$

Ou seja, o resultado seria o mesmo. Voltando à integral,

$$I = 2[\sec t \cdot \text{tg}\, t - \ln|\sec t + \text{tg}\, t|] + C = 2\left[\frac{x}{2} \cdot \frac{\sqrt{x^2 - 4}}{2} - \ln\left|\frac{x}{2} + \frac{\sqrt{x^2 - 4}}{2}\right|\right] + C$$

Resposta: $I = \frac{x}{2} \cdot \sqrt{x^2 - 4} - 2\ln\left|\frac{x}{2} + \frac{\sqrt{x^2 - 4}}{2}\right| + C$.

E 4.59 Calcular $I = \int \dfrac{\sqrt{9-4x^2}}{x^2}dx$

Resolução:

Observe que:
$\sqrt{9-4x^2} = \sqrt{3^2 - (2x)^2} \to a = 3$ e $u(x) = 2x$

Fazendo a substituição,
$2x = 3 \cdot \operatorname{sen} t \to 2dx = 3 \cdot \cos t \, dt$

Se formos representar no triângulo retângulo, como:

$\operatorname{sen} t = \dfrac{\text{cateto oposto}}{\text{hipotenusa}},$

temos

$\operatorname{sen} t = \dfrac{2x}{3}$

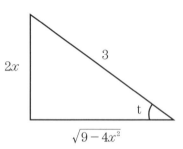

Chamando o cateto oposto de $2x$, a hipotenusa de 3 e aplicando o teorema de Pitágoras,

$3^2 = (2x)^2 + y \to y^2 = 9 - 4x^2 \to y = \sqrt{9-4x^2}$

Ou seja, o outro lado do triângulo é exatamente o radical que aparece na nossa integral.

Voltando à integral,

$I = \int \dfrac{\sqrt{9-4x^2}}{x^2}dx = \int \dfrac{\sqrt{9-(3\operatorname{sen} t)^2}}{(3\operatorname{sen} t)^2} \dfrac{3 \cdot \cos t \, dt}{2}$

$= \dfrac{3}{2} \int \dfrac{\sqrt{9(1-\operatorname{sen}^2 t)}}{9 \cdot \operatorname{sen}^2 t} \cdot \cos t \cdot dt$

Aplicando a identidade trigonométrica fundamental, ou seja, (1), temos:

$I = \dfrac{1}{6} \int \dfrac{3\sqrt{\cos^2 t}}{\operatorname{sen}^2 t} \cdot \cos t \cdot dt = \dfrac{1}{2} \int \dfrac{\cos^2 t}{\operatorname{sen}^2 t} dt$

Substituindo novamente a identidade (1) na integral:

$I = \dfrac{1}{2} \int \dfrac{\cos^2 t}{\operatorname{sen}^2 t} dt = \dfrac{1}{2} \int \dfrac{1-\operatorname{sen}^2 t}{\operatorname{sen}^2 t} dt = \dfrac{1}{2}\left[\int \dfrac{1}{\operatorname{sen}^2 t} dt - \int 1 dt\right]$

$= \dfrac{1}{2}\left[\int \operatorname{cossec}^2 dt - \int 1 dt\right] = \dfrac{1}{2}[-\operatorname{cotg} t - t] + C$

Voltando à variável x:

$$\operatorname{sen} t = \frac{2x}{3} \rightarrow t = \operatorname{arc sen}\left(\frac{2x}{3}\right) \text{ e } \operatorname{cotg} t = \frac{\cos t}{\operatorname{sen} t} = \frac{\sqrt{1 - \left(\frac{2x}{3}\right)^2}}{\frac{2x}{3}}$$

$$= \frac{3}{2x} \cdot \sqrt{\frac{9 - 4x^2}{9}} = \frac{\sqrt{9 - 4x^2}}{2x}$$

Se calcularmos cotg t pelo triângulo retângulo desenhado acima, temos:

$$\operatorname{cotg} t = \frac{\text{cateto adjacente}}{\text{cateto oposto}} = \frac{\sqrt{9 - 4x^2}}{2x}$$

Ou seja, o resultado seria o mesmo. Voltando à integral,

$$I = \frac{1}{2}[-\operatorname{cotg} t - t] + C = \frac{1}{2}\left[-\frac{\sqrt{9 - 4x^2}}{2x} - \operatorname{arc sen}\left(\frac{2x}{3}\right)\right] + C$$

Resposta: $I = \frac{1}{2}\left[-\frac{\sqrt{9 - 4x^2}}{2x} - \operatorname{arc sen}\left(\frac{2x}{3}\right)\right] + C$.

E 4.60 Calcular $I = \int \frac{\sqrt{4x^2 - 9}}{x} dx$

Resolução:

Observe que:

$\sqrt{4x^2 - 9} = \sqrt{(2x)^2 - 3^2} \rightarrow a = 3$ e $u(x) = 2x$

Fazendo a substituição,

$2x = 3 \cdot \sec t \rightarrow 2dx = 3 \cdot \sec t \operatorname{tg} t \, dt$

Se formos representar no triângulo retângulo, como:

$$\sec t = \frac{\text{hipotenusa}}{\text{cateto adjacente}}$$

temos

$$\sec t = \frac{2x}{3}$$

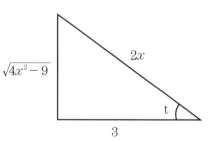

Chamando a hipotenusa de $2x$, o cateto adjacente de 3 e aplicando o teorema de Pitágoras,

$(2x)^2 = 3^2 + y^2 \rightarrow y^2 = 4x^2 - 9 \rightarrow y = \sqrt{4x^2 - 9}$

Ou seja, o outro lado do triângulo é exatamente o radical que aparece na nossa integral.

Voltando à integral,

$$I = \int \frac{\sqrt{4x^2-9}}{x}dx = \int \frac{\sqrt{(3\sec t)^2-9}}{3\cdot\sec t}\cdot\frac{3\cdot\sec t\cdot\operatorname{tg} t\, dt}{2}$$

$$= \frac{1}{2}\int \frac{\sqrt{9(\sec^2 t-1)}}{\sec t}\cdot\sec t\cdot\operatorname{tg} t\, dt$$

Aplicando a identidade trigonométrica (2), temos:

$$I = \frac{1}{2}\int 3\sqrt{\operatorname{tg}^2 t}\cdot\operatorname{tg} t\, dt = \frac{3}{2}\int \operatorname{tg}^2 t\, dt$$

Substituindo novamente a identidade (1) na integral:

$$I = \frac{3}{2}\int \operatorname{tg}^2 t\, dt = \frac{3}{2}\int (\sec^2 t-1)\, dt = \frac{3}{2}\Big[\int \sec^2 t\, dt - \int 1 dt\Big] = \frac{3}{2}[\operatorname{tg} t - t] + C$$

Voltando à variável x:

$$\sec t = \frac{2x}{3} \to t = \operatorname{arc\,sec}\left(\frac{2x}{3}\right) \quad \text{e} \quad \operatorname{tg}^2 t = \sec^2 t - 1 = \left(\frac{2x}{3}\right)^2 - 1$$

$$= \frac{4x^2-9}{9} \to \operatorname{tg} t = \sqrt{\frac{4x^2-9}{9}} = \frac{\sqrt{4x^2-9}}{3}$$

Se calcularmos pelo triângulo retângulo desenhado acima, temos:

$$\operatorname{tg} t = \frac{\text{cateto oposto}}{\text{cateto adjacente}} = \frac{\sqrt{4x^2-9}}{3}$$

Ou seja, o resultado seria o mesmo. Voltando à integral,

$$I = \frac{3}{2}[\operatorname{tg} t - t] + C = \frac{3}{2}\left[\frac{\sqrt{4x^2-9}}{3} - \operatorname{arc\,sec}\left(\frac{2x}{3}\right)\right] + C$$

Resposta: $I = \dfrac{3}{2}\left[\dfrac{\sqrt{4x^2-9}}{3} - \operatorname{arc\,sec}\left(\dfrac{2x}{3}\right)\right] + C.$

4.4 ROTEIRO DE ESTUDO COM EXERCÍCIOS RESOLVIDOS E EXERCÍCIOS PROPOSTOS

R 4.1 Calcular as seguintes integrais imediatas:

a) $\quad I = \int \left(\frac{3}{2}x\sqrt{x} + \operatorname{sen} x - \frac{1}{2x} + \frac{5}{2}\right)dx$

b) $\quad I = \int \left(\frac{x^2}{3} + \frac{3}{x^2}\right)^2 dx$

c) $\quad I = \int \frac{4a \operatorname{sen} x}{3b}dx$

d) $\quad I = \int \left(\sec x \cdot \operatorname{tg} x + \frac{7}{\cos^2 x}\right)dx$

e) $\quad I = \int \frac{x^3 + x + 1}{x^2 + 1}dx$

Integrais indefinidas

Resolução:

a) $I = \int \left(\frac{3}{2} x \sqrt{x} + \operatorname{sen} x - \frac{1}{2x} + \frac{5}{2} \right) dx$

$= \frac{3}{2} \int x^{\frac{3}{2}} dx + \int \operatorname{sen} x \, dx - \frac{1}{2} \int \frac{1}{x} dx + \frac{5}{2} \int 1 dx$

$= \frac{3}{2} \cdot \frac{x^{\frac{5}{2}}}{\frac{5}{2}} - \cos x - \frac{1}{2} \ln|x| + \frac{5}{2} x + C$

$= \frac{3}{5} \cdot \sqrt{x^5} - \cos x - \frac{1}{2} \ln|x| + \frac{5}{2} x + C$

$= \frac{3}{2} \cdot x^2 \sqrt{x} - \cos x - \frac{1}{2} \ln|x| + \frac{5}{2} x + C$

b) $I = \int \left(\frac{x^2}{3} + \frac{3}{x^2} \right)^2 dx = \int \left(\frac{x^4}{9} + 2 \frac{x^2}{3} \cdot \frac{3}{x^2} + \frac{9}{x^4} \right) dx$

$= \frac{1}{9} \int x^4 dx + 2 \int 1 dx + 9 \int x^{-4} dx = \frac{1}{9} \frac{x^5}{5} + 2x + 9 \frac{x^{-3}}{-3} + C$

$= \frac{1}{45} x^5 + 2x - \frac{3}{x^3} + C$

c) $I = \int \frac{4a \operatorname{sen} x}{3b} dx = \frac{4a}{3b} \int \operatorname{sen} x \, dx = -\frac{4a}{3b} \cos x + C$

d) $I = \int \left(\sec x \cdot \operatorname{tg} x + \frac{7}{\cos^2 x} \right) dx$

$= \int \sec x \cdot \operatorname{tg} x \, dx + 7 \int \sec^2 x \, dx$

$= \sec x + 7 \operatorname{tg} x + C$

e) $I = \int \frac{x^3 + x + 1}{x^2 + 1} dx = \int \frac{x(x^2 + 1) + 1}{x^2 + 1} dx$

$= \int \frac{x(x^2 + 1)}{x^2 + 1} dx + \int \frac{1}{x^2 + 1} dx$

$= \int x dx + \int \frac{1}{x^2 + 1} dx = \frac{x^2}{2} + \operatorname{arc} \operatorname{tg} x + C$

P 4.2 Calcular as seguintes integrais imediatas:

a) $I = \int \left(\frac{2}{7} \sqrt{x} + x \sqrt[3]{x} \right) dx$

b) $I = \int \left(\frac{x}{2} + \frac{2}{x} \right)^2 dx$

c) $I = \int \left(\frac{3}{7(1 + x^2)} + \frac{2}{\sqrt{1+x} \sqrt{1-x}} \right) dx$

d) $I = \int \frac{\operatorname{sen}(2x)}{\cos^3 x} dx$

e) $I = \int \frac{x^4 - 2x^2}{x^2 + 1} dx$

R 4.3 Calcular as seguintes integrais imediatas:

a) $I = \int \dfrac{x-1}{\sqrt{x}+1}\,dx$

b) $I = \int \left(\mathrm{tg}^2 x + \dfrac{\mathrm{tg}\,x}{\mathrm{sen}\,(2x)}\right)dx$

c) $I = \int \dfrac{\sqrt{1-x^2}}{1-x^2}\,dx$

Resolução:

a) $I = \int \dfrac{x-1}{\sqrt{x}+1}\,dx = \int \dfrac{(x-1)\,(\sqrt{x}-1)}{(\sqrt{x}+1)\,(\sqrt{x}-1)}\,dx = \int \dfrac{(x-1)\,(\sqrt{x}-1)}{x-1}\,dx$

$\qquad = \int (\sqrt{x}-1)\,dx = \int x^{\frac{1}{2}}\,dx - \int 1\,dx = \dfrac{x^{\frac{3}{2}}}{\frac{3}{2}} - x + C = \dfrac{2}{3}\sqrt{x^3} - x + C = \dfrac{2}{3}x\sqrt{x} - x + C$

b) $I = \int \left(\mathrm{tg}^2 x + \dfrac{\mathrm{tg}\,x}{\mathrm{sen}\,(2x)}\right)dx = \int \mathrm{tg}^2 x\,dx + \int \dfrac{\dfrac{\mathrm{sen}\,x}{\cos x}}{2\cdot \mathrm{sen}\,x\cdot \cos x}\,dx$

$\qquad = \int (\sec^2 x - 1)\,dx + \dfrac{1}{2}\int \dfrac{\mathrm{sen}\,x}{\cos x}\cdot \dfrac{1}{\mathrm{sen}\,x\cdot \cos x}\,dx$

$\qquad = \mathrm{tg}\,x - x + \dfrac{1}{2}\int \dfrac{1}{\cos^2 x}\,dx = \mathrm{tg}\,x - x + \dfrac{1}{2}\int \sec^2 x\,dx$

$\qquad = \mathrm{tg}\,x - x + \dfrac{1}{2}\mathrm{tg}\,x + C = \dfrac{3}{2}\mathrm{tg}\,x - x + C$

c) $I = \int \dfrac{\sqrt{1-x^2}}{1-x^2}\,dx = \int \dfrac{1}{\sqrt{1-x^2}}\,dx = \mathrm{arc}\,\mathrm{sen}\,x + C$

P 4.4 Calcular as seguintes integrais imediatas:

a) $I = \int (3 + 3\cot\mathrm{g}^2 x)\,dx$

b) $I = \int \dfrac{3-x^2}{x-\sqrt{3}}\,dx$

c) $I = \int \dfrac{x}{\sqrt{x^6 - x^4}}\,dx$

R 4.5 Resolver as seguintes integrais por substituição de variável:

a) $I = \int 2x \cdot \cos(x^2 + 1)\,dx$

b) $I = \int \dfrac{e^{4x-5}}{e^{2x+3}}\,dx$

c) $I = \int \dfrac{\ln x}{x}\,dx$

d) $I = \int (3x + 4)^5\,dx$

e) $I = \int \operatorname{sen} x \cdot e^{\cos x} dx$

Resolução:

a) $I = \int 2x \cdot \cos(x^2 + 1) \, dx$

Vamos fazer a substituição:

$u = x^2 + 1 \rightarrow du = 2x dx$

Então,

$$I = \int 2x \cdot \cos(x^2 + 1) \, dx = \int \cos u \, du = \operatorname{sen} u + C = \operatorname{sen}(x^2 + 1) + C$$

Resposta: $I = \operatorname{sen}(x^2 + 1) + C.$

b) $I = \int \dfrac{e^{4x-5}}{e^{2x+3}} dx$

Antes de fazer a substituição, vamos efetuar a divisão de potências de mesma base:

$$I = \int \frac{e^{4x-5}}{e^{2x+3}} dx = \int e^{(4x-5)-(2x+3)} dx = \int e^{2x-8} dx$$

$$u = 2x - 8 \rightarrow du = 2dx \rightarrow dx = \frac{du}{2}$$

Então,

$$I = \int e^{2x-8} dx = \int e^u \frac{du}{2} = \frac{1}{2} e^u + C = \frac{1}{2} e^{2x-8} + C$$

Resposta: $I = \dfrac{1}{2} e^{2x-8} + C.$

c) $I = \int \dfrac{\ln x}{x} dx$

Vamos fazer a substituição:

$$u = \ln x \rightarrow du = \frac{1}{x} dx$$

Então,

$$I = \frac{\ln x}{x} dx = \int u \, du = \frac{u^2}{2} + C = \frac{(\ln x)^2}{2} + C$$

Resposta: $I = \dfrac{(\ln x)^2}{2} + C.$

d) $I = \int (3x + 4)^5 dx$

Vamos fazer a substituição:

$$u = 3x + 4 \rightarrow du = 3dx \rightarrow dx = \frac{du}{3}$$

Então,

$$I = \int (3x + 4)^5 dx = \int u^5 \frac{du}{3} = \frac{1}{3} \cdot \frac{u^6}{6} + C = \frac{(3x + 4)^6}{18} + C$$

Resposta: $I = \dfrac{(3x+4)^6}{18} + C.$

e) $I = \int \operatorname{sen} x \cdot e^{\cos x} dx$

Vamos fazer a substituição:

$u = \cos x \rightarrow du = -\operatorname{sen} x\, dx$

Então,

$I = \int \operatorname{sen} x \cdot e^{\cos x} dx = \int e^u (-du) = -e^u + C = -e^{\cos x} + C$

Resposta: $I = -e^{\cos x} + C.$

P 4.6 Resolver as seguintes integrais por substituição de variável:

a) $I = \int (2x+1)\sqrt{x^2 + x - 5}\, dx$

b) $I = \int xe^{x^2+1} dx$

c) $I = \int \dfrac{2x}{x^2+1} dx$

d) $I = \int e^{3x+2} dx$

e) $I = \int \sec^2 x \cdot e^{\operatorname{tg} x} dx$

R 4.7 Resolver as seguintes integrais por substituição de variável:

a) $I = \int \dfrac{1}{\sqrt{x^2 - x^2 \ln^2 x}} dx$

b) $I = \int \dfrac{1}{x^2}\sqrt{\left(3 + \dfrac{1}{x}\right)}\, dx$

c) $I = \int \dfrac{\operatorname{sen}(\sqrt{x})}{\sqrt{x}} dx$

d) $I = \int x\sqrt{x+3}\, dx$

e) $I = \int \dfrac{3}{2x+1} dx$

Resolução:

a) $I = \int \dfrac{1}{\sqrt{x^2 - x^2 \ln^2 x}} dx$

Antes de fazer a substituição, vamos colocar o fator em comum em evidência:

$$I = \int \dfrac{1}{\sqrt{x^2 - x^2 \ln^2 x}} dx = \int \dfrac{1}{\sqrt{x^2(1 - \ln^2 x)}} dx = \int \dfrac{1}{x\sqrt{(1 - \ln^2 x)}} dx$$

$$u = \ln x \rightarrow du = \dfrac{1}{x} dx$$

Então,

$$I = \int \frac{1}{x\sqrt{(1-\ln^2 x)}}\,dx = \int \frac{1}{\sqrt{(1-u^2)}}\,du = \text{arc sen}\,u + C = \text{arc sen}\,(\ln x) + C$$

Resposta: $I = \text{arc sen}\,(\ln x) + C.$

b) $I = \int \frac{1}{x^2}\sqrt{\left(3+\frac{1}{x}\right)}\,dx$

Vamos fazer a substituição:

$$u = 3+\frac{1}{x} \rightarrow du = -\frac{1}{x^2}\,dx$$

Então,

$$I = \int \frac{1}{x^2}\sqrt{\left(3+\frac{1}{x}\right)}\,dx = \int \sqrt{u}\,(-du) = -\int u^{\frac{1}{2}}\,du = -\frac{u^{\frac{3}{2}}}{\frac{3}{2}} + C$$

$$= -\frac{2}{3}u^{\frac{3}{2}} + C = -\frac{2}{3}\left(3+\frac{1}{x}\right)^{\frac{3}{2}} + C = -\frac{2}{3}\sqrt{\left(3+\frac{1}{x}\right)^3} + C$$

Resposta: $I = -\frac{2}{3}\sqrt{\left(3+\frac{1}{x}\right)} + C.$

c) $I = \int \frac{\text{sen}\,(\sqrt{x})}{\sqrt{x}}\,dx$

Vamos fazer a substituição:

$$u = \sqrt{x} \rightarrow du = \frac{1}{2\sqrt{x}}\,dx \rightarrow \frac{1}{\sqrt{x}}\,dx = 2\,du$$

Então,

$$I = \int \frac{\text{sen}\,(\sqrt{x})}{\sqrt{x}}\,dx = \int \text{sen}\,u\,(2du) = 2\int \text{sen}\,u\,du = -2\cos u + C$$

$$= -2\cos\,(\sqrt{x}) + C$$

Resposta: $I = -2\cos\,(\sqrt{x}) + C.$

d) $I = \int x\sqrt{x+3}\,dx$

Vamos fazer a substituição:

$$u = x+3 \rightarrow du = dx \rightarrow x = u-3$$

Então,

$$I = \int x\sqrt{x+3}\,dx = \int (u-3)u^{\frac{1}{2}}\,du = \int u^{\frac{3}{2}}\,du - 3\int u^{\frac{1}{2}}\,du$$

$$= \frac{u^{\frac{5}{2}}}{\frac{5}{2}} - 3\frac{u^{\frac{3}{2}}}{\frac{3}{2}} + C = \frac{2}{5}\sqrt{u^5} - 3\cdot\frac{2}{3}\sqrt{u^3} + C = \frac{2}{5}\sqrt{u^4 u} - 2\sqrt{u^2 u} + C = \frac{2}{5}u^2\sqrt{u} - 2u\sqrt{u} + C$$

$$= \frac{2}{5}(x+3)^2\sqrt{(x+3)} - 2(x+3)\sqrt{(x+3)} + C = (x+3)\sqrt{(x+3)}\left[\frac{2}{5}(x+3) - 2\right] + C$$

$$= (x+3)\sqrt{(x+3)}\left[\frac{2x}{5} + \frac{3}{5} - 2\right] + C = (x+3)\sqrt{(x+3)}\left[\frac{2x+3-10}{5}\right] + C$$

Resposta: $I = \dfrac{(x+3)\sqrt{(x+3)}}{5}[2x-7]+C.$

e) $I = \int \dfrac{3}{2x+1}dx$

Vamos fazer a substituição:

$u = 2x + 1 \to du = 2dx \to dx = \dfrac{du}{2}$

Então,

$I = \int \dfrac{3}{2x+1}dx = 3\int \dfrac{1}{u}\cdot\dfrac{du}{2} = \dfrac{3}{2}\int \dfrac{1}{u}du = \dfrac{3}{2}\ln|u|+C$

$= \dfrac{3}{2}\ln|2x+1|+C$

Resposta: $I = \dfrac{3}{2}\ln|2x+1|+C.$

P 4.8 Resolver as seguintes integrais por substituição de variável:

a) $I = \int \dfrac{2}{(3x+1)^4}dx$

b) $I = \int \dfrac{x^2}{\sqrt{x^3+2}}dx$

c) $I = \int \dfrac{2x+3}{x^2+3x-4}dx$

d) $I = \int \dfrac{x^2}{x^3(1+\ln^2 x)}dx$

e) $I = \int \operatorname{sen}^2 x \cdot \cos x\, dx$

f) $I = \int \dfrac{\sec^2(\sqrt{x})}{\sqrt{x}}dx$

g) $I = \int (x+2)\cdot\cos(x^2+4x+1)\,dx$

h) $I = \int \sqrt{x}\cdot\cos(x\sqrt{x})\,dx$

i) $I = \int \dfrac{\operatorname{sen} x}{\cos^3 x}dx$

j) $I = \int \dfrac{\operatorname{arc\,tg} x}{x^2+1}dx$

k) $I = \int \dfrac{1}{x\cdot\ln x}dx$

l) $I = \int \dfrac{\ln^3 x}{x}dx$

m) $I = \int x(x+3)^4 dx$

n) $I = \int x^2\sqrt{x-1}\,dx$

o) $I = \int \dfrac{x^3}{\sqrt{x^2 - 1}}\,dx$

R 4.9 Resolver por integração por partes:

a) $I = \int x \cdot \text{sen}\,(2x)\,dx$

b) $I = \int x^2 \cdot \ln x\,dx$

c) $I = \int \text{arc tg}\,(3x)\,dx$

d) $I = \int x^2 e^{3x}\,dx$

e) $I = \int \text{sen}\,x \cdot \text{sen}\,(2x)\,dx$

f) $I = \int x^3 e^{x^2}\,dx$

Resolução:

a) $I = \int x \cdot \text{sen}\,(2x)\,dx$

Vamos identificar os termos da integração por partes:

$u = x \to du = dx$

$dv = \text{sen}\,(2x)\,dx \to v = \int \text{sen}\,(2x)\,dx = -\dfrac{1}{2}\cos\,(2x)$

Então,

$$I = \int x\,\text{sen}\,(2x)\,dx = x \cdot \left(-\dfrac{1}{2}\cos\,(2x)\right) - \int \left(-\dfrac{1}{2}\cos\,(2x)\right)dx$$

$$= -\dfrac{1}{2}x \cdot \cos\,(2x) + \dfrac{1}{2}\int \cos\,(2x)\,dx$$

Fazendo a substituição de variável:

$t = 2x \to dt = 2dx \to dx = \dfrac{dt}{2}$

$$I = \int x \cdot \text{sen}\,(2x)\,dx = -\dfrac{1}{2}x \cdot \cos\,(2x) + \dfrac{1}{2}\int \cos\,(t)\,\dfrac{dt}{2}$$

$$= -\dfrac{1}{2}x \cdot \cos\,(2x) + \dfrac{1}{4}\int \cos\,(t)\,dt = -\dfrac{1}{2}x \cdot \cos\,(2x) + \dfrac{1}{4}\text{sen}\,(t) + C$$

$$= -\dfrac{1}{2}x \cdot \cos\,(2x) + \dfrac{1}{4}\text{sen}\,(2x) + C$$

Resposta: $I = -\dfrac{1}{2}x \cdot \cos\,(2x) + \dfrac{1}{4}\text{sen}\,(2x) + C$.

b) $I = \int x^2 \cdot \ln x\,dx$

Vamos identificar os termos da integração por partes:

$u = \ln x \to du = \dfrac{1}{x}dx$

$dv = x^2 dx \to v = \int x^2 dx = \dfrac{x^3}{3}$

Então,

$$I = \int x^2 \cdot \ln x \, dx = \ln x \cdot \frac{x^3}{3} - \int \left(\frac{x^3}{3}\right)\frac{1}{x} dx = \frac{x^3}{3} \cdot \ln x - \frac{1}{3}\int x^2 dx$$

$$= \frac{x^3}{3} \cdot \ln x - \frac{x^3}{9} + C$$

Resposta: $I = \frac{x^3}{3}\left(\ln x - \frac{1}{3}\right) + C.$

c) $I = \int \text{arc tg}\,(3x)\,dx$

Vamos identificar os termos da integração por partes:

$$u = \text{arc tg}\,(3x) \rightarrow du = \frac{3}{1+(3x)^2} dx$$

$$dv = dx \rightarrow v = x$$

Então,

$$I = \int \text{arc tg}\,(3x)\,dx = x \cdot \text{arc tg}\,(3x) - \int x \cdot \left(\frac{3}{1+(3x)^2}\right)dx$$

$$= x \cdot \text{arc tg}\,(3x) - 3\int \left(\frac{x}{1+9x^2}\right)dx$$

Fazendo a substituição de variável:

$$t = 1 + 9x^2 \rightarrow dt = 18x dx \rightarrow x \cdot dx = \frac{dt}{18}$$

$$I = \int \text{arc tg}\,(3x)\,dx = x \cdot \text{arc tg}\,(3x) - 3\int \left(\frac{1}{t}\right)\frac{dt}{18} = x\,\text{arc tg}\,(3x) - \frac{1}{6}\int \left(\frac{1}{t}\right)dt$$

$$= x \cdot \text{arc tg}\,(3x) - \frac{1}{6}\ln|t| + C = x \cdot \text{arc tg}\,(3x) - \frac{1}{6}\ln|1+9x^2| + C$$

Resposta: $I = x \cdot \text{arc tg}\,(3x) - \frac{1}{6}\ln|1+9x^2| + C.$

d) $I = \int x^2 e^{3x} dx$

Vamos identificar os termos da integração por partes:

$$u = x^2 \rightarrow du = 2x dx$$

$$dv = e^{3x}dx \rightarrow v = \int e^{3x} dx = \frac{e^{3x}}{3}$$

Então,

$$I = \int x^2 e^{3x} dx = x^2 \cdot \frac{e^{3x}}{3} - \int \frac{e^{3x}}{3} \cdot 2x dx = \frac{1}{3}x^2 \cdot e^{3x} - \frac{2}{3}\int x \cdot e^{3x} dx$$

Temos de fazer integração por partes novamente:

$$u = x \to du = dx$$

$$dv = e^{3x}dx \to v = \int e^{3x}dx = \frac{e^{3x}}{3}$$

$$I = \int x^2 e^{3x}dx = \frac{1}{3}x^2 \cdot e^{3x} - \frac{2}{3}\int x \cdot e^{3x}dx = \frac{1}{3}x^2 \cdot e^{3x} - \frac{2}{3}\left[x \cdot \frac{e^{3x}}{3} - \int \frac{e^{3x}}{3} \cdot dx\right]$$

$$= \frac{1}{3}x^2 \cdot e^{3x} - \frac{2}{9}x \cdot e^{3x} + \frac{2}{9}\int e^{3x}dx = \frac{1}{3}x^2 \cdot e^{3x} - \frac{2}{9}x \cdot e^{3x} + \frac{2}{27}e^{3x} + C$$

Resposta: $I = \frac{1}{3}e^{3x}\left(x^2 - \frac{2}{3}x + \frac{2}{9}\right) + C.$

e) $\quad I = \int \operatorname{sen} x \cdot \operatorname{sen}(2x)\, dx$

Vamos identificar os termos da integração por partes:

$$u = \operatorname{sen} x \to du = \cos x\, dx$$

$$dv = \operatorname{sen}(2x)\, dx \to v = \int \operatorname{sen}(2x)\, dx = \frac{-\cos(2x)}{2}$$

Então,

$$I = \int \operatorname{sen} x \cdot \operatorname{sen}(2x)\, dx = \operatorname{sen} x \cdot \left(-\frac{\cos(2x)}{2}\right) - \int \left(-\frac{\cos(2x)}{2}\right) \cdot \cos x\, dx$$

$$= -\frac{1}{2}\operatorname{sen} x \cdot \cos(2x) + \frac{1}{2}\int \cos x \cdot \cos(2x)\, dx$$

Vamos fazer a integração por partes de novo para voltar à integral inicial:

$$u = \cos x \to du = -\operatorname{sen} x\, dx$$

$$dv = \cos(2x)\, dx \to v = \int \cos(2x)\, dx = \frac{\operatorname{sen}(2x)}{2}$$

$$I = \int \operatorname{sen} x \cdot \operatorname{sen}(2x)$$

$$= -\frac{1}{2}\operatorname{sen} x \cdot \cos(2x) + \frac{1}{2}\left[\cos x \frac{\operatorname{sen}(2x)}{2} - \int \frac{\operatorname{sen}(2x)}{2}(-\operatorname{sen} x)\, dx\right]$$

$$= -\frac{1}{2}\operatorname{sen} x \cdot \cos(2x) + \frac{1}{4}\cos x \cdot \operatorname{sen}(2x) + \frac{1}{4}\int \operatorname{sen} x \cdot \operatorname{sen}(2x)\, dx$$

Ou seja,

$$I = \int \operatorname{sen} x \cdot \operatorname{sen}(2x)\, dx = -\frac{1}{2}\operatorname{sen} x \cdot \cos(2x) + \frac{1}{4}\cos x \cdot \operatorname{sen}(2x) + \frac{1}{4}I$$

Logo,

$$I - \frac{1}{4}I = -\frac{1}{2}\operatorname{sen} x \cdot \cos(2x) + \frac{1}{4}\cos x \cdot \operatorname{sen}(2x)$$

$$\frac{3}{4}I = -\frac{1}{2}\operatorname{sen} x \cdot \cos(2x) + \frac{1}{4}\cos x \cdot \operatorname{sen}(2x)$$

$$I = \frac{4}{3}\left[-\frac{1}{2}\operatorname{sen} x \cdot \cos(2x) + \frac{1}{4}\cos x \cdot \operatorname{sen}(2x)\right] + C$$

Resposta: $I = -\frac{2}{3}\operatorname{sen} x \cdot \cos(2x) + \frac{1}{3}\cos x \cdot \operatorname{sen}(2x) + C.$

f) $\quad I = \int x^3 e^{x^2}\, dx$

Antes de aplicar o método de integração por partes, para melhor visualizar a integral, podemos fazer a substituição de variável. Observe:

$$t = x^2 \rightarrow dt = 2x dx \rightarrow x \cdot dx = \frac{dt}{2}$$

Então,

$$I = \int x^2 \cdot x \cdot e^{x^2} dx = \int t \cdot e^t \frac{dt}{2} = \frac{1}{2} \int t \cdot e^t dt$$

Agora, identificando os termos da integração por partes:

$$u = t \rightarrow du = dt$$
$$dv = e^t dt \rightarrow v = e^t$$

Então,

$$I = \int x^3 e^{x^2} dx = \frac{1}{2} \int t \cdot e^t dt = \frac{1}{2}\left(t \cdot e^t - \int e^t dt\right) = \frac{1}{2}(t \cdot e^t - e^t) + C = \frac{1}{2}(x^2 \cdot e^{x^2} - e^{x^2}) + C$$

Resposta: $I = \dfrac{e^{x^2}}{2}(x^2 - 1) + C.$

P 4.10 Resolver por integração por partes:

a) $\quad I = \int 4x \cdot \operatorname{sen} x \, dx$

b) $\quad I = \int x \cdot \sec^2(2x) \, dx$

c) $\quad I = \int \sqrt{x} \cdot \ln x \, dx$

d) $\quad I = \int \dfrac{\ln x}{x^4} dx$

e) $\quad I = \int \operatorname{arc sen}(3x) \, dx$

f) $\quad I = \int x^3 \cdot \cos x \, dx$

g) $\quad I = \int x^2 \cdot e^{-2x} dx$

h) $\quad I = \int e^{4x} \cdot \cos(3x) \, dx$

i) $\quad I = \int \operatorname{sen}(2x) \cdot \cos x \, dx$

j) $\quad I = \int x^2 \cdot \operatorname{arc cos} x \, dx$

k) $\quad I = \int x \cdot \operatorname{arc tg}(2x) \, dx$

l) $\quad I = \int x^3 \cdot \operatorname{sen} x^2 dx$

m) $\quad I = \int \sqrt{x} \cdot \cos \sqrt{x} \, dx$

n) $\quad I = \int x^3 \cdot \sec^2(x^2) \, dx$

o) $\quad I = \int x^5 \cdot \cos x^2 dx$

R 4.11 Resolver as integrais racionais abaixo:

a) $I = \int \dfrac{3x^2 - 5}{x^3 - 5x + 7}\,dx$

b) $I = \int \dfrac{x - x^3}{x - x^5}\,dx$

c) $I = \int \dfrac{4x^2 + 4x + 1}{4x + 2}\,dx$

Resolução:

a) $I = \int \dfrac{3x^2 - 5}{x^3 - 5x + 7}\,dx$

Apesar de ser uma integral racional, ela é resolvida facilmente por substituição de variável:

$t = x^3 - 5x + 7 \rightarrow dt = (3x^2 - 5)dx$

Logo,

$$I = \int \frac{3x^2 - 5}{x^3 - 5 + 7}\,dx = \int \frac{1}{t}\,dt = \ln|\,t\,| + C = \ln|\,x^3 - 5x + 7\,| + C$$

Resposta: $I = \ln|\,x^3 - 5x + 7\,| + C.$

b) $I = \int \dfrac{x - x^3}{x - x^5}\,dx$

Vamos colocar o termo comum em evidência e depois simplificar:

$$\frac{x - x^3}{x - x^5} = \frac{x\,(1 - x^2)}{x\,(1 - x^4)} = \frac{1 - x^2}{1 - x^4} = \frac{1 - x^2}{(1 - x^2)\,(1 + x^2)} = \frac{1}{1 + x^2}$$

Portanto,

$$I = \int \frac{x - x^3}{x - x^5}\,dx = \int \frac{1}{1 + x^2}\,dx = \operatorname{arc\,tg} x + C$$

Resposta: $I = \operatorname{arc\,tg} x + C.$

c) $I = \int \dfrac{4x^2 + 4x + 1}{4x + 2}\,dx$

Observe que o grau do numerador é maior do que o grau do denominador. Então, devemos primeiro fazer a divisão de polinômio:

$$
\begin{array}{r|l}
4x^2 + 4x + 1 & \,4x + 2 \\
-4x^2 - 2x & \;\; x + \dfrac{1}{2} \\
\hline
2x + 1 & \\
-2x - 1 & \\
\hline
0 &
\end{array}
$$

Ou seja,

$$I = \int \frac{4x^2 + 4x + 1}{4x + 2}\,dx = \int \left[x + \frac{1}{2}\right]dx = \frac{x^2}{2} + \frac{1}{2}x + C$$

230   Matemática com aplicações tecnológicas – Volume 2

Resposta: $I = \frac{x}{2}(x+1) + C.$

P 4 .12 Resolver as integrais racionais abaixo:

a) $I = \int \frac{x^2}{x^3 - 2}\,dx$

b) $I = \int \left(\frac{x}{x^4 - 2x^2 + 1} + \frac{2}{1 + 4x^2}\right)dx$

c) $I = \int \frac{x+1}{x^2 + 2x - 10}\,dx$

d) $I = \int \frac{3x^2 + 2}{x^3 + 2x + 15}\,dx$

e) $I = \int \frac{x^3}{x^2 - 1}\,dx$

f) $I = \int \frac{x^3 + x^2 + 1}{x^2 + 1}\,dx$

g) $I = \int \frac{3x + 2}{x + 1}\,dx$

h) $I = \int \frac{x^2 + 5x + 7}{x + 3}\,dx$

i) $I = \int \frac{2x^2 + 3x}{x + 1}\,dx$

R 4.13 Resolver as integrais racionais abaixo:

a) $I = \int \frac{4x - 7}{x^2 - 3x + 2}\,dx$

b) $I = \int \frac{1}{x^3 - 2x^2 + x}\,dx$

c) $I = \int \frac{x^2 - 5x - 5}{x^2 - 5x + 6}\,dx$

d) $I = \int \frac{x^2 + x - 1}{x^3 + x}\,dx$

e) $I = \int \frac{1}{x^3 - 8}\,dx$

Resolução:

a) $I = \int \frac{4x - 7}{x^2 - 3x + 2}\,dx$

Como não dá para fazer por substituição de variável, vamos fatorar o denominador aplicando a fórmula de Bháskara para $x^2 - 3x + 2 = 0$:

$$x = \frac{-(-3) \pm \sqrt{(-3)^2 - 4 \cdot 1 \cdot 2}}{2 \cdot 1} = \frac{3 \pm \sqrt{1}}{2} = \begin{cases} x_1 = 1 \\ x_2 = 2 \end{cases}$$

Como na fatoração, $ax^2 + bx + c = a(x - x_1)(x - x_2)$, temos

$x^2 - 3x + 2 = (x - 1)(x - 2)$,

então, tomamos o integrando e separamos em frações parciais, cujos denominadores são os fatores:

$$\frac{4x - 7}{x^2 - 3x + 2} = \frac{A}{(x - 1)} + \frac{B}{(x - 2)}$$

Reduzindo a última soma ao mesmo denominador, temos:

$$\frac{4x - 7}{x^2 - 3x + 2} = \frac{A(x - 2) + B(x - 1)}{(x - 1)(x - 2)}$$

Observe que temos uma igualdade de frações cujos denominadores são iguais, portanto, os numeradores também devem ser iguais, ou seja,

$4x - 7 = A(x - 2) + B(x - 1)$ (*)

Vamos resolver (*), atribuindo valores convenientes a x na igualdade acima:

Para $x = 1$:

$4 \cdot 1 - 7 = A(1 - 2) + B(1 - 1) \rightarrow -A = -3 \rightarrow A = 3$

Para $x = 2$:

$4 \cdot 2 - 7 = A(2 - 2) + B \cdot (2 - 1) \rightarrow B = 1$

Voltando à integral,

$$I = \int \frac{4x - 7}{x^2 - 3x + 2} dx = \int \left[\frac{3}{(x - 1)} + \frac{1}{(x - 2)} \right] dx = 3 \int \frac{1}{x - 1} dx + \int \frac{1}{x - 2} dx$$

Fazendo mudanças de variável convenientes nas integrais acima, temos:

$I = 3 \ln |x - 1| + \ln |x - 2| + C$

Aplicando as propriedades do logaritmo:

$\log_a b^n = n \log_a b$ e $\log_a b + \log_a c = \log_a (b \cdot c)$

$I = \ln |x - 1|^3 + \ln |x - 2| + C = \ln[|x - 1|^3 \cdot |x - 2|] + C$

Resposta: $I = \ln[|x - 1|^3 \cdot |x - 2|] + C$.

b) $I = \int \dfrac{1}{x^3 - 2x^2 + x} dx$

Fatorando o denominador,

$x^3 - 2x^2 + x = x(x^2 - 2x + 1) = x(x - 1)^2$

Então, tomamos o integrando e separamos em frações parciais:

$$\frac{1}{x^3 - 2x^2 + x} = \frac{A}{x} + \frac{B}{(x - 1)} + \frac{C}{(x - 1)^2}$$

Reduzindo a última soma ao mesmo denominador, temos:

$$\frac{1}{x^3 - 2x^2 + x} = \frac{A(x - 1)^2 + Bx(x - 1) + Cx}{x(x - 1)^2}$$

Observe que temos uma igualdade de frações cujos denominadores são iguais, portanto, os numeradores também devem ser iguais. Ou seja,

$$1 = A(x-1)^2 + Bx(x-1) + Cx$$

Usando o dispositivo prático, podemos substituir as raízes na igualdade acima, mas não será suficiente. Daí, substituímos um valor qualquer para determinar a última variável. Por exemplo, $x = 2$:

Para $x = 0$:

$$1 = A \cdot (0-1)^2 + B \cdot 0 \cdot (0-1) + C \cdot 0 \rightarrow A = 1$$

Para $x = 1$:

$$1 = A \cdot (1-1)^2 + B \cdot 1 \cdot (1-1) + C \cdot 1 \rightarrow C = 1$$

Para $x = 2$:

$$1 = A \cdot (2-1)^2 + B \cdot 2 \cdot (2-1) + C \cdot 2 \rightarrow A + 2B + 2C = 1 \rightarrow$$

$$2B = 1 - 1 - 2 = -2 \rightarrow B = -1$$

Voltando à integral,

$$I = \int \frac{1}{x^3 - 2x^2 + x} dx = \int \left[\frac{1}{x} - \frac{1}{x-1} + \frac{1}{(x-1)^2} \right] dx$$

Fazendo mudanças de variável convenientes nas segunda e terceira integrais, temos:

$$I = \ln|x| - \ln|x-1| + \frac{(x-1)^{-1}}{-1} + C = \ln|x| - \ln|x-1| - \frac{1}{x-1} + C$$

Aplicando as propriedades do logaritmo:

$$\log_a b^n = n \log_a b \quad \text{e} \quad \log_a b + \log_a c = \log_a (b \cdot c)$$

$$I = \ln|x| - \ln|x-1| - \frac{1}{x-1} + C = \ln\left[\frac{|x|}{|x-1|} \right] - \frac{1}{x-1} + C$$

Resposta: $I = \ln\left[\dfrac{|x|}{|x-1|} \right] - \dfrac{1}{x-1} + C.$

c) $\quad I = \int \dfrac{x^2 - 5x - 5}{x^2 - 5x + 6} dx$

Observe que o grau do numerador é igual ao grau do denominador. Então, devemos primeiro fazer a divisão de polinômio:

$$\begin{array}{r|l} x^2 - 5x - 5 & \underline{\quad x^2 - 5x + 6 \quad} \\ \underline{-x^2 + 5x - 6} & 1 \\ -11 & \end{array}$$

Ou seja,

$$I = \int \frac{x^2 - 5x - 5}{x^2 - 5x + 6} dx = \int \left[1 - \frac{11}{x^2 - 5x + 6} \right] dx$$

Vamos fatorar o denominador aplicando a fórmula de Bháskara para $x^2 - 5x + 6 = 0$:

$$x = \frac{-(-5) \pm \sqrt{(-5)^2 - 4 \cdot 1 \cdot 6}}{2 \cdot 1} = \frac{5 \pm \sqrt{1}}{2} = \begin{cases} x_1 = 2 \\ x_2 = 3 \end{cases}$$

Como na fatoração, $ax^2 + bx + c = a(x - x_1)(x - x_2)$, temos

$x^2 - 5x + 6 = (x - 2)(x - 3)$,

então, tomamos o integrando e separamos em frações parciais, cujos denominadores são os fatores:

$$\frac{11}{x^2 - 5x + 6} = \frac{A}{(x - 2)} + \frac{B}{(x - 3)}$$

Reduzindo a última soma ao mesmo denominador, temos:

$$\frac{11}{x^2 - 5x + 6} = \frac{A(x - 3) + B(x - 2)}{(x - 2)(x - 3)}$$

Observe que temos uma igualdade de frações cujos denominadores são iguais, portanto, os numeradores também devem ser iguais. Ou seja,

$11 = A(x - 3) + B(x - 2) \quad (*)$

Vamos resolver (*), atribuindo valores convenientes a x na igualdade acima:

Para $x = 2$:

$11 = A(2 - 3) + B(2 - 2) \rightarrow A = 11 \rightarrow A = -11$

Para $x = 3$:

$11 = A(3 - 3) + B(3 - 2) \rightarrow B = 11$

Voltando à integral,

$$I = \int \left[\frac{11}{x^2 - 5x + 6} \right] dx = x - \int \left[\frac{-11}{(x - 2)} + \frac{11}{(x - 3)} \right] dx = x + 11 \int \frac{1}{x - 2} dx - 11 \int \frac{1}{x - 3} dx$$

Fazendo mudanças de variável convenientes nas integrais acima, temos:

$$I = x + 11 \ln|x - 2| - 11 \ln|x - 3| + C$$

Aplicando as propriedades do logaritmo:

$\log_a b^n = n \log_a b \quad \text{e} \quad \log_a b + \log_a c = \log_a (b \cdot c)$

$I = x + \ln|x - 2|^{11} + \ln|x - 3|^{-11} + C = x + \ln|x - 2|^{11} \cdot |x - 3|^{-11} + C$

$$= x + \ln \left[\frac{|x - 2|}{|x - 3|} \right]^{11} + C$$

Resposta: $I = x + \ln \left[\dfrac{|x - 2|}{|x - 3|} \right]^{11} + C.$

d) $\quad I = \displaystyle\int \frac{x^2 + x - 1}{x^3 + x} dx$

Fatorando o denominador,

$x^3 + x = x(x^2 + 1)$

Então, tomamos o integrando e separamos em frações parciais:

$$\frac{x^2+x-1}{x^3+x} = \frac{A}{x} + \frac{Bx+C}{x^2+1}$$

Reduzindo a última soma ao mesmo denominador, temos:

$$\frac{x^2+x-1}{x^3+x} = \frac{A(x^2+1)+(Bx+C)x}{x(x^2+1)}$$

Observe que temos uma igualdade de frações cujos denominadores são iguais, portanto, os numeradores também devem ser iguais. Ou seja,

$$x^2+x-1 = A(x^2+1)+(Bx+C)x$$

Usando o dispositivo prático, podemos substituir a raiz na igualdade acima, mas não será suficiente. Daí, substituímos um valor qualquer para determinar a última variável. Por exemplo, $x = 1$ e $x = -1$:

Para $x = 0$:

$$0^2+0-1 = A(0^2+1)+(B\cdot 0+C)\cdot 0 \to A = -1$$

Para $x = 1$:

$$1^2+1-1 = A(1^2+1)+(B\cdot 1+C)\cdot 1 \to 2A+B+C = -1 \to B+C = 1$$

Para $x = -1$:

$$(-1)^2+(-1)-1 = A((-1)^2+1)+(B\cdot(-1)+C)\cdot(-1)$$

$$\to 2A+B+C = -1 \to B-C = 1$$

$$\begin{cases} B+C = 1 \\ B-C = 1 \end{cases} \to 2B = 2 \to B = 1 \quad \text{e} \quad C = 0$$

Voltando à integral,

$$I = \int \frac{x^2+x-1}{x^3+x} = \int \left[\frac{-1}{x} + \frac{1x+0}{x^2+1}\right]dx = -\int \frac{1}{x}dx + \int \frac{x}{x^2+1}dx$$

Fazendo mudança de variável na segunda integral,

$$t = x^2+1 \to dt = 2xdx \to xdx = \frac{dt}{2}$$

Logo,

$$I = \int \frac{x^2+x-1}{x^3+x} = -\int \frac{1}{x}dx + \int \frac{x}{x^2+1}dx = -\ln|x| + \int \frac{1}{t}\cdot\frac{dt}{2}$$

$$= -\ln|x| + \frac{1}{2}\ln|t| + C = -\ln|x| + \frac{1}{2}\ln|x^2+1| + C$$

Resposta: $I = -\ln|x| + \frac{1}{2}\ln|x^2+1| + C.$

e) $\quad I = \int \frac{1}{x^3-8}dx$

Fatorando o denominador pela diferença de cubos:

$a^3 - b^3 = (a-b)(a^2+ab+b^2)$, temos:

$$x^3 - 2^3 = (x-2)(x^2+2x+2^2)$$

Separando o integrando em frações parciais:

$$\frac{1}{x^3 - 8} = \frac{1}{(x-2)(x^2 + 2x + 4)} = \frac{A}{x-2} + \frac{Bx + C}{x^2 + 2x + 4}$$

Reduzindo a última soma ao mesmo denominador, temos:

$$\frac{1}{x^3 - 8} = \frac{A(x^2 + 2x + 4) + (Bx + C)(x - 2)}{(x-2)(x^2 + 2x + 4)}$$

Observe que temos uma igualdade de frações cujos denominadores são iguais, portanto, os numeradores também devem ser iguais. Ou seja,

$$1 = A(x^2 + 2x + 4) + (Bx + C)(x - 2)$$

Neste caso, vamos preferir desenvolver o produto e fazer igualdade de polinômios:

$$1 = Ax^2 + 2Ax + 4A + Bx^2 + 2Bx + Cx - 2C$$
$$= (A + B)x^2 + (2A - 2B + C)x + (4A - 2C)$$

Logo,

$$\begin{cases} A + B = 0 \\ 2A - 2B + C = 0 \\ 4A - 2C = 1 \end{cases} \rightarrow A = -B \rightarrow \begin{cases} -4B + C = 0 \\ -4B - 2C = 1 \end{cases} \rightarrow 3C = -1 \rightarrow C = -\frac{1}{3} \quad \text{e} \quad B = \frac{C}{4}$$

Neste caso, $B = -\frac{1}{12}$ e $A = \frac{1}{12}$

Voltando à integral,

$$I = \int \frac{1}{x^3 - 8} dx$$

$$= \int \left[\frac{\frac{1}{12}}{x-2} + \frac{-\frac{1}{12}x - \frac{1}{3}}{x^2 + 2x + 4} \right] dx$$

$$= \frac{1}{12} \int \frac{1}{x-2} dx - \frac{1}{12} \int \frac{x+4}{x^2 + 2x + 4} dx$$

$$= \frac{1}{12} \int \frac{1}{x-2} dx - \frac{1}{12} \int \frac{x+1}{x^2 + 2x + 4} dx - \frac{1}{12} \int \frac{3}{x^2 + 2x + 4} dx$$

Fazendo mudança de variável nas primeira e segunda integrais,

$$t = x - 2 \rightarrow dt = dx$$

$$s = x^2 + 2x + 4 \rightarrow ds = (2x + 2)dx \rightarrow (x+1)dx = \frac{ds}{2}$$

Completando quadrados na terceira integral,

$$\int \frac{3}{x^2 + 2x + 4} dx = \int \frac{3}{(x^2 + 2x + 1) + 3} dx$$

$$= \int \frac{3}{(x+1)^2 + 3} dx = \int \frac{3}{2\left(\frac{x+1}{\sqrt{3}}\right)^2 + 1} dx$$

E ainda fazendo substituição de variável na integral acima,

$$z = \frac{(x+1)}{\sqrt{3}} \to dx = \sqrt{3}\, dz$$

$$I = \int \frac{1}{x^3 - 8}\, dx$$

$$= \frac{1}{12} \int \frac{1}{t}\, dt - \frac{1}{12} \int \frac{1}{s}\frac{ds}{2} = \frac{1}{12} \int \frac{1}{z^2 + (1)^2}\sqrt{3}\, dz$$

$$= \frac{1}{12} \ln|t| - \frac{1}{24} \ln|s| - \frac{\sqrt{3}}{12}\, \mathrm{arc}\, \mathrm{tg}\, z + C$$

$$= \frac{1}{12} \ln|x-2| - \frac{1}{24} \ln|x^2 + 2x + 4| - \frac{\sqrt{3}}{12}\, \mathrm{arc}\, \mathrm{tg}\left(\frac{x+1}{\sqrt{3}}\right) + C$$

Resposta: $I = \frac{1}{12}\ln|x-2| - \frac{1}{24}\ln|x^2+2x+4| - \frac{\sqrt{3}}{12}\,\mathrm{arc}\,\mathrm{tg}\left(\frac{x+1}{\sqrt{3}}\right) + C.$

P 4.14 Resolver as integrais racionais abaixo:

a) $\quad I = \int \dfrac{1}{x^2 - 2x}\, dx$

b) $\quad I = \int \dfrac{3x}{x^2 + 2x}\, dx$

c) $\quad I = \int \dfrac{x+1}{x^2 - 3x + 2}\, dx$

d) $\quad I = \int \dfrac{2x-1}{x^2 - 7x + 12}\, dx$

e) $\quad I = \int \dfrac{4x^2 - 3x + 2}{x^3 - x^2 - 2x}\, dx$

f) $\quad I = \int \dfrac{1}{x^3 - 2x^2 + x}\, dx$

g) $\quad I = \int \dfrac{x}{(x-1)(x+1)^2}\, dx$

h) $\quad I = \int \dfrac{2x-3}{x^3 + 4x^2 + 4x}\, dx$

i) $\quad I = \int \dfrac{3x+1}{x^3 - 6x^2 + 9x}\, dx$

j) $\quad I = \int \dfrac{x^2+1}{(x+1)^2(x-2)^2}\, dx$

k) $\quad I = \int \dfrac{3x^2-1}{x^3(x-2)}\, dx$

l) $\quad I = \int \dfrac{x^3}{x^2 - x - 2}\, dx$

m) $\quad I = \int \dfrac{x^2 + 2x - 1}{x^2 + 3x - 4}\, dx$

n) $\quad I = \int \dfrac{x^2 + 3}{x^2 + 2x - 24}\, dx$

Integrais indefinidas

o) $I = \int \dfrac{x^3}{(x^2+1)^2}\,dx$

p) $I = \int \dfrac{2x^3 - 3x^2 + 2x - 4}{x^2+4}\,dx$

q) $I = \int \dfrac{2x^3 + x^2 + 2x - 1}{x^4-1}\,dx$

r) $I = \int \dfrac{1}{x^3+8}\,dx$

s) $I = \int \dfrac{2x}{x^3-1}\,dx$

R 4.15 Resolver as integrais abaixo que são potências de funções trigonométricas:

a) $I = \int \operatorname{sen}^5(3x)\,dx$

b) $I = \int \dfrac{\operatorname{sen}^4(2x)}{\operatorname{sen}^4 x \cdot \cos x}\,dx$

c) $I = \int \operatorname{sen}^2(3x) \cdot \cos^3(3x)\,dx$

d) $I = \int \cos^4(2x)\,dx$

e) $I = \int \cos^5(3x) \cdot \operatorname{sen}^3(3x)\,dx$

f) $I = \int \sec^6 x\,dx$

g) $I = \int \operatorname{tg}^3 x \cdot \sec^3 x\,dx$

Resolução:

a) $I = \int \operatorname{sen}^5(3x)\,dx$

$$I = \int \operatorname{sen}^5(3x)\,dx = \int \operatorname{sen}^4(3x) \cdot \operatorname{sen}(3x)\,dx$$
$$= \int (1 - \cos^2(3x))^2 \cdot \operatorname{sen}(3x)\,dx$$

Agora, fazemos substituição de variável,

$$u = \cos(3x) \rightarrow du = -3\operatorname{sen}(3x) \cdot dx$$
$$I = \int (1 - \cos^2(3x))^2 \cdot \operatorname{sen}(3x)\,dx = \int (1 - u^2)^2 \cdot \left(-\dfrac{du}{3}\right)$$
$$= -\dfrac{1}{3}\int (1 - 2u^2 + u^4)\,du = -\dfrac{1}{3}\left(u - 2\dfrac{u^3}{3} + \dfrac{u^5}{5}\right) + C$$
$$= -\dfrac{1}{3}\left(\cos(3x) - 2\dfrac{\cos^3(3x)}{3} + \dfrac{\cos^5(3x)}{5}\right) + C$$

Resposta: $I = -\dfrac{1}{3}\left(\cos(3x) - 2\dfrac{\cos^3(3x)}{3} + \dfrac{\cos^5(3x)}{5}\right) + C.$

b) $I = \int \dfrac{\operatorname{sen}^4(2x)}{\operatorname{sen}^4 x \cdot \cos x}\,dx$

Lembrando que $\operatorname{sen}(2x) = 2 \cdot \operatorname{sen} x \cdot \cos x$, vamos substituir na integral,

$$I = \int \frac{\operatorname{sen}^4(2x)}{\operatorname{sen}^4 x \cdot \cos x}\,dx = I = \int \frac{2^4 \operatorname{sen}^4 x \cdot \cos^4 x}{\operatorname{sen}^4 x \cdot \cos x}\,dx$$

$$= 16 \int \cos^3 x\,dx$$

$$= 16 \int \cos^2 x \cdot \cos x\,dx = 16 \int (1 - \operatorname{sen}^2 x) \cdot \cos x\,dx$$

Fazendo substituição de variável,

$$u = \operatorname{sen} x \to du = \cos x \cdot dx$$

Voltando à integral,

$$I = 16 \int (1 - \operatorname{sen}^2 x) \cdot \cos x\,dx = 16 \int (1 - u^2)\,du$$

$$= 16\left(u - \frac{u^3}{3}\right) + C = 16\left(\operatorname{sen} x - \frac{\operatorname{sen}^3 x}{3}\right) + C$$

Resposta: $I = 16\left(\operatorname{sen} x - \dfrac{\operatorname{sen}^3 x}{3}\right) + C.$

c) $I = \int \operatorname{sen}^2(3x) \cdot \cos^3(3x)\,dx$

$$I = \int \operatorname{sen}^2(3x) \cdot \cos^3(3x)\,dx = \int \operatorname{sen}^2(3x) \cdot \cos^2(3x) \cdot \cos(3x)\,dx$$

$$= \int \operatorname{sen}^2(3x) \cdot (1 - \operatorname{sen}^2(3x)) \cdot \cos(3x)\,dx$$

Agora, fazemos substituição de variável,

$$u = \operatorname{sen}(3x) \to du = 3\cos(3x) \cdot dx$$

$$I = \int \operatorname{sen}^2(3x) \cdot (1 - \operatorname{sen}^2(3x)) \cdot \cos(3x)\,dx = \int u^2(1 - u^2) \cdot \left(\frac{du}{3}\right)$$

$$= \frac{1}{3} \int (u^2 - u^4)\,du = \frac{1}{3} \int \left(\frac{u^3}{3} - \frac{u^5}{5}\right) + C$$

$$= \frac{1}{3}\left(\frac{\operatorname{sen}^3(3x)}{3} + \frac{\operatorname{sen}^5(3x)}{5}\right) + C$$

Resposta: $I = \dfrac{1}{3}\left(\dfrac{\operatorname{sen}^3(3x)}{3} + \dfrac{\operatorname{sen}^5(3x)}{5}\right) + C.$

d) $I = \int \cos^4(2x)\,dx$

Nesse caso, a substituição é,

$$\cos^2 x = \frac{1 + \cos(2x)}{2}$$

Então,

$$I = \int \cos^4(2x)\,dx$$

$$= \int \cos^2(2x) \cdot \cos^2(2x)\,dx = \int \left(\frac{1+\cos(4x)}{2}\right) \cdot \left(\frac{1+\cos(4x)}{2}\right) dx$$

$$= \frac{1}{4} \int (1 + 2\cos(4x) + \cos^2(4x))\,dx$$

$$= \frac{1}{4} \left[\int 1\,dx + 2\int \cos(4x)\,dx + \int \left(\frac{1+\cos(8x)}{2}\right) dx \right]$$

$$= \frac{1}{4} \left[\int 1\,dx + 2\int \cos(4x)\,dx + \frac{1}{2}\left(\int 1\,dx + \int \cos(8x)\,dx \right) \right]$$

Fazendo substituições de variável nas segunda e quarta integrais,

$$t = 4x \rightarrow dt = 4dx \rightarrow dx = \frac{dt}{4}$$

$$s = 8x \rightarrow ds = 8dx \rightarrow dx = \frac{ds}{8}$$

$$I = \frac{1}{4} \left[x + 2\int \cos(t)\frac{dt}{4} + \frac{1}{2}\left(x + \int \cos(s)\frac{ds}{8} \right) \right]$$

$$= \frac{1}{4} \left[x + \frac{2}{4}\operatorname{sen} t + \frac{1}{2}\left(x + \frac{1}{8}\operatorname{sen} s \right) \right] + C$$

$$= \frac{1}{8} \left[\frac{3x}{2} + \frac{1}{2}\operatorname{sen}(4x) + \frac{1}{8}\operatorname{sen}(8x) \right] + C$$

Resposta: $I = \dfrac{1}{8} \left[\dfrac{3x}{2} + \dfrac{1}{2}\operatorname{sen}(4x) + \dfrac{1}{8}\operatorname{sen}(8x) \right] + C.$

e) $\quad I = \int \cos^5(3x) \cdot \operatorname{sen}^3(3x)\,dx$

$$I = \int \cos^5(3x) \cdot \operatorname{sen}^3(3x)\,dx = \int \cos^5(3x) \cdot \operatorname{sen}^2(3x) \cdot \operatorname{sen}(3x)\,dx$$

$$= \int \cos^5(3x) \cdot (1 - \cos^2(3x)) \cdot \operatorname{sen}(3x)\,dx$$

Agora, fazemos substituição de variável,

$$u = \cos(3x) \rightarrow du = -3\operatorname{sen}(3x) \cdot dx$$

$$I = \int \cos^5(3x) \cdot (1 - \cos^2(3x)) \cdot \operatorname{sen}(3x)\,dx = \int u^5(1 - u^2) \cdot \left(-\frac{du}{3} \right)$$

$$= -\frac{1}{3} \int (u^5 - u^7)\,du = -\frac{1}{3}\left(\frac{u^6}{6} - \frac{u^8}{8} \right) + C$$

$$= \frac{1}{6}\left(\frac{\cos^8(3x)}{4} - \frac{\cos^6(3x)}{3} \right) + C$$

Resposta: $I = \dfrac{1}{6}\left(\dfrac{\cos^8(3x)}{4} - \dfrac{\cos^6(3x)}{3} \right) + C.$

f) $\quad I = \int \sec^6 x\,dx$

$$I = \int \sec^6 x\,dx = \int \sec^4 x \cdot \sec^2 x\,dx = \int (1 + \operatorname{tg}^2 x)^2 \cdot \sec^2 x\,dx$$

Agora, fazemos substituição de variável,

$$u = \operatorname{tg} x \to du = \sec^2 x \, dx$$

$$I = \int (1 + \operatorname{tg}^2 x)^2 \cdot \sec^2 x \, dx = \int (1 + u^2)^2 \cdot du = \int (1 + 2u^2 + u^4) \, du$$

$$= \left(u + 2\frac{u^3}{3} + \frac{u^5}{5} \right) + C = \operatorname{tg} x + 2\frac{\operatorname{tg}^3 x}{3} + \frac{\operatorname{tg}^5 x}{5} + C$$

Resposta: $I = \operatorname{tg} x + 2\dfrac{\operatorname{tg}^3 x}{3} + \dfrac{\operatorname{tg}^5 x}{5} + C.$

g) $I = \int \operatorname{tg}^3 x \cdot \sec^3 x \, dx$

$$I = \int \operatorname{tg}^3 x \cdot \sec^3 x \, dx = \int \operatorname{tg}^2 x \sec^2 x \cdot \operatorname{tg} x \cdot \sec x \, dx$$

$$= \int (\sec^2 x - 1) \sec^2 x \cdot \operatorname{tg} x \cdot \sec x \, dx$$

Agora, fazemos substituição de variável,

$$u = \sec x \to du = \operatorname{tg} x \cdot \sec x \, dx$$

$$I = \int (\sec^2 x - 1) \sec^2 x \cdot \operatorname{tg} x \cdot \sec x \, dx = \int (u^2 - 1) u^2 \cdot du$$

$$= \int (u^4 - u^2) \, du = \left(\frac{u^5}{5} - \frac{u^3}{3} \right) + C = \frac{\sec^5 x}{5} - \frac{\sec^3 x}{3} + C$$

Resposta: $I = \dfrac{\sec^5 x}{5} - \dfrac{\sec^3 x}{3} + C.$

P 4.16 Resolver as integrais abaixo que são potências de funções trigonométricas:

a) $I = \int \cos^7 (2x) \, dx$

b) $I = \int \operatorname{sen}^2 (5x) \, dx$

c) $I = \int \operatorname{sen}^4 (2x) \, dx$

d) $I = \int \dfrac{\cos^2 x \cdot \sec^2 x}{(1 + \operatorname{tg}^2 x)^2} \, dx$

e) $I = \int \operatorname{sen}^2 (2x) \cdot \cos (2x) \, dx$

f) $I = \int \cos^4 (4x) \cdot \operatorname{sen} (4x) \, dx$

g) $I = \int \operatorname{sen}^3 (3x) \cdot \cos^2 (3x) \, dx$

h) $I = \int \cos^5 (2x + 1) \cdot \operatorname{sen}^4 (2x + 1) \, dx$

i) $I = \int \sec^4 (3x) \, dx$

j) $I = \int \operatorname{cotg}^3 (3x) \, dx$

k) $I = \int \operatorname{tg}^5 x \cdot \sec^3 x \, dx$

l) $I = \int \operatorname{tg}^3 (2x) \cdot \sec^2 (2x) \, dx$

m) $I = \int \cotg^3(3x) \cdot \cossec^3(3x)\,dx$

n) $I = \int \cotg^5(4x) \cdot \cossec^2(4x)\,dx$

R 4.17 Resolver as integrais abaixo por substituição trigonométrica:

a) $I = \int \dfrac{\sqrt{9-x^2}}{x^2}\,dx$

b) $I = \int \dfrac{x^2}{\sqrt{x^2+9}}\,dx$

c) $I = \int \dfrac{\sqrt{2x^2-1}}{x}\,dx$

Resolução:

a) $I = \int \dfrac{\sqrt{9-x^2}}{x^2}\,dx$

Observe que:

$\sqrt{9-x^2} = \sqrt{3^2-x^2} \to a = 3$ e $u(x) = x$

Fazendo a substituição,

$x = 3 \cdot \sen t \to dx = 3 \cdot \cos t \cdot dt$

Se formos representar no triângulo retângulo, como:

$\sen t = \dfrac{\text{cateto oposto}}{\text{hipotenusa}}$,

temos

$\sen t = \dfrac{x}{3}$

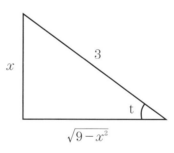

Chamamos o cateto oposto de x e a hipotenusa de 3. Aplicando o teorema de Pitágoras,

$3^2 = x^2 + y^2 \to y^2 = 9 - x^2 \to y = \sqrt{9-x^2}$

Ou seja, o outro lado do triângulo é exatamente o radical que aparece na nossa integral.

Voltando à integral,

$I = \int \dfrac{\sqrt{9-x^2}}{x^2}\,dx = \int \dfrac{\sqrt{9-(3\cdot\sen t)^2}}{(3\cdot\sen t)^2} 3\cdot\cos t \cdot dt = \int \dfrac{\sqrt{9(1-\sen^2 t)}}{9\cdot\sen^2 t} 3\cdot\cos t \cdot dt$

Aplicando a identidade trigonométrica fundamental, ou seja, (1), temos:

$$I = \int \frac{\sqrt{\cos^2 t}}{\text{sen}^2 t} \cdot \cos t \cdot dt = \int \frac{\cos^2 t}{\text{sen}^2 t} dt = \int \frac{1 - \text{sen}^2 t}{\text{sen}^2 t} dt = \int \frac{1}{\text{sen}^2 t} dt - \int 1 dt$$
$$= -\cotg t - t + C$$

Precisamos voltar à variável de integração, note que:

$$\text{sen } t = \frac{x}{3} \rightarrow t = \arc\text{sen}\left(\frac{x}{3}\right)$$

$$\cotg t = \frac{\cos t}{\text{sen } t} = \frac{\sqrt{(1 - \text{sen}^2 t)}}{\text{sen } t} = \frac{\sqrt{1 - \left(\frac{x}{3}\right)^2}}{\frac{x}{3}} = \sqrt{\frac{9 - x^2}{9}} \cdot \frac{3}{x} = \frac{\sqrt{9 - x^2}}{x}$$

Note que, se calculássemos cotg t pelo triângulo retângulo desenhado acima, como:

$$\cotg t = \frac{\text{cateto adjacente}}{\text{cateto oposto}} = \frac{\sqrt{9 - x^2}}{x},$$

o resultado seria o mesmo. Voltando à integral,

$$I = \cotg t - t + C = -\arc\text{sen}\left(\frac{x}{3}\right) - \frac{\sqrt{9 - x^2}}{x} + C$$

Resposta: $I = -\arc\text{sen}\left(\frac{x}{3}\right) - \frac{\sqrt{9 - x^2}}{x} + C$.

b) $I = \int \frac{x^2}{\sqrt{x^2 + 9}} dx$

Observe que:

$$\sqrt{9 + x^2} = \sqrt{3^2 + x^2} \rightarrow a = 3 \text{ e } u(x) = x$$

Fazendo a substituição,

$$x = 3 \cdot \tg t \rightarrow dx = 3 \cdot \sec^2 t \cdot dt$$

Se formos representar no triângulo retângulo, como:

$$\tg t = \frac{\text{cateto oposto}}{\text{cateto adjacente}},$$

temos

$$\tg t = \frac{x}{3}$$

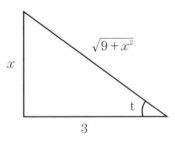

Chamamos o cateto oposto de x e o cateto adjacente de 3. Aplicando o teorema de Pitágoras,

$$y^2 = 3^2 + x^2 \rightarrow y^2 = 9 + x^2 \rightarrow y = \sqrt{9 + x^2}$$

Ou seja, o outro lado do triângulo é exatamente o radical que aparece na nossa integral.

Voltando à integral,

$$I = \int \frac{x^2}{\sqrt{9+x^2}} dx = \int \frac{(3\cdot\operatorname{tg} t)^2}{\sqrt{9+(3\cdot\operatorname{tg} t)^2}} 3\cdot\sec^2 t\cdot dt = \int \frac{9\operatorname{tg}^2 t}{\sqrt{9(1+\operatorname{tg}^2 t)}} 3\cdot\sec^2 t\cdot dt$$

Aplicando a identidade trigonométrica (2), temos:

$$I = 9\int \frac{\operatorname{tg}^2 t}{\sqrt{\sec^2 t}}\cdot\sec^2 dt = 9\int \operatorname{tg}^2 t\cdot\sec t\, dt = 9\int (\sec^2 t - 1)\sec t\, dt$$
$$= 9\left[\int \sec^3 t\, dt - \int \sec t\, dt\right]$$

Essas integrais foram resolvidas nos exemplos **E 4.24** e **E 4.33**. Então,

$$I = 9\left[\int \sec^3 t\, dt - \int \sec t\, dt\right] = \frac{9}{2}[\sec t\operatorname{tg} t - \ln|\sec t + \operatorname{tg} t|] + C$$

Precisamos voltar à variável de integração. Note que, pela identidade (2):

$$\operatorname{tg} t = \frac{x}{3} \quad \text{e} \quad \sec^2 x = \operatorname{tg}^2 x + 1 = \left(\frac{x}{3}\right)^2 + 1 = \frac{x^2+9}{9} \rightarrow \sec t = \frac{\sqrt{x^2+9}}{3}$$

Se calcularmos pelo triângulo retângulo desenhado acima, temos:

$$\sec t = \frac{\text{hipotenusa}}{\text{cateto adjacente}} = \frac{\sqrt{x^2+9}}{3}$$
$$I = \frac{9}{2}[\sec t\operatorname{tg} t - \ln|\sec t + \operatorname{tg} t|] + C$$
$$= \frac{9}{2}\left[\frac{x}{3}\frac{\sqrt{x^2+9}}{3} - \ln\left|\frac{\sqrt{x^2+9}}{3} + \frac{x}{3}\right|\right] + C$$

Resposta: $I = \frac{9}{2}\left[\frac{x}{3}\frac{\sqrt{x^2+9}}{3} - \ln\left|\frac{\sqrt{x^2+9}}{3} + \frac{x}{3}\right|\right] + C$

c) $I = \int \frac{\sqrt{2x^2-1}}{x} dx$

Note que:

$$\sqrt{2x^2-1} = \sqrt{(\sqrt{2}x)^2 - 1^2} \rightarrow a = 1 \quad \text{e} \quad u(x) = \sqrt{2}x$$

Fazendo a substituição,

$$\sqrt{2}x = \sec t \rightarrow \sqrt{2}dx = \sec t\cdot\operatorname{tg} t\, dt$$

Se formos representar no triângulo retângulo, como:

$$\sec t = \frac{\text{hipotenusa}}{\text{cateto adjacente}}$$

temos

$$\sec t = \frac{\sqrt{2}x}{1}$$

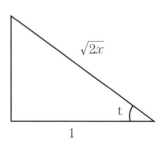

Chamando a hipotenusa de $\sqrt{2}x$ e o cateto adjacente de 1 e aplicando o teorema de Pitágoras,

$$(\sqrt{2}x)^2 = 1^2 + y^2 \rightarrow y^2 = 2x^2 - 1 \rightarrow y = \sqrt{2x^2 - 1}$$

Ou seja, o outro lado do triângulo é exatamente o radical que aparece na nossa integral.

Voltando à integral,

$$I = \int \frac{\sqrt{2x^2-1}}{x}dx = \int \frac{\sqrt{(\sec t)^2 - 1}}{\frac{\sec t}{\sqrt{2}}} \cdot \frac{\sec t \cdot \operatorname{tg} t}{\sqrt{2}}dt = \int \sqrt{(\sec^2 t - 1)} \cdot \operatorname{tg} t\, dt$$

Aplicando a identidade trigonométrica (2), temos:

$$I = \int \sqrt{\operatorname{tg}^2 t} \cdot \operatorname{tg} t\, dt = \int \operatorname{tg}^2 t\, dt$$

Devemos substituir novamente a identidade (2) na integral:

$$I = \int \operatorname{tg}^2 t \cdot dt = \int (\sec^2 t - 1)\, dt = \operatorname{tg} t - t + C$$

Voltando à variável x:

$$\sec t = \sqrt{2}x \rightarrow t = \operatorname{arc\,sec}(\sqrt{2}x)$$
$$\operatorname{tg}^2 t = \sec^2 t - 1 = (\sqrt{2}x)^2 - 1 = 2x^2 - 1 \rightarrow \operatorname{tg} t = \sqrt{2x^2 - 1}$$

Se calcularmos tg t pelo triângulo retângulo desenhado acima, temos:

$$\operatorname{tg} t = \frac{\text{cateto oposto}}{\text{cateto adjacente}} = \frac{\sqrt{2x^2-1}}{1}$$

Ou seja, o resultado seria o mesmo. Voltando à integral,

$$I = \operatorname{tg} t - t + C = \sqrt{2x^2 - 1} - \operatorname{arc\,sec}(\sqrt{2}x) + C$$

Resposta: $I = \sqrt{2x^2 - 1} - \operatorname{arc\,sec}(\sqrt{2}x) + C$.

P 4.18 Resolver as integrais abaixo as integrais abaixo por substituição trigonométrica:

a) $\quad I = \int \sqrt{1 - 36x^2}\, dx$

b) $\quad I = \int \sqrt{4 + 25x^2}\, dx$

c) $\quad I = \int \frac{1}{x^3\sqrt{x^2 - 9}}dx$

d) $\quad I = \int \frac{1}{x\sqrt{4 - x^2}}dx$

e) $\quad I = \int \frac{x^2}{\sqrt{x^2 + 9}}dx$

f) $\quad I = \int e^x \sqrt{1 + e^{2x}}\, dx$

Integrais indefinidas

g) $I = \int \sqrt{x^2 - 2x}\,dx$

h) $I = \int \sqrt{x^2 + 2x + 2}\,dx$

i) $I = \int \dfrac{1}{\sqrt{x^2 - 6x + 8}}\,dx$

j) $I = \int \dfrac{x}{\sqrt{(x^2 - 6x + 10)^3}}\,dx$

RESPOSTAS DOS EXERCÍCIOS PROPOSTOS

P 4.2

a) $I = \dfrac{x}{7}\left(\dfrac{4}{3}\sqrt{x} + 3x\sqrt[3]{x}\right) + x$

b) $I = \dfrac{x^3}{12} + 2x - \dfrac{4}{x} + C$

c) $I = \dfrac{3}{7}\operatorname{arc\,tg} x + 2\operatorname{arc\,sen} x + C$

d) $I = 2\sec x + C$

e) $I = \dfrac{x^3}{3} + x - \operatorname{arc\,tg} x + C$

P 4.4

a) $I = -3\cotg x + C$

b) $I = -x\left(\dfrac{x}{2} + \sqrt{3}\right) + C$

c) $I = \operatorname{arc\,sec} x + C$

P 4.6

a) $I = \dfrac{2}{3}(x^2 + x - 5)^{\frac{3}{2}} + C$

b) $I = \dfrac{1}{2}e^{x^2+1} + C$

c) $I = \ln|x^2 + 1| + C$

d) $I = \dfrac{1}{3}e^{3x+2} + C$

e) $I = e^{\operatorname{tg} x} + C$

P 4.8

a) $I = -\dfrac{2}{9(3x + 1)^3} + C$

b) $I = \frac{2}{3}\sqrt{x^3 + 2} + C$

c) $I = \ln|x^2 + 3x - 4| + C$

d) $I = \text{arc tg}(\ln x) + C$

e) $I = \frac{1}{3}\text{sen}^3 x + C$

f) $I = 2\text{tg}(\sqrt{x}) + C$

g) $I = \frac{1}{2}\text{sen}(x^2 + 4x + 1) + C$

h) $I = \frac{2}{3}\text{sen}(x\sqrt{x}) + C$

i) $I = \frac{1}{2\cos^2 x} + C$

j) $I = \frac{1}{2}\text{arc tg}^2 x + C$

k) $I = \ln|\ln x| + C$

l) $I = \frac{\ln^4 x}{4} + C$

m) $I = \frac{(x+3)^6}{6} - 3\frac{(x+3)^5}{5} + C$

n) $I = \frac{2\sqrt{(x-1)^7}}{7} + \frac{4\sqrt{(x-1)^5}}{5} + \frac{2\sqrt{(x-1)^3}}{3} + C$

o) $I = \frac{\sqrt{(x^2-1)^3}}{3} + \sqrt{x^2 - 1} + C$

P 4.10 Resolver por integração por partes:

a) $I = -4(x \cdot \cos x - \text{sen } x) + C$

b) $I = \frac{x}{2}\text{tg}(2x) + \frac{1}{4}\ln|\cos(2x)| + C$

c) $I = \frac{2}{3}x\sqrt{x}\left(\ln|x| - \frac{2}{3}\right) + C$

d) $I = -\frac{1}{3x^3}\left(\ln|x| + \frac{1}{3}\right) + C$

e) $I = x \cdot \text{arc sen}(3x) + \frac{1}{3}\sqrt{1 - 9x^2} + C$

f) $I = x^3 \cdot \text{sen } x + 3x^2 \cos x - 6x \cdot \text{sen } x + 6\cos x + C$

g) $I = -\frac{e^{-2x}}{2}\left(x^2 + x + \frac{1}{2}\right) + C$

h) $I = \frac{3}{25}e^{4x}\left(\text{sen}(3x) + \frac{4}{3}\cos(3x)\right) + C$

i) $I = -\dfrac{1}{3}(\text{sen}\,(2x) \cdot \text{sen}\,x + 2\cos\,(2x) \cdot \cos x) + C$

j) $I = \dfrac{1}{3}\left(x^3 \cdot \text{arc}\cos x - \sqrt{1-x^2} + \dfrac{1}{3}\sqrt{(1-x^2)^3}\right) + C$

k) $I = \dfrac{1}{2}\left(x^2 \,\text{arc tg}\,(2x) - \dfrac{x}{2} + \dfrac{1}{4}\,\text{arc tg}\,(2x)\right) + C$

l) $I = -\dfrac{1}{2}(x^2\cos x^2 - \text{sen}\,x^2) + C$

m) $I = 2(x\,\text{sen}\sqrt{x} + 2\sqrt{x} \cdot \cos\sqrt{x} - 2\,\text{sen}\sqrt{x}) + C$

n) $I = \dfrac{1}{2}(x^2\,\text{tg}\,x^2 + \ln|\cos x^2|) + C$

o) $I = \dfrac{x^4}{2}\,\text{sen}\,x^2 + x^2\cos x^2 - \text{sen}\,x^2 + C$

P 4.12

a) $I = \dfrac{1}{3}\ln|x^3 - 2| + C$

b) $I = -\dfrac{1}{2\,(x^2-1)} + \text{arc tg}\,(2x) + C$

c) $I = \dfrac{1}{2}\ln|x^2 + 2x - 10| + C$

d) $I = \ln|x^3 + 2x + 15| + C$

e) $I = \dfrac{1}{2}(x^2 + \ln|x^2 - 1|) + C$

f) $I = \dfrac{x^2}{2} + x - \dfrac{1}{2}\ln|x^2 + 1| + C$

g) $I = 3x + \ln|x+1| + C$

h) $I = \dfrac{x^2}{2} + 2x + \ln|x+3| + C$

i) $I = x^2 + x - \ln|x+1| + C$

P 4.14

a) $I = \dfrac{1}{2}\,(\ln|x-2| - \ln|x|) + C$

b) $I = 3\ln|x+2| + C$

c) $I = 3\ln|x-2| - 2\ln|x-1| + C$

d) $I = 7\ln|x-4| - 5\ln|x-3| + C$

e) $I = -\ln|x| + 3\ln|x+1| + 2\ln|x-2| + C$

f) $I = \ln|x| - \ln|x-1| - \dfrac{1}{x-1} + C$

g) $I = \frac{1}{4}\left(\ln|x-1|-\ln|x+1|+\frac{2}{x+1}\right)+C$

h) $I = \frac{3}{4}\ln|x+2|-\frac{3}{4}\ln|x|-\frac{7}{2(x+2)}+C$

i) $I = \frac{1}{9}\ln|x|-\frac{1}{9}\ln|x-3|-\frac{10}{3(x-3)}+C$

j) $I = -\frac{2}{27}\ln|x+1|-\frac{2}{9(x+1)}+\frac{4}{27}\ln|x-2|-\frac{5}{9(x-2)}+C$

k) $I = \frac{-11}{12}\ln|x|+\frac{11}{8}\ln|x-2|+\frac{5}{24}x-\frac{1}{4x^2}+C$

l) $I = \frac{x^2}{2}+x+\frac{8}{3}\ln|x-2|+\frac{1}{3}\ln|x-3|+C$

m) $I = x+\frac{2}{5}\ln|x-1|-\frac{7}{5}\ln|x+4|+C$

n) $I = x+\frac{17}{10}\ln|x-4|-\frac{37}{2}\ln|x+6|+C$

o) $I = \frac{1}{2}\left(\ln|x^2+1|+\frac{1}{x^2+1}\right)+C$

p) $I = x^2-3x-3\ln|x^2+4|-2\arctg\left(\frac{x}{2}\right)+C$

q) $I = \ln|x+1|+\ln|x-1|+\arctg x+C$

r) $I = \frac{1}{12}\left[\ln|x+2|-\frac{1}{2}\ln|x^2-2x+4|+\sqrt{3}\arctg\left(\frac{x-1}{\sqrt{3}}\right)\right]+C$

s) $I = \frac{2}{3}\ln|x-1|+\frac{4\sqrt{3}}{39}\arctg\left(\frac{2\sqrt{3}}{3}\right)-\frac{1}{3}\ln|x^2+x+1|+C$

P 4.16

a) $I = \frac{1}{2}\left(\operatorname{sen}(2x)-\operatorname{sen}^3(2x)+\frac{3}{5}\operatorname{sen}^5(2x)-\frac{1}{7}\operatorname{sen}^7(2x)\right)+C$

b) $I = \frac{1}{2}\left(x-\frac{1}{10}\operatorname{sen}(10x)\right)+C$

c) $I = \frac{1}{8}\left(3x+\operatorname{sen}(4x)+\frac{1}{8}\operatorname{sen}(8x)\right)+C$

d) $I = \frac{1}{4}\left(\frac{3}{2}x+\operatorname{sen}(2x)+\frac{1}{8}\operatorname{sen}(4x)\right)+C$

e) $I = \frac{1}{6}\operatorname{sen}^3(2x)+C$

f) $I = -\frac{1}{20}\cos^5(4x)+C$

g) $I = -\frac{1}{3}\left(\frac{1}{3}\cos^3(3x)-\frac{1}{5}\cos^5(3x)\right)+C$

h) $I = \frac{1}{2}\left(\frac{\operatorname{sen}^5(2x+1)}{5}-2\frac{\operatorname{sen}^7(2x+1)}{7}+\frac{\operatorname{sen}^9(2x+1)}{9}\right)+C$

i) $I = \dfrac{1}{3}\left(\dfrac{\text{tg}^3(3x)}{3} + \text{tg}(3x)\right) + C$

j) $I = \dfrac{1}{3}\left(-\dfrac{\text{cotg}^2(3x)}{2} + \ln|\cossec(3x)|\right) + C$

k) $I = \dfrac{\sec^7 x}{7} - 2\dfrac{\sec^5 x}{5} + \dfrac{\sec^3 x}{3} + C$

l) $I = \dfrac{1}{8}\text{tg}^4(2x) + C$

m) $I = \dfrac{1}{3}\left(\dfrac{\cossec^3(3x)}{3} - \dfrac{\cossec^5(3x)}{5}\right) + C$

n) $I = -\dfrac{1}{24}\text{cotg}^6(4x) + C$

P 4.18 Resolver as integrais abaixo por substituição trigonométrica:

a) $I = \dfrac{1}{2}(\arcsen(6x) + 6x\sqrt{1 - 36x^2}) + C$

b) $I = \dfrac{2}{5}\left(\dfrac{5x\sqrt{4 + 25x^2}}{4}\right) + \ln\left|\dfrac{5x + \sqrt{4 + 25x^2}}{2}\right| + C$

c) $I = \dfrac{1}{54}\left(\arcsec\left(\dfrac{x}{3}\right) + \dfrac{3\sqrt{x^2 - 9}}{x}\right) + C$

d) $I = -\dfrac{1}{2}\ln\left|\dfrac{\sqrt{4 + x^2} + 2}{x}\right| + C$

e) $I = \dfrac{9}{2}\left[\left(\dfrac{x\sqrt{x^2 + 9}}{9}\right) - \ln\left|\dfrac{x\sqrt{x^2 + 9}}{3}\right|\right] + C$

f) $I = \dfrac{e^x}{2}\sqrt{1 + e^{2x}} + \dfrac{1}{2}\ln|e^x + \sqrt{1 + e^{2x}}| + C$

g) $I = \dfrac{x - 1}{2}\sqrt{x^2 - 2x} - \dfrac{1}{2}\ln|x - 1 + \sqrt{x^2 - 2x}| + C$

h) $I = \dfrac{x + 1}{2}\sqrt{x^2 + 2x + 2} + \dfrac{1}{2}\ln|x + 1 + \sqrt{x^2 + 2x + 2}| + C$

i) $I = \dfrac{1}{2}[(x - 3)\sqrt{x^2 - 6x + 8} - \ln(x - 3) + \sqrt{x^2 - 6x + 8}] + C$

j) $I = \dfrac{3x - 8}{\sqrt{x^2 - 6x + 10}} + C$

Muito antes dos gregos na Antiguidade, já se tinha grande conhecimento acerca de áreas de triângulos, círculos e figuras planas simples. Já por volta de 300 a.C., Arquimedes aplicava uma técnica denominada "método da exaustão" para calcular a área de figuras em que um dos lados era limitado por uma parábola e os outros lados por segmentos de reta. Esse método é o precursor do conceito de limite.

Mais tarde, em meados do século XVII, Newton e Leibniz apresentam o cálculo integral para calcular de modo mais exato áreas de figuras como as de Arquimedes. Hoje, as aplicações de integrais vão muito além de somente cálculo de áreas. Essas aplicações aparecem na tecnologia, economia, medicina e muitas outras áreas do conhecimento.

5.1 CONCEITO DE INTEGRAL DEFINIDA

Dada uma função f não negativa em um intervalo fechado $I = [a, b]$, queremos determinar a área da região limitada pelo gráfico da função, as retas $x = a$ e $x = b$ e o eixo dos x. Para isso, fazemos uma partição do intervalo, dividindo em n subintervalos iguais:

$a = x_0 < x_1 < x_2 < \ldots < x_{n-1} < x_n = b$

Em cada intervalo $[x_i, x_{i+1}]$, escolhemos um ponto C_i que vamos chamar de $\Delta x_i = x_{i+1} - x_i$. A seguinte soma é a soma dos retângulos, que aproxima a área da figura em questão:

$f(C_1)\Delta x_1 + f(C_2)\Delta x_2 + \ldots + f(C_n)\Delta x_n$

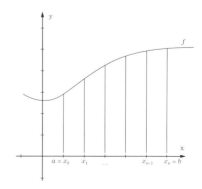

Figura 5.1

Esta é chamada de Soma de Riemann, e o cálculo exato da área é dado pelo seguinte limite, se este existir e for finito:

$$A = \lim_{n \to \infty} \sum_{i=1}^{n} f(C_i)\,\Delta x_i$$

Ou seja, se o limite existir e for finito, temos a integral definida da função f no intervalo $[a, b]$. O que mostra que o conceito de integral definida surgiu da necessidade de cálculo de áreas.

Notação:

$$\int_{a}^{b} f(x)\,dx = \lim_{n \to \infty} \sum_{i=1}^{n} f(C_i)\,\Delta x_i$$

E, claro, a integral definida não depende somente da função f ser não negativa, e sim de uma função qualquer.

Foto: Wikipedia.

Gênio alemão da matemática moderna, além de trabalhar no cálculo, fez diversas descobertas na geometria, demonstrando que existem diferentes tipos de espaços de três dimensões.

GEORG FRIEDRICH BERNHARD RIEMANN (1826-1866)

5.1.1 TEOREMA FUNDAMENTAL DO CÁLCULO

Como já havíamos comentado no capítulo anterior, foi Isaac Newton quem usou primeiro o Teorema Fundamental do Cálculo, aceitando sugestões de seu professor, Isaac Barrow. Esse teorema faz a ligação da integral definida com a antiderivada.

Teorema

Seja $f:[a, b] \subset \mathbb{R} \to \mathbb{R}$ uma função contínua e $F:[a, b] \subset \mathbb{R} \to \mathbb{R}$ uma antiderivada de f em $[a, b]$ ou seja, tal que $F'(x) = f(x)\ \forall x \in [a, b]$. Então,

$$\int_{a}^{b} f(x)\,dx = F(b) - F(a)$$

Justificação

Sejam $x_0, x_1, x_2, \ldots, x_{n-1}, x_n$ pontos no intervalo $[a, b]$ tais que:

$$a = x_0 < x_1 < x_2 < \ldots < x_{n-1} < x_n = b.$$

Esses pontos dividem o intervalo em n subintervalos $[a, x_1]$; $[x_1, x_2]$; $\ldots$; $[x_{n-1}, b]$, cujo comprimento representamos por $\Delta x_1, \Delta x_2, \ldots, \Delta x_n$. Por hipótese, $F'(x) = f(x)$, para todo $x \in [a, b]$. Logo, F satisfaz as condições do Teorema do Valor Médio (3.1.6) em cada subintervalo acima. Portanto, podemos encontrar pontos $C_1, C_2, \ldots C_n$ nos respectivos subintervalos tais que:

$$F(x_1) - F(a) = F'(C_1)(x_1 - a) = f(C_1)(x_1 - a)$$

$$F(x_2) - F(x_1) = F'(C_2)(x_2 - x_1) = f(C_2)(x_2 - x_1)$$

$$F(x_3) - F(x_2) = F'(C_3)(x_3 - x_2) = f(C_3)(x_3 - x_2)$$

$$\ldots$$

$$F(b) - F(x_{n-1}) = F'(C_n)(b - x_{n-1}) = f(C_n)(b - x_{n-1})$$

Adicionando as equações precedentes, temos:

$$F(b) - F(a) = \sum_{i=1}^{n} f(C_i)\,\Delta x_i$$

Passando ao limite quando $n \to \infty$, tendo por hipótese que a função f é contínua, temos que o segundo membro da igualdade tende à integral definida de f no intervalo $[a, b]$, ou seja:

$$F(b) - F(a) = \int_a^b f(x)\,dx$$

Exemplos:

E 5.1 Calcular $I = \int_1^3 x\,dx$

Resolução:

$$I = \int_1^3 x\,dx = \left[\frac{x^2}{2}\right]_1^3 = \frac{3^2}{2} - \frac{1^2}{2} = \frac{9}{2} - \frac{1}{2} = \frac{8}{2} = 4$$

Geometricamente,

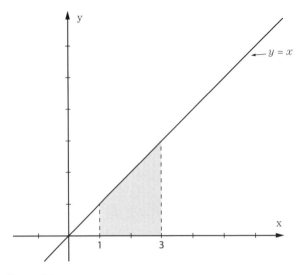

Figura 5.2

Observe que calculamos a área do trapézio pela integral. Se usarmos a fórmula do cálculo de área do trapézio:

$$A = \frac{(B+b)}{2}h = \frac{(3+1)}{2} \cdot 2 = \frac{4}{2} \cdot 2 = 4,$$

que coincide com o resultado esperado.

Resposta: $I = 4$.

Observação

Se conhecemos uma primitiva F de f, então podemos calcular $\int_a^b f(x)\,dx$ simplesmente subtraindo os valores de F nas extremidades do intervalo $[a, b]$. É surpreendente e admirável que $\int_a^b f(x)\,dx$, definida por um procedimento trabalhoso envolvendo todos os valores de $f(x)$ para $a \leq x \leq b$, possa ser encontrado sabendo-se os valores de $F(x)$ em somente dois pontos: a e b.

E 5.2 Calcular $I = \int_2^5 \frac{1}{x}\,dx$

Resolução:

$$I = \int_2^5 \frac{1}{x}\,dx = [\ln|x|]\Big|_2^5 = \ln 5 - \ln 2 = \ln\left(\frac{5}{2}\right)$$

Resposta: $I = \ln\left(\frac{5}{2}\right)$.

E 5.3 Calcular $I = \int_0^{\frac{\pi}{2}} \cos x \, dx$

Resolução:

$$I = \int_0^{\frac{\pi}{2}} \cos x \, dx = [\operatorname{sen} x] \Big|_0^{\frac{\pi}{2}} = \operatorname{sen} \frac{\pi}{2} - \operatorname{sen} 0 = 1 - 0 = 1$$

Resposta: I = 1.

Propriedades operatórias

P1. $\int_a^b k \cdot f(x) \, dx = k \cdot \int_a^b f(x) \, dx$, para $k \in \mathbb{R}$.

P2. $\int_a^b [u(x) + v(x)] dx = \int_a^b u(x) \, dx + \int_a^b v(x) \, dx$.

P3. Se $a = b$, então $\int_a^a f(x) \, dx = 0$.

P4. Se $a < c < b$ e a função f é integrável em $[a, b]$, então:

$$\int_a^b f(x) \, dx = \int_a^c f(x) \, dx + \int_c^b f(x) \, dx$$

Exemplos:

E 5.4 Calcular $I = \int_1^2 (3x^2 - x + 5) \, dx$

Resolução:

Utilizando as propriedades operatórias, temos:

$$I = \int_1^2 (3x^2 - x + 5) \, dx$$

$$= 3 \int_1^2 x^2 dx - \int_1^2 x \, dx + 5 \int_1^2 dx = 3 \left[\frac{x^3}{3} \right] \Big|_1^2 - \left[\frac{x^2}{2} \right] \Big|_1^2 + 5 [x] \Big|_1^2$$

$$= (2^3 - 1^3) - \frac{1}{2}(2^2 - 1^2) + 5(2 - 1) = 7 - \frac{3}{2} + 5 = 12 - \frac{3}{2}$$

$$= \frac{24 - 3}{2} = \frac{21}{2}$$

Resposta: $I = \dfrac{21}{2}$

E 5.5 Calcular $I = \int_0^1 \frac{4e^x}{2e^x + 1} \, dx$

Resolução:

Observe que podemos resolver essa integral por substituição de variável. Para que não precisemos voltar à variável original, vamos proceder à troca dos limites de integração:

$$u = 2e^x + 1 \rightarrow du = 2e^x \, dx$$

Note que:

$$x = 0 \rightarrow u = 2e^x + 1 = 2e^0 + 1 = 3$$

$$x = 1 \rightarrow u = 2e^x + 1 = 2e^1 + 1 = 2e + 1$$

Então,

$$I = \int_0^1 \frac{4e^x}{2e^x + 1} dx = \int_3^{2e+1} \frac{2}{u} du = 2[\ln|u|]_3^{2e+1} = 2(\ln|2e+1| - \ln|3|) = 2\ln\left(\frac{2e+1}{3}\right)$$

Resposta: $I = 2\ln\left(\dfrac{2e+1}{3}\right)$

E 5.6 Calcular $I = \displaystyle\int_0^2 \frac{3x^3}{\sqrt{2x^2 + 1}} dx$

Resolução:

Também podemos resolver essa integral por substituição de variável. E, novamente, para que não precisemos voltar à variável original, vamos proceder à troca dos limites de integração:

$$u = 2x^2 + 1 \rightarrow du = 4x\,dx \rightarrow \frac{du}{4} = x\,dx$$

$$u = 2x^2 + 1 \rightarrow 2x^2 = u - 1 \rightarrow x^2 = \frac{u-1}{2}$$

Note que:
$$x = 0 \rightarrow u = 2x^2 + 1 = 2 \cdot 0^2 + 1 = 1$$
$$x = 2 \rightarrow u = 2x^2 + 1 = 2 \cdot 2^2 + 1 = 9$$

Então,

$$I = \int_0^2 \frac{3x^3}{\sqrt{2x^2 + 1}} dx = 3\int_0^2 \frac{x^2 \cdot x}{\sqrt{2x^2 + 1}} dx = \frac{3}{4}\int_1^9 \left(\frac{u-1}{2}\right) \cdot u^{-1/2} du$$

$$= \frac{3}{8}\int_1^9 (u^{1/2} - u^{-1/2}) du = \frac{3}{8}\left[\frac{2}{3}u^{3/2} - \frac{2}{1}u^{1/2}\right]_1^9$$

$$= \frac{3}{8}\left[\left(\frac{2}{3}9^{3/2} - \frac{2}{1} \cdot 9^{1/2}\right) - \left(\frac{2}{3} \cdot 1 - \frac{2}{1} \cdot 1\right)\right]$$

$$= \frac{3}{8}\left[\left(\frac{2}{3} \cdot 27 - 6\right) - \left(\frac{2-6}{3}\right)\right] = \frac{3}{8}\left[12 + \frac{4}{3}\right] = \frac{3}{8} \cdot \frac{40}{3} = 5$$

Resposta: $I = 5$

5.2 APLICAÇÕES DE INTEGRAL DEFINIDA

5.2.1 CÁLCULO DE ÁREA

Como a origem da integral definida é o cálculo de área, vamos apenas nos preocupar em mostrar como proceder se a função não for totalmente positiva no intervalo de integração.

1) Para $f(x) \leq 0$ no intervalo $[a, b]$, temos:

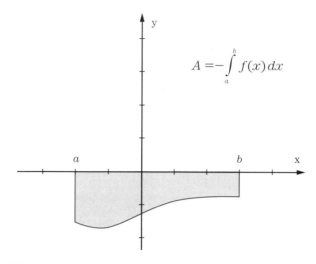

Figura 5.3

2) Para funções que mudam de sinal no intervalo de integração, por exemplo:

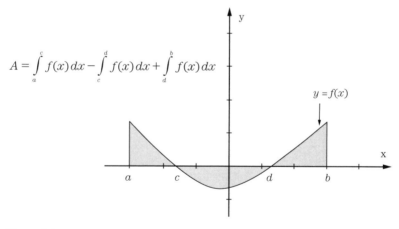

Figura 5.4

3) Quando a área a ser calculada está entre duas funções, $y_1 = f(x)$ e $y_2 = g(x)$, e ainda, $f(x) \geq g(x)$ no intervalo $[a, b]$.

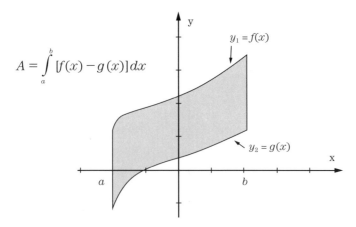

Figura 5.5

4) Quando a região cuja área se quer calcular está limitada por duas funções que se interceptam. Nesse caso, fazemos $f(x) = g(x)$ para determinar os pontos x_1 e x_2 de interseção, e a área é calculada por:

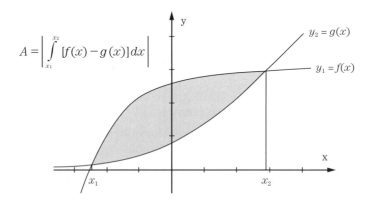

Figura 5.6

Exemplos:

E 5.7 Calcular a área da região do plano limitada pelas retas $x = 1$, $x = 2$, $y = 0$ e pelo gráfico de $y = x^2$.

Resolução:

Vamos esboçar a região cuja área queremos calcular.

$$A = \int_1^2 x^2 dx = \left[\frac{x^3}{3}\right]\Big|_1^2 = \frac{2^3}{3} - \frac{1^3}{3} = \frac{8}{3} - \frac{1}{3} = \frac{7}{3} u.a$$

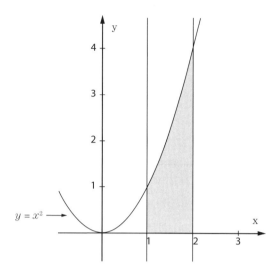

Figura 5.7

Resposta: $A = \dfrac{7}{3} u.a.$

E 5.8 Calcular a área da região do plano limitada pelo gráfico de $y = x^3$, pelo eixo x e pelas retas verticais $x = -1$ e $x = 1$.

Resolução:

Vamos esboçar a região cuja área se quer calcular.

$$A = -\int_{-1}^{0} x^3 dx + \int_{0}^{1} x^3 dx = -\left[\dfrac{x^4}{4}\right]\Big|_{-1}^{0} + \left[\dfrac{x^4}{4}\right]\Big|_{0}^{1} = -\left(\dfrac{0^4}{4} - \dfrac{(-1)^4}{4}\right) + \left(\dfrac{1^4}{4} - \dfrac{0^4}{4}\right)$$
$$= \dfrac{1}{4} + \dfrac{1}{4} = \dfrac{2}{4} = \dfrac{1}{2} u.a.$$

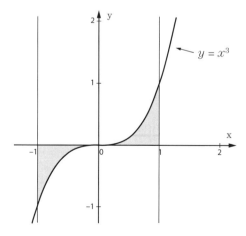

Figura 5.8

Resposta: $A = \dfrac{1}{2} u.a.$

E 5.9 Calcular a área da região do plano limitada pelos gráficos das funções $y_1 = x^2$ e $y_2 = \sqrt{x}$.

Resolução:

Vamos esboçar a região cuja área se quer calcular e, neste caso, temos que igualar as funções para determinar os pontos de interseção.

$x^2 = \sqrt{x} \to (x^2)^2 = (\sqrt{x})^2 \to x^4 = x \to x^4 - x = 0 \to x(x^3 - 1) = 0$

Daí segue que $x = 0$ e $x^3 = 1$, ou seja, $x = 0$ e $x = 1$. Então,

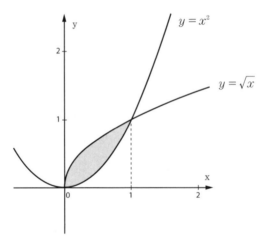

Figura 5.9

$$A = \left| \int_0^1 [\sqrt{x} - x^2] dx \right| = \left| \int_0^1 (x^{\frac{1}{2}} - x^2) dx \right| = \left| \left[\dfrac{2}{3} x^{\frac{3}{2}} - \dfrac{x^3}{3} \right]_0^1 \right|$$

$$= \left| \dfrac{2}{3}(1^{\frac{3}{2}} - 0^{\frac{3}{2}}) - \dfrac{1}{3}(1^3 - 0^3) \right| = \left| \dfrac{2}{3} - \dfrac{1}{3} \right| = \dfrac{1}{3} u.a.$$

Resposta: $A = \dfrac{1}{3} u.a.$

E 5.10 Calcular a área da região limitada pelos gráficos de $y = -x^2 + 2x + 8$ e eixo x.

Resolução:

Vamos esboçar a região cuja área se quer calcular e, neste caso, precisamos determinar os pontos de interseção da função com o eixo x, ou seja, as raízes da função: $-x^2 + 2x + 8 = 0$.

$$x = \frac{-b \pm \sqrt{b^2 - 4ac}}{2a} = \frac{-(2) \pm \sqrt{2^2 - 4 \cdot (-1) \cdot 8}}{2 \cdot (-1)} = \frac{-2 \pm \sqrt{36}}{-2} = \frac{-2 \pm 6}{-2} = \begin{cases} x_1 = -2 \\ x_2 = 4 \end{cases}$$

Então,

$$A = \int_{-2}^{4} [-x^2 + 2x + 8] dx = -\left[\frac{x^3}{3}\right]\Big|_{-2}^{4} + [x^2]\Big|_{-2}^{4} + 8[x]\Big|_{-2}^{4}$$

$$= -\frac{1}{3}(4^3 - (-2)^3) + (4^2 - (-2)^2) + 8(4 - (-2))$$

$$= -\frac{72}{3} + 12 + 48 = \frac{-72 + 180}{3} = \frac{108}{3} = 36 \, u.a.$$

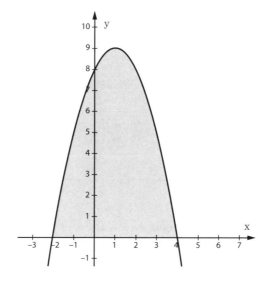

Figura 5.10

Resposta: $A = 36 \, u.a.$

5.2.2 CÁLCULO DO VALOR MÉDIO

Teorema

Seja $y = f(x)$ uma função contínua no intervalo $[a, b]$. Então existe pelo menos um número $c \in \,]a, b[$ tal que

$$f(c) = \frac{1}{b-a} \int_{a}^{b} f(x) \, dx$$

Este é chamado Teorema do Valor Médio para Integrais e é muito útil nas aplicações.

Justificação

Seja $F(x)$ uma primitiva da função no intervalo $[a, b]$. Então,

$$\int_{a}^{b} f(x) \, dx = F(b) - F(a)$$

262   Matemática com aplicações tecnológicas – Volume 2

A função primitiva $F(x)$ satisfaz as condições do teorema do valor médio (3.1.6), ou seja, é contínua em $I = [a, b]$ e derivável em $]a, b[$. Então existe ao menos um ponto $c \in]a, b[$ tal que $F'(c) = \dfrac{F(b) - F(a)}{b - a}$. Ou, ainda, como $F'(c) = f(c)$, temos

$$f(c) = \frac{1}{b - a} \int_a^b f(x)\,dx$$

Ou, ainda,

$$y_m = \frac{1}{b - a} \int_a^b f(x)\,dx$$

Observações

1) Uma aplicação importante do cálculo do valor médio da integral ocorre, em física, com o conceito de centro de massa; em economia, costuma-se usar a aplicação para encontrar o custo total médio.

2) O teorema não nos garante a unicidade do valor médio, mas algebricamente conseguimos calculá-lo.

Exemplos:

E 5.11 Calcular o valor médio da função $f(x) = 1 + x^2$ no intervalo $[-1, 2]$.

Resolução:

$$y_m = \frac{1}{2 - (-1)} \int_{-1}^{2} (1 + x^2)\,dx = \frac{1}{3}\left[x + \frac{x^3}{3}\right]_{-1}^{2} = \frac{1}{3}\left[(2 - (-1)) + \frac{1}{3}(2^3 - (-1)^3)\right]$$
$$= \frac{1}{3}\left[3 + \frac{9}{3}\right] = 2$$

Resposta: $y_m = 2$.

E 5.12 Sabendo que o valor médio da função $f(x) = 1 + x^2$ no intervalo $[-1, 2]$ é 2, calcular a abscissa desse ponto.

Resolução:

Se $f(x) = 1 + x^2 = 2$, então $x^2 = 2 - 1 = 1 \rightarrow x = \pm 1$.

Como $-1 \in [-1, 2]$ e $1 \in [-1, 2]$, temos dois números que verificam o teorema do valor médio para integrais.

Resposta: $x = 1$ e $x = -1$

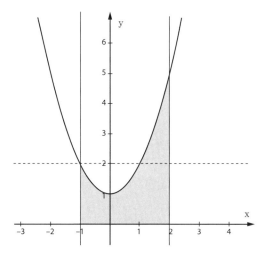

Figura 5.11

E 5.13 Verificar que a velocidade média de um carro em um intervalo de tempo [1, 3] é a mesma que a média de suas velocidades durante a viagem.

Resolução:

Seja $s(t)$ a função deslocamento no intervalo de tempo dado. A velocidade média nesse intervalo é

$$v_m = \frac{s(3) - s(1)}{3 - 1}$$

Vamos calcular o valor médio da função velocidade no intervalo dado:

$$y_m = \frac{1}{3-1} \int_1^3 v(t)\, dt$$

Como $s(t)$ é primitiva de $v(t)$, pelo Teorema Fundamental do Cálculo, segue que

$$y_m = \frac{1}{3-1} \int_1^3 v(t)\, dt = \frac{1}{3-1}(s(3) - s(1)) = \frac{s(3) - s(1)}{3 - 1}$$

Resposta: $v_m = y_m$.

5.2.3 CÁLCULO DO COMPRIMENTO DE ARCO DE UMA FUNÇÃO

Seja $y = f(x)$ uma função contínua com derivada $f'(x)$ contínua no intervalo fechado $[a, b]$. Então o comprimento do arco da função do ponto $A = (a, f(a))$ ao ponto $B = (b, f(b))$ é dado por:

$$L = \int_a^b \sqrt{1 + [f'(x)]^2}\, dx$$

Justificação

Faremos a justificação da fórmula utilizando o mesmo raciocínio usado anteriormente. Consideremos o intervalo $[a, b]$ e vamos dividi-lo em n partes bem pequenas.

$a = x_0 < x_1 < x_2 < \ldots < x_{n-1} < x_n = b$

O i-ésimo subintervalo é dado por $[x_{n-1}, x_i]$, e vamos representar o segmento de reta que une os pontos $P_{i-1}(x_{i-1}, f(x_{i-1}))$ e $P_i(x_i, f(x_i))$ de ΔL. Considerando o triângulo retângulo em que a hipotenusa é $\overline{P_{i-1}P_i}$, vamos aplicar o teorema de Pitágoras,

$(\Delta L)^2 = (\Delta x)^2 + (\Delta y)^2$

Vamos fazer algumas operações,

$(\Delta L)^2 = (\Delta x)^2 + (\Delta y)^2 \quad :(\Delta x)^2$

$\left(\dfrac{\Delta L}{\Delta x}\right)^2 = \left(\dfrac{\Delta x}{\Delta x}\right)^2 + \left(\dfrac{\Delta y}{\Delta x}\right)^2$

$\left(\dfrac{\Delta L}{\Delta x}\right)^2 = 1 + \left(\dfrac{\Delta y}{\Delta x}\right)^2$

$\dfrac{\Delta L}{\Delta x} = \sqrt{1 + \left(\dfrac{\Delta y}{\Delta x}\right)^2}$

$\lim\limits_{\Delta x \to 0} \dfrac{\Delta L}{\Delta x} = \lim\limits_{\Delta x \to 0} \sqrt{1 + \left(\dfrac{\Delta y}{\Delta x}\right)^2}$

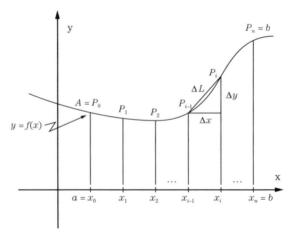

Figura 5.12

Aplicando a teoria de derivadas do capítulo 2,

$\dfrac{dL}{dx} = \sqrt{1 + \left(\dfrac{dy}{dx}\right)^2}$

Integrando ambos os membros, temos:

$L = \displaystyle\int_a^b \sqrt{1 + [f'(x)]^2}\, dx$

lembrando que $\dfrac{dy}{dx} = f'(x)$.

Integrais definidas e aplicações **265**

Exemplos:

E 5.14 Calcular o comprimento de arco da curva definida pela função $y = 2x\sqrt{x}$ no intervalo $[0, 1]$.

Resolução:

Primeiro vamos preparar a derivada, elevar ao quadrado e adicionar 1 para depois colocar na fórmula.

$$y = 2x\sqrt{x} = 2x \cdot x^{1/2} = 2x^{3/2} \to y' = 2 \cdot \frac{3}{2}x^{1/2} = 3x^{1/2}$$

$$(y')^2 = (3x^{1/2})^2 = 9x \to 1 + (y')^2 = 1 + 9x$$

Colocando na fórmula,

$$L = \int\limits_0^1 \sqrt{1 + 9x}\, dx$$

Vamos fazer mudança de variável,

$$t = 9x + 1 \to dt = 9dx \to dx = \frac{dt}{9}$$

Mudando os limites de integração,

$$x = 0 \to t = 9 \cdot 0 + 1 = 1$$

$$x = 1 \to t = 9 \cdot 1 + 1 = 10$$

$$L = \int\limits_0^1 \sqrt{1 + 9x}\, dx = \int\limits_1^{10} \sqrt{t}\, \frac{dt}{9} = \frac{1}{9} \int\limits_1^{10} t^{1/2} dt = \frac{1}{9} \cdot \left[\frac{t^{3/2}}{3/2} \right]_1^{10}$$

$$= \frac{1}{9} \cdot \frac{2}{3}[10^{3/2} - 1^{3/2}] = \frac{2}{27}[10\sqrt{10} - 1]$$

Resposta: $L = \dfrac{2}{27}[10\sqrt{10} - 1]u.c.$

E 5.15 Calcular o comprimento de arco da curva definida pela função $y = \dfrac{x^3}{6} + \dfrac{1}{2x}$ no intervalo $[1, 3]$.

Resolução:

Primeiro vamos preparar a derivada, elevar ao quadrado e adicionar 1 para depois colocar na fórmula.

$$y = \frac{x^3}{6} + \frac{1}{2x} = \frac{x^3}{6} + \frac{x^{-1}}{2} \to y' = \frac{x^2}{2} - \frac{x^{-2}}{2} = \frac{x^2}{2} - \frac{x^{-2}}{2}$$

$$(y')^2 = \left(\frac{x^2}{2} - \frac{x^{-2}}{2} \right)^2 = \frac{x^4}{4} - \frac{2x^2}{2} \cdot \frac{x^{-2}}{2} + \frac{x^{-4}}{4} = \frac{x^4}{4} - \frac{1}{2} + \frac{x^{-4}}{4}$$

$$1 + (y')^2 = 1 + \frac{x^4}{4} - \frac{1}{2} + \frac{x^{-4}}{4} = \frac{x^4}{4} + \frac{1}{2} + \frac{x^{-4}}{4} = \left(\frac{x^2}{2} + \frac{x^{-2}}{2} \right)^2$$

Colocando na fórmula,

$$L = \int_1^3 \sqrt{\left(\frac{x^2}{2} + \frac{x^{-2}}{2}\right)^2}\, dx = \int_1^3 \left(\frac{x^2}{2} + \frac{x^{-2}}{2}\right) dx = \left[\frac{1}{2}\frac{x^3}{3} + \frac{1}{2}\frac{x^{-1}}{-1}\right]_1^3$$

$$= \frac{1}{2}\left[\left(\frac{3^3}{3} - \frac{1^3}{3}\right) - \left(\frac{1}{3} - \frac{1}{1}\right)\right] = \frac{1}{2}\left(9 - \frac{1}{3} - \frac{1}{3} + 1\right)$$

$$= \frac{1}{2}\left(10 - \frac{2}{3}\right) = \frac{30 - 2}{6} = \frac{28}{6} = \frac{14}{3}$$

Resposta: $L = \dfrac{14}{3}\ u.c.$

E 5.16 Calcular o comprimento de arco da curva definida por $x^6 + 2 = 8x^2y$ no intervalo $[1, 2]$.

Resolução:

Primeiro isolamos o y na expressão, depois vamos preparar a derivada, elevar ao quadrado e somar 1 para em seguida colocar na fórmula.

$$x^6 + 2 = 8x^2y \to y = \frac{x^6}{8x^2} + \frac{2}{8x^2} = \frac{x^4}{8} + \frac{1}{4x^2} = \frac{x^4}{8} + \frac{x^{-2}}{4}$$

$$y' = 4\frac{x^3}{8} - 2\frac{x^{-3}}{4} = \frac{x^3}{2} - \frac{x^{-3}}{2}$$

$$(y')^2 = \left(\frac{x^3}{2} - \frac{x^{-3}}{2}\right)^2 = \frac{x^6}{4} - 2 \cdot \frac{x^3}{2} \cdot \frac{x^{-3}}{2} + \frac{x^{-6}}{4} = \frac{x^6}{4} - \frac{1}{2} + \frac{x^{-6}}{4}$$

$$1 + (y')^2 = 1 + \frac{x^6}{4} - \frac{1}{2} + \frac{x^{-6}}{4} = \frac{x^6}{4} + \frac{1}{2} + \frac{x^{-6}}{4} = \left(\frac{x^3}{2} + \frac{x^{-3}}{2}\right)^2$$

Colocando na fórmula,

$$L = \int_1^2 \sqrt{\left(\frac{x^3}{2} + \frac{x^{-3}}{2}\right)^2}\, dx = \int_1^2 \left(\frac{x^3}{2} + \frac{x^{-3}}{2}\right) dx = \left[\frac{1}{2}\frac{x^4}{4} + \frac{1}{2}\frac{x^{-2}}{-2}\right]_1^2$$

$$= \frac{1}{2}\left[\left(\frac{2^4}{4} - \frac{1^4}{4}\right) - \left(\frac{1}{2 \cdot 2^2} - \frac{1}{2 \cdot 1^2}\right)\right] = \frac{1}{2}\left(4 - \frac{1}{4} - \frac{1}{8} + \frac{1}{2}\right)$$

$$= \frac{1}{2}\left(\frac{32 - 2 - 1 + 4}{8}\right) = \frac{33}{16}$$

Resposta: $L = \dfrac{33}{16}\ u.c.$

5.2.4 CÁLCULO DO VOLUME DE UM SÓLIDO DE REVOLUÇÃO

Seja $y = f(x)$ uma função contínua no intervalo fechado $[a, b]$, sendo $f(x) \geq 0$ nesse intervalo. Fazendo a rotação da função em torno do eixo x, temos um sólido de revolução. Seu volume é dado por:

$$V = \pi \int_a^b [f(x)]^2\, dx$$

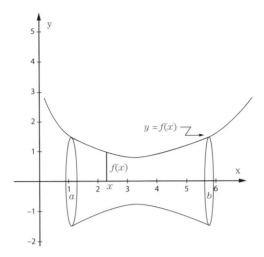

Figura 5.13

Justificação

Consideremos uma partição do intervalo $[a, b]$ e vamos dividi-lo em n partes bem pequenas.

$a = x_0 < x_1 < x_2 < \ldots < x_{n-1} < x_n = b$

O i-ésimo subintervalo é dado por $[x_{i-1}, x_i]$, e vamos representar por Δx_i o comprimento desse intervalo. Em cada subintervalo, escolhemos um ponto c_i e, então, temos um retângulo de base Δx_i e altura $f(c_i)$. Fazemos esse retângulo girar em torno do eixo x e obtemos um cilindro circular reto, que, pela geometria elementar, tem volume $V = \pi r^2 \cdot h$. No nosso caso, temos:

$\Delta V_i = \pi (f(c_i))^2 \cdot \Delta x_i$

A soma dos volumes elementares dos n cilindros é dada por:

$V_n = \pi \sum_{i=1}^{n} (f(C_i))^2 \cdot \Delta x_i$

Passando ao limite quando $n \to \infty$, pela definição da integral definida, segue que:

$V = \pi \int_{a}^{b} [f(x)]^2 dx$

Vamos analisar alguns casos particulares:

1) A função $f(x)$ é negativa em alguns subintervalos de $[a, b]$.

Nesse caso, substituímos $f(x)$ por $|f(x)|$ e, como $|f(x)|^2 = (f(x))^2$, então a fórmula fica inalterada.

$$V = \pi \int_a^c |f(x)|^2 dx + \pi \int_c^b |f(x)|^2 dx = \pi \int_a^b [f(x)]^2 dx$$

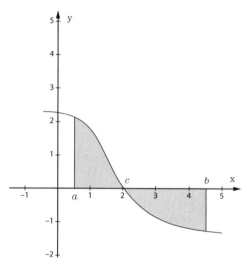

Figura 5.14

2) A região que fará a revolução está entre os gráficos das funções $f(x)$ e $g(x)$ de a até b.

$$V = \pi \int_a^b \{[f(x)]^2 - [g(x)]^2\} dx$$

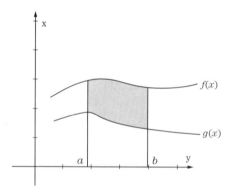

Figura 5.15

3) A região R faz revolução em torno do eixo y, em um intervalo fixo $[c, d]$. Neste caso, a fórmula passa a ter variação em y.

$$V = \pi \int_c^d [g(y)]^2 dy$$

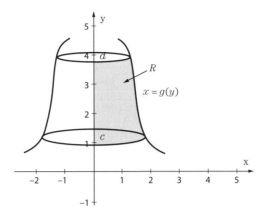

Figura 5.16

4) A região R faz revolução em torno de uma reta paralela ao eixo x, $y = L$, em um intervalo fixo $[a, b]$.

Neste caso, a fórmula tem uma subtração:

$$V = \pi \int_a^b [f(x) - L]^2 dx$$

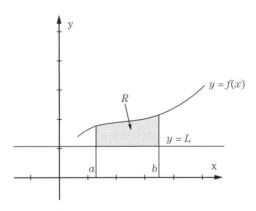

Figura 5.17

5) A região faz revolução em torno de uma reta paralela ao eixo y, $x = M$, em um intervalo fixo $[c, d]$.

A fórmula é semelhante à anterior, com variação em y:

$$V = \pi \int_c^d [g(y) - M]^2 dy$$

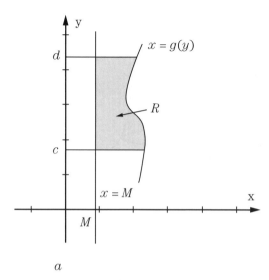

Figura 5.18

Exemplos:

E 5.17 Determinar o volume do sólido de revolução gerado pela região R limitada pela curva $y = \frac{1}{4}x^2$, pelo eixo dos x e pelas retas $x = 1$ e $x = 4$ que gira em torno do eixo x.

Resolução:

Aplicando diretamente a fórmula, temos:

$$V = \pi \int_a^b [f(x)]^2 dx = \pi \int_1^4 \left[\frac{1}{4}x^2\right]^2 dx = \frac{\pi}{16}\left[\frac{x^5}{5}\right]_1^4 = \frac{\pi}{80}(4^5 - 1^5)$$

$$= \frac{\pi}{80}(1024 - 1) = \frac{1023\pi}{80}$$

Resposta: $V = \frac{1023\pi}{80} u.v.$

E 5.18 Determinar o volume do sólido de revolução gerado pela rotação em torno do eixo dos x da região R delimitada pelos gráficos das funções: $y_1 = x^2$ e $y_2 = x^3$.

Resolução:

Antes de aplicar a fórmula, vamos determinar os pontos de interseção:

$x^3 = x^2 \rightarrow x^3 - x^2 = 0 \rightarrow x^2(x-1) = 0 \rightarrow x^2 = 0$ ou $x = 1$

$$V = \pi \int_a^b \{[f(x)]^2 - [g(x)]^2\} dx = \pi \int_0^1 \{[x^2]^2 - [x^3]^2\} dx$$

$$= \pi \int_0^1 (x^4 - x^6)\,dx = \pi\left[\frac{x^5}{5} - \frac{x^7}{7}\right]_0^1$$

$$= \frac{\pi}{35}[7\cdot(1^5 - 0^5) - 5\cdot(1^6 - 0^6)] = \frac{\pi}{35}(7-5) = \frac{2\pi}{35}$$

Resposta: $V = \dfrac{2\pi}{35}\,u.v.$

E 5.19 Determinar o volume do sólido de revolução obtido pela rotação em torno do eixo dos x da região R que contém os pontos $P(x, y)$ tais que $x^2 + y^2 \leq r^2$ e $y \geq 0$.

Resolução:

A região indicada é a região do semicírculo de centro $(0, 0)$ e raio r. Pela rotação dessa região em torno do eixo Ox, obtemos uma esfera de centro na origem e raio r. Como

$$x^2 + y^2 \leq r^2 \rightarrow y^2 \leq r^2 - x^2,$$

aplicando a fórmula,

$$V = \pi \int_a^b [f(x)]^2\,dx = \pi \int_{-r}^{r} (r^2 - x^2)\,dx$$

Utilizando a simetria esquerda-direita da esfera, podemos determinar o seu volume total integrando de $x = 0$ a $x = r$:

$$V = 2\pi \int_0^r (r^2 - x^2)\,dx = 2\pi\left[r^2 x - \frac{x^3}{3}\right]_0^r = \frac{2\pi}{3}[3r^2\cdot(r-0) - (r^3 - 0^3)]$$

$$= \frac{2\pi}{3}(3r^2 - r^3) = \frac{4\pi r^3}{3},$$

que é a mesma fórmula que se estuda em geometria espacial.

Resposta: $V = \dfrac{4\pi r^3}{3}\,u.v.$

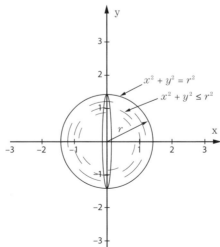

Figura 5.19

E 5.20 Determinar o volume do sólido de revolução gerado pela rotação em torno do eixo dos y da região R delimitada pelos gráficos das seguintes equações:

$x = y^2 + 1$, $x = \dfrac{1}{2}$, $y = -2$ e $y = 2$.

Resolução:

Vamos esboçar a região indicada:

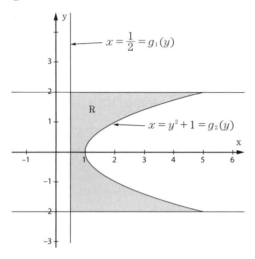

Figura 5.20

Neste caso, temos uma rotação com duas funções em relação ao eixo y. A fórmula que vamos aplicar é:

$$V = \pi \int_c^d [(f(y))^2 - (g(y))^2] dy$$

$$V = \pi \int_{-2}^{2} \left[(y^2+1)^2 - \left(\frac{1}{2}\right)^2 \right] dy = \pi \int_{-2}^{2} \left[y^4 + 2y^2 + 1 - \frac{1}{4} \right] dy$$

$$= \pi \int_{-2}^{2} \left[y^4 + 2y^2 + \frac{3}{4} \right] dy = \pi \left[\frac{y^5}{5} + 2\frac{y^3}{3} + \frac{3}{4} y \right]_{-2}^{2}$$

$$= \pi \left[\frac{1}{5}(2^5 - (-2)^5) + \frac{2}{3}(2^3 - (-2)^3) + \frac{3}{4}(2 - (-2)) \right]$$

$$= \pi \left[\frac{1}{5}(64) + \frac{2}{3}(16) + \frac{3}{4}(4) \right] = \frac{\pi}{15}(64 \times 3 + 32 \times 5 + 3 \times 15)$$

$$= \frac{397\pi}{15}$$

Resposta: $\dfrac{397\pi}{15} u.v.$

5.2.5 CÁLCULO DA ÁREA DA SUPERFÍCIE DE REVOLUÇÃO

Consideremos o problema de determinar a área lateral da superfície gerada pela rotação do gráfico de uma função contínua não negativa f, definida no intervalo $[a, b]$, em torno do eixo dos x.

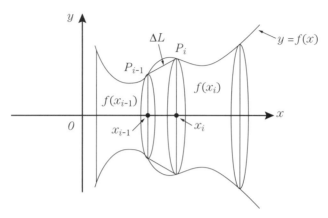

Figura 5.21

Seja o comprimento do segmento de reta $\overline{P_{i-1}P_i}$. Como fizemos anteriormente, no i-ésimo subintervalo $[x_{i-1}, x_i]$, ΔA representa a área elementar de um tronco de cone. Da geometria elementar, sabemos que a área lateral do tronco de cone é calculada por:

$A_L = \pi(r_1 + r_2)L$,

onde r_1 é o raio da base menor, r_2 é o raio da base maior e L é o comprimento da geratriz do tronco de cone. Veja a figura a seguir:

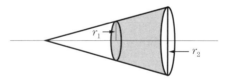

Figura 5.22

Logo, temos: $\Delta A_L = 2\pi \left[\dfrac{f(x_{i-1}) + f(x_i)}{2} \right] \Delta L$. Chamando de C_i um ponto do subintervalo observado tal que $f(C_i) = \dfrac{f(x_{i-1}) + f(x_i)}{2}$, segue que:

$\Delta A_L = 2\pi f(C_i) \Delta L$

Dividindo por Δx e passando ao limite quando $\Delta x \to 0$,

$\dfrac{\Delta A_L}{\Delta x} = 2\pi f(C_i) \dfrac{\Delta L}{\Delta x}$

$\lim\limits_{\Delta x \to 0} \dfrac{\Delta A_L}{\Delta x} = \lim\limits_{\Delta x \to 0} 2\pi f(C_i) \dfrac{\Delta L}{\Delta x}$

$\dfrac{dA_L}{dx} = 2\pi f(x) \dfrac{dL}{dx}$

Matemática com aplicações tecnológicas – Volume 2

Substituindo $\dfrac{dL}{dx} = \sqrt{1 + (y')^2}$ e integrando no intervalo $[a, b]$, como $y = f(x)$, temos:

$$\frac{dA_L}{dx} = 2\pi f(x)\sqrt{1 + (y')^2}$$

$$A_L = 2\pi \int_a^b y\sqrt{1 + (y')^2}\,dx$$

Exemplos:

E 5.21 Calcular a área da superfície de revolução obtida pela rotação em torno do eixo dos x da curva $y = \dfrac{2}{3}x^3$ no intervalo $[1, 2]$.

Resolução:

Determinando a derivada para depois aplicar na fórmula,

$$y = \frac{2}{3}x^3 \rightarrow y' = \frac{2}{3} \cdot 3x^2 = 2x^2$$

Aplicando a fórmula,

$$A_L = 2\pi \int_a^b y\sqrt{1 + (y')^2}\,dx = 2\pi \int_1^2 \frac{2}{3}x^3\sqrt{1 + (2x^2)^2}\,dx = \frac{4\pi}{3}\int_1^2 x^3\sqrt{1 + 4x^4}\,dx$$

Resolvendo por substituição de variável,

$$u = 1 + 4x^4 \rightarrow du = 16x^3\,dx \rightarrow x^3\,dx = \frac{du}{16}$$

Mudando os limites de integração,

$$x = 1 \rightarrow u = 1 + 4 \cdot 1^4 = 5$$

$$x = 2 \rightarrow u = 1 + 4 \cdot 2^4 = 65$$

$$A_L = \frac{4\pi}{3}\int_1^2 x^3\sqrt{1 + 4x^4}\,dx = \frac{4\pi}{3}\int_5^{65} \sqrt{u}\,\frac{du}{16} = \frac{\pi}{12}\int_5^{65} u^{1/2}\,du$$

$$= \frac{\pi}{12}\left[\frac{u^{3/2}}{3/2}\right]_5^{65} = \frac{\pi}{18}(65^{3/2} - 5^{3/2}) = \frac{\pi}{18}(65\sqrt{65} - 125)$$

Resposta: $A_L = \dfrac{\pi}{18}(65\sqrt{65} - 125)\,u.a.$

E 5.22 Calcular a área da superfície de revolução obtida pela revolução em torno do eixo dos y da curva $x = \sqrt{y}$ no intervalo $[1, 4]$.

Resolução:

Determinando a derivada para depois aplicar na fórmula,

$$x = \sqrt{y} = y^{\frac{1}{2}} \rightarrow x' = \frac{1}{2} \cdot y^{\frac{-1}{2}} = \frac{1}{2\sqrt{y}}$$

Integrais definidas e aplicações

Aplicando a fórmula,

$$A_L = 2\pi \int_c^d x\sqrt{1+(x')^2}\,dy = 2\pi \int_1^4 \sqrt{y}\,\sqrt{1+\left(\frac{1}{2\sqrt{y}}\right)^2}\,dy = 2\pi \int_1^4 \sqrt{y}\,\sqrt{1+\frac{1}{4y}}\,dy$$

$$= 2\pi \int_1^4 \sqrt{y}\,\sqrt{\frac{4y+1}{4y}}\,dy = 2\pi \int_1^4 \sqrt{y}\,\frac{\sqrt{4y+1}}{\sqrt{4y}}\,dy = \pi \int_1^4 \sqrt{4y+1}\,dy$$

Resolvendo por substituição de variável,

$$u = 4y+1 \rightarrow du = 4dy \rightarrow dy = \frac{du}{4}$$

Mudando os limites de integração,

$$y = 1 \rightarrow u = 4\cdot 1 + 1 = 5$$
$$y = 4 \rightarrow u = 4\cdot 4 + 1 = 17$$

$$A_L = \pi \int_1^4 \sqrt{4y+1}\,dy = \pi \int_5^{17} \sqrt{u}\,\frac{du}{4} = \frac{\pi}{4}\left[\frac{u^{\frac{3}{2}}}{\frac{3}{2}}\right]_5^{17} = \frac{\pi}{6}(17^{\frac{3}{2}} - 5^{\frac{3}{2}})$$

$$= \frac{\pi}{6}(17\sqrt{17} - 5\sqrt{5})$$

Resposta: $A_L = \frac{\pi}{6}(17\sqrt{17} - 5\sqrt{5})u\cdot a.$

E 5.23 Calcular a área da superfície do cone gerado pela revolução do segmento de reta $y = 2x$, onde $0 \le x \le 1$ em torno do eixo dos x.

Resolução:

Determinando a derivada para depois aplicar na fórmula,

$$y = 2x \rightarrow y' = 2$$

Aplicando a fórmula,

$$A_L = 2\pi \int_a^b y\sqrt{1+(y')^2}\,dx = 2\pi \int_0^1 2x\sqrt{1+(2)^2}\,dx = 4\pi \int_0^1 x\sqrt{5}\,dx$$

$$= 4\sqrt{5}\,\pi \int_0^1 x\,dx = 4\sqrt{5}\,\pi\left[\frac{x^2}{2}\right]_0^1 = 2\sqrt{5}\,\pi\,(1^2 - 0^2) = 2\sqrt{5}\,\pi$$

Resposta: $A_L = 2\sqrt{5}\,\pi\ u.a.$

E 5.24 Calcular a área da superfície de uma esfera de raio r.

Resolução:

A esfera de raio r é gerada pela rotação de uma semicircunferência de centro

(0, 0), cuja equação é dada por $y = \sqrt{r^2 - x^2}$. Vamos determinar a derivada para depois aplicar na fórmula:

$$y = \sqrt{r^2 - x^2} = (r^2 - x^2)^{\frac{1}{2}} \to y' = \frac{1}{2} \cdot (r^2 - x^2)^{\frac{-1}{2}} \cdot (-2x) = \frac{-x}{\sqrt{r^2 - x^2}}$$

Aplicando a fórmula,

$$A_L = 2\pi \int_{-r}^{r} \sqrt{r^2 - x^2} \sqrt{1 + \left(\frac{-x}{\sqrt{r^2 - x^2}}\right)^2} dx = 2\pi \int_{-r}^{r} \sqrt{r^2 - x^2} \sqrt{1 + \frac{x^2}{\sqrt{r^2 - x^2}}} dx$$

$$= 2\pi \int_{-r}^{r} \sqrt{r^2 - x^2} \sqrt{\frac{r^2 - x^2 + x^2}{r^2 - x^2}} dx = 2\pi \int_{-r}^{r} \sqrt{r^2 - x^2} \sqrt{\frac{r^2}{r^2 - x^2}} dx$$

$$= 2\pi \int_{-r}^{r} \sqrt{r^2 - x^2} \frac{r}{\sqrt{r^2 - x^2}} dx = 2\pi \int_{-r}^{r} r \, dx = 2\pi r [x]_{-r}^{r}$$

$$= 2\pi r (r - (-r)) = 4\pi r^2$$

Resposta: $A_L = 4\pi r^2 \, u \cdot a$.

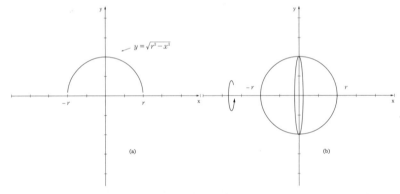

Figura 5.23

5.3 CURVATURA DE UMA FUNÇÃO

Chamamos de curvatura de uma função $y = f(x)$ num ponto P qualquer à taxa de variação em direção do ângulo de inclinação da reta tangente à curva em P, por unidade de comprimento de arco, ou seja, a curvatura média é dada por:

$$K_m = \frac{\Delta \theta}{\Delta L}$$

onde $\Delta \theta = \theta_2 - \theta_1$ e $\Delta L = \overline{PQ}$, Figura 5.24.

E a curvatura é o limite quando a variação em x tende a zero, da curvatura média, ou seja,

$$K = \lim_{\Delta x \to 0} K_m = \lim_{\Delta x \to 0} \frac{\Delta \theta}{\Delta L} = \frac{d\theta}{dL}$$

Sabemos que, se $y = f(x)$, então,

tg $\theta = y' \to \theta = $ arc tg y'

Portanto, se derivarmos a segunda igualdade com relação a x:

$$\frac{d\theta}{dx} = (\text{arc tg } y')' = \frac{y''}{1+(y')^2}$$

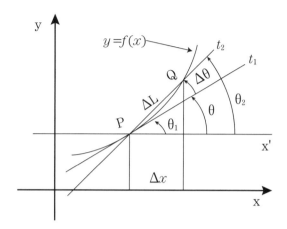

Figura 5.24

Lembrando que
$$\frac{dL}{dx} = \sqrt{1+(y')^2}$$
e aplicando a regra da cadeia, temos:
$$K = \frac{d\theta}{dL} = \frac{d\theta}{dx} \cdot \frac{dx}{dL} = \frac{y''}{1+(y')^2} \cdot \frac{1}{\sqrt{1+(y')^2}} = \frac{y''}{[1+(y')^2]^{\frac{3}{2}}}$$
Logo,
$$K = \frac{y''}{[1+(y')^2]^{\frac{3}{2}}}$$

5.3.1 RAIO DE CURVATURA

Chamamos de raio de curvatura ao inverso do módulo do raio de curvatura, ou seja,
$$R = \frac{1}{|K|} = \frac{[1+(y')^2]^{\frac{3}{2}}}{y''}$$

Exemplos:

E 5.25 Calcular a curvatura e o raio de curvatura da função $y = \text{sen } x$ no ponto $P\left(\frac{\pi}{2}, 1\right)$.

Resolução:

Vamos fazer as derivadas para depois aplicar na fórmula:

$$y = \operatorname{sen} x \rightarrow y' = \cos x \rightarrow y'' = -\operatorname{sen} x$$

Aplicando a fórmula no ponto $x = \dfrac{\pi}{2}$, temos:

$$K = \frac{-\operatorname{sen}\left(\dfrac{\pi}{2}\right)}{\left[1 + \left(\cos\left(\dfrac{\pi}{2}\right)\right)^2\right]^{\frac{3}{2}}} = \frac{-1}{1} = -1$$

O raio de curvatura é:

$$R = \frac{1}{|K|} = \frac{1}{|-1|} = 1$$

Resposta: $K = -1$ e $R = 1$.

E 5.26 Calcular a curvatura e o raio de curvatura da curva $xy = 1$ no ponto $P(1, 1)$.

Resolução:

Vamos fazer as derivadas para depois aplicar na fórmula:

$$xy = 1 \rightarrow y = \frac{1}{x} \rightarrow y' = -\frac{1}{x^2} \rightarrow y'' = \frac{2}{x^3}$$

Aplicando a fórmula no ponto , temos:

$$K = \frac{\dfrac{2}{1^3}}{\left[1 + \left(-\dfrac{1}{1^2}\right)^2\right]^{\frac{3}{2}}} = \frac{2}{2^{\frac{3}{2}}} = \frac{2}{\sqrt[3]{2}} = \frac{2}{2\sqrt{2}} = \frac{1}{\sqrt{2}}$$

O raio de curvatura é:

$$R = \frac{1}{|K|} = \frac{1}{\left|\dfrac{1}{\sqrt{2}}\right|} = \sqrt{2}$$

Resposta: $K = \dfrac{1}{\sqrt{2}}$ e $R = \sqrt{2}$.

5.4 FORMAS PARAMÉTRICAS

Nem todas as curvas no plano podem ser expressas como uma função $y = f(x)$. Existem algumas curvas que estão definidas em função de uma terceira variável, geralmente representada por t, a que chamamos de parâmetros.

Chamamos de forma paramétrica ao conjunto de pontos do plano $\begin{cases} x = x(t) \\ y = y(t) \end{cases}$ que estão escritos em função de um parâmetro $t \in \mathbb{R}$.

Se temos uma função $y = f(x)$, podemos escrever na forma paramétrica. Basta escrever $\begin{cases} x = t \\ y = y(t) \end{cases}$. Da mesma forma, se tivermos uma forma paramétrica em que $x = x(t)$ admite uma inversa, $t = t(x)$, nesse caso, podemos escrever $y = y[t(x)]$. Se eliminarmos o parâmetro, voltamos à expressão cartesiana da função, $y = f(x)$.

Exemplos:

E 5.27 Verificar se a forma paramétrica abaixo pode ser escrita como função cartesiana.

$$\begin{cases} x = 1 - t \\ y = 2t^2 \end{cases} \quad t \in \mathbb{R}$$

Resolução:

Verificando se a variável x é invertível:
$x = 1 - t \to t = 1 - x$

Como é invertível, podemos substituir em y:
$y = 2(1-x)^2 = 2(1 - 2x + x^2) = 2x^2 - 4x + 2$

Logo, temos uma função na forma cartesiana, e seu gráfico é:

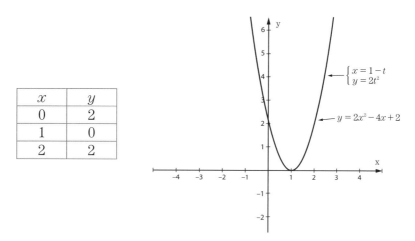

Figura 5.25

E 5.28 Verificar que a forma paramétrica a seguir representa a circunferência de centro $(0, 0)$ e raio r.

$$\begin{cases} x = r \cdot \cos t \\ y = r \cdot \operatorname{sen} t \end{cases} \quad t \in [0, 2\pi]$$

Resolução:

Vamos elevar cada variável ao quadrado e depois somar:

$\begin{cases} x^2 = r^2 \cos^2 t \\ y^2 = r^2 \operatorname{sen}^2 t \end{cases} \rightarrow x^2 + y^2 = r^2 \cos^2 t + r^2 \operatorname{sen}^2 t = r^2 (\cos^2 t + \operatorname{sen}^2 t) = r^2$

Como podemos verificar, a equação acima é a equação da circunferência de centro $(0, 0)$ e raio r.

$x^2 + y^2 = r^2$

Observemos que, neste exemplo, não temos uma função $y = f(x)$, pois $x = x(t)$ não é invertível no intervalo $[0, 2\pi]$. Podemos obter uma ou mais funções restringindo convenientemente o domínio. Por exemplo,

a) Para $t \in [0, \pi]$, podemos escrever $y = \sqrt{r^2 - x^2}$.

b) Para $t \in [\pi, 2\pi]$, podemos escrever $y = -\sqrt{r^2 - x^2}$.

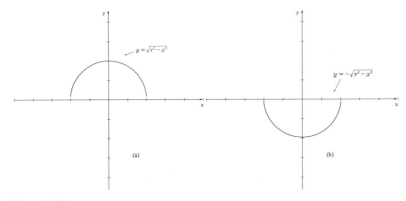

Figura 5.26

5.4.1 DERIVADA DE UMA CURVA NA FORMA PARAMÉTRICA

Seja $\begin{cases} x = x(t) \\ y = y(t) \end{cases}$ $t \in [a,b]$ uma curva na forma paramétrica de tal forma que as funções $x(t)$ e $y(t)$ sejam deriváveis no intervalo dado. Vamos denominar:

$\begin{cases} x = x(t) \\ y = y(t) \end{cases} \rightarrow \begin{cases} \dfrac{dx}{dt} = \dot{x} \\ \dfrac{dy}{dt} = \dot{y} \end{cases}$

Derivada de 1ª ordem

Para calcular a derivada $y' = \dfrac{dy}{dx}$, vamos usar a regra da cadeia:

$y' = \dfrac{dy}{dx} = \dfrac{dy}{dt} \cdot \dfrac{dt}{dx} = \dfrac{dy}{dt} : \dfrac{dx}{dt} = \dfrac{\dot{y}}{\dot{x}}$

Derivada de 2ª ordem

Neste caso, basta derivar a derivada de 1ª ordem,

$$y'' = \frac{d^2y}{dx^2} = \frac{d}{dx}\left(\frac{dy}{dx}\right) = \frac{d}{dt}\left(\frac{\dot{y}}{\dot{x}}\right)\frac{dt}{dx}$$

Lembrando que a derivada do quociente é dada por

$$\left(\frac{u}{v}\right)' = \frac{u'v - uv'}{v^2}$$

temos

$$y'' = \frac{d}{dt}\left(\frac{\dot{y}}{\dot{x}}\right)\frac{dt}{dx} = \left(\frac{\ddot{y}\dot{x} - \dot{y}\ddot{x}}{(\dot{x})^2}\right)\frac{1}{\dot{x}} = \frac{\ddot{y}\dot{x} - \dot{y}\ddot{x}}{(\dot{x})^3}$$

Exemplos:

E 5.29 Calcular $\dfrac{dy}{dx}$ da forma paramétrica definida abaixo.

$$\begin{cases} x = 3t - 2 \\ y = 9t^2 - 5t \end{cases} t \in \mathbb{R}$$

Resolução:

Vamos fazer as derivadas em t primeiro, depois colocar na fórmula:

$x = 3t - 2 \rightarrow \dot{x} = 3$

$y = 9t^2 - 5t \rightarrow \dot{y} = 18t - 5$

Então,

$$\frac{dy}{dx} = \frac{\dot{y}}{\dot{x}} = \frac{18t - 5}{3}$$

Resposta: $\dfrac{dy}{dx} = 6t - \dfrac{5}{3}.$

E 5.30 Calcular $\dfrac{dy}{dx}$ da forma paramétrica definida abaixo.

$$\begin{cases} x = 3\cos t \\ y = 4\operatorname{sen} t \end{cases} t \in [\pi, 2\pi]$$

Resolução:

Vamos fazer as derivadas em t primeiro, depois colocar na fórmula:

$x = 3\cos t \rightarrow \dot{x} = -3\operatorname{sen} t$

$y = 4\operatorname{sen} t \rightarrow \dot{y} = 4\cos t$

Então,

$$\frac{dy}{dx} = \frac{\dot{y}}{\dot{x}} = \frac{4\cos t}{-3\operatorname{sen} t} = -\frac{4}{3}\operatorname{cotg} t$$

Resposta: $\dfrac{dy}{dx} = -\dfrac{4}{3}\cotg t, t \in [\pi, 2\pi]$.

5.4.2 CURVATURA E RAIO DE CURVATURA DA FORMA PARAMÉTRICA

Como vimos anteriormente, se $y = f(x)$, então,

$$K = \frac{y''}{[1 + (y')^2]^{\frac{3}{2}}}$$

Na forma paramétrica, $y' = \dfrac{\dot{y}}{\dot{x}}$ e $y'' = \dfrac{\ddot{y}\dot{x} - \dot{y}\ddot{x}}{(\dot{x})^3}$. Substituindo na fórmula anterior,

$$K = \frac{\dfrac{\ddot{y}\dot{x} - \dot{y}\ddot{x}}{(\dot{x})^3}}{\left[1 + \left(\dfrac{\dot{y}}{\dot{x}}\right)^2\right]^{\frac{3}{2}}} = \frac{\ddot{y}\dot{x} - \dot{y}\ddot{x}}{(\dot{x})^3} \times \left[\frac{\dot{x}^2}{\dot{x}^2 + \dot{y}^2}\right]^{\frac{3}{2}} = \frac{\ddot{y}\dot{x} - \dot{y}\ddot{x}}{(\dot{x})^3} \times \frac{\dot{x}^3}{(\dot{x}^2 + \dot{y}^2)^{\frac{3}{2}}} = \frac{\ddot{y}\dot{x} - \dot{y}\ddot{x}}{(\dot{x}^2 + \dot{y}^2)^{\frac{3}{2}}}$$

O raio de curvatura é dado por:

$$R = \left| \frac{(\dot{x}^2 + \dot{y}^2)^{\frac{3}{2}}}{\ddot{y}\dot{x} - \dot{y}\ddot{x}} \right|$$

Exemplos:

E 5.31 Calcular a curvatura e o raio de curvatura da forma paramétrica definida abaixo.

$$\begin{cases} x = 3t^2 - 2 \\ y = 9t^2 - 5t \end{cases} \quad t \in \mathbb{R}$$

Resolução:

Vamos fazer as derivadas em t primeiro, depois colocar na fórmula:

$\dot{x} = 6t \rightarrow \ddot{x} = 6$

$\dot{y} = 18t - 5 \rightarrow \ddot{y} = 18$

$$K = \frac{\ddot{y}\dot{x} - \dot{y}\ddot{x}}{(\dot{x}^2 + \dot{y}^2)^{\frac{3}{2}}} = \frac{18 \cdot 6t - (18t - 5)6}{((6t)^2 + (18t - 5)^2)^{\frac{3}{2}}} = \frac{\cancel{108t} - \cancel{108t} + 30}{(36t^2 + 324t^2 - 180t + 25)^{\frac{3}{2}}}$$

$$= \frac{30}{(360t^2 - 180t + 25)^{\frac{3}{2}}}$$

$$R = \left| \frac{(360t^2 - 180t + 25)^{\frac{3}{2}}}{30} \right|$$

5.4.3 COMPRIMENTO DE ARCO NA FORMA PARAMÉTRICA

Como vimos anteriormente, se $y = f(x)$, o comprimento de arco é dado por:

$$L = \int_a^b \sqrt{1 + [y']^2}\, dx$$

Na forma paramétrica, $y' = \dfrac{\dot{y}}{\dot{x}}$ e $\dfrac{dx}{dt} = \dot{x}$. Então, $dx = \dot{x}dt$. Substituindo na fórmula acima,

$$L = \int_{t_1}^{t_2} \sqrt{1 + \left[\dfrac{\dot{y}}{\dot{x}}\right]^2} \, \dot{x}dt = \int_{t_1}^{t_2} \sqrt{\dfrac{\dot{x}^2 + \dot{y}^2}{\dot{x}^2}} \, \dot{x}dt = \int_{t_1}^{t_2} \dfrac{\sqrt{\dot{x}^2 + \dot{y}^2}}{\sqrt{\dot{x}^2}} \, \dot{x}dt$$

$$= \int_{t_1}^{t_2} \sqrt{\dot{x}^2 + \dot{y}^2} \, dt$$

Logo,

$$L = \int_{t_1}^{t_2} \sqrt{\dot{x}^2 + \dot{y}^2} \, dt$$

Exemplos:

E 5.32 Calcular o comprimento de arco da forma paramétrica definida abaixo:
$$\begin{cases} x = 4e^t - 4t - 12 \\ y = 16(e^{\frac{t}{2}} - 1) \end{cases} \quad t \in [0,1]$$

Resolução:

Vamos preparar os passos antes de aplicar a fórmula, ou seja, calcular as derivadas, elevá-las ao quadrado e somá-las:

$$\dot{x} = 4e^t - 4 \qquad\qquad (\dot{x})^2 = (4e^t - 4)^2 = 16e^{2t} - 32e^t + 16$$

$$\dot{y} = 16e^{\frac{t}{2}}\left(\dfrac{1}{2}\right) = 8e^{\frac{t}{2}} \quad (\dot{y})^2 = (8e^{\frac{t}{2}})^2 = 64e^t$$

Somando as duas,

$$(\dot{x})^2 + (\dot{y})^2 = 16e^{2t} - 32e^t + 16 + 64e^t = 16e^{2t} + 32e^t + 16 = (4e^t + 4)^2$$

Aplicando na fórmula,

$$L = \int_{t_1}^{t_2} \sqrt{\dot{x}^2 + \dot{y}^2} \, dt = \int_{0}^{1} \sqrt{(4e^t + 4)^2} \, dt = \int_{0}^{1} (4e^t + 4) \, dt = [4e^t + 4t]_0^1$$

$$= [(4e^1 + 4 \cdot 1) - (4e^0 + 4 \cdot 0)] = 4e + 4 - 4 = 4e$$

Resposta: $L = 4e$ u.c.

E 5.33 Calcular o comprimento de arco da forma paramétrica definida abaixo:
$$\begin{cases} x = \cos(2t) \\ y = \text{sen}(2t) \end{cases} \quad t \in [0, \dfrac{\pi}{4}]$$

Resolução:

Vamos calcular as derivadas, elevá-las ao quadrado e somá-las:

Matemática com aplicações tecnológicas – Volume 2

$\dot{x} = -2\,\mathrm{sen}\,(2t) \quad (\dot{x})^2 = (-2\,\mathrm{sen}\,(2t))^2 = 4\mathrm{sen}^2\,(2t)$

$\dot{y} = 2\cos\,(2t) \quad (\dot{y})^2 = (2\cos\,(2t))^2 = 4\cos^2\,(2t)$

Somando as duas,

$(\dot{x})^2 + (\dot{y})^2 = 4\,\mathrm{sen}^2\,(2t) + 4\cos^2\,(2t) = 4\,(\mathrm{sen}^2\,(2t) + \cos^2\,(2t)) = 4$

Aplicando na fórmula,

$$L = \int_{t_1}^{t_2} \sqrt{\dot{x}^2 + \dot{y}^2}\,dt = \int_0^{\frac{\pi}{4}} \sqrt{4}\,dt = [2t]\Big|_0^{\frac{\pi}{4}} = 2\Big(\frac{\pi}{4} - 0\Big) = \frac{\pi}{2}$$

Resposta: $L = \dfrac{\pi}{2}\,u.c.$

5.4.4 VOLUME DE UM SÓLIDO DE REVOLUÇÃO NA FORMA PARAMÉTRICA

Utilizando a fórmula para o cálculo de volume no caso de $y = f(x)$, temos:

$$V = \pi \int_a^b [y]^2\,dx$$

Na forma paramétrica, $\dfrac{dx}{dt} = \dot{x}$. Então, $dx = \dot{x}dt$. Substituindo na fórmula acima,

$$V = \pi \int_{t_1}^{t_2} [y]^2\,\dot{x}dt$$

Exemplos:

E 5.34 Calcular o volume do sólido de revolução gerado pela forma paramétrica:

$$\begin{cases} x = 2t - t^2 \\ y = \dfrac{1}{\sqrt{1-t^2}} \end{cases} \quad t \in [0, \tfrac{1}{2}]$$

Resolução:

Vamos calcular a derivada antes de aplicar a fórmula:

$\dot{x} = 2 - 2t$

$$V = \pi \int_{t_1}^{t_2} [y]^2\,\dot{x}dt = \pi \int_0^{\frac{1}{2}} \Big[\frac{1}{\sqrt{1-t^2}}\Big]^2 (2 - 2t)\,dt = 2\pi \int_0^{\frac{1}{2}} \Big[\frac{1-t}{1-t^2}\Big]dt$$

$$= 2\pi \int_0^{\frac{1}{2}} \frac{1-t}{(1+t)(1-t)}\,dt = 2\pi \int_0^{\frac{1}{2}} \frac{1}{(1+t)}\,dt$$

Integrais definidas e aplicações

Fazendo mudança de variável,

$$u = 1 + t \rightarrow du = dt$$

$$t = 0 \rightarrow u = 1 + 0 = 1$$

$$t = \frac{1}{2} \rightarrow u = 1 + \frac{1}{2} = \frac{3}{2}$$

Então,

$$V = 2\pi \int_0^{\frac{1}{2}} \frac{1}{(1+t)} dt = 2\pi \int_1^{\frac{3}{2}} \frac{1}{u} du = 2\pi \left[\ln|u|\right]_1^{\frac{3}{2}} = 2\pi \left(\ln\left(\frac{3}{2}\right) - \ln 1\right) = 2\pi \ln\left(\frac{3}{2}\right)$$

Resposta: $V = 2\pi \ln\left(\frac{3}{2}\right) u.v.$

E 5.35 Determinar o volume do sólido de revolução gerado pela forma paramétrica:

$$\begin{cases} x = 2 - \cos(2t) \\ y = \sqrt{\operatorname{sen}(2t)} \end{cases} \quad t \in [0, \frac{\pi}{4}]$$

Resolução:

Vamos calcular a derivada antes de aplicar a fórmula:

$$\dot{x} = 2\operatorname{sen}(2t)$$

$$V = \pi \int_{t_1}^{t_2} [y]^2 \dot{x} dt = \pi \int_0^{\frac{\pi}{4}} \left[\sqrt{\operatorname{sen}(2t)}\right]^2 (2\operatorname{sen}(2t)) dt = 2\pi \int_0^{\frac{\pi}{4}} \operatorname{sen}^2(2t) dt$$

Utilizando a igualdade trigonométrica abaixo,

$$\operatorname{sen}^2(\alpha) = \frac{1 - \cos(2\alpha)}{2}$$

$$V = 2\pi \int_0^{\frac{\pi}{4}} \left(\frac{1 - \cos(4t)}{2}\right) dt = \pi \int_0^{\frac{\pi}{4}} (1 - \cos(4t)) dt$$

e, fazendo mudança de variável,

$$u = 4t \rightarrow du = 4dt \rightarrow dt = \frac{du}{4}$$

$$t = 0 \rightarrow u = 4 \cdot 0 = 0$$

$$t = \frac{\pi}{4} \rightarrow u = 4 \cdot \frac{\pi}{4} = \pi$$

Então,

$$V = \pi \int_0^{\pi} (1 - \cos u) \frac{du}{4} = \frac{\pi}{4}[u - \operatorname{sen} u]_0^{\pi} = \frac{\pi}{4}[(\pi - 0) - (\operatorname{sen}\pi - \operatorname{sen}0)] = \frac{\pi^2}{4}$$

Resposta: $V = \frac{\pi^2}{4} u.v.$

5.4.5 ÁREA DE UMA SUPERFÍCIE DE REVOLUÇÃO NA FORMA PARAMÉTRICA

Como vimos anteriormente, se $y = f(x)$, a área da superfície de revolução é dada por:

$$A_L = 2\pi \int_a^b y\sqrt{1+(y')^2}\,dx$$

E o comprimento de arco na forma paramétrica é

$$L = \int_{t_1}^{t_2} \sqrt{\dot{x}^2 + \dot{y}^2}\,dt$$

Das fórmulas anteriores, concluímos que a área de uma superfície de revolução na forma paramétrica é dada por:

$$A_L = 2\pi \int_{t_1}^{t_2} y\sqrt{\dot{x}^2 + \dot{y}^2}\,dt$$

Exemplos:

E 5.36 Calcular a área da superfície de revolução gerada pela forma paramétrica:

$$\begin{cases} x = 3 + 2t^2 \\ y = 5 + \dfrac{3}{2}t^2 \end{cases} \quad t \in [0,1]$$

Resolução:

Vamos calcular as derivadas, elevá-las ao quadrado e somá-las:

$$\dot{x} = 4t \rightarrow (\dot{x})^2 = (4t)^2 = 16t^2$$

$$\dot{y} = 3t \rightarrow (\dot{y})^2 = (3t)^2 = 9t^2$$

Somando as duas,

$$(\dot{x})^2 + (\dot{y})^2 = 16t^2 + 9t^2 = 25t^2$$

Aplicando na fórmula,

$$A_L = 2\pi \int_0^1 \left(5 + \frac{3}{2}t^2\right)\sqrt{25t^2}\,dt = 10\pi \int_0^1 \left(5t + \frac{3}{2}t^3\right)dt = 10\pi \left[5\frac{t^2}{2} + \frac{3}{2}\frac{t^4}{4}\right]\Big|_0^1$$

$$= 5\pi \left[5(1^2 - 0^2) + \frac{3}{4}(1^4 - 0^4)\right] = 5\pi\left(5 + \frac{3}{4}\right) = \frac{115\pi}{4}$$

Resposta: $A_L = \dfrac{115\pi}{4}\,u.a.$

E 5.37 Calcular a área da superfície de revolução gerada pela forma paramétrica:

$$\begin{cases} x = 2\cos t \\ y = 2\,\text{sen}\,t \end{cases} \quad t \in [0, \frac{\pi}{2}]$$

Resolução:

Vamos calcular as derivadas, elevá-las ao quadrado e somá-las:
$\dot{x} = -2\,\text{sen}\,t \rightarrow (\dot{x})^2 = (-2\,\text{sen}\,t)^2 = 4\,\text{sen}^2 t$
$\dot{y} = 2\cos t \rightarrow (\dot{y})^2 = (2\cos t)^2 = 4\cos^2 t$

Somando as duas,
$(\dot{x})^2 + (\dot{y})^2 = 4\,\text{sen}^2 t + 4\cos^2 t = 4(\text{sen}^2 t + \cos^2 t) = 4$

Aplicando na fórmula,

$$A_L = 2\pi \int_0^{\frac{\pi}{2}} (2\,\text{sen}\,t)\sqrt{4}\,dt = 8\pi \int_0^{\frac{\pi}{2}} \text{sen}\,t\,dt = 8\pi\,[-\cos t]\,\Big|_0^{\frac{\pi}{2}}$$
$$= 8\pi\left[-\cos\left(\frac{\pi}{2}\right) + \cos 0\right] = 8\pi$$

Resposta: $A_L = 8\pi\,u.a.$

5.5 COORDENADAS POLARES

Em geral, localizamos a posição dos pontos no plano por meio de coordenadas cartesianas, ou seja, $P = (x, y)$. Porém, em algumas situações, é mais conveniente utilizar outro sistema de coordenadas. Estudaremos um sistema bastante utilizado, que é o sistema de coordenadas polares.

No plano, consideremos um ponto fixo O chamado polo ou origem, uma semirreta orientada fixa $\overrightarrow{OA}$ ou semieixo com origem em O denominado eixo polar ou raio. O ponto P do plano fica bem determinado por meio do par ordenado (r, θ), onde $|r|$ representa a distância entre a origem e o ponto P, e θ representa a medida em radianos ou em graus, conforme a necessidade, do ângulo que a semirreta forma com o eixo polar.

O ângulo $A\widehat{O}P$ é denominado ângulo na posição padrão:

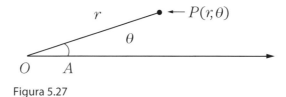

Figura 5.27

Observações

1) Se o ângulo $A\widehat{O}P$ for medido no sentido anti-horário, então $\theta > 0$; caso contrário, teremos $\theta < 0$.
2) Se $r = 0$, $\forall \theta \in \mathbb{R}$, então o par $(0, \theta)$ representa o polo O.
3) Se $r < 0$ (negativo), isto é, $r = -|OP|$, então o ponto P estará na extensão oposta ao lado terminal do ângulo $A\widehat{O}P$.

Exemplo:

E 5.38

a) Dado o ponto $P\left(4, \dfrac{\pi}{3}\right)$, representar no plano polar:

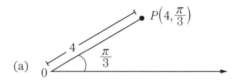

b) Determinar um conjunto de pontos que coincidam com o ponto P, com o ângulo positivo:

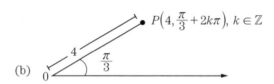

c) Determinar um conjunto de pontos que coincidam com o ponto P, com o ângulo negativo:

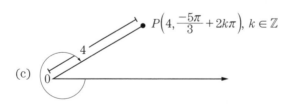

d) Determinar um conjunto de pontos que coincidam com o ponto P, com o raio negativo e o ângulo positivo:

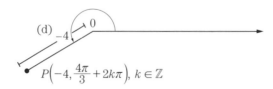

e) Determinar um conjunto de pontos que coincidam com o ponto P, com o raio negativo e o ângulo negativo:

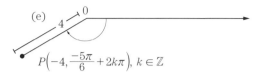

Pelo exemplo, verificamos que, ao contrário do sistema de coordenadas cartesianas, um ponto P tem muitas representações diferentes no sistema de coordenadas polares.

O plano de coordenadas polares $P(r, \theta)$ é constituído de circunferências concêntricas, com centro em O (polo) e semirretas partindo de O. O valor de r localiza P numa circunferência de centro no polo e raio r, e o valor de θ localiza P numa semirreta que é o lado terminal do ângulo θ na posição padrão e o ponto é determinado pela interseção entre a circunferência e a semirreta.

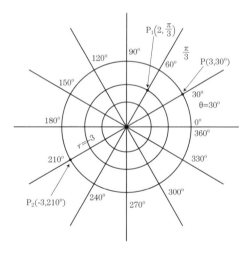

Figura 5.28

5.5.1 CONVERSÃO DE COORDENADAS CARTESIANAS EM POLARES E DE COORDENADAS POLARES EM CARTESIANAS

Como o polo do sistema de coordenadas polares coincide com a origem do sistema cartesiano, vamos fazer coincidir o eixo polar com o eixo dos x e a semirreta que forma $\theta = \frac{\pi}{2}$ com o eixo dos y. Suponha que P seja um ponto com coordenadas cartesianas (x, y) e coordenadas polares (r, θ). Vamos analisar o caso em que o ponto está no 1º quadrante, apenas para obter as relações entre as coordenadas:

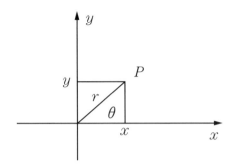

Figura 5.29

Observe que temos um triângulo retângulo, em que podemos tirar relações trigonométricas:

$\cos\theta = \dfrac{x}{r}$
$\operatorname{sen}\theta = \dfrac{y}{r}$ $\rightarrow$ $x = r \cdot \cos\theta$
$y = r \cdot \operatorname{sen}\theta$

Ou seja, se conhecemos as coordenadas polares, pelas relações acima, deduzimos as coordenadas cartesianas. Agora, aplicando o teorema de Pitágoras no triângulo retângulo, temos:

$r^2 = x^2 + y^2$

E podemos também determinar a tangente do ângulo:

$\operatorname{tg}\theta = \dfrac{y}{x}$

Das duas expressões acima, segue que:

$r^2 = x^2 + y^2 \rightarrow r = \sqrt{x^2 + y^2}$
$\operatorname{tg}\theta = \dfrac{y}{x} \rightarrow \theta = \operatorname{arc\,tg}\left(\dfrac{y}{x}\right)$

Ou, ainda, conhecendo as coordenadas cartesianas, podemos determinar as coordenadas polares.

Exemplos:

E 5.39 Dados os pontos em coordenadas polares, converter para coordenadas cartesianas:

a) $P\left(2, \dfrac{\pi}{6}\right)$

b) $Q\left(2, \dfrac{\pi}{4}\right)$

c) $R\left(3, \dfrac{\pi}{2}\right)$

d) $S\left(2, -\dfrac{\pi}{2}\right)$

Resolução:

a) $x = r \cdot \cos\theta = 2\cos\left(\frac{\pi}{6}\right) = 2 \cdot \frac{\sqrt{3}}{2} = \sqrt{3}$
$y = r \cdot \operatorname{sen}\theta = 2 \cdot \operatorname{sen}\left(\frac{\pi}{6}\right) = 2 \cdot \frac{1}{2} = 1$ $\rightarrow P(\sqrt{3}, 1)$

b) $x = r \cdot \cos\theta = 2 \cdot \cos\left(\frac{\pi}{4}\right) = 2 \cdot \frac{\sqrt{2}}{2} = \sqrt{2}$
$y = r \cdot \operatorname{sen}\theta = 2 \cdot \operatorname{sen}\left(\frac{\pi}{4}\right) = 2 \cdot \frac{\sqrt{2}}{2} = \sqrt{2}$ $\rightarrow Q(\sqrt{2}, \sqrt{2})$

c) $x = r \cdot \cos\theta = 3\cos\left(\frac{\pi}{2}\right) = 3 \cdot 0 = 0$
$y = r \cdot \operatorname{sen}\theta = 3 \cdot \operatorname{sen}\left(\frac{\pi}{2}\right) = 3 \cdot 1 = 3$ $\rightarrow R(0,3)$

d) $x = r \cdot \cos\theta = 2\cos\left(-\frac{\pi}{2}\right) = 2 \cdot 0 = 0$
$y = r \cdot \operatorname{sen}\theta = 2 \cdot \operatorname{sen}\left(-\frac{\pi}{2}\right) = 2 \cdot (-1) = -2$ $\rightarrow S(0, -2)$

E 5.40 Determinar os pontos em coordenadas polares, com $r > 0$ e $0 \leq \theta < 2\pi$:

a) $P\left(\frac{3}{2}, \frac{3\sqrt{3}}{2}\right)$

b) $Q(1,0)$

c) $R(0,1)$

d) $S(1,1)$

Resolução:

a) $r = \sqrt{x^2 + y^2} = \sqrt{\left(\frac{3}{2}\right)^2 + \left(\frac{3\sqrt{3}}{2}\right)^2} = \sqrt{\frac{9}{4} + \frac{27}{4}} = \sqrt{\frac{36}{4}} = \sqrt{9} = 3$
$\theta = \operatorname{arc\,tg}\left(\frac{y}{x}\right) = \operatorname{arc\,tg}\left(\frac{\frac{3}{2}}{\frac{3\sqrt{3}}{2}}\right) = \operatorname{arc\,tg}\left(\frac{1}{\sqrt{3}}\right) = \frac{\pi}{3}$ $\rightarrow P\left(3, \frac{\pi}{3}\right)$

b) $r = \sqrt{x^2 + y^2} = \sqrt{(1)^2 + (0)^2} = \sqrt{1} = 1$
$\theta = \operatorname{arc\,tg}\left(\frac{y}{x}\right) = \operatorname{arc\,tg}\left(\frac{0}{1}\right) = \operatorname{arc\,tg}(0) = 0$ $\rightarrow Q(1,0)$

c) $r = \sqrt{x^2 + y^2} = \sqrt{(0)^2 + (1)^2} = \sqrt{1} = 1$
$\theta = \operatorname{arc\,tg}\left(\frac{y}{x}\right) = \operatorname{arc\,tg}\left(\frac{1}{0}\right) = \frac{\pi}{2}$ $\rightarrow R\left(1, \frac{\pi}{2}\right)$

d) $r = \sqrt{x^2 + y^2} = \sqrt{(1)^2 + (1)^2} = \sqrt{2}$
$\theta = \operatorname{arc\,tg}\left(\frac{y}{x}\right) = \operatorname{arc\,tg}\left(\frac{1}{1}\right) = \operatorname{arc\,tg}(1) = \frac{\pi}{4}$ $\rightarrow S\left(\sqrt{2}, \frac{\pi}{4}\right)$

5.5.2 GRÁFICOS EM COORDENADAS POLARES

O gráfico em coordenadas polares é um conjunto de pontos $(r = f(\theta), \theta)$ no plano polar. Os seguintes procedimentos poderão auxiliar no esboço do gráfico:

1) Calcular os pontos de máximos e mínimos, se houver.
2) Encontrar os valores de θ para os quais a curva passa pelo polo.
3) Verificar se há simetria no gráfico:

- Se a equação não se altera quando substituímos r por $-r$, neste caso, haverá simetria em relação à origem.
- Se a equação não se altera quando substituímos θ por $-\theta$ neste caso, haverá simetria em relação ao eixo polar (eixo dos x).
- Se a equação não se altera quando substituímos θ por $\pi-\theta$, neste caso, haverá simetria em relação ao eixo $\theta = \dfrac{\pi}{2}$ (eixo dos y).

Exemplos:

E 5.41 Esboçar o gráfico da curva polar $r = f(\theta) = 3(1 - \cos \theta)$

Resolução:

Vamos fazer a substituição θ por $-\theta$:
$r = f(-\theta) = 3(1 - \cos(-\theta)) = 3(1 - \cos \theta) = f(\theta)$

O gráfico é simétrico em relação ao eixo polar, logo basta traçar o gráfico de 0 a π:

θ	$r = 3(1 - \cos \theta)$
0	0
$\dfrac{\pi}{3}$	1,5
$\dfrac{\pi}{2}$	3
$\dfrac{2\pi}{3}$	4,5
π	6

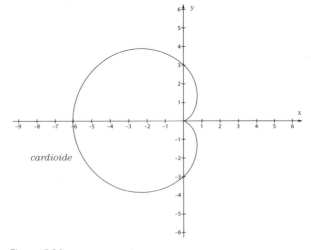

Figura 5.30

E 5.42 Esboçar o gráfico da curva polar $r = f(\theta) = 3\,\text{sen}\,(3\theta)$.

Resolução:

Vamos fazer a substituição θ por $\pi - \theta$:
$r = f(\pi - \theta) = 3\,\text{sen}\,(3(\pi - \theta))$
$= 3[\text{sen}\,(3\pi)\cos 3\theta - \text{sen}\,(3\theta)\cos(3\pi)] = 3\,\text{sen}\,(3\theta) = f(\theta)$

Neste caso, o gráfico é simétrico em relação ao eixo $\theta = \dfrac{\pi}{2}$, logo basta traçar o gráfico de $-\dfrac{\pi}{2}$ a $\dfrac{\pi}{2}$:

θ	$r = 3\,\text{sen}(3\theta)$
$-\dfrac{\pi}{2}$	-3
$-\dfrac{\pi}{3}$	0
$-\dfrac{\pi}{4}$	$-\dfrac{3\sqrt{2}}{2} \cong 2{,}1$
$-\dfrac{\pi}{6}$	-3
0	0

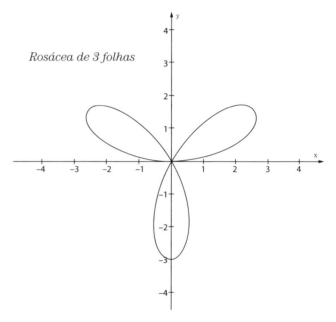

Rosácea de 3 folhas

Figura 5.31

Observação

Se tivermos $r = a\,\text{sen}(k\theta)$ e se k for ímpar, então o número de folhas é k; se k for par, o número de folhas será $2k$.

E 5.43 Esboçar o gráfico da curva polar $r^2 = 4\cos(2\theta)$.

Resolução:

Vamos fazer a substituição θ por $-\theta$:
$r^2 = f(-\theta) = 4\cos(-2\theta) = 4\cos(2\theta) = f(\theta)$

Neste caso, o gráfico é simétrico em relação ao eixo polar, logo basta traçar o gráfico de 0 a π:

θ	$r = \sqrt{4\cos(2\theta)}$
0	2
$\dfrac{\pi}{3}$	1,4
$\dfrac{\pi}{2}$	0
$\dfrac{2\pi}{3}$	1,4
π	2

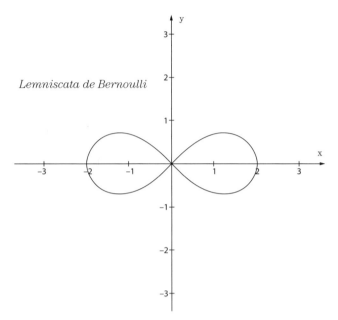

Figura 5.32

E 5.44 Esboçar o gráfico da curva polar $r = f(\theta) = \theta$.

Resolução:

θ	$r = \theta$
0	0
$\dfrac{\pi}{3}$	1,1
$\dfrac{\pi}{2}$	1,6
$\dfrac{2\pi}{3}$	2,1
π	3,1

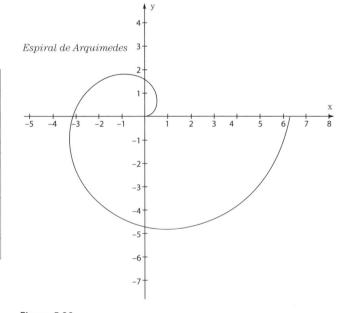

Figura 5.33

Integrais definidas e aplicações

5.5.3 ÁREA DE REGIÕES EM COORDENADAS POLARES

Seja a curva cuja equação polar é $r = f(\theta)$, onde f é uma função contínua em $[\theta_1, \theta_2]$. Vamos determinar a área da região do plano entre a curva polar $r = f(\theta)$ e as retas $\theta = \theta_1$ e $\theta = \theta_2$.

Consideremos a área do setor circular da figura acima. Como a área do círculo é πr^2 e o setor ocupa a fração $\dfrac{\theta_2 - \theta_1}{2\pi}$ de todo o círculo, a área do setor é dada por:

$$A = \pi r^2 \left(\frac{\theta_2 - \theta_1}{2\pi} \right) = \frac{1}{2} r^2 (\theta_2 - \theta_1)$$

Se $d\theta$ é considerado infinitésimo, então a área infinitesimal desse setor é dada por

$$dA = \frac{1}{2} r^2 d\theta = \frac{1}{2} [f(\theta)]^2 d\theta$$

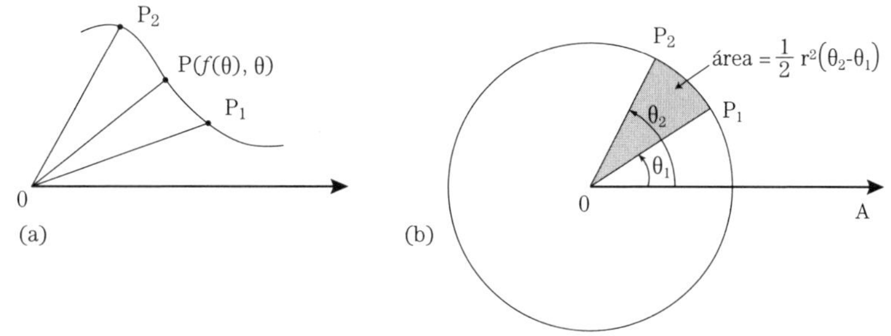

Figura 5.34 (a) e (b)

Logo,

$$A = \frac{1}{2} \int_{\theta_1}^{\theta_2} [f(\theta)]^2 d\theta$$

Exemplos:

E 5.45 Aplicando a fórmula acima, calcular a área do círculo de raio R

Resolução:

A equação da circunferência de centro $(0,0)$ e raio R na forma polar é a função constante $f(\theta) = R$ e $\theta \in [0, 2\pi]$. Utilizando a fórmula acima,

$$A = \frac{1}{2} \int_{0}^{2\pi} [R]^2 d\theta = \frac{1}{2} R^2 [\theta]_0^{2\pi} = \frac{1}{2} R^2 [2\pi - 0] = \pi R^2,$$

que é exatamente a fórmula que usamos para calcular a área do círculo na geometria plana.

E 5.46 Calcular a área da região compreendida entre a cardioide $r = 2(1 + \cos\theta)$ e $\theta \in [0,\pi]$.

Resolução:

Aplicando diretamente a fórmula, temos:

$$A = \frac{1}{2}\int_0^\pi [2(1+\cos\theta)]^2 d\theta = 2\int_0^\pi [1 + 2\cos\theta + \cos^2\theta] d\theta$$

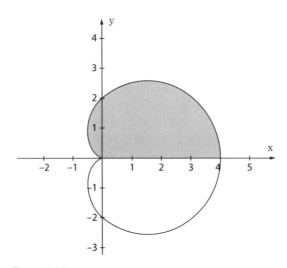

Figura 5.35

$$= 2\int_0^\pi \left[1 + 2\cos\theta + \left(\frac{1+\cos 2\theta}{2}\right)\right] d\theta$$

$$= 2\int_0^\pi d\theta + 4\int_0^\pi \cos\theta\, d\theta + \left(\int_0^\pi d\theta + \int_0^\pi \cos(2\theta)\, d\theta\right)$$

$$= 2[\theta]_0^\pi + 4[\operatorname{sen}\theta]_0^\pi + [\theta]_0^\pi + \frac{1}{2}[\operatorname{sen}(2\theta)]_0^\pi$$

$$= 2(\pi - 0) + 4(\operatorname{sen}\pi - \operatorname{sen} 0) + (\pi - 0) + \frac{1}{2}(\operatorname{sen}(2\cdot\pi) - \operatorname{sen}(0))$$

$$= 2\pi + \pi = 3\pi$$

Resposta: $A = 3\pi\, u.a.$

E 5.47 Determinar a área da região delimitada pela Lemniscata $r^2 = 9\cos 2\theta$.

Resolução:

Observemos que se $\theta = \dfrac{\pi}{4}$, temos $r^2 = \cos\dfrac{\pi}{2} = 0$.

Portanto, podemos calcular a área total como sendo 4 vezes a área entre $\left[0,\dfrac{\pi}{4}\right]$.

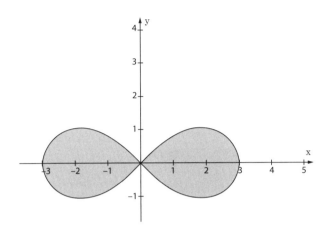

Figura 5.36

Aplicando a fórmula, segue que:

$$A = 4 \times \frac{1}{2}\int_0^{\frac{\pi}{4}} 9\cos 2\theta\, d\theta = 18\int_0^{\frac{\pi}{4}} \cos 2\theta\, d\theta = \frac{18}{2}[\operatorname{sen}(2\theta)]\,\Big|_0^{\frac{\pi}{4}}$$

$$= 9\left[\operatorname{sen}\left(\frac{\pi}{2}\right) - \operatorname{sen} 0\right] = 9$$

Resposta: $A = 9\, u.a.$

5.5.4 COMPRIMENTO DE ARCO DE UMA CURVA EM COORDENADAS POLARES

Consideremos a curva cuja equação polar é $r = f(\theta)$, onde f é uma função contínua em $[\theta_1, \theta_2]$. Vamos determinar o comprimento da curva polar $r = f(\theta)$ entre as retas $\theta = \theta_1$ e $\theta = \theta_2$.

Como já visto,
$x = r \cdot \cos\theta$
$y = r \cdot \operatorname{sen}\theta$

E o comprimento de arco na forma paramétrica é dado por:

$$L = \int_{t_1}^{t_2} \sqrt{\dot{x}^2 + \dot{y}^2}\, dt$$

Então, precisamos derivar x e y em função de θ e substituir na fórmula:

$\dot{x} = \dfrac{dx}{d\theta} = f'(\theta)\cos\theta + f(\theta)(-\operatorname{sen}\theta)$

$\dot{y} = \dfrac{dy}{d\theta} = f'(\theta)\operatorname{sen}\theta + f(\theta)\cos\theta$

Elevando ao quadrado e depois somando,

$$(\dot{x})^2 = [f'(\theta)\cos\theta + f(\theta)(-\operatorname{sen}\theta)]^2 = (f'(\theta))^2\cos^2\theta$$
$$- 2f'(\theta)f(\theta)\cos\theta\operatorname{sen}\theta + (f(\theta))^2\operatorname{sen}^2\theta$$
$$(\dot{y})^2 = [f'(\theta)\operatorname{sen}\theta + f(\theta)\cos\theta]^2 = (f'(\theta))^2\operatorname{sen}^2\theta$$
$$+ 2f'(\theta)f(\theta)\operatorname{sen}\theta\cos\theta + (f(\theta))^2\cos^2\theta$$
$$(\dot{x})^2 + (\dot{y})^2 = (f'(\theta))^2\cos^2\theta + (f(\theta))^2\operatorname{sen}^2\theta + (f'(\theta))^2\operatorname{sen}^2\theta$$
$$+ (f(\theta))^2\cos^2\theta = (f'(\theta))^2[\cos^2\theta + \operatorname{sen}^2\theta]$$
$$+ (f(\theta))^2[\cos^2\theta + \operatorname{sen}^2\theta] = (f'(\theta))^2 + (f(\theta))^2$$

Colocando na fórmula de comprimento de arco,

$$L = \int_{\theta_1}^{\theta_2} \sqrt{(f'(\theta))^2 + (f(\theta))^2}\, d\theta$$

Exemplos:

E 5.48 Calcular o comprimento da espiral $r = e^{2\theta}$ no intervalo $[0, 2\pi]$

Resolução:

Vamos derivar a equação e somar os quadrados para colocar na fórmula,

$$r' = 2e^{2\theta} \to r^2 + r'^2 = (e^{2\theta})^2 + (2e^{2\theta})^2 = e^{4\theta} + 4e^{4\theta} = 5e^{4\theta}$$

Aplicando na fórmula,

$$L = \int_0^{2\pi} \sqrt{5e^{4\theta}}\, d\theta = \sqrt{5} \int_0^{2\pi} e^{2\theta}\, d\theta = \frac{\sqrt{5}}{2}[e^{2\theta}]\,_0^{2\pi} = \frac{\sqrt{5}}{2}(e^{4\pi} - e^0) = \frac{\sqrt{5}}{2}(e^{4\pi} - 1)$$

Resposta: $L = \dfrac{\sqrt{5}}{2}(e^{4\pi} - 1)\, u.c.$

E 5.49 Calcular o comprimento da curva $r = 2\sec\theta$ no intervalo $\left[-\dfrac{\pi}{4}, \dfrac{\pi}{4}\right]$.

Resolução:

Vamos derivar a equação e somar os quadrados para colocar na fórmula,

$$r' = 2\sec\theta\operatorname{tg}\theta \to r^2 + r'^2 = (2\sec\theta)^2 + (2\sec\theta\operatorname{tg}\theta)^2$$
$$= 4\sec^2\theta + 4\sec^2\theta\operatorname{tg}^2\theta = 4\sec^2\theta(1 + \operatorname{tg}^2\theta)$$
$$= 4\sec^2\theta \cdot \sec^2\theta = 4\sec^4\theta$$

Aplicando na fórmula,

$$L = \int\limits_{-\frac{\pi}{4}}^{\frac{\pi}{4}} \sqrt{4\sec^4\theta}\, d\theta = 2\int\limits_{-\frac{\pi}{4}}^{\frac{\pi}{4}} \sec^2\theta\, d\theta = 2\,[\mathrm{tg}\,\theta]\Big|_{-\frac{\pi}{4}}^{\frac{\pi}{4}} = 2\Big(tg\Big(+\frac{\pi}{4}\Big) - tg\Big(-\frac{\pi}{4}\Big)\Big)$$

$$= 2\,(1 - (-1)) = 4$$

Resposta: $L = 4\,u\cdot c.$

5.6 ROTEIRO DE ESTUDO COM EXERCÍCIOS RESOLVIDOS E EXERCÍCIOS PROPOSTOS

R 5.1 Calcular a integral definida $I = \int_1^3 \dfrac{1}{x+1}\,dx$

Resolução:

Vamos fazer a substituição de variável:

$u = x + 1 \rightarrow du = dx$

e, mudando os limites de integração,

$x = 1 \rightarrow u = 1 + 1 = 2$

$x = 3 \rightarrow u = 3 + 1 = 4$

$$I = \int\limits_1^3 \frac{1}{x+1}\,dx = \int\limits_2^4 \frac{1}{u}\,du = [\ln|u|]\Big|_2^4 = \ln 4 - \ln 2 = \ln\Big(\frac{4}{2}\Big) = \ln 2$$

Resposta: $I = \ln 2.$

P 5.2 Calcular a integral definida:

a) $\quad I = \int_1^2 \dfrac{2x^2 + 1}{x}\,dx$

b) $\quad I = \int_0^2 \dfrac{x^3}{\sqrt{2x^2 + 1}}\,dx$

c) $\quad I = \int_0^1 \cosh(2x)\,dx = \int_0^1 \dfrac{e^{2x} + e^{-2x}}{2}\,dx$

d) $\quad I = \int_0^{\frac{\pi}{3}} e^{\cos(3x)}\,\mathrm{sen}(3x)\,dx$

e) $\quad I = \int_0^{\sqrt{\pi}} x^3 \cos x^2\, dx$

f) $\quad I = \int_0^{\frac{\pi}{4}} \sec^2 x\ \mathrm{tg}\,x\,dx$

g) $\quad I = \int_0^1 x^2\sqrt{x^3 + 1}\,dx$

h) $\quad I = \int_1^3 \ln x^3\,dx$

i) $I = \int_0^1 \dfrac{e^{2x}}{2e^{2x}+1} dx$

j) $I = \int_0^1 x\sqrt{x+1}\, dx$

R 5.3 Calcular a área em destaque:

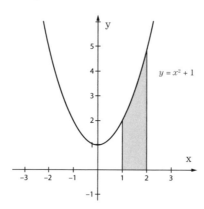

Figura 5.37

Resolução:

Calculando a área A em destaque, temos:

$$A = \int_1^2 (x^2+1)\, dx = \left[\dfrac{x^3}{3}+x\right]\Big|_1^2 = \left[\left(\dfrac{2^3}{3}+2\right)-\left(\dfrac{1^3}{3}+1\right)\right] = \dfrac{7}{3}+1 = \dfrac{7+3}{3} = \dfrac{10}{3}$$

Resposta: $A = \dfrac{10}{3}$ u.a.

R 5.4 Calcular a área em destaque:

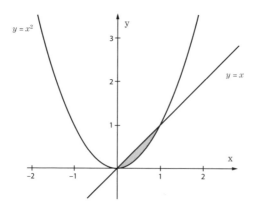

Figura 5.38

Primeiro vamos encontrar os pontos de interseção:

$x^2 = x \to x^2 - x = 0$

$x(x-1) = 0 \to x = 0, x = 1$

$A = \int_0^1 (x - x^2)\,dx = \left[\dfrac{x^2}{2} - \dfrac{x^3}{3}\right]_0^1 = \dfrac{1}{2} - \dfrac{1}{3} = \dfrac{3-2}{6} = \dfrac{1}{6}$

Resposta: $A = \dfrac{1}{6} u.a.$

P 5.5 Calcular a área em destaque:

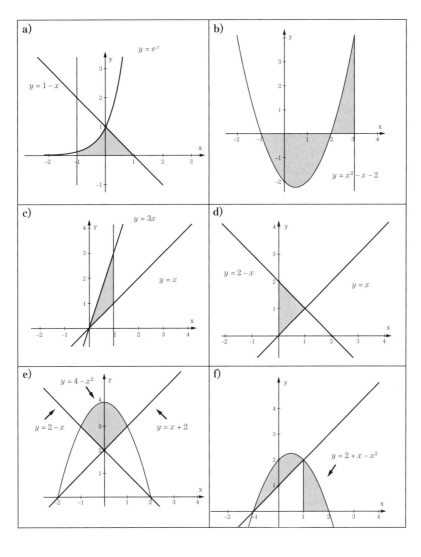

R 5.6 Calcular a área da região limitada pelos gráficos de $y_1 = x^2 - x$ e $y_2 = x$.

Resolução:

Vamos esboçar a região cuja área se quer calcular e, nesse caso, precisamos determinar os pontos de interseção das duas funções:
$$x^2 - x = x \to x^2 - 2x = 0 \to x(x-2) = 0 \to x = 0 \text{ e } x = 2$$
$$A = \int_0^2 [x - (x^2 - x)]\,dx = \int_0^2 (2x - x^2)\,dx = \left[x^2 - \frac{x^3}{3}\right]_0^2 = 2^2 - \frac{2^3}{3}$$
$$= 4 - \frac{8}{3} = \frac{12-8}{3} = \frac{4}{3}$$

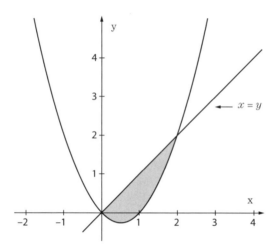

Figura 5.39

Resposta: $A = \frac{4}{3} u.a.$

P 5.7 Calcular a área da região limitada por $y_1 = x^2 - x + 1$ e $y_2 = 3x + 6$.

P 5.8 Calcular a área da região limitada pelos gráficos de $y_1 = x^3 - x$ e $y_2 = 0$, com $-1 \leq x \leq 1$.

P 5.9 Calcular a área da região limitada pelos gráficos de $y = x^2$ e $x = y^2$.

P 5.10 Calcular a área da região limitada pelos gráficos de $y_1 = x + 2$, $y_2 = 2 - x$ e o eixo dos x.

P 5.11 Calcular a área da região limitada por $x = y^2$, $y = 2 - x$.

Integrais definidas e aplicações   **303**

P 5.12 Calcular a área da região limitada por $x = -y^2 + 5y - 4$ e o eixo dos y.

P 5.13 Calcular a área da região limitada pelos gráficos das funções $f(x) = 10 - x^2$ e $g(x) = 4 - x$.

R 5.14 Calcular o valor médio da função $f(x) = \dfrac{\cos x}{\sqrt{2 + \operatorname{sen} x}}$ no intervalo $\left[\dfrac{\pi}{4}, \dfrac{\pi}{2}\right]$.

Resolução:

$$y_m = \frac{1}{\dfrac{\pi}{2} - \dfrac{\pi}{4}} \int_{\frac{\pi}{4}}^{\frac{\pi}{2}} \frac{\cos x}{\sqrt{2 + \operatorname{sen} x}} dx = \frac{4}{\pi} \int_{\frac{\pi}{4}}^{\frac{\pi}{2}} \frac{\cos x}{\sqrt{2 + \operatorname{sen} x}} dx$$

Fazendo mudança de variável,

$$u = 2 + \operatorname{sen} x \to du = \cos x \, dx$$

e os limites de integração,

$$x = \frac{\pi}{4} \to u = 2 + \operatorname{sen}\left(\frac{\pi}{4}\right) = 2 + \frac{\sqrt{2}}{2} = \frac{4 + \sqrt{2}}{2}$$

$$x = \frac{\pi}{2} \to u = 2 + \operatorname{sen}\left(\frac{\pi}{2}\right) = 2 + 1 = 3$$

$$y_m = \frac{4}{\pi} \int_{\frac{\pi}{4}}^{\frac{\pi}{2}} \frac{\cos x}{\sqrt{2 + \operatorname{sen} x}} dx = \frac{4}{\pi} \int_{\frac{4+\sqrt{2}}{2}}^{3} \frac{1}{\sqrt{u}} du = \frac{4}{\pi} \int_{\frac{4+\sqrt{2}}{2}}^{3} u^{-\frac{1}{2}} du$$

$$= \frac{4}{\pi}\left[\frac{u^{\frac{1}{2}}}{\frac{1}{2}}\right]_{\frac{4+\sqrt{2}}{2}}^{3} = \frac{8}{\pi}\left[3^{\frac{1}{2}} - \left(\frac{4+\sqrt{2}}{2}\right)^{\frac{1}{2}}\right]$$

Resposta: $y_m = \dfrac{8}{\pi}\left[\sqrt{3} - \left(\dfrac{4+\sqrt{2}}{2}\right)\right]$.

P 5.15 Calcular o valor médio da função no intervalo dado:

a) $f(x) = (3x^2 + 4)x$ em $[1, 5]$.

b) $f(x) = e^x \cdot \sec^2(e^x + 2)$ em $[0, 1]$.

c) $f(x) = \dfrac{x}{\sqrt{1 - x^4}}$ em $\left[0, \dfrac{\sqrt[4]{8}}{2}\right]$.

d) $f(x) = x \cdot \operatorname{sen}(x^2)$ em $[0, \sqrt{\pi}]$.

e) $f(x) = \dfrac{1}{x^2 - 1}$ em $[2, 3]$.

f) $f(x) = \cos^2 x \cdot \operatorname{sen} x$ em $\left[0, \dfrac{\pi}{2}\right]$.

304   Matemática com aplicações tecnológicas – Volume 2

R 5.16 Calcular o comprimento de arco da curva definida pela função $y = \dfrac{2}{3}(2x+1)^{\frac{3}{2}}$ no intervalo $[0,1]$.

Resolução:

Primeiro vamos derivar, elevar ao quadrado e somar 1 para depois colocar na fórmula.

$$y' = \frac{2}{3} \times \frac{3}{2} \times 2(2x+1)^{\frac{1}{2}} = 2(2x+1)^{\frac{1}{2}}$$

$$(y')^2 = \left(2(2x+1)^{\frac{1}{2}}\right)^2 = 4(2x+1) = 8x+4 \to 1+(y')^2 = 8x+5$$

Colocando na fórmula,

$$L = \int\limits_0^1 \sqrt{8x+5}\,dx$$

Vamos fazer mudança de variável,

$$t = 8x+5 \to dt = 8dx \to dx = \frac{dt}{8}$$

Mudando os limites de integração,

$$x = 0 \to t = 8 \cdot 0 + 5 = 5$$

$$x = 1 \to t = 8 \cdot 1 + 5 = 13$$

$$L = \int\limits_0^1 \sqrt{8x+5}\,dx = \int\limits_5^{13} \sqrt{t}\,\frac{dt}{8} = \frac{1}{8}\int\limits_5^{13} t^{\frac{1}{2}}dt = \frac{1}{8} \cdot \left[\frac{t^{\frac{3}{2}}}{\frac{3}{2}}\right]\begin{matrix}13\\5\end{matrix}$$

$$= \frac{1}{8} \cdot \frac{2}{3}[13^{\frac{3}{2}} - 5^{\frac{3}{2}}] = \frac{1}{12}[13\sqrt{13} - 5\sqrt{5}]$$

Resposta: $L = \dfrac{1}{12}[13\sqrt{13} - 5\sqrt{5}]u.c.$

P 5.17 Calcular o comprimento de arco da curva definida pela função no intervalo dado.

a) $y = \dfrac{3}{4}x+1$ em $[0,2]$.

b) $y = \dfrac{1}{2}\left(\dfrac{4}{3}+x^2\right)^{\frac{3}{2}}$ em $[1,2]$.

c) $y = \dfrac{1}{3}(3x+2)^{\frac{3}{2}}$ em $[0,1]$.

d) $y = \dfrac{2}{3}(x+3)^{\frac{3}{2}}$ em $[0,1]$.

e) $y = \dfrac{1}{2}\cosh x = \dfrac{e^x + e^{-x}}{4}$ em $[0,1]$.

f) $y = \dfrac{x^2}{4} - \dfrac{1}{2}\ln x$ em $[1,e]$.

Integrais definidas e aplicações

g) $\quad y = \dfrac{2}{3}(x^2+1)^{\frac{3}{2}}$ em $[0,1]$.

h) $\quad y = \dfrac{x^5}{6} + \dfrac{1}{10x^3}$ em $[1,2]$.

i) $\quad y = x^{\frac{3}{2}} + 1$ em $[0,2]$.

j) $\quad y = \ln(\cos x)$ em $\left[0, \dfrac{\pi}{4}\right]$.

R 5.18 Determinar o volume do sólido de revolução dado pela região R limitada pela curva $y = e^x + 1$, pelo eixo dos x, $0 \le x \le 1$, e que gira em torno do eixo x.

Resolução:

Aplicando diretamente a fórmula, temos:

$$V = \pi \int_a^b [f(x)]^2 dx = \pi \int_0^1 [e^x+1]^2 dx = \pi \int_0^1 (e^{2x}+2e^x+1)\,dx$$

$$= \pi\left[\int_0^1 e^{2x}dx + 2\int_0^1 e^x dx + \int_0^1 dx\right] = \left[\frac{e^{2x}}{2} + 2e^x + x\right]_0^1$$

$$= \pi\left[\frac{1}{2}(e^2-e^0) + 2(e^1-e^0) + (1-0)\right]$$

$$= \pi\left(\frac{1}{2}e^2 - \frac{1}{2} + 2e - 2 + 1\right) = \pi\left(\frac{1}{2}e^2 + 2e - \frac{3}{2}\right) = \frac{\pi}{2}(e^2 + 4e - 3)$$

Resposta: $V = \dfrac{\pi}{2}(e^2 + 4e - 3)\,u.v.$

P 5.19 Determinar o volume do sólido de revolução gerado pela curva dada, o eixo dos x, e girando em torno do eixo x no intervalo dado.

a) $\quad y = (2x-1)^5$ em $0 \le x \le 1$

b) $\quad y = \dfrac{2}{3}x^2$ em $1 \le x \le 2$

c) $\quad y = \sqrt{x} \cdot e^x$ em $1 \le x \le 2$

d) $\quad y = xe^{x^3}$ em $1 \le x \le 2$

e) $\quad y = e^x\sqrt{e^x+1}$ em $0 \le x \le 1$

f) $\quad y = \sec x \cdot \sqrt{\operatorname{tg} x}$ em $0 \le x \le \dfrac{\pi}{4}$

g) $\quad y = x^{\frac{3}{2}}(x^2+1)^{\frac{1}{4}}$ em $0 \le x \le \sqrt{3}$

P 5.20 Determinar o volume do sólido de revolução gerado pela curva dada, o eixo dos y, e girando em torno do eixo y no intervalo dado.

a) $y = x^2$ em $0 \leq y \leq 4$

b) $x^2 = y(e^y + 1)$ em $0 \leq y \leq 1$

c) $x = y^2$ em $1 \leq y \leq 2$

d) $x = y^3$ em $0 \leq y \leq 1$

e) $xy = 1$ em $1 \leq y \leq 2$

f) $x^2 = y - 1$ em $1 \leq y \leq 3$

R 5.21 Calcular a área da superfície de revolução obtida pela rotação em torno do eixo dos x da curva $y = \sqrt{3}x + 2$ no intervalo $[0,1]$.

Resolução:

Determinando a derivada para depois aplicar na fórmula,

$y = \sqrt{3}x + 2 \rightarrow y' = \sqrt{3}$

Aplicando a fórmula,

$$A_L = 2\pi \int_a^b y\sqrt{1 + (y')^2}\,dx = 2\pi \int_0^1 (\sqrt{3}x + 2)\sqrt{1 + (\sqrt{3})^2}\,dx$$

$$= 4\pi \int_0^1 (\sqrt{3}x + 2)\,dx = 4\pi\left[\sqrt{3}\frac{x^2}{2} + 2x\right]_0^1$$

$$= 4\pi\left(\frac{\sqrt{3}}{2}(1^2 - 0^2) + 2(1 - 0)\right) = 4\pi\left(\frac{\sqrt{3}}{2} + 2\right)$$

Resposta: $A_L = 4\pi\left(\dfrac{\sqrt{3}}{2} + 2\right)u.a.$

P 5.22 Calcular a área da superfície de revolução obtida pela rotação em torno do eixo dos x da curva dada no intervalo indicado.

a) $y = \sqrt{2x + 1}$ em $[0,1]$.

b) $y = \sqrt{x}$ em $[0,2]$.

c) $y = x^3$ em $[0,2]$.

d) $y = \cosh x = \dfrac{e^x + e^{-x}}{2}$ em $[0,1]$.

e) $y = \sqrt{1 + e^x}$ em $[0,1]$.

f) $y = \dfrac{x^3}{6} + \dfrac{1}{2x}$ em $[1,2]$.

R 5.23 Calcular a curvatura e o raio de curvatura da função $f(x) = x + \dfrac{1}{x}$ no ponto $P(1,2)$.

Resolução:

Vamos fazer as derivadas para depois aplicar na fórmula:

$$f(x) = x + \frac{1}{x} \to f'(x) = 1 - \frac{1}{x^2} \to f''(x) = \frac{2}{x^3}$$

Aplicando a fórmula no ponto $x = 1$, temos:

$$K = \frac{y''}{[1 + (y')^2]^{\frac{3}{2}}} = \frac{\dfrac{2}{1^3}}{\left[1 + \left(1 - \dfrac{1}{1^2}\right)^2\right]^{\frac{3}{2}}} = \frac{2}{1^{\frac{3}{2}}} = 2$$

O raio de curvatura é:

$$R = \frac{1}{|K|} = \frac{1}{|2|} = \frac{1}{2}$$

Resposta: $K = 2$ e $R = \dfrac{1}{2}$.

P 5.24 Calcular a curvatura e o raio de curvatura da curva no ponto dado.

a) $f(x) = x \cdot \ln(x^2 + 1)$ em $x = 2$

b) $f(x) = e^{2x}$ em $x = 0$

c) $f(x) = 2^{\sec x}$ em $x = 0$

R 5.25 Calcular a curvatura e o raio de curvatura da forma paramétrica em $t = 1$.

$$\begin{cases} x = e^t \\ y = t + 1 \end{cases}$$

Resolução:

Vamos fazer as derivadas para depois aplicar na fórmula:

$$\begin{cases} x = e^t \\ y = t + 1 \end{cases} \to \begin{cases} \dot{x} = e^t \\ \dot{y} = 1 \end{cases} \to \begin{cases} \ddot{x} = e^t \\ \ddot{y} = 0 \end{cases}$$

Aplicando a fórmula no ponto $t = 1$, temos:

$$K = \frac{\ddot{y}\dot{x} - \dot{y}\ddot{x}}{(\dot{x}^2 + \dot{y}^2)^{\frac{3}{2}}} = \frac{0 \cdot e - 1 \cdot e}{[e^2 + 1^2]^{\frac{3}{2}}} = \frac{-e}{\sqrt{(e^2 + 1)^3}}$$

O raio de curvatura é:

$$R = \frac{1}{|K|} = \frac{\sqrt{(e^2 + 1)^3}}{e}$$

Resposta: $K = \dfrac{-e}{\sqrt{(e^2 + 1)^3}}$ e $R = \dfrac{\sqrt{(e^2 + 1)^3}}{e}$.

P 5.26 Calcular a curvatura e o raio de curvatura das formas paramétricas no ponto dado.

a) $\begin{cases} x = t + \cos t \\ y = t - \operatorname{sen} t \end{cases}$ em $t = 0$

b) $\begin{cases} x = \ln(2t+1) \\ y = t^2 + 1 \end{cases}$ em $t = 1$

c) $\begin{cases} x = t^2 e^t \\ y = t^4 + t \end{cases}$ em $t = 0$

R 5.27 Calcular o comprimento de arco da forma paramétrica definida abaixo:

$$\begin{cases} x = \dfrac{1}{3}t^3 - 3t + e \\ y = \sqrt{3}\,t^2 + 1 \end{cases} \quad t \in [0,1]$$

Resolução:

Vamos preparar os passos antes de aplicar a fórmula, ou seja, calcular as derivadas, elevá-las ao quadrado e somá-las:

$\dot{x} = t^2 - 3 \rightarrow (\dot{x})^2 = (t^2 - 3)^2 = t^4 - 6t^2 + 9$

$\dot{y} = 2\sqrt{3}\,t \rightarrow (\dot{y})^2 = (2\sqrt{3}\,t)^2 = 12t^2$

Somando as duas,

$(\dot{x})^2 + (\dot{y})^2 = t^4 - 6t^2 + 9 + 12t^2 = t^4 + 6t^2 + 9 = (t^2 + 3)^2$

Aplicando na fórmula,

$$L = \int_{t_1}^{t_2} \sqrt{\dot{x}^2 + \dot{y}^2}\, dt = \int_0^1 \sqrt{(t^2+3)^2}\, dt = \int_0^1 (t^2+3)\, dt = \left[\frac{t^3}{3} + 3t \right]_0^1$$

$$= \left[\left(\frac{1^3}{3} + 3 \cdot 1 \right) - \left(\frac{0^3}{3} + 3 \cdot 0 \right) \right] = \frac{1}{3} + 3 = \frac{1+9}{3} = \frac{10}{3}$$

Resposta: $L = \dfrac{10}{3}\, u.c.$

P 5.28 Calcular o comprimento de arco da forma paramétrica definida abaixo:

a) $\begin{cases} x = t^2 - et + e^2 \\ y = \dfrac{4}{3}\sqrt{2e}\,t^{\frac{3}{2}} + 3 \end{cases} \quad t \in [0,1]$

b) $\begin{cases} x = 2(\cos t + t \cdot \operatorname{sen} t) \\ y = 2(\operatorname{sen} t - t \cdot \cos t) \end{cases} \quad t \in [0, \pi]$

c) $\begin{cases} x = e^t \operatorname{sen} t \\ y = e^t \cos t \end{cases} \quad t \in \left[0, \dfrac{\pi}{2}\right]$

d) $\begin{cases} x = 2 + \operatorname{sen}(2t) \\ y = 4 - \cos(2t) \end{cases} \quad t \in \left[0, \dfrac{\pi}{2}\right]$

e) $\begin{cases} x = 2\ln t \\ y = t + \dfrac{1}{t} \end{cases} t \in [1,2]$

f) $\begin{cases} x = t^2 \\ y = \dfrac{1}{3}t^3 - t \end{cases} t \in [0,1]$

R 5.29 Calcular o volume do sólido de revolução gerado pela forma paramétrica:
$\begin{cases} x = \sqrt{e^{2t}+2} \\ y = 2 \end{cases} t \in [0,1]$

Resolução:

Vamos calcular a derivada antes de aplicar a fórmula:

$$\dot{x} = \frac{e^{2t}}{\sqrt{e^{2t}+2}}$$

$$V = \pi \int_{t_1}^{t_2} [y]^2 \dot{x}\, dt = \pi \int_0^1 [2]^2 \frac{e^{2t}}{\sqrt{e^{2t}+2}}\, dt = 4\pi \int_0^1 \frac{e^{2t}}{\sqrt{e^{2t}+2}}\, dt$$

Fazendo mudança de variável,

$$u = e^{2t}+2 \rightarrow du = 2e^{2t}dt \rightarrow \frac{du}{2} = e^{2t}dt$$

$$t = 0 \rightarrow u = e^{2\cdot 0}+2 = 3$$

$$t = 1 \rightarrow u = e^{2\cdot 1}+2 = e^2+2$$

Então,

$$V = 4\pi \int_3^{e^2+2} \frac{1}{\sqrt{u}}\frac{du}{2} = 2\pi \int_3^{e^2+2} u^{-\frac{1}{2}}du = 2\pi \left[\frac{u^{\frac{1}{2}}}{\frac{1}{2}}\right]_3^{e^2+2} = 4\pi(\sqrt{e^2+2}-\sqrt{3})$$

Resposta: $V = 4\pi(\sqrt{e^2+2}-\sqrt{3})u.v.$

P 5.30 Calcular o volume do sólido de revolução gerado pelas formas paramétricas:

a) $\begin{cases} x = \operatorname{arc\,tg} t \\ y = \sqrt{t} \end{cases} t \in [0,1]$

b) $\begin{cases} x = t+5 \\ y = (2t-1)^4 \end{cases} t \in [0,1]$

c) $\begin{cases} x = 2t^2 \\ y = e^t \end{cases} t \in [0,1]$

d) $\begin{cases} x = t^3+2 \\ y = \dfrac{\sec t}{t} \end{cases} t \in \left[0, \dfrac{\pi}{4}\right]$

e) $\begin{cases} x = \ln(\cos t) \\ y = \operatorname{sen} t \end{cases} t \in \left[0, \dfrac{\pi}{4}\right]$

f) $\begin{cases} x = \ln(\sec t) \\ y = \sec t \end{cases} t \in \left[0, \dfrac{\pi}{4}\right]$

g) $\begin{cases} x = \operatorname{sen}(2t) + 7 \\ y = (\operatorname{sen}(2t))^{\frac{3}{2}} \end{cases} t \in \left[0, \dfrac{\pi}{4}\right]$

h) $\begin{cases} x = t^3 + 2t - 1 \\ y = \sqrt{3t + 2} \end{cases} t \in [1, 2]$

i) $\begin{cases} x = 2 - \cos t \\ y = \sqrt{\operatorname{sen} t} \end{cases} t \in \left[1, \dfrac{\pi}{2}\right]$

R 5.31 Calcular a área da superfície de revolução gerada pela forma paramétrica:

$\begin{cases} x = 2\operatorname{sen} t \\ y = 2\cos t \end{cases} t \in \left[0, \dfrac{\pi}{4}\right]$

Resolução:

Vamos calcular as derivadas, elevá-las ao quadrado e somá-las:

$\dot{x} = 2\cos t \rightarrow (\dot{x})^2 = (2\cos t)^2 = 4\cos^2 t$

$\dot{y} = -2\operatorname{sen} t \rightarrow (\dot{y})^2 = (-2\operatorname{sen} t)^2 = 4\operatorname{sen}^2 t$

Somando as duas,

$(\dot{x})^2 + (\dot{y})^2 = 4\cos^2 t + 4\operatorname{sen}^2 t = 4(\cos^2 t + \operatorname{sen}^2 t) = 4$

Aplicando na fórmula,

$$A_L = 2\pi \int_a^b y\sqrt{1 + (y')^2}\, dx = 2\pi \int_a^b y\sqrt{(\dot{x})^2 + (\dot{y})^2}\, dt$$

$$= 2\pi \int_0^{\frac{\pi}{4}} (2\cos t)\sqrt{4}\, dt = 8\pi \int_0^{\frac{\pi}{4}} \cos t\, dt = 8\pi[\operatorname{sen} t]_0^{\frac{\pi}{4}}$$

$$= 8\pi\left[\operatorname{sen}\left(\frac{\pi}{4}\right) - \operatorname{sen} 0\right] = 8\pi\left(\frac{\sqrt{2}}{2} - 0\right) = 4\sqrt{2}\,\pi$$

Resposta: $A_L = 4\sqrt{2}\,\pi\, u.a.$

P 5.32 Calcular a área da superfície de revolução gerada pela forma paramétrica:

a) $\begin{cases} x = e^t \\ y = e^t + 1 \end{cases} t \in [0, 1]$

b) $\begin{cases} x = \dfrac{1}{3}t^3 - t \\ y = t^2 \end{cases} t \in [1, 2]$

c) $\begin{cases} x = t^3 + 1 \\ y = t^2 \end{cases} t \in [0,1]$

d) $\begin{cases} x = \cos^3 t \\ y = \operatorname{sen}^3 t \end{cases} t \in \left[0, \dfrac{\pi}{2}\right]$

e) $\begin{cases} x = 2\ln t \\ y = t + \dfrac{1}{t} \end{cases} t \in [1, e]$

f) $\begin{cases} x = 4\cos(2t) \\ y = 4\operatorname{sen}(2t) \end{cases} t \in \left[0, \dfrac{\pi}{2}\right]$

g) $\begin{cases} x = 2\cos t \\ y = 2\operatorname{sen} t \end{cases} t \in \left[0, \dfrac{\pi}{4}\right]$

h) $\begin{cases} x = t + 1 \\ y = t^3 \end{cases} t \in [0,1]$

R 5.33 Converter o ponto $P\left(\sqrt{2}, \dfrac{5\pi}{4}\right)$ em coordenadas polares para coordenadas cartesianas.

Resolução:

$$x = r \cdot \cos\theta = \sqrt{2}\cos\left(\frac{5\pi}{4}\right) = \sqrt{2} \cdot \left(-\frac{\sqrt{2}}{2}\right) = -1$$

$$y = r \cdot \operatorname{sen}\theta = \sqrt{2} \cdot \operatorname{sen}\left(\frac{5\pi}{4}\right) = \sqrt{2} \cdot \left(-\frac{\sqrt{2}}{2}\right) = -1$$

Resposta: P(–1, –1).

P 5.34 Converter os pontos abaixo para coordenadas cartesianas:

a) $P\left(2, \dfrac{2\pi}{3}\right)$

b) $Q\left(1, \dfrac{3\pi}{2}\right)$

c) $R\left(3, \dfrac{3\pi}{4}\right)$

d) $S\left(2, \dfrac{7\pi}{6}\right)$

R 5.35 Escrever o ponto $P(1, -1)$ em coordenadas polares, com $r > 0$ e $0 \le \theta < 2\pi$.

Resolução:

$$r = \sqrt{x^2 + y^2} = \sqrt{(1)^2 + (-1)^2} = \sqrt{2}$$

$$\theta = \operatorname{arc} \operatorname{tg}\left(\frac{y}{x}\right) = \operatorname{arc} \operatorname{tg}\left(\frac{-1}{1}\right) = \operatorname{arc} \operatorname{tg}(-1) = \frac{7\pi}{4}$$

Resposta: $P = \left(\sqrt{2}, \frac{7\pi}{4}\right)$.

P 5.36 Determinar os pontos em coordenadas polares, com $r > 0$ e $0 \le \theta < 2\pi$:

a) $P(3\sqrt{3}, 3)$

b) $Q(-1, 1)$

c) $R(1, \sqrt{3})$

d) $T(0, 2)$

R 5.37 Encontrar uma equação polar para $xy = 1$:

Resolução:

Lembrando que $\begin{cases} x = r\cos\theta \\ y = r\operatorname{sen}\theta \end{cases}$, vamos substituir na expressão,

$$(r\cos\theta)(r\operatorname{sen}\theta) = 1 \rightarrow r^2 = \frac{1}{\cos\theta \cdot \operatorname{sen}\theta}$$

Resposta: $r^2 = \dfrac{1}{\cos\theta \cdot \operatorname{sen}\theta}$.

P 5.38 Encontrar uma equação polar para as curvas abaixo:

a) $x^2 + y^2 = 2$

b) $x^2 + y^2 = 4y$

c) $x^3 = 2y^2$

d) $y^2 = 4(x^2 + 1)$

e) $x^2 + y^2 = 2x$

R 5.39 Esboçar o gráfico da curva polar $r = 2\cos\theta$:

Resolução:

Vamos fazer a substituição θ por $-\theta$:

$$r = f(-\theta) = 2\cos(-\theta) = 2\cos\theta = f(\theta)$$

O gráfico é simétrico em relação ao eixo polar, logo basta traçar o gráfico de 0 a π:

θ	$r = 2\cos\theta$
0	2
$\dfrac{\pi}{6}$	1,7
$\dfrac{\pi}{4}$	1,4
$\dfrac{\pi}{3}$	1
$\dfrac{\pi}{2}$	0

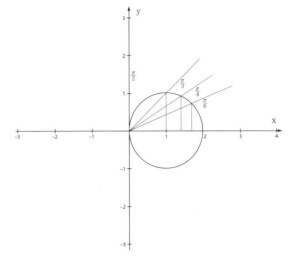

Figura 5.40

P 5.40 Esboçar o gráfico das curvas polares abaixo:

a) $r = 1$

b) $r = 4\,\text{sen}\,\theta$

c) $r = \text{sen}\,2\theta$

d) $r = \theta;\ 0 \le \theta \le 2\pi$

e) $r = 1 + 2\cos\theta$

f) $r = \cos 3\theta$

R 5.41 Calcular a área de $r = 3\,\text{tg}\,\theta$ onde $\theta \in \left[0, \dfrac{\pi}{4}\right]$.

Resolução:

Aplicando diretamente a fórmula, temos:

$$A = \frac{1}{2}\int_{\theta_1}^{\theta_2} [f(\theta)]^2 d\theta = \frac{1}{2}\int_0^{\frac{\pi}{4}} [3\,\text{tg}\,\theta]^2 d\theta = \frac{9}{2}\int_0^{\frac{\pi}{4}} \text{tg}^2\,\theta\, d\theta = \frac{9}{2}\int_0^{\frac{\pi}{4}} (\sec^2\theta - 1)\, d\theta$$

$$= \frac{9}{2}[\text{tg}\,\theta - \theta]_0^{\frac{\pi}{4}} = \frac{9}{2}\left[\left(\text{tg}\left(\frac{\pi}{4}\right) - \text{tg}\,0\right) - \left(\frac{\pi}{4} - 0\right)\right] = \frac{9}{2}\left(1 - \frac{\pi}{4}\right) = \frac{9}{8}(4 - \pi)$$

Resposta: $A = \dfrac{9}{8}(4 - \pi)\,u.a.$

314 Matemática com aplicações tecnológicas – Volume 2

P 5.42 Calcular a área das curvas em coordenadas polares:

a) $r = 2$ onde $\theta \in \left[0, \dfrac{\pi}{4}\right]$

b) $r = \operatorname{sen}\theta + \cos\theta$ onde $\theta \in \left[0, \dfrac{\pi}{4}\right]$

c) $r = 3\sec 2\theta$ onde $\theta \in \left[0, \dfrac{\pi}{8}\right]$

d) $r = \sqrt{e^{2\theta} + 1}$ onde $\theta \in [0,1]$

e) $r = 1 - \cos\theta$ onde $\theta \in [0,\pi]$

f) $r = \cos 3\theta$ onde $\theta \in \left[0, \dfrac{\pi}{9}\right]$

g) $r = \sec 2\theta$ onde $\theta \in \left[0, \dfrac{\pi}{8}\right]$

R 5.43 Calcular o comprimento da espiral $r = \theta^2$ no intervalo $\left[0, \sqrt{12}\right]$.

Resolução:

Vamos derivar a equação e somar os quadrados para colocar na fórmula,

$$r' = 2\theta \rightarrow r^2 + r'^2 = (\theta^2)^2 + (2\theta)^2 = \theta^4 + 4\theta^2 = \theta^2(\theta^2 + 4)$$

Aplicando na fórmula,

$$L = \int_{\theta_1}^{\theta_2} \sqrt{(f'(\theta))^2 + (f(\theta))^2}\, d\theta = \int_0^{\sqrt{12}} \sqrt{\theta^2(\theta^2 + 4)}\, d\theta = \int_0^{\sqrt{12}} \theta\sqrt{(\theta^2 + 4)}\, d\theta$$

Fazendo mudança de variável,

$$u = \theta^2 + 4 \rightarrow du = 2\theta d\theta \rightarrow \frac{du}{2} = \theta d\theta$$

e mudando também os limites de integração,

$$\theta = 0 \rightarrow u = 0^2 + 4 = 4$$
$$\theta = 1 \rightarrow u = (\sqrt{12})^2 + 4 = 16$$

Voltando à integral,

$$L = \int_0^{\sqrt{12}} \theta\sqrt{(\theta^2 + 4)}\, d\theta = \int_4^{16} \sqrt{u}\,\frac{du}{2} = \frac{1}{2}\int_4^{16} u^{\frac{1}{2}}\, du = \frac{1}{2}\left[\frac{u^{\frac{3}{2}}}{\frac{3}{2}}\right]_4^{16}$$

$$= \frac{1}{2} \times \frac{2}{3}(16^{\frac{3}{2}} - 4^{\frac{3}{2}}) = \frac{1}{3}(64 - 8) = \frac{56}{3}$$

Resposta: $L = \dfrac{56}{3}\, u.c.$

P 5.44 Calcular o comprimento de arco das curvas em coordenadas polares:

a) $r = 3\,\text{sen}\,\theta$ no intervalo $\left[0, \frac{\pi}{6}\right]$

b) $r = (\theta + 1)^2$ no intervalo $[0,1]$

c) $r = e^{2\theta}$ no intervalo $[0,1]$

d) $r = 4\,\text{sen}\,\theta$ no intervalo $[0,\pi]$

e) $r = 1 - \cos\theta$ no intervalo $[0,2\pi]$

f) $r = \cos^4\left(\frac{\theta}{4}\right)$ no intervalo $[0,\pi]$

g) $r = \text{sen}^3\left(\frac{\theta}{3}\right)$ no intervalo $\left[0, \frac{\pi}{2}\right]$

RESPOSTAS DOS EXERCÍCIOS PROPOSTOS

P 5.2

a) $I = 3 + \ln 2$

b) $I = \dfrac{5}{3}$

c) $I = \dfrac{1}{4e^2}(e^4 - 1)$

d) $I = \dfrac{1}{3e}(e^2 - 1)$

e) $I = -1$

f) $I = \dfrac{1}{2}$

g) $I = \dfrac{2}{9}(2\sqrt{2} - 1)$

h) $I = 3(3\ln 3 - 2)$

i) $I = \dfrac{1}{4}\ln\left|\dfrac{2e^2 + 1}{3}\right|$

j) $I = \dfrac{4}{15}(\sqrt{2} + 1)$

P 5.5

a) $\dfrac{3}{2} - \dfrac{1}{e}\,u.a.$

b) $\dfrac{19}{3}\,u.a.$

c) $1\,u.a.$

d) $1 u.a.$

e) $\frac{7}{3} u.a.$

f) $\frac{5}{2} u.a.$

P 5.7 $36 u.a.$

P 5.8 $\frac{1}{2} u.a.$

P 5.9 $\frac{1}{3} u.a.$

P 5.10 $4 u.a.$

P 5.11 $\frac{9}{2} u.a.$

P 5.12 $\frac{9}{2} u.a.$

P 5.13 $\frac{125}{6} u.a.$

P 5.15

a) $y_m = 129$

b) $y_m = (\mathrm{tg}\,(e+2) - \mathrm{tg}\,3)$

c) $y_m = \dfrac{\pi}{4\sqrt[4]{8}}$

d) $y_m = \dfrac{+\sqrt{\pi}}{\pi}$

e) $y_m = \dfrac{1}{2}\ln\left(\dfrac{3}{2}\right)$

f) $y_m = \dfrac{2}{3\pi}$

P 5.17

a) $l = \dfrac{5}{2} u.c.$

b) $l = \dfrac{9}{2} u.c.$

c) $l = \dfrac{1}{81}\left(343 - 22\sqrt{22}\right) u.c.$

Integrais definidas e aplicações

d) $l = \frac{2}{3}(5\sqrt{5} - 8)\,u.c.$

e) $l = \frac{1}{2e}(e^2 - 1)\,u.c.$

f) $l = \frac{1}{4}(e^2 + 1)\,u.c.$

g) $l = \frac{5}{3}\,u.c.$

h) $l = \frac{1261}{240}\,u.c.$

i) $l = \frac{1}{27}(22\sqrt{22} - 8)\,u.c.$

j) $l = \ln(\sqrt{2} + 1)\,u.c.$

P 5.19

a) $V = \frac{\pi}{11}\,u.v.$

b) $V = \frac{124\pi}{45}\,u.v.$

c) $V = \frac{e^2\pi}{4}(3e^2 - 1)\,u.v.$

d) $V = \frac{e^2\pi}{6}(e^{14} - 1)\,u.v.$

e) $V = \frac{\pi}{6}(2e^3 + 3e^2 - 5)\,u.v.$

f) $V = \frac{\pi}{2}\,u.v.$

g) $V = \frac{58\pi}{15}\,u.v.$

P 5.20

a) $V = 8\pi\,u.v.$

b) $V = \frac{3\pi}{2}\,u.v.$

c) $V = \frac{31\pi}{5}\,u.v.$

d) $V = \frac{\pi}{7}\,u.v.$

e) $V = \frac{\pi}{2}\,u.v.$

f) $V = 2\pi\,u.v.$

P 5.22

a) $A_L = \dfrac{4\pi}{3}(4-\sqrt{2})\,u.a.$

b) $A_L = \dfrac{13\pi}{3}\,u.a.$

c) $A_L = \dfrac{\pi}{27}(145\sqrt{145}-1)\,u.a.$

d) $A_L = \dfrac{\pi}{4e^2}(e^4+2e^2-1)\,u.a.$

e) $A_L = \pi\,(e+1)\,u.a.$

f) $A_L = \dfrac{47\pi}{16}\,u.a.$

P 5.24

a) $K = \dfrac{48}{25\left(1+\left(\ln 5+\dfrac{8}{5}\right)\right)^{\frac{3}{2}}}$

b) $K = \dfrac{4\sqrt{5}}{25}$

c) $K = 2\cdot\ln 2$

P 5.26

a) $K = 0$

b) $K = \dfrac{2\sqrt{10}}{3}$

c) $K = -2$

P 5.28

a) $l = (e+1)\,u.c.$

b) $l = \pi^2\,u.c.$

c) $l = \sqrt{2}(2^{\frac{\pi}{2}}-1)\,u.c.$

d) $l = \pi\,u.c.$

e) $l = \dfrac{3}{2}\,u\cdot c.$

f) $l = \dfrac{4}{3}\,u.c.$

Integrais definidas e aplicações

P 5.30

a) $V = \dfrac{\pi}{2}\ln 2\, u.v.$

b) $V = \dfrac{\pi}{9} u.v.$

c) $V = 2\pi\left(e^2 + 1\right) u.v.$

d) $V = 3\pi u.v.$

e) $V = \dfrac{\pi}{2}\left(2\ln\left(\dfrac{\sqrt{2}}{2} - \dfrac{3}{2}\right)\right) u.v.$

f) $V = \dfrac{\pi}{2} u.v.$

g) $V = \dfrac{\pi}{4} u.v.$

h) $V = \dfrac{243\pi}{4} u.v.$

i) $V = \dfrac{\pi^2}{4} u.v.$

P 5.32

a) $A_L = \sqrt{2}\,\pi\left(e^2 + e - 2\right) u.a.$

b) $A_L = \dfrac{256\pi}{15} u.a.$

c) $A_L = \dfrac{2\pi}{1215}\left(247\sqrt{13} + 64\right) u.a.$

d) $A_L = \dfrac{6\pi}{5} u.a.$

e) $A_L = \dfrac{\pi}{e^2}\left(e^4 + 4e^2 - 1\right) u.a.$

f) $A_L = 64\pi u.a.$

g) $A_L = 4\sqrt{2\pi}\, u.a.$

h) $A_L = \dfrac{\pi}{27}\left(10\sqrt{10} - 1\right) u.a.$

P 5.34

a) $P(-1, \sqrt{3})$

b) $Q(0, -1)$

c) $R\left(-\dfrac{3\sqrt{2}}{2}, \dfrac{3\sqrt{2}}{2}\right)$

d) $S(-\sqrt{3}, -1)$

P 5.36

a) $P\left(6,\dfrac{\pi}{6}\right)$

b) $Q\left(\sqrt{2},\dfrac{3\pi}{4}\right)$

c) $R\left(2,\dfrac{\pi}{3}\right)$

d) $T\left(2,\dfrac{\pi}{2}\right)$

P 5.38

a) $r^2 = 2$
b) $r = 4\,\text{sen}\,\theta$
c) $r = 2\cdot\text{tg}\,\theta\cdot\sec\theta$
d) $r = \dfrac{4}{\text{sen}^2\theta - 4\cos\theta}$
e) $r = 2\cos\theta$

P 5.40

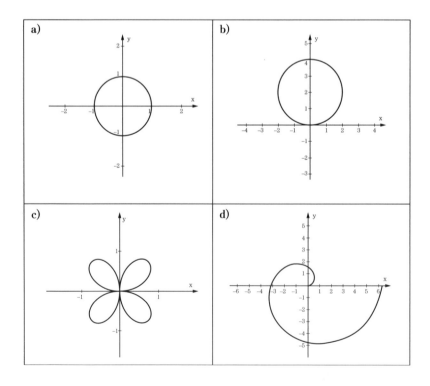

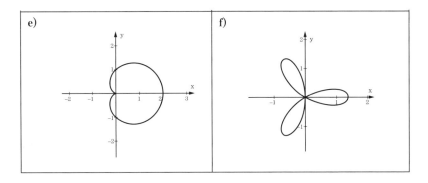

P 5.42

a) $A = \dfrac{\pi}{2} u.a.$

b) $A = \dfrac{\pi + 2}{8} u.a.$

c) $A = \dfrac{9}{4} u.a.$

d) $A = \dfrac{e^2 + 1}{4} u.a.$

e) $A = \dfrac{3\pi}{4} u.a.$

f) $A = \dfrac{1}{12}\left(\dfrac{\pi}{3} + \dfrac{\sqrt{3}}{4}\right) u.a.$

g) $A = \dfrac{1}{3} u.a.$

P 5.44

a) $l = \dfrac{\pi}{2} u.c.$

b) $l = \dfrac{1}{3}(16\sqrt{2} - 5\sqrt{5}) u.c.$

c) $l = \dfrac{\sqrt{5}}{2}(e^2 - 1) u.c.$

d) $l = 2\pi u.c.$

e) $l = 8\, u.c.$

f) $l = \dfrac{1}{3}(\sqrt{2} - 1) u.c.$

g) $l = \dfrac{1}{8}(2\pi - 3\sqrt{3}) u.c.$

Estudamos diversos métodos de integração no capítulo 4, mas esses métodos não resolvem todas as integrais. Por mais métodos que se inventem, sempre haverá uma função que não pode ser resolvida (por eles). Por isso, há a necessidade de métodos numéricos para podermos estimar o valor das integrais que não podemos resolver. Na verdade, em algumas situações, é mais prático e rápido aplicar um método numérico para resolver problemas específicos. Vamos apresentar dois métodos de integração: trapézios e o método de Simpson. Mas, para isso, vamos antes apresentar, de maneira sucinta, a interpolação polinomial de Lagrange, que substitui a função que se quer integrar por um polinômio e se controla o erro máximo que se comete com essa aproximação.

6.1 POLINÔMIO DE LAGRANGE

Seja uma função f da qual conhecemos os pontos da tabela:

x	x_0	x_1	$\ldots$	x_n
$f(x)$	$f(x_0)$	$f(x_1)$	$\ldots$	$f(x_n)$

O polinômio de Lagrange que passa por todos os pontos dessa tabela e aproxima a função f é dado por:

$$p_n(x) = \sum_{j=0}^{n} \left[\frac{(x-x_0)(x-x_1)\cdots(x-x_{j-1})(x-x_{j+1})\cdots(x-x_n)}{(x_j-x_0)(x_j-x_1)\cdots(x_j-x_{j-1})(x_j-x_{j+1})\cdots(x_j-x_n)} \right] f(x_j)$$

Apesar de a fórmula ser extensa, podemos notar sua recorrência, observando quando $n = 2$, ou seja, quando a tabela tem 3 pontos.

324   Matemática com aplicações tecnológicas – Volume 2

Exemplos:

E 6.1 Desenvolver a fórmula de Lagrange para $n = 2$.

Resolução:

Neste caso, temos 3 pontos na tabela:

x	x_0	x_1	x_2
$f(x)$	$f(x_0)$	$f(x_1)$	$f(x_2)$

$$p_2(x) = \frac{(x-x_1)(x-x_2)}{(x_0-x_1)(x_0-x_2)}f(x_0) + \frac{(x-x_0)(x-x_2)}{(x_1-x_0)(x_1-x_2)}f(x_1) + \frac{(x-x_0)(x-x_1)}{(x_2-x_0)(x_2-x_1)}f(x_2)$$

E 6.2 Dada a tabela abaixo, aproximar por um polinômio de Lagrange:

x	1	2	3
$f(x)$	–2	1	–1

Resolução:

Aplicando a fórmula desenvolvida no exemplo anterior,

$$p_2(x) = \frac{(x-2)(x-3)}{(1-2)(1-3)}(-2) + \frac{(x-1)(x-3)}{(2-1)(2-3)}(1) + \frac{(x-1)(x-2)}{(3-1)(3-2)}(-1)$$
$$= -2,5x^2 + 10,5x - 10$$

E 6.3 Dada a função $f(x) = x - e^{-x}$, determinar 3 pontos no intervalo $[0,1]$, aproximar por um polinômio de $2°$ grau e determinar o valor aproximado da raiz da função nesse intervalo.

Resolução:

Vamos tabelar a função com 3 casas decimais nos pontos 0, 0.5 e 1:

x	0	0,5	1
$f(x)$	–1	–0,107	0,632

Escrevendo o polinômio de Lagrange nesses pontos:

$$p_2(x) = \frac{(x-0,5)(x-1)}{(0-0,5)(0-1)}(-1) + \frac{(x-0)(x-1)}{(0,5-0)(0,5-1)}(-0,107)$$
$$+ \frac{(x-0)(x-0,5)}{(1-0)(1-0,5)}(0,632) = -0,308x^2 + 1,940x - 1$$

Aplicando a fórmula de Bháskara para resolver as raízes:

$$x = \frac{-(1,940) \pm \sqrt{1,940^2 - 4(-0,308)(-1)}}{2(-0,308)} = \frac{-1.940 \pm 1,591}{-0,616} = \begin{cases} x_1 = 0,567 \\ x_2 = 5,732 \end{cases}$$

Como estamos procurando a raiz no intervalo [0,1], a resposta é 0,567.

Resposta: A raiz aproximada da função no intervalo é 0,567.

6.1.1 TERMO COMPLEMENTAR NA INTERPOLAÇÃO POLINOMIAL DE LAGRANGE

Observe que, nos pontos tabelados, a função $f(x) = p_n(x)$. Mas, se quisermos calcular algum outro ponto que não esteja na tabela, então faremos uma aproximação e existirá um termo complementar para assegurar a igualdade, ou seja, $f(x) = p_n(x) + R_{n+1}(x)$ para os pontos fora da tabela. Se a função $f(x)$ é derivável até a ordem $n + 1$, poderemos delimitar o erro dessa aproximação maximizando o termo complementar:

$$R_{n+1}(x) = (x - x_0)(x - x_1) \cdots (x - x_n) \frac{f^{(n+1)}(c)}{(n+1)!}, \quad x_0 < c < x_n$$

6.2 REGRA DOS TRAPÉZIOS

A regra dos trapézios consiste em aproximar a área compreendida entre uma função $f: [a, b] \subset \mathbb{R} \to \mathbb{R}$, o eixo dos x no intervalo $[a, b]$ pela área de um trapézio.

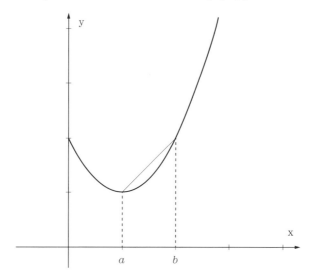

Figura 6.1

Lembrando que a área do trapézio é:

$$A = \frac{h}{2}(B + b)$$

Temos que

$$\int_a^b f(x)\,dx = \frac{h}{2}(f(a) + f(b)),$$

onde $h = b - a$. Mas, se no intervalo colocamos mais pontos, por exemplo:

$$a = x_0 < x_1 < \cdots < x_{n-2} < x_{n-1} = b$$

$$\int_a^b f(x)\,dx = \frac{h}{2}[f(x_0) + 2f((x_1) + \cdots + f(x_{n-2})) + f(x_{n-1})],$$

onde $h = \dfrac{b-a}{n-1}$, sendo n o número total de pontos.

6.2.1 ERRO DE TRUNCAMENTO PARA A REGRA DOS TRAPÉZIOS

Quando se faz a aproximação pela regra do trapézio, o que se faz, na verdade, é aproximar a função no intervalo dado por uma reta. Ou seja, aplicando o polinômio de Lagrange de grau 1, temos uma estimativa do erro cometido por essa aproximação maximizando o termo complementar do polinômio de Lagrange.

$$\int_a^b f(x)\,dx = \int_a^b p(x)\,dx + \int_a^b R_2(x)\,dx$$

Então, para se obter o erro de truncamento, basta integrar a segunda integral do segundo membro:

$$E_T \leq \int_a^b |R_2(x)|\,dx \leq \int_a^b \frac{M}{2}(x - x_0)(x - x_1)\,dx,$$

onde $M = \max_{a \leq x \leq b}|f''(x)|$. Fazendo mudanças de variáveis convenientes, temos que:

$$E_T \leq \frac{h^3}{12}\max_{a \leq x \leq b}|f''(x)|$$

Se dentro do intervalo $[a, b]$ colocarmos mais pontos, de modo que, no total, tenhamos n pontos, então,

$$E_T \leq k \cdot \frac{h^3}{12}\max_{a \leq x \leq b}|f''(x)|,$$

onde $k = n - 1$.

Exemplos:

E 6.4 Calcular um valor aproximado da $\int_1^2 \ln^2 x\,dx$ tabelando 5 pontos, com 3 casas decimais.

Resolução:

Vamos definir h e, em seguida, tabelar os pontos da função:

$$h = \frac{b-a}{n-1} = \frac{2-1}{5-1} = \frac{1}{4} = 0,25$$

x	1	1,25	1,50	1,75	2
$f(x) = \ln^2 x$	0,000	0,050	0,164	0,313	0,480

Aplicando a fórmula de integração por trapézios,

$$\int_1^2 \ln^2 x\,dx \cong \frac{0,25}{2}[0,000 + 2 \times (0,050 + 0,164 + 0,313) + 0,480] = 0,192$$

Integração numérica

327

Para delimitar o erro cometido, precisamos derivar a função até 2ª ordem:

$$f(x) = \ln^2 x \to f'(x) = 2\frac{\ln x}{x} \to f''(x) = 2\left(\frac{1 - \ln x}{x^2}\right)$$

Como $f''(x)$ é uma função decrescente, ela possui o máximo no intervalo [1,2], no ponto $x = 1$. Então, $\max_{1 \leq x \leq 2}|f''(x)| = f''(1) = 2\left(\frac{1 - \ln 1}{1^2}\right) = 2$ Aplicando na fórmula o erro,

$$E_T \leq k \cdot \frac{h^3}{12}\max_{a \leq x \leq b}|f''(x)| = 4 \cdot \frac{0,25^3}{12} \cdot 2 = 0,0104$$

Resposta: $\displaystyle\int_1^2 \ln^2 x \, dx = 0,192 \pm 0,0104$.

E 6.5 Calcular a área aproximada da região limitada pelas curvas $f(x) = x^3$ e $g(x) = x^2$, dividindo o intervalo de integração em 5 partes. Trabalhar com 3 casas decimais.

Resolução:

Como vimos no capítulo anterior, para calcular a área entre duas funções, precisamos fazer a integral de $f(x) - g(x)$. Vamos primeiro encontrar os pontos de integração, igualando as duas funções:

$$f(x) - g(x) = 0 \to x^3 - x^2 = 0 \to x^2(x - 1) = 0 \to x_1 = 0 \quad \text{ou} \quad x_2 = 1$$

Agora, vamos definir h e, em seguida, tabelar os pontos da função diferença, lembrando que o exemplo pede número de partes k, que é o número de pontos menos 1 ($k = n - 1$):

$$h = \frac{b - a}{n - 1} = \frac{1 - 0}{5} = \frac{1}{5} = 0,20$$

x	0	0,20	0,40	0,60	0,80	1
$F(x) = x^2 - x^3$	0,000	0,032	0,096	0,144	0,128	0,000

Aplicando a fórmula de integração por trapézios,

$$\int_0^1 (x^2 - x^3)\, dx \cong$$

$$\frac{0,20}{2}[0,000 + 2 \times (0,032 + 0,096 + 0,144 + 0,128) + 0,000] = 0,080$$

Para delimitar o erro cometido, precisamos derivar a função até 2ª ordem:

$$f(x) = x^2 - x^3 \to f'(x) = 2x - 3x^2 \to f''(x) = 2 - 6x$$

Como $f''(x)$ é uma função decrescente, ela possui o máximo no intervalo [0,1], no ponto $x = 0$. Então, $\max_{0 \leq x \leq 1}|f''(x)| = f''(0) = 2 - 6 \cdot 0$. Aplicando na fórmula o erro,

$$E_T \leq k \cdot \frac{h^3}{12}\max_{a \leq x \leq b}|f''(x)| = 5 \cdot \frac{0,20^3}{12} \cdot 2 = 0,007$$

Se fizermos a conta exata como no capítulo anterior, temos $\int_0^1 (x^2 - x^3)\,dx = 0,08\overline{3}$, apenas para comparação.

Resposta: $\int_0^1 (x^2 - x^3)\,dx = 0,080 \pm 0,007$.

6.3 REGRA DE SIMPSON

Neste caso, vamos aproximar a função $y = f(x)$ no intervalo $[a,b]$ de um polinômio do 2º grau. Assim, em cada um dos três pontos, $x_0 = a$, $x_1 = \dfrac{a+b}{2}$ e $x_2 = b$, fazemos passar um polinômio do 2º grau. Fazendo algumas mudanças de variável, observamos que a integral é aproximadamente:

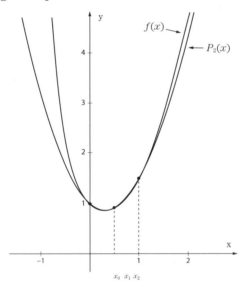

Figura 6.2

$$\int_a^b f(x)\,dx \cong \frac{h}{3}(f(x_0) + 4 \cdot f(x_1) + f(x_2)),$$

onde $h = \dfrac{b-a}{2}$. Observe que, se quisermos colocar mais pontos no intervalo $[a,b]$, como, para aplicar a fórmula de Simpson, precisamos de 3 pontos e sempre podemos usar o ponto anterior para compor uma nova fórmula, para se aplicar duas fórmulas de Simpson nos intervalos precisamos de 5 pontos, e para se aplicar três fórmulas, precisamos de 7 pontos. Ou seja, a fórmula de Simpson somente se aplica para números ímpares de pontos.

6.3.1 ERRO DE TRUNCAMENTO PARA A FÓRMULA DE SIMPSON

Como vimos, a fórmula de Simpson aproxima a função no intervalo dado por uma função do 2º grau. Ou seja, aplicando o polinômio de Lagrange de grau 2, temos uma estimativa do erro cometido por essa aproximação, maximizando o termo complementar do polinômio de Lagrange. Para se obter o erro de truncamento, são necessárias algumas estimativas que estão fora das intenções do livro. Portanto,

$$E_T \leq \frac{h^5}{90} \max_{a \leq x \leq b} | f^{(4)}(x) |$$

Se dentro do intervalo [a,b] colocarmos mais pontos, de modo que, no total, tenhamos n pontos, então,

$$E_T \leq \frac{k}{2} \cdot \frac{h^5}{90} \max_{a \leq x \leq b} | f^{(4)}(x) |,$$

onde $k = n - 1$.

THOMAS SIMPSON (1710-1761)

Matemático britânico. Trabalhou nas áreas do cálculo diferencial e cálculo das probabilidades. A regra que leva o seu nome ("regra de Simpson") não aparece nos seus trabalhos. Provavelmente ele a aprendeu com Newton, mas fica a homenagem, marcando assim o seu nome na história.

Foto: Wikipedia.

Exemplos:

E 6.6 Determinar o valor aproximado da $\int_0^{0,4} \frac{1}{2x+1} dx$, dividindo o intervalo em 4 partes e trabalhando com 3 casas decimais:

a) Pela fórmula de Simpson, calculando o erro.

b) Pela regra dos trapézios, calculando o erro.

c) Decidir qual é a fórmula mais precisa.

Resolução:

Primeiro vamos determinar o passo, lembrando que o número de partes é número de pontos menos 1 ($k = n - 1$).

$$h = \frac{b-a}{n-1} = \frac{0,4-0}{4} = 0,1$$

x	0	0,1	0,2	0,3	0,4
$f(x) = \frac{1}{2x+1}$	0,000	0,032	0,096	0,144	0,128

a) Pela fórmula de Simpson,

$$\int_0^{0,4} \frac{1}{2x+1}dx = \frac{0,1}{3}[0,000 + 4 \times 0,032 + 0,096]$$

$$+ \frac{0,1}{3}[0,096 + 4 \times 0,144 + 0,128] = 0,034.$$

Para determinar o erro de truncamento, vamos derivar a função até a 4ª ordem:

$$f(x) = \frac{1}{2x+1} = (2x+1)^{-1} \to f'(x) = -2 \cdot (2x+1)^{-2}$$

$$f''(x) = 8(2x+1)^{-3} \to f'''(x) = -48(2x+1)^{-4} \to f^{(4)}(x) = 384(2x+1)^{-5}$$

Como a função derivada de 4ª ordem é decrescente, para obtermos o máximo no intervalo, tomamos o valor mínimo:

$$\max_{a \le x \le b}|f^{(4)}(x)| = \max_{0 \le x \le 0,4}|f^{(4)}(x)| = |f^{(4)}(0)| = \left| -\frac{384}{(2 \cdot 0 + 1)^4} \right| = 384$$

O erro de truncamento de Simpson é dado por:

$$E_T \le \frac{k}{2} \cdot \frac{h^5}{90} \max_{a \le x \le b}|f^{(4)}(x)| = \frac{4}{2} \cdot \frac{(0,1)^5}{90} \cdot 384 = 0,00008$$

Resposta: $\int_0^{0,4} \frac{1}{2x+1}dx = 0,034 \pm 0,00008.$

b) Pela regra dos trapézios,

$$\int_0^{0,4} \frac{1}{2x+1}dx = \frac{0,1}{2}[0,000 + 2 \times (0,032 + 0,096 + 0,144) + 0,128] = 0,0336.$$

Para determinar o erro de truncamento, vamos determinar o valor máximo da derivada de 2ª ordem:

$$\max_{a \le x \le b}|f''(x)| = \max_{0 \le x \le 0,4}|f''(x)| = |f''(0)| = \left| \frac{8}{(2 \cdot 0 + 1)^3} \right| = 8$$

O erro de truncamento dos trapézios é dado por:

$$E_T \le k \cdot \frac{h^3}{12} \max_{a \le x \le b}|f''(x)| = 4 \cdot \frac{(0,1)^3}{12} \cdot 8 = 0,003$$

Resposta: $\int_0^{0,4} \frac{1}{2x+1}dx = 0,034 \pm 0,003.$

c) Comparando os erros, como o erro de Simpson é bem menor do que o dos trapézios, percebemos que a integral mais precisa é a fórmula de Simpsom.

E 6.7 Dada a tabela abaixo, determinar a $\int_0^1 f(x)\,dx$, usando a fórmula mais precisa sempre que puder. Determinar o erro, sabendo que $D^j f(x)\,dx \le \frac{j}{(x+1)^j}$, para $j \in \mathbb{N}$.

x	0	0,3	0,6	1
$f(x)$	0,000	0,262	0,470	0,693

Integração numérica

Resolução:

Sabendo que a fórmula de Simpson é a mais precisa e observando que somente se aplica para número ímpar de pontos, vamos aplicá-la nos três primeiros pontos da tabela, pois o passo é o mesmo. Nos dois últimos, completamos com a regra dos trapézios:

$$\int_0^1 f(x)\,dx = \frac{0,3}{3}[0,000 + 4 \times 0,262 + 0,470]$$

$$+ \frac{0,4}{2}[0,470 + 0,693] = 0,3844.$$

Para cada pedaço da integral, teremos que calcular o erro de truncamento.

Erro de Simpson: como precisamos da derivada de 4ª ordem e o exemplo supõe que

$D^j f(x) \leq \dfrac{j}{(x+1)^j}$, então, $D^4 f(x) \leq \dfrac{4}{(x+1)^4}$. Por se tratar de uma função decrescente, tomamos o menor valor do intervalo para alcançar o máximo:

$$\max_{0 \leq x \leq 0,6} | f^{(4)}(x) | \leq \left| \frac{4}{(0+1)^4} \right| = 4$$

O erro é dado por:

$$E_T \leq \frac{k}{2} \cdot \frac{h^5}{90} \max_{a \leq x \leq b} | f^{(4)}(x) | \leq \frac{2}{2} \cdot \frac{(0,3)^5}{90} \cdot 4 = 0,0001$$

Erro de trapézio: como precisamos da derivada de 2ª ordem e o exemplo supõe que

$D^j f(x) \leq \dfrac{j}{(x+1)^j}$, então, $D^2 f(x) \leq \dfrac{2}{(x+1)^2}$. Por se tratar de uma função decrescente, tomamos o menor valor do intervalo para alcançar o máximo:

$$\max_{0,6 \leq x \leq 1} | f''(x) | \leq \left| \frac{2}{(0,6+1)^2} \right| = 0,78$$

O erro é dado por:

$$E_T \leq k \cdot \frac{h^3}{12} \max_{a \leq x \leq b} | f''(x) | \leq 1 \cdot \frac{(0,4)^3}{12} \cdot 0,78 = 0,0042$$

Somando os erros, temos

$$\int_0^1 f(x)\,dx = 0,3844 \pm 0,0043$$

Resposta: $\displaystyle\int_0^1 f(x)\,dx = 0,3844 \pm 0,0043.$

E 6.8 Calcular o número mínimo de intervalos que se deve utilizar para que a $\displaystyle\int_0^1 \cos(2x)\,dx$ tenha erro de truncamento $E_T \leq 0,001$, aplicando a fórmula de Simpson.

Resolução:

Lembrando que a fórmula do erro de truncamento de Simpson é dada por

$$E_T \leq \frac{k}{2} \cdot \frac{h^5}{90} \max_{a \leq x \leq b} | f^{(4)}(x) |$$

Vamos escrever o passo h em função do número de intervalos e vamos determinar o máximo da 4ª derivada da função no intervalo.

$$h = \frac{b-a}{n-1} = \frac{1-0}{k} = \frac{1}{k}$$

$$f(x) = \cos(x) \rightarrow f'(x) = -2 \cdot \operatorname{sen}(2x) \rightarrow f''(x) = -4 \cdot \cos(2x)$$

$$f'''(x) = 8 \cdot \operatorname{sen}(2x) \rightarrow f^{(4)}(x) = 16 \cos(2x)$$

Como a função derivada de 4ª ordem é decrescente, para obtermos o máximo no intervalo, tomamos o valor mínimo:

$$\max_{a \leq x \leq b} | f^{(4)}(x) | = \max_{a \leq x \leq 1} | f^{(4)}(x) | = | f^{(4)}(0) | = | 16 \cos(2 \cdot 0) | = 16$$

Vamos escrever o erro de truncamento de Simpson em função do número de partes (k):

$$\frac{k}{2} \cdot \frac{\left(\frac{1}{k}\right)^5}{90} \cdot 16 \leq 0,001$$

$$k \cdot \left(\frac{1}{k}\right)^5 \leq \frac{0,001 \times 2 \times 90}{16}$$

$$\frac{1}{k^4} \leq 0,01125$$

$$k^4 \geq \frac{1}{0,01125}$$

$$k \geq \sqrt[4]{88,89}$$

$$k \geq 3,07$$

Resposta: O número mínimo de partes é 4.

6.4 ROTEIRO DE ESTUDO COM EXERCÍCIOS PROPOSTOS

P 6.1 Calcular a $\int_0^1 f(x)\,dx$ pela regra dos trapézios, sendo que a função é dada pela tabela:

x	0	0,2	0,4	0,6	1
$f(x)$	1,000	1,408	1,864	2,416	4,000

P 6.2 Calcular $\int_0^1 e^{2x}\,dx$ pela regra dos trapézios, dividindo o intervalo em 4 partes, tabelando a função com 3 casas decimais.

Integração numérica 333

P 6.3 Determinar o número mínimo de pontos para que a $\int_0^1 \operatorname{sen}(3x)\,dx$, sendo resolvida pela regra dos trapézios, tenha erro de truncamento menor ou igual a 0,01.

P 6.4 Determinar, aplicando a fórmula mais precisa, a área compreendida entre as funções $f(x) = x^2 + 1$ e $g(x) = -x^2 + 3$, com passo $h = 0,5$. Trabalhar com 2 casas decimais.

P 6.5 Calcular a $\int_1^3 f(x)\,dx$ pela fórmula mais precisa, sempre que possível, e determinar o erro de truncamento, sabendo que $D^j f(x) \leq \dfrac{1}{j}$, para $j \in \mathbb{N}$.

x	1	1,4	1,8	2,2	2,6	3
$f(x)$	1,000	1,146	1,255	1,342	1,415	1,477

P 6.6 Dada a tabela abaixo, calcular a integral $\int_{0,4}^3 f(x)\,dx$ combinando a regra de Simpson e dos trapézios e determinar o erro de truncamento, sabendo que $D^j f(x) \leq \dfrac{x \cdot f(x)}{j}$, para $j \in \mathbb{N}$.

x	0,4	1,2	2,0	3,0
$f(x)$	4,079	6,128	7,197	8,302

P 6.7 Determinar o número mínimo de partes para que a $\int_0^1 e^{3x}\,dx$, sendo resolvida pela fórmula de Simpson, tenha erro de truncamento menor ou igual a 0,001.

P 6.8 Calcular um valor aproximado da $\int_1^2 \ln x\,dx$ tabelando 5 pontos, pela fórmula de Simpson, com 3 casas decimais

RESPOSTAS DOS EXERCÍCIOS PROPOSTOS

P 6.1 $I = 2,279$

P 6.2 $I = 3,261 \pm 0,15$

P 6.3 $n = 5$

P 6.4 $I = 2,67$

P 6.5 $I = 2,562 \pm 0,03$

P 6.6 $I = 17,293 \pm 1,06$

P 6.7 $k = 10$

P 6.8 $I = 0,386 \pm 0,00013$

FUNÇÕES HIPERBÓLICAS

Assim como as funções trigonométricas ou circulares têm esse nome porque a relação trigonométrica fundamental, ou seja, $\cos^2 x + \text{sen}^2 x = 1$, gera uma circunferência, as funções hiperbólicas têm esse nome porque a relação fundamental das funções hiperbólicas gera uma hipérbole.

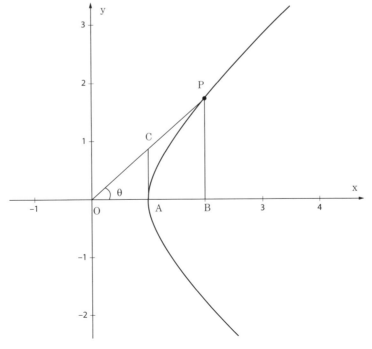

Figura 7.1

Seja $P = (x, y)$ o ponto da hipérbole de equação $x^2 - y^2 = 1$ e θ o ângulo que OP faz com o eixo dos x. Então temos que:

- OB = cosseno hiperbólico de θ,
- BP = seno hiperbólico de θ,
- AC = tangente hiperbólica de θ.

As funções hiperbólicas foram introduzidas independentemente, em 1760, por dois matemáticos da época: Vicenzo Ricatti (1707-1775), matemático e físico italiano e Johann Heinrich Lambert (1728-1777), matemático, físico, astrônomo e filósofo suíço. A notação que usamos é a de Lambert.

7.1 NOTAÇÕES E DEFINIÇÕES DAS FUNÇÕES HIPERBÓLICAS

Notações:

senh x = seno hiperbólico de x

cosh x = cosseno hiperbólico de x

tgh x = tangente hiperbólica de x

cotgh x = cotangente hiperbólica de x

sech x = secante hiperbólica de x

cossech x = cossecante hiperbólica de x

Existe uma relação entre as funções hiperbólicas e as exponenciais de base neperiana (e):

$$y = \text{senh } x = \frac{e^x - e^{-x}}{2},$$

o domínio e a imagem são o conjunto dos reais ($\mathbb{R}$).

$$y = \cosh x = \frac{e^x + e^{-x}}{2},$$

o domínio é o conjunto dos números reais ($\mathbb{R}$) e a imagem é o conjunto dos números reais no intervalo [1, +∞[.

$$y = \text{tgh } x = \frac{\text{senh } x}{\cosh x} = \frac{e^x - e^{-x}}{e^x + e^{-x}},$$

o domínio é o conjunto dos números reais ($\mathbb{R}$) e a imagem é o conjunto dos números reais no intervalo]–1, 1[.

$$y = \text{cotgh } x = \frac{\cosh x}{\text{senh } x} = \frac{e^x + e^{-x}}{e^x - e^{-x}},$$

o domínio é o conjunto dos números reais no intervalo]–∞, 0[∪]0, +∞[e a imagem é o conjunto dos números reais no intervalo]–∞, –1[∪]1, +∞[.

$$y = \text{sech } x = \frac{1}{\cosh x} = \frac{2}{e^x + e^{-x}},$$

o domínio é o conjunto dos números reais ($\mathbb{R}$) e a imagem é o conjunto dos números reais no intervalo]0, 1].

$$y = \text{cossech}\, x = \frac{1}{\text{senh}\, x} = \frac{2}{e^x - e^{-x}},$$

o domínio é o conjunto dos números reais sem o zero ($\mathbb{R}^*$) e a imagem é o conjunto dos números reais sem o zero ($\mathbb{R}^*$).

7.2 IDENTIDADES HIPERBÓLICAS

As seis funções hiperbólicas verificam identidades correspondentes às identidades trigonométricas, com troca de sinal em algumas relações.

a) $\text{senh}(-x) = -\text{senh}\, x$, função ímpar

b) $\cosh(-x) = \cosh x$, função par

c) $\cosh^2 x - \text{senh}^2 x = 1$

d) $1 - \text{tgh}^2 x = \text{sech}^2 x$

e) $\text{cotgh}^2 x - 1 = \text{cossech}^2 x$

f) $\text{senh}(x \pm y) = \text{senh}\, x \cosh y \pm \text{senh}\, y \cosh x$

g) $\cosh(x \pm y) = \cosh x \cosh y \pm \text{senh}\, y \,\text{senh}\, x$

h) $\text{senh}(2x) = 2\text{senh}\, x \cosh x$

i) $\cosh(2x) = \cosh^2 x + \text{senh}^2 x$

Vamos verificar algumas das igualdades acima:

a) $\text{senh}(-x) = \dfrac{e^{-x} - e^{-(-x)}}{2} = \dfrac{e^{-x} - e^{x}}{2} = -\dfrac{e^{x} - e^{-x}}{2} = -\text{senh}\, x$

c) $\cosh^2 x - \text{senh}^2 x = 1$. Utilizando a definição por meio da exponencial,

$$\left(\frac{e^x + e^{-x}}{2}\right)^2 - \left(\frac{e^x - e^{-x}}{2}\right)^2 = \left(\frac{e^{2x} + 2\cdot e^x \cdot e^{-x} + e^{-2x}}{4}\right) - \left(\frac{e^{2x} - 2\cdot e^x \cdot e^{-x} + e^{-2x}}{4}\right)$$

$$= \frac{\cancel{e^{2x}} + 2 + \cancel{e^{-2x}} - \cancel{e^{2x}} + 2 - \cancel{e^{-2x}}}{4} = \frac{4}{4} = 1$$

d) $1 - \text{tgh}^2 x = \text{sech}^2 x$. A partir da identidade que acabamos de verificar, vamos dividir toda a igualdade por $\cosh^2 x$:

$$\frac{\cosh^2 x}{\cosh^2 x} - \frac{\text{senh}^2}{\cosh^2 x} = \frac{1}{\cosh^2 x}$$

Logo,

$$1 - \text{tgh}^2 x = \text{sech}^2 x$$

7.3 APLICAÇÃO DA FUNÇÃO COSSENO HIPERBÓLICO

A função cosseno hiperbólico é usada para descrever a forma de um cabo flexível, homogêneo e suspenso entre dois pontos a uma mesma altura, em sua posição de equilíbrio. Tal cabo forma uma curva chamada de catenária. Em latim, *catena* significa cadeia. Em 1690, o matemático Jacob Bernoulli apresenta um problema cuja solução era uma catenária: "Encontrar a curva formada por um fio pendente, livremente suspenso, a partir de dois pontos fixos". Foram apresentadas três soluções corretas, mas apenas em 1760, Ricatti e Lambert relacionaram a catenária à expressão do cosseno hiperbólico que temos hoje.

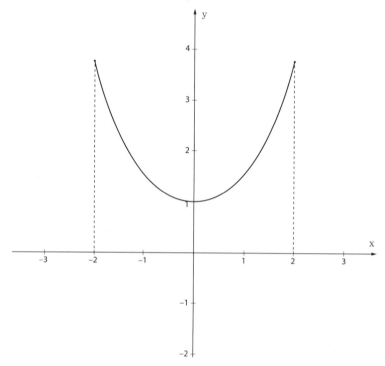

Figura 7.2

7.4 ESBOÇO DOS GRÁFICOS DAS FUNÇÕES HIPERBÓLICAS

7.4.1 FUNÇÃO SENO HIPERBÓLICO

Como vimos nas identidades acima, a função seno hiperbólico é uma função ímpar, portanto, o gráfico é simétrico com relação à origem. Observe que:
$$\operatorname{senh} 0 = \frac{e^0 - e^0}{2} = 0$$
e, para valores grandes de x, isto é, quando x tende a infinito ($x \to \infty$), a função se comporta como a exponencial, ou seja,
$$\operatorname{senh} x = \frac{e^x - e^{-x}}{2} \to \frac{e^x}{2}, \text{pois } \frac{e^{-x}}{2} \to 0$$

Da mesma forma, quando x tende a menos infinito ($x \to -\infty$), a função se comporta como o oposto da inversa exponencial, ou seja,
$$\operatorname{senh} x = \frac{e^x - e^{-x}}{2} \to \frac{e^{-x}}{2}, \text{pois } \frac{e^x}{2} \to 0.$$

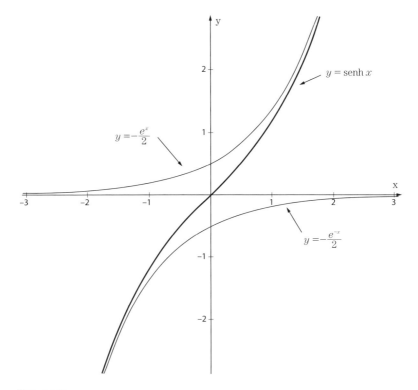

Figura 7.3

Os gráficos das funções hiperbólicas podem ser obtidos a partir do esboço dos gráficos das funções exponenciais $y = \dfrac{e^x}{2}$ e $y = \dfrac{e^{-x}}{2}$, separadamente, e adicionando as coordenadas de pontos entre 0 e 1.

7.4.2 FUNÇÃO COSSENO HIPERBÓLICO

Como vimos nas identidades acima, a função cosseno hiperbólico é uma função par, portanto, o gráfico é simétrico com relação ao eixo dos y. Observe que:

$$\cosh 0 = \frac{e^0 + e^0}{2} = \frac{2}{2} = 1$$

e, para valores grandes de x, isto é, quando x tende a infinito ($x \to \infty$), a função se comporta como a exponencial, ou seja,

$$\cosh x = \frac{e^x + e^{-x}}{2} \to \frac{e^x}{2}, \text{ pois } \frac{e^{-x}}{2} \to 0.$$

Da mesma forma, quando x tende a menos infinito ($x \to -\infty$), a função se comporta como a inversa exponencial, ou seja,

$$\cosh x = \frac{e^x + e^{-x}}{2} \to \frac{e^{-x}}{2}, \text{ pois } \frac{e^x}{2} \to 0.$$

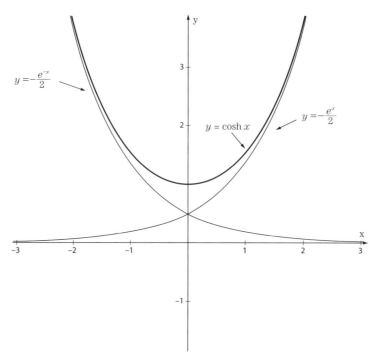

Figura 7.4

7.4.3 FUNÇÃO TANGENTE HIPERBÓLICA

Como o seno hiperbólico é uma função ímpar e o cosseno hiperbólico é uma função par, temos que a tangente hiperbólica é uma função ímpar, pois $y = \text{tgh}\, x = \dfrac{\text{senh}\, x}{\cosh x}$. Portanto, o gráfico é simétrico com relação à origem. Observe que:

$$\text{tgh}\, 0 = \dfrac{\text{senh}\, 0}{\cosh 0} = \dfrac{0}{1} = 0$$

e, para valores grandes de x, isto é, quando x tende a infinito ($x \to \infty$), a função tende ao valor 1, pois

$$\text{tgh}\, x = \dfrac{e^x - e^{-x}}{e^x + e^{-x}} = \dfrac{e^x}{e^x} = 1, \text{ pois } e^{-x} \to 0.$$

Da mesma forma, quando x tende a menos infinito ($x \to -\infty$), a função tende ao valor -1, pois

$$\text{tgh}\, x = \dfrac{e^x - e^{-x}}{e^x + e^{-x}} = \dfrac{-e^x}{e^{-x}} = -1, \text{ pois } e^x \to 0.$$

Concluímos que $y = 1$ e $y = -1$ são assíntotas horizontais ao gráfico da função.

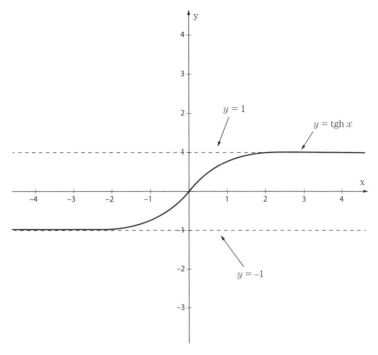

Figura 7.5

7.4.4 FUNÇÃO COTANGENTE HIPERBÓLICA

Tal como a função tangente hiperbólica, a função cotangente hiperbólica é uma função ímpar, pois $y = \operatorname{cotgh} x = \dfrac{\cosh x}{\operatorname{senh} x}$. Portanto, o gráfico é simétrico com relação à origem. Observe que:

$\operatorname{cotgh} 0 = \dfrac{\cosh 0}{\operatorname{senh} 0}$

Portanto, devemos analisar o comportamento da função na vizinhança do ponto $x = 0$, calculando os limites laterais:

$\lim\limits_{x \to 0+} \operatorname{cotgh} x = \lim\limits_{x \to 0+} \dfrac{\cosh x}{\operatorname{senh} x} = \dfrac{1}{0_+} = +\infty$

$\lim\limits_{x \to 0-} \operatorname{cotgh} x = \lim\limits_{x \to 0-} \dfrac{\cosh x}{\operatorname{senh} x} = \dfrac{1}{0_-} = -\infty$

Para valores grandes de x, isto é, quando x tende a infinito $(x \to \infty)$, a função tende ao valor 1, pois

$\operatorname{cotgh} x = \dfrac{e^x + e^{-x}}{e^x - e^{-x}} = \dfrac{e^x}{e^x} = 1, \text{pois } e^{-x} \to 0.$

Da mesma forma, quando x tende a menos infinito ($x \to -\infty$), a função tende ao valor -1, pois

$\cotgh x = \dfrac{e^x + e^{-x}}{e^x - e^{-x}} = \dfrac{e^{-x}}{-e^{-x}} = -1$, pois $e^x \to 0$.

Concluímos que $y = 1$ e $y = -1$ são assíntotas horizontais ao gráfico da função.

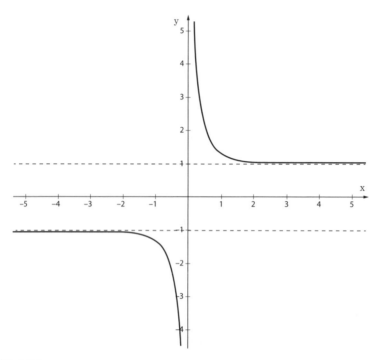

Figura 7.6

7.4.5 FUNÇÃO SECANTE HIPERBÓLICA

Como a função cosseno hiperbólico é uma função par, e a secante hiperbólica é a inversa multiplicativa da função cosseno, temos que esta também é par e, portanto, o gráfico é simétrico com relação ao eixo dos y. Observe que:

$\sech 0 = \dfrac{2}{e^0 + e^0} = \dfrac{2}{2} = 1$

e, para valores grandes de x, isto é, quando x tende a infinito ($x \to \infty$), a função se comporta como a exponencial, ou seja,

$\sech x = \dfrac{2}{e^x + e^{-x}} \to 0$, pois $e^{-x} \to 0$ e $e^x \to \infty$.

Da mesma forma, quando x tende a menos infinito ($x \to -\infty$), a função se comporta como a inversa exponencial, ou seja,

$\sech x = \dfrac{2}{e^x + e^{-x}} \to 0$, pois $e^x \to 0$ e $e^{-x} \to \infty$.

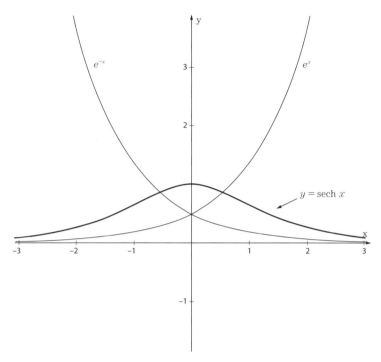

Figura 7.7

7.4.6 FUNÇÃO COSSECANTE HIPERBÓLICA

Como a função seno hiperbólico é uma função ímpar, e a cossecante hiperbólica é a inversa multiplicativa da função seno, temos que esta também é ímpar e, portanto, o gráfico é simétrico com relação à origem do sistema cartesiano.

$$\text{cossech}\, 0 = \frac{1}{\text{senh}\, 0}$$

Portanto, devemos analisar o comportamento da função na vizinhança do ponto $x = 0$, calculando os limites laterais:

$$\lim_{x \to 0+} \text{cossech}\, x = \lim_{x \to 0+} \frac{2}{e^x - e^{-x}} = \frac{2}{0_+} = +\infty$$

$$\lim_{x \to 0-} \text{cossech}\, x = \lim_{x \to 0-} \frac{2}{e^x - e^{-x}} = \frac{2}{0_-} = -\infty$$

Observe que, para valores grandes de x, isto é, quando x tende a infinito ($x \to \infty$), a função se comporta como a exponencial, ou seja,

$$\text{cossech}\, x = \frac{2}{e^x - e^{-x}} \to 0, \text{ pois } e^{-x} \to 0 \text{ e } e^x \to \infty.$$

Da mesma forma, quando x tende a menos infinito ($x \to -\infty$), a função se comporta como a inversa exponencial, ou seja,

$$\text{cossech}\, x = \frac{2}{e^x - e^{-x}} \to 0, \text{ pois } e^x \to 0 \text{ e } e^{-x} \to \infty.$$

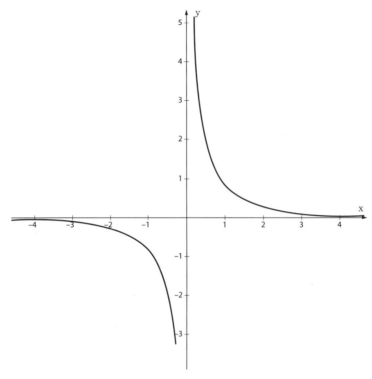

Figura 7.8

7.5 FUNÇÕES HIPERBÓLICAS INVERSAS

Quando estudamos funções inversas, às vezes as confundimos com o inverso multiplicativo de um número real. Por exemplo: 2 é um número e o seu inverso multiplicativo é $\frac{1}{2}$. Mas, quando se trata de funções, dizemos que uma função g é inversa da função f, se $fog(x) = gof(x) = x$, ou seja, se as duas compostas resultam na função identidade. Assim, temos que $f(x) = \sqrt{x}$ é a função inversa de $g(x) = x^2$, para $x \geq 0$. Vamos estudar as funções inversas das funções hiperbólicas, ou seja, as funções que, compostas com a original, resultam na identidade $I(x) = x$.

7.5.1 FUNÇÃO INVERSA DA FUNÇÃO SENO HIPERBÓLICO

A função inversa da função seno hiperbólico é denominada arg senh x e é definida por:

$y = \text{arg senh } x \Leftrightarrow x = \text{senh } y$.

onde se lê: "y é o argumento cujo seno hiperbólico é igual a x".

Existe outra notação para arg senh x, que é senh^{-1} x. Esta, usada por americanos e ingleses, não deve ser confundida com o inverso multiplicativo $\frac{1}{f}$, qualquer que seja a função representada por f^{-1}.

Podemos esboçar os gráficos das funções inversas hiperbólicas a partir das funções hiperbólicas originais, fazendo a reflexão do gráfico em relação à reta $y = x$, o que é uma característica de todas as funções inversas. Observe:

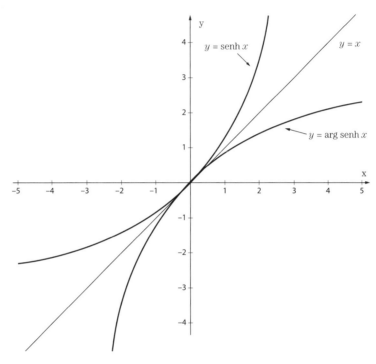

Figura 7.9

7.5.2 FUNÇÃO INVERSA DA FUNÇÃO COSSENO HIPERBÓLICO

Para definirmos a inversa da função cosseno hiperbólico, precisamos restringir o seu domínio, pois, para cada valor de y na imagem, exceto o ponto $y = 1$, correspondem dois valores de x no domínio da função (ver figura 7.4). Portanto, não admite função inversa em todo o seu domínio. Restringindo $f(x) = \cosh x$ ao domínio f:[0, ∞[→[1, ∞[, garantimos a existência da inversa, denominada argumento. O cosseno hiperbólico deste é x e representado por arg cosh x, cuja função está determinada em f^{-1}:[1, ∞[→[0, ∞[. Ou seja,

$y = \text{arg cosh } x \Leftrightarrow x = \cosh y$

O esboço do gráfico desta função é:

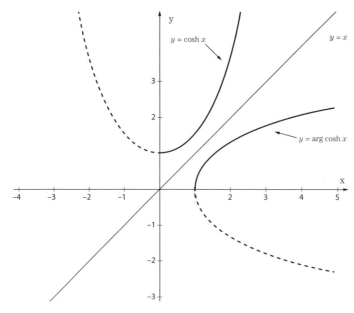

Figura 7.10

7.5.3 FUNÇÃO INVERSA DA FUNÇÃO TANGENTE HIPERBÓLICA

A função inversa da função tangente hiperbólica, denominada argumento, cuja tangente hiperbólica é x e representada por arg tgh x, é definida por:

$y = \text{arg tgh } x \Leftrightarrow x = \text{tgh } y$,

onde f^{-1}:$]-1, 1[\to \mathbb{R}$. Esboçando o gráfico, temos:

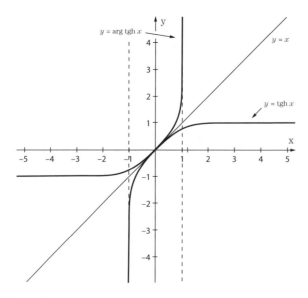

Figura 7.11

7.5.4 FUNÇÃO INVERSA DA FUNÇÃO COTANGENTE HIPERBÓLICA

A função inversa da função cotangente hiperbólica, denominada argumento, cuja cotangente hiperbólica é x e representada por arg cotgh x, é definida por:

$y = \text{arg cotgh}\, x \Leftrightarrow x = \text{cotgh}\, y$,

onde $f^{-1}:]-\infty, -1[\cup]1, \infty[\to \mathbb{R}^*$. Esboçando o gráfico, temos:

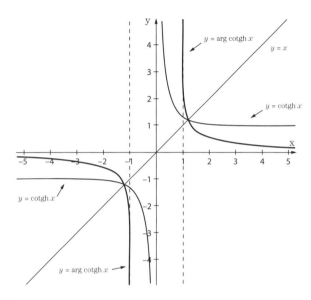

Figura 7.12

7.5.5 FUNÇÃO INVERSA DA FUNÇÃO SECANTE HIPERBÓLICA

A função inversa da função secante hiperbólica, denominada argumento, cuja secante hiperbólica é x e representada por arg sech x, é definida por:

$y = \text{arg sech}\, x \Leftrightarrow x = \text{sech}\, y$,

onde $f^{-1}:]0, 1[\to [0, \infty[$. Esboçando o gráfico, temos:

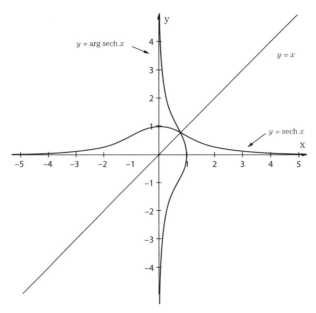

Figura 7.13

7.5.6 FUNÇÃO INVERSA DA FUNÇÃO COSSECANTE HIPERBÓLICA

A função inversa da função cossecante hiperbólica, denominada argumento, cuja cossecante hiperbólica é x e representada por arg cossech x, é definida por:

$y = \text{arg cossech } x \Leftrightarrow x = \text{cossech } y$,

onde $f^{-1}: \mathbb{R}^* \to \mathbb{R}^*$. Esboçando o gráfico, temos:

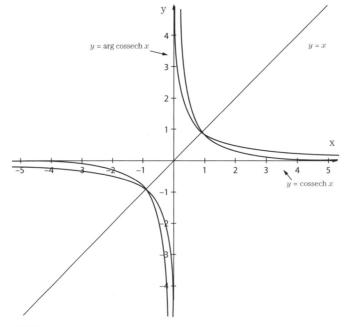

Figura 7.14

7.6 FÓRMULAS DE DERIVADAS DAS FUNÇÕES HIPERBÓLICAS

1) $y = \operatorname{senh} x \qquad \rightarrow \qquad y' = \cosh x$

2) $y = \cosh x \qquad \rightarrow \qquad y' = \operatorname{senh} x$

3) $y = \operatorname{tgh} x \qquad \rightarrow \qquad y' = \operatorname{sech}^2 x$

4) $y = \operatorname{cotgh} x \qquad \rightarrow \qquad y' = -\operatorname{cossech}^2 x$

5) $y = \operatorname{sech} x \qquad \rightarrow \qquad y' = -\operatorname{sech} x \cdot \operatorname{tgh} x$

6) $y = \operatorname{cossech} x \quad \rightarrow \qquad y' = -\operatorname{cossech} x \cdot \operatorname{cotgh} x$

Utilizando as definições de seno hiperbólico e cosseno hiperbólico:

$$\operatorname{senh} x = \frac{e^x - e^{-x}}{2} \quad \text{e} \quad \cosh x = \frac{e^x + e^{-x}}{2}$$

e as regras de derivação, vamos verificar cada uma das derivadas:

$$y = \operatorname{senh} x = \frac{e^x - e^{-x}}{2} \rightarrow y' = \frac{1}{2}\left(e^x - e^{-x}(-1)\right) = \frac{e^x + e^{-x}}{2} = \cosh x$$

$$y = \cosh x = \frac{e^x + e^{-x}}{2} \rightarrow y' = \frac{1}{2}\left(e^x + e^{-x}(-1)\right) = \frac{e^x - e^{-x}}{2} = \operatorname{senh} x$$

$$y = \operatorname{tgh} x = \frac{e^x - e^{-x}}{e^x + e^{-x}} \rightarrow y' = \frac{\left(e^x + e^{-x}\right)\left(e^x + e^{-x}\right) - \left(e^x - e^{-x}\right)\left(e^x - e^{-x}\right)}{\left(e^x + e^{-x}\right)^2}$$

$$= \frac{\left(e^{2x} + 2 \cdot e^x \cdot e^{-x} + e^{-2x}\right) - \left(e^{2x} - 2 \cdot e^x \cdot e^{-x} + e^{-2x}\right)}{\left(e^x + e^{-x}\right)^2} = \frac{2^2}{\left(e^x + e^{-x}\right)^2} = \operatorname{sech}^2 x$$

$$y = \operatorname{cotgh} x = \frac{e^x + e^{-x}}{e^x - e^{-x}} \rightarrow y' = \frac{\left(e^x - e^{-x}\right)\left(e^x - e^{-x}\right) - \left(e^x + e^{-x}\right)\left(e^x + e^{-x}\right)}{\left(e^x - e^{-x}\right)^2}$$

$$= \frac{\left(e^{2x} - 2 \cdot e^x \cdot e^{-x} + e^{-2x}\right) - \left(e^{2x} + 2 \cdot e^x \cdot e^{-x} + e^{-2x}\right)}{\left(e^x - e^{-x}\right)^2} = \frac{-2^2}{\left(e^x - e^{-x}\right)^2} = -\operatorname{cossech}^2 x$$

$$y = \operatorname{sech} x = \frac{2}{e^x + e^{-x}} \rightarrow \frac{0 \cdot \left(e^x + e^{-x}\right) - 2\left(e^x - e^{-x}\right)}{\left(e^x + e^{-x}\right)^2} = \frac{-2}{e^x + e^{-x}} \times \frac{\left(e^x - e^{-x}\right)}{e^x + e^{-x}}$$

$$= -\operatorname{sech} x \cdot \operatorname{tgh} x$$

$$y = \operatorname{cossech} x = \frac{2}{e^x - e^{-x}} \rightarrow y' = \frac{0 \cdot \left(e^x - e^{-x}\right) - 2\left(e^x + e^{-x}\right)}{\left(e^x - e^{-x}\right)^2} = \frac{-2}{e^x - e^{-x}} \times \frac{\left(e^x + e^{-x}\right)}{e^x - e^{-x}}$$

$$= -\operatorname{cossech} x \cdot \operatorname{cotgh} x$$

Utilizando a regra da cadeia, obtemos as fórmulas gerais. Sendo $u = u(x)$,

1) $y = \operatorname{senh} u \qquad \rightarrow \qquad y' = \cosh u \cdot u'$

2) $y = \cosh u \qquad \rightarrow \qquad y' = \operatorname{senh} u \cdot u'$

3) $y = \operatorname{tgh} u \qquad \rightarrow \qquad y' = \operatorname{sech}^2 u \cdot u'$

4) $y = \operatorname{cotgh} u \qquad \rightarrow \qquad y' = -\operatorname{cossech}^2 u \cdot u'$

5) $y = \operatorname{sech} u \qquad \rightarrow \qquad y' = -\operatorname{sech} u \cdot \operatorname{tgh} u \cdot u'$

6) $y = \operatorname{cossech} u \quad \rightarrow \qquad y' = -\operatorname{cossech} u \cdot \operatorname{cotgh} u \cdot u'$

Exemplos:

E 7.1 Determinar a função derivada de $f(x) = \operatorname{senh}(3x^4 + 5)$

Resolução:

Aplicando a fórmula da derivada do seno hiperbólico,

$$y' = \cosh u \cdot u'$$
$$y' = \cosh(3x^4 + 5) \cdot 12x^3$$

Resposta: $f'(x) = 12x^3 \cosh(3x^4 + 5)$.

E 7.2 Determinar a função derivada de $f(x) = \operatorname{cotgh}(-5x^2)$

Resolução:

Aplicando a fórmula da derivada da cotangente hiperbólica,

$$y' = -\operatorname{cossech}^2 u \cdot u'$$
$$y' = -\operatorname{cossech}^2(-5x^2) \cdot (-10x)$$

Resposta: $f'(x) = 10x \cdot \operatorname{cossech}^2(-5x^2)$.

E 7.3 Determinar a função derivada de $f(x) = \ln(\operatorname{sech}(5x^3))$

Resolução:

Aplicando as fórmulas da derivada do logaritmo e da secante hiperbólica,

1) $\quad y = \ln u \rightarrow y' = \dfrac{u'}{u}$

2) $\quad y = \operatorname{sech} u \rightarrow y' = -\operatorname{sech} u \cdot \operatorname{tgh} u \cdot u'$

Então,

$$y' = \frac{-\operatorname{sech}(5x^3) \cdot \operatorname{tgh}(5x^3) \cdot (15x^2)}{\operatorname{sech}(5x^3)} = -15x^2 \cdot \operatorname{tgh}(5x^3)$$

Resposta: $f'(x) = -15x^2 \cdot \operatorname{tgh}(5x^3)$.

E 7.4 Determinar a função derivada de $f(x) = \cosh(2x^3 + 5)$

Resolução:

Aplicando a fórmula da derivada do cosseno hiperbólico,

$$y' = \operatorname{senh} u \cdot u'$$
$$y' = \operatorname{senh}(2x^3 + 5) \cdot 6x^2$$

Resposta: $f'(x) = 6x^2 \operatorname{senh}(2x^3 + 5)$.

7.7 FORMAS LOGARÍTMICAS DAS FUNÇÕES HIPERBÓLICAS INVERSAS

Como as funções hiperbólicas são expressas em termos das exponenciais (e^x), as funções hiperbólicas inversas são expressas em termos dos logaritmos naturais. Observe:

1) $y = \text{arg senh } x = \ln(x + \sqrt{x^2 + 1}), \ x \in \mathbb{R}$

2) $y = \text{arg cosh} x = \ln(x + \sqrt{x^2 - 1}), \ x \geq 1$

3) $y = \text{arg tgh } x = \dfrac{1}{2} \ln\left(\dfrac{1 + x}{1 - x}\right), \ -1 < x < 1$

4) $y = \text{arg cotgh } x = \dfrac{1}{2} \ln\left(\dfrac{x + 1}{x - 1}\right), \ x < -1 \text{ ou } x > 1$

5) $y = \text{arg sech } x = \ln\left(\dfrac{1 + \sqrt{1 - x^2}}{x}\right), \ 0 < x \leq 1$

6) $y = \text{arg cossech } x = \ln\left(\dfrac{1}{x} + \dfrac{\sqrt{x^2 + 1}}{|x|}\right), \ x \in \mathbb{R}_*$

Vamos mostrar como se chega à igualdade de arg cosh x. As demais deixamos como exercício.

Consideremos a igualdade:

$y = \text{arg cosh } x \Leftrightarrow x = \cosh y$

Vamos calcular o valor de y, a partir da definição do cosseno hiperbólico:

$$x = \cosh y = \frac{e^y + e^{-y}}{2} \rightarrow 2x = e^y + e^{-y} \rightarrow e^y - 2x + e^{-y} = 0$$

Multiplicando a equação por $e^y > 0$, temos:

$e^{2y} - 2xe^y + 1 = 0$

Substituindo por $t = e^y$, temos:

$t^2 - 2xt + 1 = 0$

Aplicando a fórmula de Bháskara,

$$t = \frac{-(-2x) \pm \sqrt{(2x)^2 - 4 \cdot 1 \cdot 1}}{2 \cdot 1} = \frac{2x \pm \sqrt{4x^2 - 4}}{2}$$

$$= \frac{2x \pm 2\sqrt{x^2 - 1}}{2} = x \pm \sqrt{x^2 - 1}$$

Ou seja,

$e^y = x \pm \sqrt{x^2 - 1}$

Como $e^y > 0$, devemos considerar somente a solução positiva,

$e^y = x + \sqrt{x^2 - 1}$

Aplicando o logaritmo natural na igualdade acima,

$$\ln e^y = \ln(x + \sqrt{x^2 - 1}) \to y \cdot \ln e = \ln(x + \sqrt{x^2 - 1}) \to y$$
$$= \ln(x + \sqrt{x^2 - 1})$$

Ou, ainda,

$$y = \arg\cosh x = \ln(x + \sqrt{x^2 - 1})$$

7.8 DERIVADAS DAS FUNÇÕES HIPERBÓLICAS INVERSAS

Sabemos que, se a função f é inversível e diferenciável em um intervalo I, então a inversa f^{-1}, é diferenciável em qualquer ponto $x \in \text{Im}(f)$ onde $f'(f^{-1}(x)) \neq 0$. Podemos obter as fórmulas das derivadas das funções hiperbólicas inversas utilizando as formas logarítmicas das funções hiperbólicas inversas.

1) $\dfrac{d}{dx}(\arg\operatorname{senh} u) = \dfrac{u'}{\sqrt{u^2 + 1}}$, $u = u(x)$

2) $\dfrac{d}{dx}(\arg\cosh u) = \dfrac{u'}{\sqrt{u^2 - 1}}$, $u > 1$

3) $\dfrac{d}{dx}(\arg\operatorname{tgh} u) = \dfrac{u'}{1 - u^2}$, $-1 < u < 1$

4) $\dfrac{d}{dx}(\arg\operatorname{cotgh} u) = \dfrac{u'}{1 - u^2}$, $u < -1$ ou $u > 1$

5) $\dfrac{d}{dx}(\arg\operatorname{sech} u) = -\dfrac{u'}{u\sqrt{1 - u^2}}$, $0 < u < 1$

6) $\dfrac{d}{dx}(\arg\operatorname{cossech} u) = \dfrac{u'}{|u|\sqrt{1 + u^2}}$, $u \neq 0$

Vamos fazer a verificação apenas de arg senh x. As outras fórmulas deixamos como exercício.

Utilizando a fórmula de derivadas da função logarítmica natural e a definição de arg senh x pelo logaritmo, temos:

$$y = \arg\operatorname{senh} x = \ln(x + \sqrt{x^2 + 1}) \text{ e } y = \ln u = \frac{u'}{u}$$

$$y' = \frac{1 + \dfrac{2x}{2\sqrt{x^2 + 1}}}{x + \sqrt{x^2 + 1}} = \frac{\dfrac{\sqrt{x^2 + 1} + x}{\sqrt{x^2 + 1}}}{x + \sqrt{x^2 + 1}} = \frac{\sqrt{x^2 + 1} + x}{\sqrt{x^2 + 1}} \times \frac{1}{x + \sqrt{x^2 + 1}}$$
$$= \frac{1}{\sqrt{x^2 + 1}}$$

Para se obter a derivada da função composta, basta multiplicar por u'.

Exemplos:

E 7.5 Determinar a função derivada de $y = \arg\operatorname{senh}(2x)$

Resolução:

Aplicando a fórmula da derivada da inversa do seno hiperbólico,

$$y = \arg \operatorname{senh} u \rightarrow y' = \frac{u'}{\sqrt{u^2 + 1}}$$

$$y' = \frac{(2x)'}{\sqrt{(2x)^2 + 1}} = \frac{2}{\sqrt{4x^2 + 1}}$$

Resposta: $y' \dfrac{2}{\sqrt{4x^2 + 1}}$.

E 7.6 Determinar a função derivada de $y = 2x^3 \cdot \arg \cosh(x^3)$

Resolução:

Aplicando as fórmulas da derivada da inversa do cosseno hiperbólico e do produto,

$$y = \arg \cosh u \rightarrow y' = \frac{u'}{\sqrt{u^2 - 1}} \quad \text{e} \quad y = u \cdot v \rightarrow y' = u' \cdot v + u \cdot v'$$

$$y' = (6x^2) \cdot \arg \cosh(x^3) + 2x^3 \frac{3x^2}{\sqrt{(x^3)^2 + 1}} = 6x^2 \left[\arg \cosh(x^3) + \frac{x^3}{\sqrt{x^6 + 1}} \right]$$

Resposta: $y' = 6x^2 \left[\arg \cosh(x^3) + \dfrac{x^3}{\sqrt{x^6 + 1}} \right]$.

E 7.7 Determinar a função derivada de $y = \arg \operatorname{tgh}(\operatorname{sen}(3x))$

Resolução:

Aplicando a fórmula da derivada da inversa da tangente hiperbólica,

$$y = \arg \operatorname{tgh} u \rightarrow y' = \frac{u'}{1 - u^2}$$

$$y' = \frac{(\operatorname{sen}(3x))'}{1 - \operatorname{sen}^2(3x)} = \frac{3 \cdot \cos(3x)}{\cos^2(3x)} = \frac{3}{\cos(3x)} = 3 \sec(3x)$$

Resposta: $y' = 3 \sec(3x)$.

E 7.8 Determinar a função derivada de $y = \arg \operatorname{cotgh}(\cos x)$

Resolução:

Aplicando a fórmula da derivada da inversa da cotangente hiperbólica,

$$y = \arg \operatorname{cotgh} u \rightarrow y' = \frac{u'}{1 - u^2}$$

$$y' = \frac{(\cos x)'}{1 - \cos^2 x} = \frac{-\operatorname{sen} x}{\operatorname{sen}^2 x} = \frac{-1}{\operatorname{sen} x} = -\operatorname{cossec} x$$

Resposta: $y' = -\operatorname{cossec} x$.

E 7.9 Determinar a função derivada de $y = \arg\operatorname{sech}(x^2)$

Resolução:

Aplicando a fórmula da derivada da inversa da secante hiperbólica,

$$y = \arg\operatorname{sech} u \to y' = \frac{-u'}{u\sqrt{1-u^2}}$$

$$y' = \frac{-(x^2)'}{x^2\sqrt{1-(x^2)^2}} = \frac{-2x}{x^2\sqrt{1-x^4}} = \frac{-2}{x\sqrt{1-x^4}}$$

Resposta: $y' = \dfrac{-2}{x\sqrt{1-x^4}}$.

E 7.10 Determinar a função derivada de $y = \arg\operatorname{cossech}(\cos(2x))$

Resolução:

Aplicando a fórmula da derivada da inversa da cossecante hiperbólica,

$$y = \arg\operatorname{cossech} u \to y' = \frac{-u'}{|u|\sqrt{1+u^2}}$$

$$y' = \frac{-(\cos(2x))'}{|\cos(2x)|\sqrt{1+(\cos(2x))^2}} = \frac{2\cdot\operatorname{sen}(2x)}{|\cos(2x)|\sqrt{1+\cos^2(2x)}}$$

Resposta: $y' = \dfrac{2\cdot\operatorname{sen}(2x)}{|\cos(2x)|\sqrt{1+\cos^2(2x)}}$.

Tabela de derivadas das funções hiperbólicas e suas inversas

$f(x)$	$f'(x)$
senh u	cosh $u \cdot u'$
cosh u	senh $u \cdot u'$
tgh u	$\text{sech}^2 u \cdot u'$
cotgh u	$-\text{cossech}^2 u \cdot u'$
sech u	$-\text{sech } u \cdot \text{tgh } u \cdot u$
cossech u	$-\text{cossech } u \cdot \text{cotgh } u \cdot u'$
arg senh u	$\dfrac{u'}{\sqrt{u^2+1}}, \quad u = u(x)$
arg cosh u	$\dfrac{u'}{\sqrt{u^2-1}}, \quad u > 1$
arg tgh u	$\dfrac{u'}{1-u^2}, \quad -1 < u < 1$
arg cotgh u	$\dfrac{u'}{1-u^2}, \quad u < -1 \text{ ou } u > 1$
arg sech u	$\dfrac{-u'}{u\sqrt{1-u^2}}, 0 < u < 1$
arg cossech u	$\dfrac{-u'}{|u|\sqrt{1+u^2}}, u \neq 0$

7.9 INTEGRAIS DAS FUNÇÕES HIPERBÓLICAS

Usando a mesma tabela de derivadas, podemos extrair a tabela de integrais de funções hiperbólicas. Todos os métodos de integração vistos no capítulo 4 também são aplicáveis aqui. Vamos apenas dar alguns exemplos.

Exemplos:

E 7.11 Calcular $I = \int \text{senh}(2x)\, dx$

Resolução:

Fazendo a mudança de variável,

$$u = 2x \rightarrow du = 2dx \rightarrow dx = \frac{du}{2}$$

$$\int \text{senh}(2x)\, dx = \int \text{senh}(u)\frac{du}{2} = \frac{1}{2}\int \text{senh}(u)\, du = \frac{1}{2}\cosh(u) + C = \frac{1}{2}\cosh(2x) + C$$

Resposta: $I = \frac{1}{2}\cosh(2x) + C.$

E 7.12 Calcular $I = \int \operatorname{sech}^2(4x)\,dx$

Resolução:

Fazendo a mudança de variável,

$$u = 4x \rightarrow du = 4dx \rightarrow dx = \frac{du}{4}$$

$$\int \operatorname{sech}^2(4x)\,dx = \int \operatorname{sech}^2(u)\frac{du}{4} = \frac{1}{4}\int \operatorname{sech}^2(u)\,du = \frac{1}{4}\operatorname{tgh}(u) + C = \frac{1}{4}\operatorname{tgh}(4x) + C$$

Resposta: $I = \frac{1}{4}\operatorname{tgh}(4x) + C.$

7.10 ROTEIRO DE ESTUDO COM EXERCÍCIOS RESOLVIDOS E EXERCÍCIOS PROPOSTOS

R 7.1 Determinar a função derivada de $f(x) = \cosh(4x^3 + 1)$

Resolução:

Aplicando a fórmula da derivada do cosseno hiperbólico,

$$y' = \operatorname{senh} u \cdot u'$$

$$y' = \operatorname{senh}(4x^3 + 1) \cdot (12x^2)$$

Resposta: $f'(x) = 12x^2 \operatorname{senh}(4x^3 + 1).$

P 7.2 Determinar a função derivada de:

a) $f(x) = \operatorname{sech}(3x^2 + 1)$

b) $f(x) = \sqrt{2x}\,\operatorname{tgh}(\sqrt{2x})$

c) $f(x) = x^3 \cdot \cosh(5x + 1)$

d) $f(x) = \operatorname{cossec}^2 h(6x)$

e) $f(x) = \ln(\operatorname{tgh}(2x))$

f) $f(x) = \cosh(2x^3 + 5)$

R 7.3 Determinar a função derivada de $f(x) = \operatorname{arg\,tgh}(4x)$

Resolução:

Aplicando a fórmula da derivada da inversa da tangente hiperbólica,

$$y = \arg \operatorname{tgh} u \to y' = \frac{u'}{1 - u^2}$$

$$y' = \frac{(4x)'}{1 - (4x)^2} = \frac{4}{1 - 16x^2}$$

Resposta: $y' = \dfrac{4}{1 - 16x^2}$.

P 7.4 Determinar a função derivada de:

a) $f(x) = \arg \cosh(\operatorname{cossec} x)$

b) $f(x) = \arg \operatorname{cotgh}(3x + 1)$

c) $f(x) = \arg \operatorname{senh}(\operatorname{tg} x)$

d) $f(x) = x^2 \arg \cosh(x^2)$

e) $f(x) = (3x + 1) \arg \operatorname{sech}(2x^3)$

R 7.5 Calcular $I = \displaystyle\int \operatorname{senh}^3 x \cdot \cosh^2 x \, dx$

Resolução:

Fatorando $\operatorname{senh}^3 x$, que é expoente ímpar, temos:

$$I = \int \operatorname{senh}^3 x \cdot \cosh^2 x \, dx = \int \operatorname{senh}^2 x \cdot \operatorname{senh} x \cdot \cosh^2 x \, dx$$

Como

$$\cosh^2 x - \operatorname{senh}^2 x = 1 \to \operatorname{senh}^2 x = \cosh^2 x - 1,$$

$$I = \int (\cosh^2 x - 1) \cdot \operatorname{senh} x \cdot \cosh^2 x \, dx = \int (\cosh^4 x - \cosh^2 x) \cdot \operatorname{senh} x \, dx$$

Fazendo a substituição de variável

$$u = \cosh x \to du = \operatorname{senh} x \, dx$$

$$I = \int (u^4 - u^2) \, du = \frac{u^5}{5} - \frac{u^3}{3} + C = \frac{\cosh^5 x}{5} - \frac{\cosh^3 x}{3} + C$$

Resposta: $I = \dfrac{\cosh^5 x}{5} - \dfrac{\cosh^3 x}{3} + C$.

P 7.6 Calcular:

a) $I = \displaystyle\int \operatorname{sech}^4 x \, dx$

b) $I = \displaystyle\int x \cdot \operatorname{senh} x^2 \, dx$

c) $I = \displaystyle\int x^2 \cosh(x^3) \, dx$

d) $I = \displaystyle\int \operatorname{senh} x \cdot \cosh x \, dx$

e) $I = \displaystyle\int \operatorname{sech}^2 x \cdot \operatorname{tgh} x \, dx$

RESPOSTAS DOS EXERCÍCIOS PROPOSTOS

P 7.2

a) $f'(x) = -6x\operatorname{sech}(3x^2+1)\operatorname{tgh}(3x^2+1)$

b) $f'(x) = \dfrac{\sqrt{2x}}{2}\operatorname{tgh}(\sqrt{2x}) + \sec^2 h(\sqrt{2x}) + C$

c) $f'(x) = 3x^3 \cdot \cosh(5x+1) + 5x^3 \cdot \operatorname{senh}(5x+1)$

d) $f'(x) = -12\operatorname{cossec}^2 h(6x)\cot g(6x)$

e) $f'(x) = 4\operatorname{cossech}(4x)$

f) $f'(x) = 6x^2\operatorname{senh}(2x^3+5)$

P 7.4

a) $f'(x) = -\dfrac{\operatorname{cossec} x \cdot \cot g\, x}{|\cot g\, x|}$

b) $f'(x) = \dfrac{1}{x(3x+2)}$

c) $f'(x) = |\sec x|$

d) $f'(x) = 2x \cdot \left(\arg \cosh x^2 + \dfrac{x^2}{\sqrt{x^4-1}}\right)$

e) $f'(x) = 3\arg \operatorname{sech}(2x^3) - \dfrac{3(3x+1)}{x^2\sqrt{1-4x^6}}$

P 7.6

a) $I = \operatorname{tgh} x - \dfrac{\operatorname{tgh}^3 x}{3} + C$

b) $I = \dfrac{1}{2}\cosh x^2 + C$

c) $I = \dfrac{1}{3}\operatorname{senh} x^3 + C$

d) $I = \dfrac{1}{4}\cosh(2x) + C$

e) $I = \dfrac{-\operatorname{sech}^2 x}{2} + C$

REVISÃO: FÓRMULAS, IDENTIDADES, PROPRIEDADES
ÁLGEBRA
EXPOENTES E RADICAIS

$$a^m a^n = a^{m+n} \qquad a^{m/n} = \sqrt[n]{a^m} = (\sqrt[n]{a})^m$$

$$(a^m)^n = a^{mn} \qquad \sqrt[n]{ab} = \sqrt[n]{a}\sqrt[n]{b}$$

$$(ab)^n = a^n b^n \qquad \sqrt[n]{a:b} = \sqrt[n]{a} : \sqrt[n]{b}$$

$$\left(\frac{a}{b}\right)^n = \frac{a^n}{b^n} \qquad \sqrt[n]{\frac{a}{b}} = \frac{\sqrt[n]{a}}{\sqrt[n]{b}}$$

$$\frac{a^m}{a^n} = a^{m-n} \qquad a^{-n} = \frac{1}{a^n}$$

VALOR ABSOLUTO (d > 0)

$|x| < d$ se e só se $-d < x < d$

$|x| > d$ se e só se $x > d$ ou $x < -d$

$|a+b| \le |a| + |b|$ (desigualdade do triângulo)

$-|a| \le a \le |a|$

DESIGUALDADES

Se $a > b$ e $b > c$, então $a > c$

Se $a > b$, então $a + c > b + c$

Se $a > b$ e $c > 0$, então $ac > bc$

Se $a > b$ e $c < 0$, então $ac < bc$

FÓRMULA QUADRÁTICA

Se $a \neq 0$, as raízes de $ax^2 + bx + c = 0$ são $x = \dfrac{-b \pm \sqrt{b^2 - 4ac}}{2a}$

(Fórmula de Bháskara: Matemático Hindu 1114-1185)

FATOR COMUM EM EVIDÊNCIA

$ax + ay = a(x + y)$ onde a é o fator comum

FATORAÇÃO

- Por agrupamento

$ax + ay + bx + by = a(x + y) + b(x + y) = (x + y)\,(a + b)$

- Trinômio quadrado perfeito

$a^2 \pm 2ab + b^2 = (a \pm b)^2$

TRINÔMIO DO 2º GRAU

$ax^2 + bx + c = a(x - x')(x - x'')$, onde x' e x são raízes da equação

DIFERENÇA E SOMA DE CUBOS

$a^3 - b^3 = (a - b)(a^2 + ab + b^2)$

$a^3 + b^3 = (a + b)(a^2 - ab + b^2)$

LOGARITMOS

$y = \log_a x$ significa $a^y = x$, $x > 0$, $0 < a \neq 1$

$\log_a xy = \log_a x + \log_a y$

$\log_a \dfrac{x}{y} = \log_a x - \log_a y$

$\log_a x^r = r \log_a x$

$\log_a 1 = 0$

$\log_a a = 1$

$\log x = \log_{10} x$

$\ln x = \log_e x$

TEOREMA BINOMINAL

$$(x+y)^n = x^n + \binom{n}{1}x^{n-1}y + \binom{n}{2}x^{n-2}y^2 + \cdots + \binom{n}{k}x^{n-k}y^k + \cdots + y^n$$

FÓRMULAS DA GEOMETRIA

Área A; circunferência C; volume V; área de uma superfície curva S; altura h; raio r; perímetro P.

Triângulo retângulo

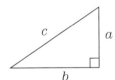

Teorema de Pitágoras: $c^2 = a^2 + b^2$

Triângulo

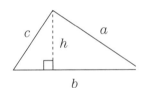

$\operatorname{cossec} t = \dfrac{1}{\operatorname{sen} t}$

Triângulo equilátero

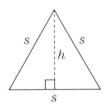

$h = \dfrac{\sqrt{3}}{2}s \qquad A = \dfrac{\sqrt{3}}{4}s^2$

Retângulo

$A = lw \qquad P = 2l + 2w$

Paralelogramo

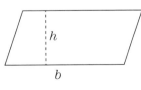

$A = bh$

Trapezoide

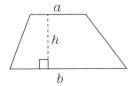

$A = \dfrac{1}{2}(a+b)h$

Círculo

$A = \pi r^2 \quad C = 2\pi r$

Setor circular

$A = \dfrac{1}{2}r^2\theta \quad s = r\theta$

Coroa circular

$A = \pi(R^2 - r^2)$

Caixa retangular

$V = lwh \quad S = 2(hl + lw + hw)$

Esfera

$V = \dfrac{4}{3}\pi r^3 \quad S = 4\pi r^2$

Cilindro circular reto

$V = \pi r^2 h \quad S = 2\pi rh$

Cone circular reto

$V = \dfrac{1}{3}\pi r^2 h \quad S = \pi r\sqrt{r^2 + h^2}$

Tronco de cone

$V = \dfrac{1}{3}\pi h(r^2 + rR + R^2)$

Prisma

$V = Bh$, sendo B a área da base

TRIGONOMETRIA

Funções trigonométricas de ângulos agudos

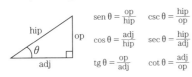

$\operatorname{sen}\theta = \dfrac{\text{op}}{\text{hip}} \qquad \csc\theta = \dfrac{\text{hip}}{\text{op}}$

$\cos\theta = \dfrac{\text{adj}}{\text{hip}} \qquad \sec\theta = \dfrac{\text{hip}}{\text{adj}}$

$\operatorname{tg}\theta = \dfrac{\text{op}}{\text{adj}} \qquad \cot\theta = \dfrac{\text{adj}}{\text{op}}$

De números reais

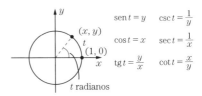

$\operatorname{sen} t = y \qquad \csc t = \dfrac{1}{y}$

$\cos t = x \qquad \sec t = \dfrac{1}{x}$

$\operatorname{tg} t = \dfrac{y}{x} \qquad \cot t = \dfrac{x}{y}$

De ângulos arbitrários

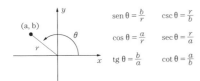

$\operatorname{sen}\theta = \dfrac{b}{r} \qquad \csc\theta = \dfrac{r}{b}$

$\cos\theta = \dfrac{a}{r} \qquad \sec\theta = \dfrac{r}{a}$

$\operatorname{tg}\theta = \dfrac{b}{a} \qquad \cot\theta = \dfrac{a}{b}$

Triângulos especiais

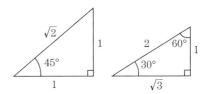

IDENTIDADES TRIGONOMÉTRICAS

$$\operatorname{cossec} t = \frac{1}{\operatorname{sen} t} \qquad \sec t = \frac{1}{\cos t} \qquad \operatorname{cotg} t = \frac{1}{\operatorname{tg} t}$$

$$\operatorname{tg} t = \frac{\operatorname{sen} t}{\cos t} \qquad \operatorname{cotg} t = \frac{\cos t}{\operatorname{sen} t}$$

$$\operatorname{sen}^2 t + \cos^2 t = 1$$

$$1 + \operatorname{tg}^2 t = \sec^2 t$$

$$1 + \operatorname{cotg}^2 t = \operatorname{cossec}^2 t$$

$$\operatorname{sen}(-t) = -\operatorname{sen} t$$

$$\cos(-t) = \cos t$$

$$\operatorname{tg}(-t) = -\operatorname{tg} t$$

$$\operatorname{sen}(u+v) = \operatorname{sen} u \cos v + \cos u \operatorname{sen} v \qquad \operatorname{sen}(u-v) = \operatorname{sen} u \cos v - \cos u \operatorname{sen} v$$

$$\cos(u+v) = \cos u \cos v - \operatorname{sen} u \operatorname{sen} v \qquad \cos(u-v) = \cos u \cos v + \operatorname{sen} u \operatorname{sen} v$$

$$\operatorname{tg}(u+v) = \frac{\operatorname{tg} u + \operatorname{tg} v}{1 - \operatorname{tg} u \operatorname{tg} v} \qquad \operatorname{tg}(u-v) = \frac{\operatorname{tg} u - \operatorname{tg} v}{1 + \operatorname{tg} u \operatorname{tg} v}$$

$$\operatorname{sen} 2u = 2 \operatorname{sen} u \cos u$$

$$\cos 2u = \cos^2 u - \operatorname{sen}^2 u = 1 - 2\operatorname{sen}^2 u = 2\cos^2 u - 1$$

$$\operatorname{tg} 2u = \frac{2 \operatorname{tg} u}{1 - \operatorname{tg}^2 u}$$

$$\left| \operatorname{sen} \frac{u}{2} \right| = \sqrt{\frac{1 - \cos u}{2}} \qquad \left| \cos \frac{u}{2} \right| = \sqrt{\frac{1 + \cos u}{2}}$$

$$\operatorname{tg} \frac{u}{2} = \frac{1 - \cos u}{\operatorname{sen} u} = \frac{\operatorname{sen} u}{1 + \cos u} \qquad \operatorname{sen}^2 u = \frac{1 - \cos 2u}{2} \qquad \cos^2 u = \frac{1 + \cos 2u}{2}$$

$$\operatorname{sen} u \cos v = \frac{1}{2}[\operatorname{sen}(u+v) + \operatorname{sen}(u-v)]$$

$$\cos u \cos v = \frac{1}{2}[\operatorname{sen}(u+v) - \operatorname{sen}(u-v)]$$

$$\cos u \cos v = \frac{1}{2}[\cos(u+v) + \cos(u-v)]$$

$$\operatorname{sen} u \operatorname{sen} v = \frac{1}{2}[\operatorname{sen}(u-v) - \cos(u+v)]$$

VALORES ESPECIAIS DE FUNÇÕES TRIGONOMÉTRICAS

θ (graus)	θ (radianos)	$sen\,\theta$	$cos\,\theta$	$tg\,\theta$	$cot\,\theta$	$sec\,\theta$	$csc\,\theta$
0	0	0	1	0	–	1	–
30°	$\frac{\pi}{6}$	$\frac{1}{2}$	$\frac{\sqrt{3}}{2}$	$\frac{\sqrt{3}}{3}$	$\sqrt{3}$	$\frac{2\sqrt{3}}{3}$	2
45°	$\frac{\pi}{4}$	$\frac{\sqrt{2}}{2}$	$\frac{\sqrt{2}}{2}$	1	1	$\sqrt{2}$	$\sqrt{2}$
60°	$\frac{\pi}{3}$	$\frac{\sqrt{3}}{2}$	$\frac{1}{2}$	$\sqrt{3}$	$\frac{\sqrt{3}}{3}$	2	$\frac{2\sqrt{3}}{3}$
90°	$\frac{\pi}{2}$	1	0	–	0	–	1

GEOMETRIA ANALÍTICA

Fórmula da distância

$$d(P_1, P_2) = \sqrt{(x_2 - x_1)^2 + (y_2 - y_1)^2}$$

Coeficiente angular de uma reta

$$m = \frac{y_2 - y_1}{x_2 - x_1}$$

Forma ponto-coeficiente angular

$y - y_1 = m(x - x_1)$, onde
m = coeficiente angular = tg α

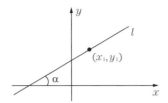

Forma coeficiente angular-intercepto

$y = mx + b$

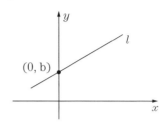

Equação de um círculo

$(x - h)^2 + (y - k)^2 = r^2$

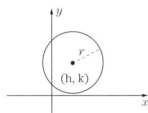

Gráfico de uma função quadrática

$y = ax^2, a > 0$ $y = ax^2 + bx + c, a > 0$

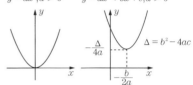

$\Delta = b^2 - 4ac$

Se $\Delta \geq 0$, então existem raízes reais
Se $\Delta < 0$, não existem raízes reais.

ALFABETO GREGO

Maiúsculas	Minúsculas	Seu significado	Nome
A	α	a	Alfa
B	β	b	Beta
Γ	γ	g	Gama
Δ	δ	d	Delta
E	ε	e	Épsilon
Z	ζ	z	Zeta
H	η	ê	Eta
T	τ	t	Téta
ϑ	φ	j	Iota
K	κ	ka	Capa
Λ	λ	l	Lambda
M	μ	m	Miu
N	ν	n	Niu
Ξ	ξ	x	Csi
0	0	0	Omicron
Π	π	p	Pi
P	ρ	r	Ró
Σ	σ	s	Sigma

T	τ	t	Tau
Y	υ	u	Upsilon
Φ	φ	f	Fi
X	χ	qu	Chi
Ψ	ψ	os	Psi
Ω	ω	ô	Omega

FORMULÁRIO DE DERIVADAS, INTEGRAIS E FORMULÁRIO DE APLICAÇÕES DE INTEGRAIS DEFINIDAS

Se C, α, a e m são constantes reais, $y = f(x)$, $u = u(x)$ e $v = v(x)$ são funções deriváveis, então:

1. $y = C$ $\quad\to\quad y' = 0$

2. $y = u^\alpha, \alpha \in \mathbb{R}$ $\quad\to\quad y' = \alpha \cdot u^{\alpha-1} \cdot u'$

3. $y = \sqrt{u}$ $\quad\to\quad y' = \dfrac{u'}{2\sqrt{u}} = \dfrac{u'\sqrt{u}}{2u}, (u > 0)$

4. $y = \sqrt[m]{u}$ $\quad\to\quad \dfrac{u'}{m\sqrt[m]{u^{m-1}}} = \dfrac{u'\sqrt[m]{u}}{m \cdot u}, (m \text{ inteiro})$

5. $y = a^u$ $\quad\to\quad y' = a^u \ln a \cdot u', (0 < a \neq 1)$

6. $y = e^u$ $\quad\to\quad y' = e^u u'$

7. $y = \log_a u$ $\quad\to\quad y' = \dfrac{u'}{u \ln a} = \dfrac{u'}{u} \log_a e, (u > 0, 0 < a \neq 1)$

8. $y = \ln u$ $\quad\to\quad y' = \dfrac{u'}{u}, (u > 0)$

9. $y = u^v$ $\quad\to\quad y' = v \cdot u^{v-1} \cdot u' + u^v \cdot \ln u \cdot v'$

10. $y = \operatorname{sen} u$ $\quad\to\quad y' = \cos u \cdot u'$

11. $y = \cos u \quad \rightarrow \quad y' = -\operatorname{sen} u \cdot u'$

12. $y = \operatorname{tg} u \quad \rightarrow \quad y' = \sec^2 u \cdot u'$

13. $y = \operatorname{cotg} u \quad \rightarrow \quad y' = -\operatorname{cossec}^2 u \cdot u'$

14. $y = \sec u \quad \rightarrow \quad y' = \sec u \cdot \operatorname{tg} u \cdot u'$

15. $y = \operatorname{cossec} u \quad \rightarrow \quad y' = -\operatorname{cossec} u \cdot \operatorname{cotg} u \cdot u'$

16. $y = \operatorname{arc\,sen} u \quad \rightarrow \quad y' = \dfrac{u'}{\sqrt{1 - u^2}}$

17. $y = \operatorname{arc\,cos} u \quad \rightarrow \quad y' = -\dfrac{u'}{\sqrt{1 - u^2}}$

18. $y = \operatorname{arc\,tg} u \quad \rightarrow \quad y' = \dfrac{u'}{1 + u^2}$

19. $y = \operatorname{arc\,cotg} u \quad \rightarrow \quad y' = -\dfrac{u'}{1 + u^2}$

20. $y = \operatorname{arc\,sec} u \quad \rightarrow \quad y' = \dfrac{u'}{u\sqrt{u^2 - 1}}$

21. $y = \operatorname{arc\,cossec} u \quad \rightarrow \quad y' = -\dfrac{u'}{u\sqrt{u^2 - 1}}$

FUNÇÕES HIPERBÓLICAS

22. $y = \operatorname{senh} u \quad \rightarrow \quad y' = \cosh u \cdot u'$

23. $y = \cosh u \quad \rightarrow \quad y' = \operatorname{senh} u \cdot u'$

24. $y = \operatorname{tgh} u \quad \rightarrow \quad y' = \operatorname{sech}^2 u \cdot u'$

25. $y = \operatorname{cotgh} u \quad \rightarrow \quad y' = -\operatorname{cossech}^2 u \cdot u'$

26. $y = \operatorname{sech} u \quad \rightarrow \quad y' = -\operatorname{sech} u \cdot \operatorname{tgh} u \cdot u'$

27. $y = \operatorname{cossech} u \quad \rightarrow \quad y' = -\operatorname{cossech} u \cdot \operatorname{cotgh} u \cdot u'$

28. $y = \operatorname{arg\,senh} u \quad \rightarrow \quad y' = \dfrac{u'}{\sqrt{u^2 + 1}}$

29. $y = \operatorname{arg\,cosh} u \quad \rightarrow \quad y' = \dfrac{u'}{\sqrt{u^2 - 1}}, u > 1$

30. $y = \operatorname{arg\,tgh} u \quad \rightarrow \quad y' = \dfrac{u'}{1 - u^2}, |u| < 1$

31. $y = \operatorname{arg\,cotgh} u \quad \rightarrow \quad y' = \dfrac{u'}{1 - u^2}, |u| > 1$

32. $y = \arg \operatorname{sech} u \quad \rightarrow \quad y' = \dfrac{-u'}{u\sqrt{1-u^2}}, 0 < u < 1$

33. $y = \arg \operatorname{cossech} u \quad \rightarrow \quad y' = \dfrac{-u'}{|u|\sqrt{1-u^2}}, u \neq 0$

FORMULÁRIO DE INTEGRAIS

1. $\displaystyle\int du = u + C$

2. $\displaystyle\int \frac{du}{u} = \ln|u| + C$

3. $\displaystyle\int u^\alpha du = \frac{u^{\alpha+1}}{\alpha+1} + C, \alpha \neq -1$

4. $\displaystyle\int a^u du = \frac{a^u}{\ln a} + C$

5. $\displaystyle\int e^u du = e^u + C$

6. $\displaystyle\int \operatorname{sen} u\, du = -\cos u + C$

7. $\displaystyle\int \cos u\, du = \operatorname{sen} u + C$

8. $\displaystyle\int \operatorname{tg} u\, du = \ln|\sec u| + C = -\ln|\cos u| + C$

9. $\displaystyle\int \operatorname{cotg} u\, du = \ln|\operatorname{sen} u| + C$

10. $\displaystyle\int \operatorname{cossec} u\, du = \ln|\operatorname{cossec} u - \operatorname{cotg} u| + C$

11. $\displaystyle\int \sec u\, du = \ln|\sec u + \operatorname{tg} u| + C$

12. $\displaystyle\int \sec^2 u\, du = \operatorname{tg} u + C$

13. $\displaystyle\int \operatorname{cossec}^2 u\, du = -\operatorname{cotg} u + C$

14. $\displaystyle\int \sec u \cdot \operatorname{tg} u\, du = \sec u + C$

15. $\displaystyle\int \operatorname{cossec} u \cdot \operatorname{cotg} u\, du = -\operatorname{cossec} u + C$

16. $\displaystyle\int \frac{du}{\sqrt{a^2 - u^a}} = \arcsin \frac{u}{a} + C$

17. $\displaystyle\int \frac{du}{a^2 + u^2} = \frac{1}{a} \operatorname{arctg} \frac{u}{a} + C$

18. $\displaystyle\int \frac{du}{u\sqrt{u^2-a^2}} = \frac{1}{a}\operatorname{arc\,sec}\left|\frac{u}{a}\right| + C$

19. $\displaystyle\int \operatorname{senh} u\, du = \cosh u + C$

20. $\displaystyle\int \cosh u\, du = \operatorname{senh} u + C$

21. $\displaystyle\int \operatorname{sech}^2 u\, du = \operatorname{tgh} u + C$

22. $\displaystyle\int \operatorname{cossech}^2 u\, du = -\operatorname{cotgh} u + C$

23. $\displaystyle\int \operatorname{sech} u \cdot \operatorname{tgh} u\, du = -\operatorname{sech} u + C$

24. $\displaystyle\int \operatorname{cossech} u \cdot \operatorname{cotgh} u\, du = -\operatorname{cossech} u + C$

25. $\displaystyle\int \frac{du}{\sqrt{u^2 \pm a^2}} = \ln\left|u + \sqrt{u^2 \pm a^2}\right| + C$

26. $\displaystyle\int \frac{du}{a^2 - u^2} = \frac{1}{2a}\ln\left|\frac{u+a}{u-a}\right| + C$

27. $\displaystyle\int \frac{du}{u\sqrt{a^2 \pm u^2}} = -\frac{1}{a}\ln\left|\frac{a + \sqrt{a^2 \pm u^2}}{u}\right| + C$

FORMULÁRIO DE APLICAÇÕES DE INTEGRAIS DEFINIDAS

Valor médio de uma função: $\displaystyle y_m = \frac{1}{b-a}\int_a^b f(x)\, dx$

Comprimento de arco: $\displaystyle l = \int_a^b \sqrt{1 + y'^2}\, dx = \int_{t1}^{t2} \sqrt{\dot{x}^2 + \dot{y}^2}\, dt$

Área da superfície de revolução:

$$A_L = 2\pi \int_a^b y\sqrt{1 + y'^2}\, dx = 2\pi \int_{t1}^{t2} y\sqrt{\dot{x}^2 + \dot{y}^2}\, dt$$

Volume do sólido de revolução:

$$V = \pi \int_a^b y^2\, dx = \pi \int_{t1}^{t2} y^2 \dot{x}\, dt$$

Curvatura média: $\displaystyle K_m = \frac{\Delta\theta}{\Delta L}$

Curvatura no ponto P: $\displaystyle K = \frac{y''}{(1 - y'^2)^{\frac{3}{2}}}$

Raio de curvatura: $\displaystyle \frac{1}{|K|}$ ou $\displaystyle R = \frac{(1 + y'^2)^{\frac{3}{2}}}{y''}$

Cálculo da derivada da função na forma paramétrica:

$$\begin{cases} x = f(t) \Rightarrow \dfrac{dx}{dt} = f'(t) = \dot{x} \\ y = g(t) \Rightarrow \dfrac{dy}{dt} = g'(t) = \dot{y} \end{cases}$$

1ª derivada: $y' = \dfrac{dy}{dx} = \dfrac{dy}{dt}\dfrac{dt}{dx} = \dfrac{\dfrac{dy}{dt}}{\dfrac{dx}{dt}} = \dfrac{\dot{y}}{\dot{x}}$

2ª derivada: $y'' = \dfrac{d^2 y}{dx^2} = \dfrac{d}{dx}\left(\dfrac{dy}{dx}\right) = \dfrac{d}{dt}\left(\dfrac{dy}{dx}\right)\dfrac{dt}{dx} = \dfrac{\ddot{y}\dot{x} - \dot{y}\ddot{x}}{\dot{x}^3}$

Curvatura na forma paramétrica: $K = \dfrac{\ddot{y}\dot{x} - \dot{y}\ddot{x}}{(\dot{x}^2 + \dot{y}^2)^{\frac{3}{2}}}$

Raio de curvatura: $R = \left|\dfrac{1}{K}\right| = \dfrac{(\dot{x}^2 + \dot{y}^2)^{\frac{3}{2}}}{\ddot{y}\dot{x} - \dot{y}\ddot{x}}$

COORDENADAS POLARES

$$\begin{cases} x = r \cdot \cos\theta \\ y = r \cdot \operatorname{sen}\theta \end{cases}$$

CÁLCULO DA ÁREA EM COORDENADAS POLARES

Área do setor circular $\rightarrow A = \dfrac{1}{2} r^2 \theta$

$$A = \dfrac{1}{2} \int_{\theta_1}^{\theta_2} p^2 \, d\theta$$

COMPRIMENTO DO ARCO NA FORMA POLAR

$$\left. \begin{array}{l} L = \displaystyle\int_{t_1}^{t_2} \sqrt{\dot{x}^2 + \dot{y}^2} \, dt \\ \quad x = r \cdot \cos\theta \\ \quad y = r \cdot \operatorname{sen}\theta \end{array} \right\} L = \int_{\theta_1}^{\theta_2} \sqrt{r^2 + \dot{r}^2} \, d\theta$$

REFERÊNCIAS BIBLIOGRÁFICAS

1. D'AMBROSIO, Ubiratan. *Cálculo e introdução à análise*. São Paulo: Editora Nacional, 1975.
2. ANTON, Howard. *Cálculo, um novo horizonte* – volumes 1 e 2. Trad. Cyro de Carvalho Patarra e Márcia Tamanaha. 6. ed. Porto Alegre: Bookman, 2000.
3. ÁVILA, Geraldo. *Cálculo 1: funções de uma variável*. 4. ed. Rio de Janeiro: LTC, 1981.
4. AYRES, Jr., Frank; MENDELSON, Elliot. *Cálculo diferencial e integral*. Trad. Antônio Zumpano. São Paulo: Makron, 1994.
5. BARBONI, Ayrton; PAULETTE, Walter. *Cálculo e análise*. Rio de Janeiro: LTC, 2007, 290 p.
6. BOREL, Claude et al. *Matemática prática para mecânicos*. Hemus, 2007.
7. BOULOS, Paulo. *Cálculo diferencial e integral* – volume 1. São Paulo: Makron, 1999.
8. BOYER, Carl Benjamin. *História da matemática*. Trad. Elza F. Gomide. São Paulo: Edgard Blücher/Editora da Universidade de São Paulo, 1974, 488 p.
9. BRIANTI Filho, Genésio; ALMAY, Péter. *Integrais indefinidas elementares*. São Paulo: Atual, 1986.
10. EVES, Howard. *Introdução à história da matemática*. Trad. Higino H. Domingues. Campinas: Editora da Unicamp, 1995, 843 p.
11. EWEN, Dale; TOPPER, Michael A. *Cálculo técnico*. Trad. Luzia D. Mendonça e Manuel Simões de Almeida. São Paulo: Hemus, 2008.
12. FIGUEIREDO, Vera L. X.; MELLO, Margarida P.; SANTOS, Sandra A. *Cálculo com aplicações: atividades computacionais e projetos*. Rio de Janeiro: Ciência Moderna, 2011.
13. FINNEY, Ross L. *Cálculo de George B. Thomas Jr* – volume 1. Trad. Paulo Boschcov. São Paulo: Addison Wesley, 2002.
14. FLEMMING, Diva Marília; GONÇALVES, Mirian Buss. *Cálculo A*. 6. ed. São Paulo: Pearson Prentice Hall, 2006, 448 p.

15. GARBI, Gilberto Geraldo. *O romance das equações algébricas*. São Paulo: Makron Books, 1997, 255 p.

16. GONÇALES, Aline Tereza Carminati. *Notas de aula de cálculo I*. Apostila 1. FATEC/SP.

17. GONÇALVES, Mirian Buss; FLEMMING, Diva Marília. *Cálculo C*. 3. ed. São Paulo, 2000.

18. GUIDORIZZI, Hamilton Luiz. *Um curso de cálculo* – volumes 1 e 2. Rio de Janeiro: LTC, 1985.

19. IEZZI, Gelson et al. *Fundamentos de matemática elementar 8*. São Paulo: Atual Editora.

20. IFRAH, Georges. *Os números: a história de uma grande invenção*. São Paulo: Globo, 2005, 367 p.

21. JACY MONTEIRO, L. H. *Elementos de álgebra*. Rio de Janeiro: Ao Livro Técnico S. A., 1971, 552 p.

22. KONGUETSOF, Leonidas. *Cálculo diferencial e integral*. Trad. Élio da Fonseca Barros. São Paulo; Rio de Janeiro; Belo Horizonte; Porto Alegre: McGraw-Hill, 1974.

23. LEITHOLD, Louis. *O cálculo com geometria analítica* – volumes 1 e 2. São Paulo: Harbra, 1977.

24. LIPSCHUTZ, Seymour. *Teoria dos conjuntos*. São Paulo: Editora McGraw-Hill do Brasil, Ltda, 1974, 337 p.

25. MACHADO, Antonio dos Santos. *Coleção matemática: temas e metas*. São Paulo: Atual Editora, 1988.

26. MAURER, Willie Alfredo. *Fundamentos geométricos e físicos*. 2. ed. São Paulo: Edgard Blücher, 1977.

27. MUNEM, Mustafa A.; FOULIS, David J. *Cálculo* – volumes 1 e 2. Rio de Janeiro: Guanabara Dois, 1982.

28. PUGA, Leila Zardo; TÁRCIA, José Henrique Mendes; PUGA, Álvaro. *Cálculo numérico*. 2. ed. São Paulo: LCTE, 2012.

29. ROMANO, Roberto. *Cálculo diferencial e integral*. São Paulo: Atlas, 1981.

30. ROQUE, Tatiana; CARVALHO, João Bosco Pitombeira de. *Tópicos de história da matemática*. Rio de Janeiro: SBM, 2012.

31. SIMMONS, George F. *Cálculo com geometria analítica* – volume 1. São Paulo: McGraw-Hill, 1987, 827 p.

32. STEWART, James. *Cálculo* – volume 1. Trad. técn. Antonio Carlos Moretti, Antonio Carlos Gilli Martins. São Paulo: Cengage Learning, 2013.

33. SWOKOWSKI, Earl William. *Cálculo com geometria analítica* – volumes 1 e 2. Trad. Alfredo Alves de Faria. 2. ed. São Paulo: Makron, 1994.

34. TELLES, Dirceu D'Alkmin; MONGELLI NETTO, João (orgs.). *Física com aplicação tecnológica* – volumes 1 e 2. São Paulo: Blucher, 2013.

35. THOMAS, Jr., George B.; FINNEY, Ross L. *Cálculo diferencial e integral*. Trad. José Euny Moreira Rodrigues e Alberto Flávio Alves de Aguiar. Rio de janeiro: LTC, 1983.

36. YAMASHIRO, Seizen; SOUZA, Suzana Abreu de Oliveira. *Matemática com aplicações tecnológicas* – volume 1. São Paulo: Blucher, 2014.

37. YAMAZATO, Syozo. *Exercícios de cálculo II*. Apostila 49. FATEC/SP.

GRÁFICA PAYM
Tel. [11] 4392-3344
paym@graficapaym.com.br